罗克韦尔自动化技术丛书

循序渐进 Micro800 控制系统

主　编　钱晓龙　谢能发
副主编　李　磊　鲍　艳

机　械　工　业　出　版　社

Micro800 系列控制器是罗克韦尔自动化公司全新推出的新一代微型PLC，此系列控制器具有超过 21 种模块化插件，控制器的点数从 10 点到 48 点不等，可以实现高度灵活的硬件配置，在提供足够的控制能力的同时，满足用户的基本应用，并且便于安装和维护。不同型号控制器之间的模块化插件可以共用，内置 RS-232、RS-485、USB 和 Ethernet/IP 等通信接口，有强大的通信功能。免费的编程软件支持功能块一体化编程，并可使用通用的 USB 编程电缆，给编程人员带来了极大的便利；系统还可以提供完整的机器控制方案。Micro800 共有 4 个系列的控制器，分别为 Micro810、Micro820、Micro830 和 Micro850。

本书是结合 Micro800 系列产品编写的应用类教材。书中对 Micro800 系列控制器做了详细的介绍，表述言简意赅、通俗易懂。通过了解控制器的硬件，理解产品的优势；通过学习编程示例和指令，使用户能够熟练掌握并迅速运用该系列控制器；最后通过速度控制系统、位置控制系统和温度控制系统的设计，使读者能够更加灵活地使用 Micro800 系列控制器。

本书立足于提高从事自动化专业的工程技术人员和自动化专业的学生对罗克韦尔自动化公司 Micro800 系列控制器产品的综合运用能力，教会读者如何将 Micro800 系列控制器的功能特点融入工艺中。本书也可作为罗克韦尔自动化的培训教材。

图书在版编目（CIP）数据

循序渐进 Micro800 控制系统/钱晓龙，谢能发主编．—北京：机械工业出版社，2014.1（2024.7 重印）
（罗克韦尔自动化技术丛书）
ISBN 978-7-111-45432-8

Ⅰ.①循…　Ⅱ.①钱…②谢…　Ⅲ.①plc 技术　Ⅳ.①TM571.6

中国版本图书馆 CIP 数据核字（2014）第 004496 号

机械工业出版社（北京市百万庄大街 22 号　邮政编码 100037）
策划编辑：林春泉　责任编辑：翟天睿
责任校对：张莉娟　任秀丽　责任印制：单爱军
北京虎彩文化传播有限公司印刷
2024 年 7 月第 1 版・第 6 次印刷
184mm×260mm・20 印张・482 千字
标准书号：ISBN 978-7-111-45432-8
定价：62.00 元

凡购本书，如有缺页、倒页、脱页，由本社发行部调换
电话服务　网络服务
服务咨询热线：010-88361066　机 工 官 网：www.cmpbook.com
读者购书热线：010-68326294　机 工 官 博：weibo.com/cmp1952
010-88379203　金 书 网：www.golden-book.com
封面无防伪标均为盗版　教育服务网：www.cmpedu.com

前　言

罗克韦尔自动化中国大学项目开展以来，组织出版了大量入门级的教材，以帮助读者尽快掌握罗克韦尔自动化的新产品和新技术。作为中国大学项目的重要成员——东北大学罗克韦尔自动化实验室自2003年以来出版了十几本教材，特别是以Micro系列为主体的小型控制系统教材，目前已编写了《智能电器与MicroLogix控制器》、《MicroLogix控制器应用实例》和《MicroLogix核心控制系统》三本教材。2011年罗克韦尔自动化公司又推出了Micro800系列控制器，该控制器体积小、功能强、配置灵活、性价比高，非常适用于高校开展实训，更适用于原始设备制造商（OEM）在解决方案上的灵活选择。

本书由东北大学钱晓龙、罗克韦尔自动化公司的谢能发主编。全书共分11章，其中罗克韦尔自动化公司的李磊先生负责第1章Micro800控制器硬件和第2章Micro830控制器硬件的编写，详细讲述了这两款控制器硬件系统的组成和特点以及可选的嵌入式模块的功能；鲍艳负责第3章Micro850控制器硬件和第8章温度控制系统的编写，重点介绍了Micro800系列控制器特殊的PTO、HSC功能以及Micro850控制器扩展式模块的特点和使用，同时对PID功能块的使用进行分析；钱晓龙负责第4章CCW编程软件的使用和第5章Micro800控制器的编程指令，介绍了软件的安装、组态等过程，详细讲解了编程指令的功能，教会大家如何利用CCW编程软件对Micro800控制器进行编程；谢能发先生负责第6章速度控制系统的编写，主要以速度控制系统的设计与实现为例，教会大家对PowerFlex 525变频器和PanelView Component触摸屏进行组态；王圣炜负责第7章位置控制系统的编写，侧重对Micro800控制器的PTO功能和HSC高速计数器的使用进行讲解，同时介绍了Kinetix 3型伺服驱动器的使用；罗克韦尔自动化的王宏善先生负责第9章Micro800控制器的网络通信的编写，讲述了Micro800系列控制器网络通信的几种方法，即RS-232、RS-485、Ethernet/IP和OPC等通信方式。东北大学秦皇岛分校的李秋明负责编写第10章PowerFlex 525变频器的以太网通信和第11章PowerFlex 4M变频器的集成，以两个实验设计的例子讲解了小型控制系统的集成。

东北大学罗克韦尔自动化实验室的同学对书中的所有实验进行了验证。其中郭海、李宪英、冯德慧、司维、武冰、侯雨辰、郑小帆、任家硕参与了书中部分内容的编写。本书是在罗克韦尔自动化市场部张玉梅女士的积极推动下完成的，同时她还与罗克韦尔自动化公司产品经理谢能发先生和软件经理王玉凯先生参与了书中提纲的制订和内容编写，并提供了大量的素材。特别是谢能发先生在书稿最后阶段做了认真的审核，提出了许多有建设性的意见，完善了本书的内容。罗克韦尔自动化中国大学项目部的李淼小姐和吕颖珊小姐也一直关注着本书的出版并参与了编写，他们给予了我们各方面的帮助，同时也提出了大量宝贵的意见，在此表示最诚挚的谢意。

全书以Micro850控制器的使用为基调，同时兼顾与PanelView Component人机界面和PowerFlex525变频器的系统组成。可以说，本书是对Micro800控制系统灵活运用的归纳与总结，本书的着眼点是教会读者如何将使用放在第一位，使Micro800控制器的特点能够在实战中得到淋漓尽致的发挥。

由于编者水平有限，特别是对 Micro800 控制器的通信扩展能力在实际应用中的积累还很不够，书中难免有错误和不妥之处，敬请广大读者批评指正。

编者于东北大学

目　　录

第1章

Micro800 控制器硬件

学习目标

- 了解 Micro800 控制器的基本功能
- 掌握 Micro810 和 Micro820 控制器输入/输出的使用方法
- 掌握 Micro810 和 Micro820 控制器硬件的使用方法
- 了解 Micro810 和 Micro820 控制器的高级功能

1.1 Micro800 控制器的硬件特性

Micro800 系列控制器是罗克韦尔自动化公司全新推出的新一代微型 PLC，此系列控制器具有超过 21 种模块化的插件，控制器的点数从 10 点到 48 点不等，可以实现高度灵活的硬件配置，在提供足够的控制能力的同时满足用户的基本应用，并且便于安装和维护。不同型号的控制器之间的模块化插件可以共用，内置 RS-232、RS-485、USB 和 Ethernet/IP 等通信接口，有强大的通信功能。免费的编程软件支持功能块一体化编程，并可使用 USB 编程电缆，给编程人员带来了极大的便利；还可以提供完整的机器控制方案。Micro800 共有 4 个系列的控制器，分别为 Micro810、Micro820、Micro830 和 Micro850，它们型号的含义如图 1-1 所示。

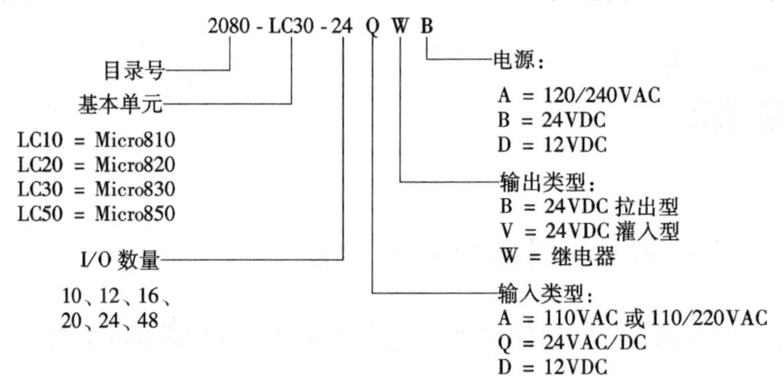

图 1-1　控制器型号含义

Micro810 相当于一个带高电流继电器输出的智能型继电器，兼具微型 PLC 的编程功能。

Micro820 控制器专用于小型单机及远程自动化项目。其含有嵌入式以太网端口、串行端口以及用于数据记录和配方管理的 MicroSD 插槽。该系列控制器采用 20 点配置，可容纳多达两个功能性插件模块。同时支持 Micro800 远程 LCD（2080-REMLCD）模块，可轻松地配置 IP 地址等设置，并可用作简易的 IP65 文本显示器。

Micro830 控制器用于单机控制的应用。其具备灵活的通信和 I/O 功能，可搭载多达 5 个功能性插件，并提供 10 点、16 点、24 点或 48 点配置。

Micro850 可扩展控制器用于需要更多数字量和模拟量 I/O 或更高性能模拟量 I/O 的应用。其支持多达 4 个扩展 I/O。凭借嵌入式 10/100 Base-T 以太网端口，Micro850 控制器能够包含额外的通信连接选件。

Micro800 控制器有不同的特性，可以根据需求选择不同的控制器类型。Micro800 控制器特性比较见表 1-1。

表 1-1　Micro800 控制器特性比较

属性	Micro810	Micro820	Micro830				Micro850	
	12 点	20 点	10 点	16 点	24 点	48 点	24 点	48 点
通信端口	USB2.0（带 USB 适配器）	10/100Base T 以太网端口（RJ-45） RS-232/RS-485 非隔离型复用串行端口	USB2.0（非隔离型） RS-232/RS-485 非隔离型复用串行端口				USB2.0（非隔离型） RS-232/RS-485 非隔离型复用串行端口 10/100 Base T 以太网端口（RJ-45）	

（续）

属性	Micro810	Micro820	Micro830				Micro850	
	12 点	20 点	10 点	16 点	24 点	48 点	24 点	48 点
数字量 I/O 点	12	19	10	16	24	48	24	48
基本模拟 I/O 通道	可将 4 个 DC24V 的数字量输入共享为 0…10V 模拟量输入（仅限直流输入型）	1 个 0…10V 模拟量输入 可将 4 个 DC24V 数字量输入配置为 0…10V 模拟量输入（仅限直流输入型），并可通过功能性插件模块	通过功能性插件模块				通过功能性插件模块和扩展 I/O	
功能性插件模块数量	0	2	2	2	3	5	3	5
最大数字量 I/O 数	12	35	26	32	48	88	132	
支持的附件或功能性插件类型	液晶显示器，带有备份存储模块 USB 适配器	Micro800 远程 LED（2080-RE MLCD） 除 2080-MEM BAK-RTC 外的所有功能性插件块	所有功能性插件模					
支持的扩展 I/O	—	—	—				所有扩展 I/O 模块	
电源	AC120/240V 和 DC12/24V	基本单元内置了 24V 直流电源，此外还提供可选的外部 120/240V 交流电源						
基本指令速度	每个基本指令为 2.5μs	每个基本指令为 0.30μs						
最小扫描/循环时间	<0.25ms	<4ms	<0.25ms					
软件	Connected Components Workbench							

Micro800 控制器编程的比较见表 1-2。Micro800 控制器的编程软件都是 CCW 软件，都可以使用梯形图、功能块和结构化文本进行编程，区别于不同系列的 Micro800 控制器，其程序步数和数据字节数不同。

表 1-2　Micro800 控制器比较

属性	Micro810 12 点	Micro820 20 点	Micro830 10/16 点	Micro830 24 点	Micro830 48 点	Micro850 24 点	Micro850 48 点
程序步数	2K	10K	4K	10K	10K	10K	10K
数据字节数	2KB	20KB	8KB	20KB	20KB	20KB	20KB
编程语言	梯形图、功能块图、结构化文本						
用户自定义功能块	有						
浮点	32 位和 64 位						
PID 回路控制	有（数量只取决于内存大小）						
串行端口协议	无	Modbus RTU 主站/从站，ASCII/二进制，CIP 串行					

对于通信端口的配备见表 1-3。其中 Micro810 控制器只能通过 USB 端口编程，Micro830 控制器只能有 USB 端口和串行端口，Micro820 和 Micro850 控制器都可以有 USB 端口、串行端口和以太网端口，其区别在于 Micro820 控制器只有连接了远程 LCD 模块(2080-REMLCD)才带有 USB 端口。

表 1-3　Micro800 通信配备

控制器	USB 编程端口	串行端口，串行端口功能性插件			以太网	
		CIP 串口	ModbusRTU	ASCII/二进制	EtherNet/IP	Modbus TCP
Micro810	有(带适配器)	无				
Micro820	有(带 2080-RE MLCD)	有	主站/从站	有	有	有
Micro830	有	有	主站/从站	有	无	无
Micro850	有	有	主站/从站	有	有	有

Micro800 控制器模拟量 I/O 和热电偶/热电阻的比较见表 1-4。

表 1-4　Micro800 控制器模拟量 I/O 和热电偶/热电阻的比较

属性	Micro810	Micro820	Micro830 (带功能性插件)	Micro850 (带扩展 I/O)
性能等级	低	低	中	高
是否与控制器隔离 (提高抗干扰度)	否	否	否	否
分辨率和精度	模拟量输入：10 位，5%(2%带校准)	模拟量 I/O：12 位，5%(2%带校准)	模拟量 I/O：12 位，1%热电偶/热电阻：±1 ℃ 冷端温度补偿(CJC for TC)：±1.2℃	模拟量输入：14 位输入，±0.1% 模拟量输出：12 位输出，0.133%(电流)，0.425%(电压) 热电偶：±0.5… ±3.0℃ 热电阻：±0.2… ±0.6℃
输入刷新速率和滤波	刷新速率只取决于程序扫描周期，滤波措施有限	刷新速率只取决于程序扫描周期，滤波措施有限	200ms/通道，50/60Hz 滤波	所有通道 8ms，带或不带 50/60Hz 滤波
最大屏蔽电缆长度	10m			100m

1.2　Micro810 控制器的 I/O 配置

Micro810 控制器按照其 I\O 点数可以分为三种款型:12 点、18 点和 24 点。具体如下：12 点：2080-LC10-12QWB、2080-LC10-12AWA、2080-LC10-12QBB、2080-LC10-12DWD；18 点：2080-LC10-18QWB、2080-LC10-18AWA、2080-LC10-18QBB、2080-LC10-18MWA；24 点：2080-LC10-24QWB、2080-LC10-24AWA、2080-LC10-24QBB、2080-LC10-24 MWA。

12 点控制器的外形如图 1-2 所示，它是一种固定式的控制器，具体描述见表 1-5。

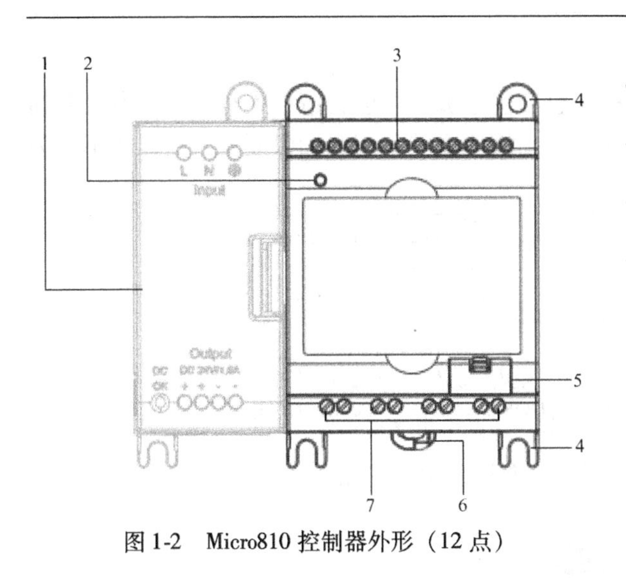

图1-2　Micro810控制器外形（12点）

表1-5　Micro810（12点）控制器硬件说明

标号	描　述
1	电源模块
2	电源指示灯
3	输入接线端子
4	安装孔
5	USB端口,仅用来插USB适配器模块
6	DIN导轨卡件
7	输出接线端子

Micro810控制器有12种型号，不同型号控制器的I/O配置不同。控制器的I/O数据见表1-6。

表1-6　Micro810控制器I/O数据

控制器	输　入				输出		模拟量输入0~10V（与直流输入共用）
	AC 120V	AC 240V	DC/AC 24V	DC 12V	继电器	DC24V 拉出型	
2080-LC10-12QWB			8		4		4
2080-LC10-12AWA	8				4		
2080-LC10-12QBB			8			4	4
2080-LC10-12DWD				8	4		4
2080-LC10-18QWB			12		6		4
2080-LC10-18AWA	12				6		
2080-LC10-18QBB			12			6	4
2080-LC10-18MWA		12			6		
2080-LC10-24QWB			16		8		4
2080-LC10-24AWA	16				8		
2080-LC10-24QBB			16			8	4
2080-LC10-24MWA		16			8		

下面以2080-LC10-12QWB控制器为例介绍Micro810控制器输入/输出端子的使用方法。该控制器的外部接线端子图如图1-3所示。

此模块有4路数字量输出，都是继电器类型，8路数字量输入，其中I-04~I-07既作为数字量输入，也作为4路模拟量输入，它们共用一路端子。

12点的Micro810控制器不能使用Micro800控制器其他的嵌入式或者扩展式模块，但是它支持USB适配器模块和LCD（液晶显示器）模块，其中LCD模块可以作为内存备份模块。

注意：在通电的情况下，嵌入和拔出模块会产生电弧，可能会造成人身伤害或者设备损坏。所以在操作环境不安全的情况下，嵌入和拔出模块之前一定要确保断电，这样才不会因为电弧而造成危害。

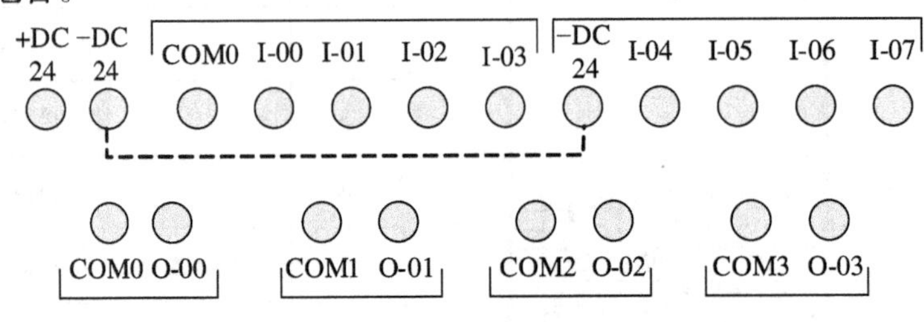

图 1-3　Micro810 控制器外部接线端子图（12 点）

1.3　Micro810 控制器的 LCD 功能

2080-LCD 模块可以作为 Micro810 控制器的内存备份模块，它给监视控制器状态和组态控制器带来了便利。在安全的环境下，此模块支持热插拔。

首先介绍 LCD 模块面板上按钮功能，见表 1-7。

表 1-7　按钮功能

按钮	功　　能
“OK”键	进入下一级菜单；存储输入信息；应用更改内容
方向键	更改菜单项；更改值；更改位置
“ESC”键	返回上一级菜单；取消自上次保存后所输入的全部内容；多次重复按，返回主菜单

Micro810 控制器的 LCD 面板的操作菜单结构如图 1-4 所示。

当控制器上电以后，首先显示的是启动界面，这里默认为 I/O 监视界面，同时按住“OK”键和“ESC”键可以进入主菜单，主菜单有 6 个菜单选项：Mode Switch（模式转换开关）、SR Function（智能继电器功能块）、Variables（变量）、I/O Status（I/O 状态）、Advanced Set（高级设置）和 Security（安全设置）。通过向上/向下箭头来移动光标，对主菜单中各个项的功能进行选择。

1.3.1　模式转换功能

Micro810 控制器的 LCD 模块带有控制器模式转换功能，在主菜单界面，通过 LCD 键盘上的向上或向下键选择 Mode Switch（模式转换开关）。

模式转换开关具有如下位置：PROG Mode（编程模式）和 RUN Mode（运行模式）。可以通过 LCD 上的模式切换界面改变模式转换开关位置，如图 1-5 所示。箭头表明当前模式转换开关的位置。

按向上或向下键，选择所需要的控制器模式，然后按“OK”键将控制器设置成箭头所指的模式。

除了开机信息界面以外的其他 LCD 内置界面也会在右上角显示当前模式转换开关位置，

启动界面如图 1-6 所示。本例中，模式转换开关处于 PROG（编程）位置。模式转换完成后，按“ESC”键，返回到主菜单界面。

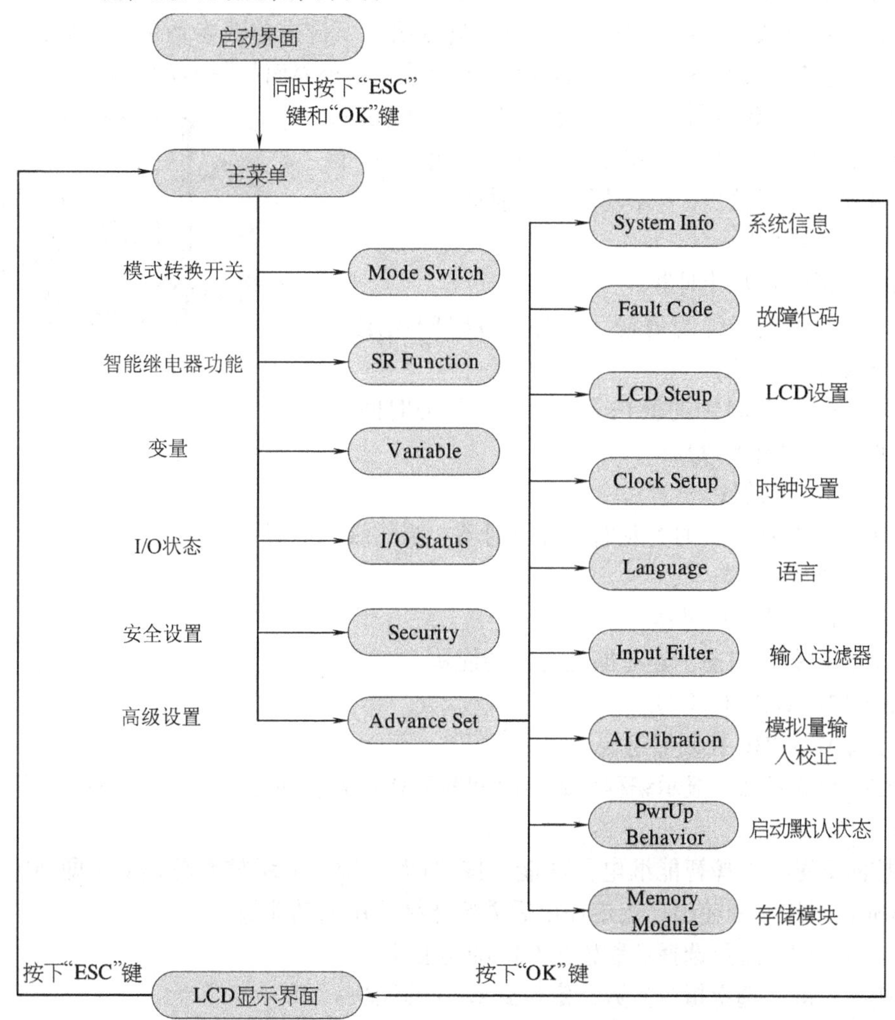

图 1-4　Micro810 控制器的 LCD 操作菜单结构

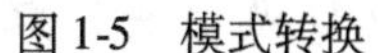
图 1-5　模式转换

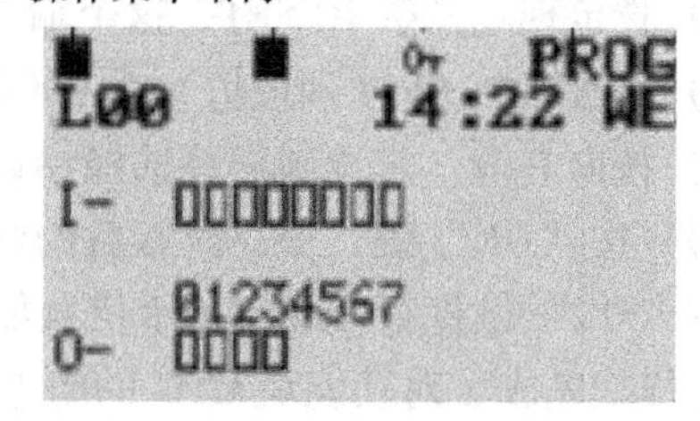

图 1-6　启动界面

1.3.2　智能继电器功能

Micro810 控制器的 LCD 面板具有智能继电器功能。在没有电脑的情况下，编程人员可以用 LCD 面板对控制器程序进行简单的编写和修改。在主菜单上，通过上下键选择功能块编程，按“OK”键进入编程界面。在编程界面的左上角为功能块的编号，用上下键可以改变功能块编号，显示出其他的功能块。选定功能块以后，按左右键可以选择要修改的参数，选定参数后，待修改的参数会闪烁，编程人员可用上下键来修改参数的值，修改完成后按“OK”键进行保存，然后用左右键来选择其他参数。编程界面如图 1-7 所示。

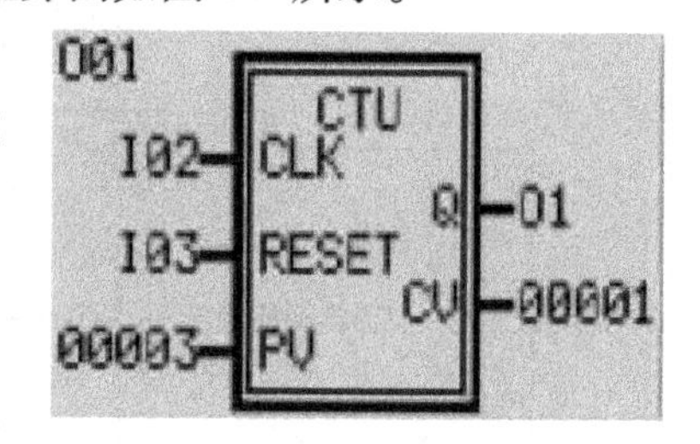

图 1-7　编程界面

12 点的 Micro810 控制器有 8 个智能继电器功能块，编程人员可以使用 LCD 和按钮来组态智能继电器功能块，控制 4 个继电器输出，8 个功能块分别是：

CTU——加计数器；

TON——延时打开计时器；

DOY——当实时时钟的值在年、月、日时间设定范围内时，把输出置为真；

TOW——当实时时钟的值在天、小时、分钟时间设定范围内时，把输出置为真；

CTD——减计数器；

TONOF——梯级为真时为延时打开计时器，当梯级为假时，为延时断开计时器；

TP——脉冲计时器；

TOF——延时断开计时器。

下面将介绍如何组态上述智能继电器功能块。

1. 组态加计数器（CTU）

1）接通 Micro810 控制器电源。

2）在打开的界面上显示编程模式、时间和 I/O 状态。同时按“ESC”和“OK”键，就会进入主菜单。

3）按向下键，选择智能继电器功能。按“OK”键，显示控制输出 0（即 00）的功能块。系统先显示控制的输出，选定输出后需要选择使用的功能块。

4）按向上键，这里选择控制输出 001 的功能块。

5）按向右键，选定指令参数，定位到 CTU 功能块。

6）选定现场参数 CLK，这个参数用来触发计数器。

7）选定现场参数 RESET，这个输入参数用来强制计数器复位。

8）设置参数 PV（预设值）为 00003。

9）按向右键，定位到屏幕选择参数。组态 CTU 功能块如图 1-8 所示。

10）按“OK”键，保存对参数的修改，此时会弹出一条信息询问是否保存对参数的修改，按“OK”键保存修改。提示信息如图 1-9 所示。

这样就完成了对功能块 CTU 的组态，此组态的预设值是 3，当 CLK 由假到真变化 3 次时，累加值 CV 的值变为 3，和预设值 PV 相等，此时输出位 Q 就会变为真，当按复位键 RESET 时，CV 值被清零。

2. 组态延时打开计时器（TON）

1）接通 Micro810 控制器电源。

2）在打开的界面上显示编程模式、时间和 I/O 状态。同时按“ESC”和“OK”键，就会进入主菜单。

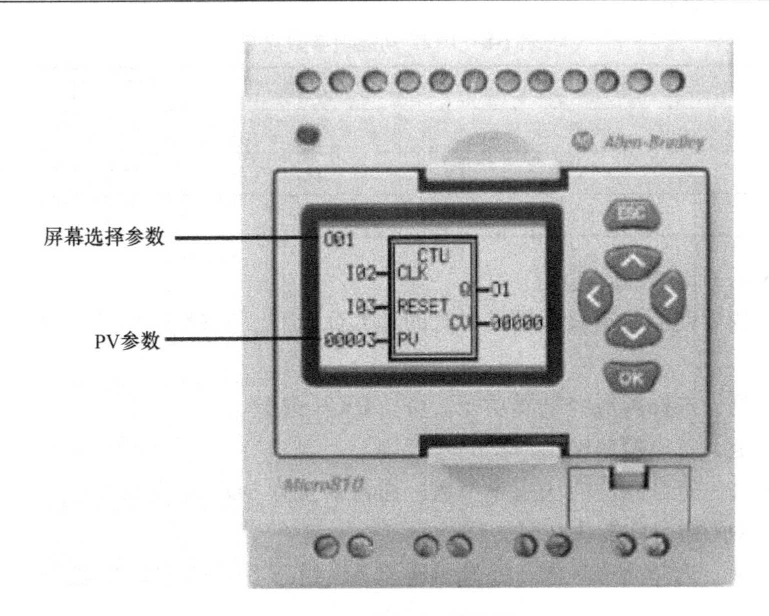

图 1-8　组态 CTU 功能块

3）按向下键，选择智能继电器功能。按“OK”键，显示控制输出 000 的功能块。

4）按向右键，寻找指令参数，通过上下键找出 TON 指令功能块。

5）按向右键，选择输入参数 IN，这个参数用来启动计时器。

6）按向上键，给输入参数 IN 选择适当的输入点。

7）按向右键，选择时间分辨率参数 Time-Resolution，这个参数决定计时器的计时单位。

8）按向下键，改变时间分辨率参数，设为 MM：SS。延时接通定时器组态如图 1-10 所示。

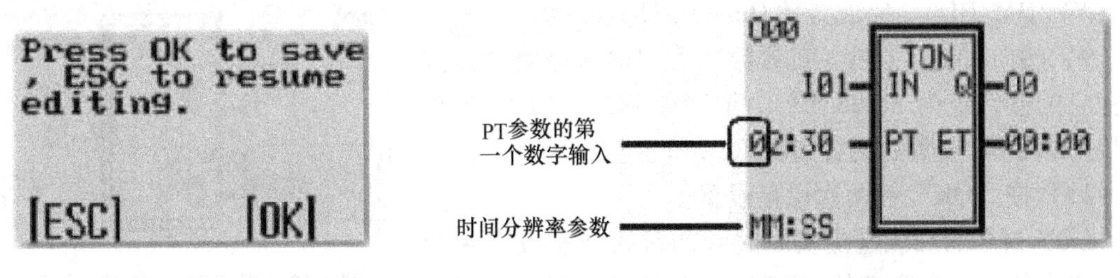

图 1-9　提示信息　　　　图 1-10　延时接通定时器组态

9）按向右键，设置预设值 PT 参数的第一个数字输入，如图 1-10 所示。把 PT 参数的值设定为 02：30。

10）按“OK”键，保存对参数的修改，弹出提示信息后，再次按“OK”键，保存修改。

这样就完成了对 TON 的组态，当输入 IN 由假到真时，计时器开始计时，累加值 ET 的值开始增加，当 ET 的值等于 PT 的值时，输出位 Q 变为真。

3. 组态 DOY 功能块

DOY 功能块的参数设置见表 1-8，所需要的步骤如下：

表 1-8 DOY 功能块参数设置

参数	组 态 值	参数	组 态 值
Q	Q03	Y/C	0
Channel	A	On	11/08/18(YY/MM/DD)
EN	I03	Off	11/08/19(YY/MM/DD)

1）接通 Micro810 控制器电源。

2）在打开的界面上显示编程模式、时间和 I/O 状态。同时按“ESC”和“OK”键，进入主菜单。

3）按向下键，选择智能继电器功能。按“OK”键进入。

4）按向下键，找出控制输出 003 的功能块。

5）按向右键，定位到功能块指令参数。通常默认为 DOY 指令功能块，如果不是可通过上下键定位到 DOY 指令功能块。

6）按向右键，选择通道参数，并显示通道 A。组态 DOY 功能块如图 1-11 所示。

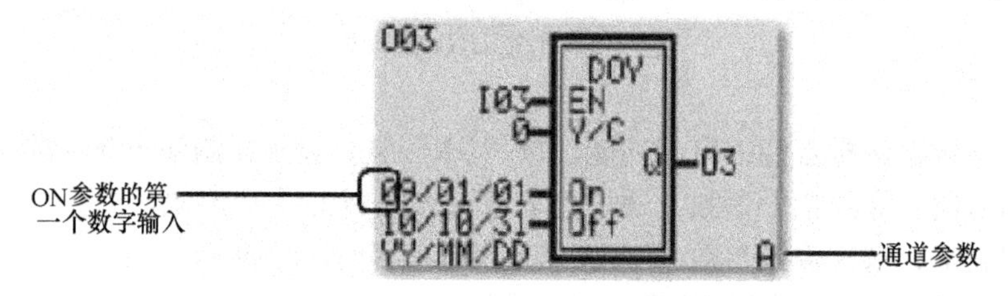

图 1-11 组态 DOY 功能块

7）按向右键，选择 EN 参数。按向下键，把 EN 参数的值变为 I03。

8）按向右键，选择 On 参数的数字输入，如图 1-12 所示，把 On 的日期设定为 11/08/18（YY/MM/DD），完成参数 On 的设置。

9）按向右键，选择 Off 参数的数字输入，用同样方法把它的值设定为 11/08/19（YY/MM/DD）。对 DOY 功能块 On 和 Off 参数的设置如图 1-12 所示。

10）按“OK”键两次保存设置。

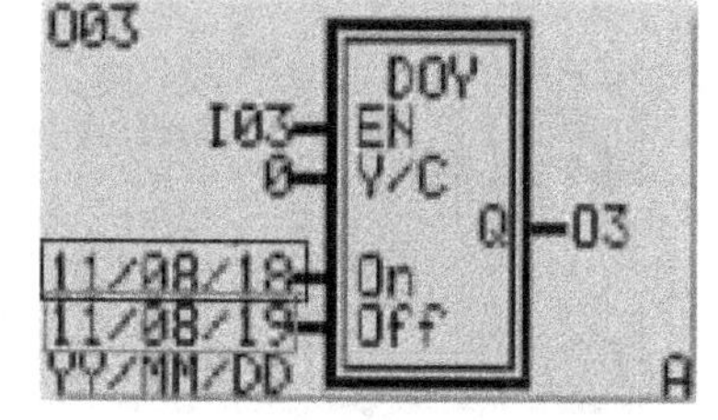

图 1-12 对 DOY 功能块 On 和 Off 参数的设置

DOY 指令的功能是当实时时钟的时间在所设定 4 个通道之中任何一个通道的 On 和 Off 参数之间时，输出位就变为真。所以，当按如上参数设置时，如果实时时钟的时间值位于 2011/08/18 和 2011/08/19 之间，则输出位将变为真。

4. 组态 TOW 功能块

TOW 功能块的参数设置见表 1-9，所需要的步骤如下：

表 1-9 TOW 功能块参数设置

参数	组 态 值	参数	组 态 值
Q	Q02	D/W	0
Channel	A	On	MO-08:30
EN	I03	Off	MO-08:31

1）接通 Micro810 控制器电源。

2）在打开的界面上显示编程模式、时间和 I/O 状态。同时按“ESC”和“OK”键，就会进入主菜单。

3）按向下键，选择智能继电器功能。按“OK”键，显示控制输出 000 功能块。

4）按向上键，找出控制输出 002 的功能块。

5）按向右键，定位到功能块指令参数。通常默认为 TOW 指令功能块，如果不是可通过上下键定位到 TOW 指令功能块。

6）按向右键，选择通道参数，这里显示为通道 A。

7）按向右键，选择 EN 参数。按向下键，把 EN 参数设置为 I03。

8）按向右键，选择 D/W 参数。

9）按向右键，选择 On 参数的数字输入为 MO-08:30。

10）用同样的方法，把 Off 参数设为 MO-08:31。

11）按“OK”键两次保存修改。组态 TOW 功能块如图 1-13 所示。

TOW 指令的功能是当实时时钟的时间在所设定 4 个通道之中任何一个通道的 On 和 Off 参数之间时，输出位就变为真。所以，当按如上设置参数时，如果实时时钟的时间位于星期一 8:30 到 8:31 之间，则输出位将变为真。

5. 组态减计数器（CTD）

CTD 功能块的参数设置见表 1-10，所需要的步骤如下：

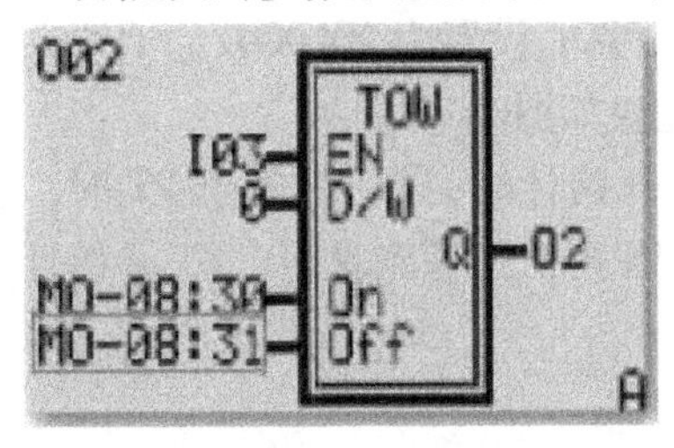

图 1-13　组态 TOW 功能块

表 1-10　CTD 功能块参数设置

参　数	组　态　值
Q	Q00
CLK	I01
LOAD	I02
PV	00010

1）接通 Micro810 控制器电源。

2）在打开的界面上显示编程模式、时间和 I/O 状态。同时按“ESC”和“OK”键，进入主菜单。

3）按向下键，选择智能继电器功能。按“OK”键，显示控制输出 000 功能块。

4）按向右键，定位功能块指令参数，通过上下键选择 CTD 指令。

5）按向右键，选择 CLK 参数。按向上键，把 CLK 的值设为 I01。

6）按向右键，选择 LOAD 参数。按向上键，选择 I02。

7）按向右键，定位到 PV 数字输入参数，并把值设定为 00010。

8）按“OK”键两次保存修改。组态 CTD 功能块如图 1-14 所示。

指令功能是当 CLK 由假到真变化 10 次时，CV 的值变为 0，此时输出位 Q 就会变为真，但 LOAD 由假到真变化一次后，CV 的值又重新变为 10，输出位 Q 变为假。

6. 组态 TONOF

TONOF 功能块的参数设置见表 1-11，所需要的步骤如下：

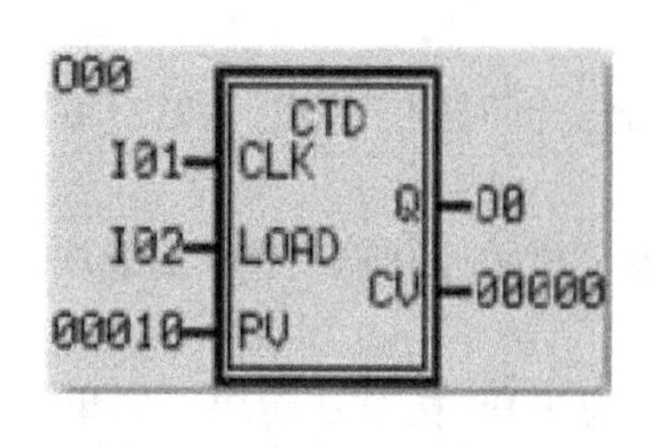

图 1-14　组态 CTD 功能块

表 1-11　TONOF 功能块参数设置

参　数	组 态 值
Q	Q01
IN	I03
Time Resolution	SS: MS
PT	15:000
PTOF	20:000

1）接通 Micro810 控制器电源。

2）在打开的界面上显示编程模式、时间和 I/O 状态。同时按“ESC”和“OK”键，进入主菜单。

3）按向下键，选择智能继电器功能。按“OK”键，显示控制输出 000 功能块。

4）按向右键，定位到功能块指令参数，通过上下键选择 TONOF 指令。

5）按向右键，选择参数 IN。这个参数用来启动内部计时器。按向上键，把参数 IN 设为 I03。

6）按向右键，选择 Time Resolution 参数，这个参数决定计时器的计数单元。按向下键，把它设为 SS: MS。

7）按向右键，选择 PT 参数的数字输入，并把值设定为 15:000。

8）按向右键，选择 PTOF 参数，用同样的方法把 PTOF 设置为 20:000。

9）按“OK”键两次保存修改。组态 TONOF 功能块如图 1-15 所示。

TONOF 指令的功能是当输入 IN 由假到真时，ET 开始计时；当 ET 等于 PT 时，输出 Q 变为真（延时通）；同时释放 IN，ET 变为 0:000。当 IN 再次由假到真时，ET 开始计时，当 ET 等于 PTOF 时，输出 Q 变为假（延时断）。

7. 组态脉冲计时器（TP）

TP 功能块的参数设置见表 1-12，所需要的步骤如下：

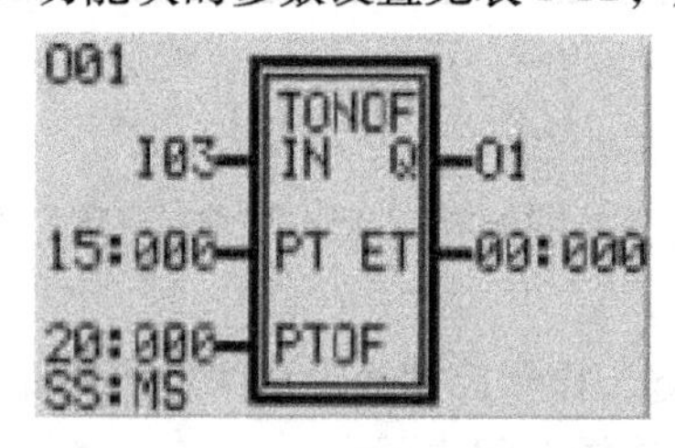

图 1-15　组态 TONOF 功能块

表 1-12　TP 功能块参数设置

参　数	组 态 值
Q	Q02
IN	I03
Time Resolution	SS: MS
PT	15:000

1）接通 Micro810 控制器电源。

2）在打开的界面上显示编程模式、时间和 I/O 状态。同时按“ESC”和“OK”键，进入主菜单。

3）按向下键，选择智能继电器功能。按“OK”键，显示控制输出 000 功能块。

4）按向上键，选择控制输出 002 的功能块，按向右键，定位到功能块的指令参数，并用上下键定位到 TP 指令。

5）按向右键，选择参数 IN，这个参数用来启动内部计时器。

6）按向右键，选择 Time Resolution 参数，这个参数决定内部计时器的时间单位。按向下键，设定为 SS: MS。

7）按向右键，选择 PT 参数的数字输入进行设置。

8）按“OK”键两次保存修改。组态 TP 功能块如图 1-16 所示。

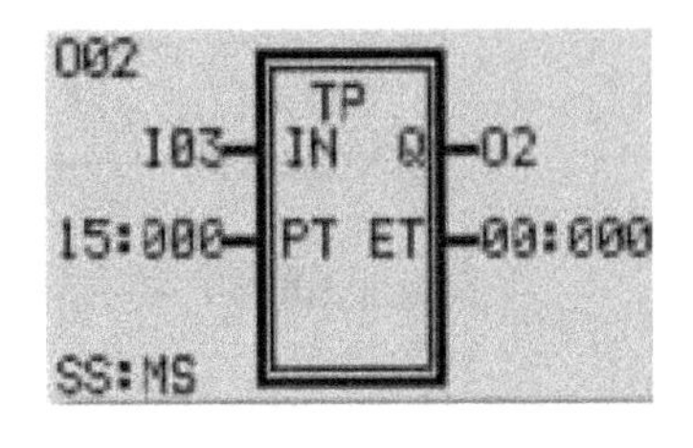

图 1-16　组态 TP 功能块

此指令完成的功能是当输入 IN 参数有一个由假到真的变化时，启动内部计时器，同时输出 Q 变为真，当累加值 ET 等于预设值 PT 时，输出变为假。

8. 组态 TOF

TOF 功能块的参数设置见表 1-13，所需要的步骤如下：

表 1-13　TOF 功能块参数设置

参　数	组 态 值	参　数	组 态 值
Q	Q03	Time Resolution	SS: MS
IN	I02	PT	15:000

1）接通 Micro810 控制器电源。

2）在打开的界面上显示编程模式、时间和 I/O 状态。同时按“ESC”和“OK”键，进入主菜单。

3）按向下键，选择智能继电器功能。按“OK”键，显示控制输出 000 功能块。

4）按向下键，选择控制输出 003 功能块。

5）按向右键，定位到功能块的指令参数，并通过上下键选择 TOF 指令参数。

6）按向右键，选择参数 IN，这个参数用来启动延时断开计时器。按向下键，把参数 IN 的值设定为 I02。

7）按向右键，选择 Time Resolution 参数，这个参数决定内部延时断开计时器的时间单位。按向下键，设定为 SS: MS。

8）按向右键，选择 PT 参数的数字输入进行设置。

9）按“OK”键两次保存修改。组态 TOF 功能块如图 1-17 所示。

图 1-17　组态 TOF 功能块

此指令的功能是当输入 IN 有一个由假到真的变化时，输出变为真。当输入 IN 由真变假时，延时断开计时器开始计时，当累加值 ET 等于预设值 PT 时，输出就由真变为假。

1.3.3　I/O 状态

Micro810 控制器的 LCD 面板上提供 I/O 状态显示，用于监视控制器和 I/O（输入/输出）状态。在主菜单界面中，使用 LCD 键盘上的向上或向下键选择 I/O Status（状态），然后按 LCD 键盘上的“OK”键，控制器 I/O 状态界面如图 1-18 所示。通常情况下，LCD 的默认界面就是控制器 I/O 状态界面。

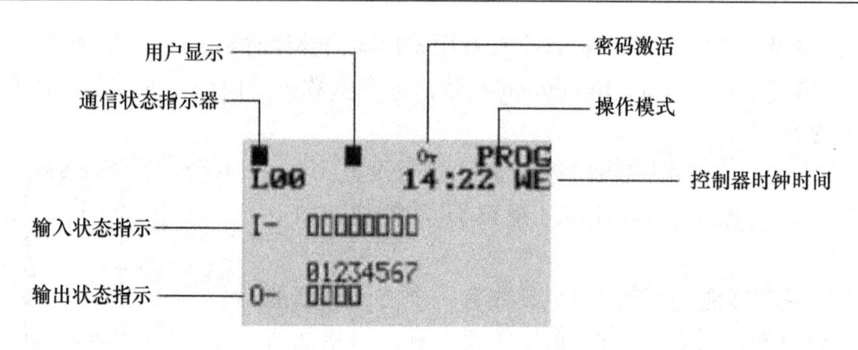

图 1-18 控制器 I/O 状态界面

图中指示的信息有：

1）通信状态指示器：当矩形闪烁时，说明控制器正通过 USB 接口与个人计算机（PC）通信。

2）用户显示：当为实心矩形时，表示用户用 LCD 指令编写了一个用户自定义屏幕。

3）密码激活：当密码激活时，显示这个图标；当不激活时，没有显示。

4）操作模式：显示控制器当前的模式，有编程和运行两种模式。

5）控制器时钟时间：显示的是控制器时钟当前的时间。

6）I/O 状态：当输入和输出断电时，显示为空心的矩形，当通电时为实心矩形。

1.3.4 高级设置

LCD 主菜单下的 Advanced Set（高级设置）子菜单具有以下功能：

- System Info（系统信息）；
- Fault Code（故障代码）；
- LCD Setup（LCD 设置）；
- Clock Setup（时钟设置）；
- Language（语言）；
- Input Filter（输入滤波器）；
- AI Calibration（模拟量输入校正）；
- PwrUp Behavior（启动默认状态）；
- Memory Module（存储模块）。

选择主菜单界面上的 Advanced Set（高级设置）选项，按“OK”键，进入高级设置菜单界面，如图 1-19 所示。

1. 系统信息

LCD 的系统信息界面允许标识控制器的系统信息。

在 Advanced Set（高级设置）界面中，使用 LCD 键盘上的向上或向下键选择 System Info（系统信息），按“OK”键，显示系统信息界面。该界面可以识别控制器的目录号、操作系统固件版本号和开机固件版本号。按“ESC”键返回到高级设置菜单界面。

图 1-19 高级设置子菜单界面

2. 故障代码

发生故障时，控制器上的 FAULT LED（故障发光二极管）红色闪烁，由于故障代码界面不会自动显示，因此需要进入故障代码界面查看LCD显示的故障代码。

在Advanced Set（高级设置）界面中，使用LCD键盘上的向上或向下键选择Fault Code（故障代码），按“OK”键，显示故障代码界面。如果没有发生故障，显示“0000h”；如果发生故障，显示其故障代码。

按“ESC”键返回到高级设置菜单界面。

3. LCD设置

在Advanced Set（高级设置）界面中，使用LCD键盘上的向上或向下键选择LCD Setup（LCD设置）。按“OK”键进入设置界面，这里有3个选项：

（1）Contrast（对比度）：按“OK”键进入对比度设置界面，通过按左右键可以改变对比度的百分比。

（2）Back Light（背光）：按“OK”键进入背光模式设置界面，这里有三种模式：模式0为屏幕一直熄灭；模式1为30s无操作，屏幕就熄灭；模式2为屏幕一直亮。控制器默认为模式1，通过上下键可以在三种模式之间切换。

（3）P-BUTTON（P按钮）：按“OK”键进入，有使能和不使能两种状态，通过上下键移动箭头，选择想要设定的状态，按“OK”键即可。

设置完成后，按“ESC”键返回高级设置菜单界面。

4. 时钟设置

Micro810控制器的LCD时钟，可以在Advanced Set（高级设置）界面中，使用LCD键盘上的向上或向下键选择Clock Setup（时钟设置），按“OK”键进入设置界面，选择CLOCK，按“OK”键进入，这里可以对控制器时钟的年月日小时分进行设置。设置完成后，按“ESC”键返回高级设置菜单界面。

5. 语言

Micro810控制器的LCD允许用户给控制器设定所需要的语言，供用户选择的语言有：ENGLISH（英语）、简体中文、FRANCAIS（法语）、西班牙语和意大利语。在Advanced Set（高级设置）界面中，使用LCD键盘上的向上或向下键选择Language（语言）选项，按“OK”键进入，通过上下键选择所需要的语言，然后按“OK”键保存设置。语言设置选项如图1-20所示。设置完成后，按“ESC”键返回高级设置菜单界面。

6. 输入滤波器

Micro810控制器的LCD允许用户给控制器输入设定滤波器，在Advanced Set（高级设置）界面中使用LCD键盘上的向上或向下键选择Input Filter（输入滤波器）选项，按“OK”键进入，通过上下键选择所需要输入组，然后按“OK”键进入，通过上下键改变对滤波器的设置，按“OK”键保存设置。对滤波器的设置共有以下几种：自定义、28msAC、16msAC、08msAC、32ms、16ms和08ms。默认情况下为自定义，对本地输入都要设定为16ms。设置完成后，按“ESC”键返回高级设置菜单界面。

图1-20　语言设置选项

7. 模拟量输入校正

Micro810 控制器的 LCD 允许用户对控制器的四组模拟量输入进行校正，在 Advanced Set（高级设置）界面中，使用 LCD 键盘上的向上或向下键选择 AI Calibration（模拟量输入校正）选项，按“OK”键进入，通过上下键选择所需要设置的输入组，按“OK”键进入。这里可以设置校正乘数和补偿系数，通过左右键在两个参数之间切换，通过上下键对所选定的值进行改变，默认情况下，校正乘数为 100，补偿系数为 0。设置完成后，按“ESC”键返回高级设置菜单界面。

8. 启动时的默认状态

Micro810 控制器的 LCD 允许用户对控制器启动时的状态进行设置，在 Advanced Set（高级设置）界面中，使用 LCD 键盘上的向上或向下键选择 PwrUp Behavior（启动时的默认状态）选项，按“OK”键进入，通过上下键选择要设定的状态，这里有三种状态：编程模式、运行模式和故障过载。编程模式和运行模式只能选择一个，故障过载可以和其他两个中的一个同时选中。设置完成后，按“ESC”键返回高级设置菜单界面。

9. 存储模块

Micro810 控制器的 LCD 允许用户对存储模块进行设置，在 Advanced Set（高级设置）界面中，使用 LCD 键盘上的向上或向下键选择 Memory Module（存储模块）选项，按“OK”键进入，通过上下键选择要设定的项，有以下四种可供选择：

（1）MM Setup（存储模块设置）：这里有“总是加载”和“加载打开错误”两种状态。通过上下键，选择所要的状态，按“OK”键即可保持设置。

（2）M800→MM（控制器到存储模块）：把程序由控制器移动到存储模块。当选择此功能时，按“OK”键，会弹出确认信息，要执行此动作，按“OK”键即可。

（3）MM→M800（存储模块到控制器）：把程序由存储模块移动到控制器。当选择此功能时，按“OK”键，会弹出确认信息，要执行此动作，按“OK”键即可。

（4）Clear MM（清空存储模块）：清空存储模块。当选择此功能时，按“OK”键，会弹出确认信息，要执行此动作，按“OK”键即可。

设置完成后，按“ESC”键返回高级设置子菜单界面。

1.3.5 保密设置

Micro810 控制器的 LCD 主菜单的最后一项是安全设置，这里可以对控制器设置一个密码，输入密码后，选择激活密码，控制器就会锁定，用 LCD 对控制器做任何设置都将无法进行，必须先去除密码，才能对控制器进行设置。具体操作如下：

进入主菜单，用向下键定位到“安全”项，按“OK”键，进入密码设置界面，按“OK”键，激活密码，此时在启动界面上就会显示密码激活的图标，如果想要修改对控制器的设置，则要先选择不激活密码，按“OK”键进入，输入密码，再按“OK”键即可。

1.4 Micro820 控制器的 I/O 配置

Micro820 控制器的 I/O 点数为 20，并附有一个以太网口和一个支持 RS-232/RS-485 的非隔离的串行端口，其外形如图 1-21 所示，具体描述见表 1-14。

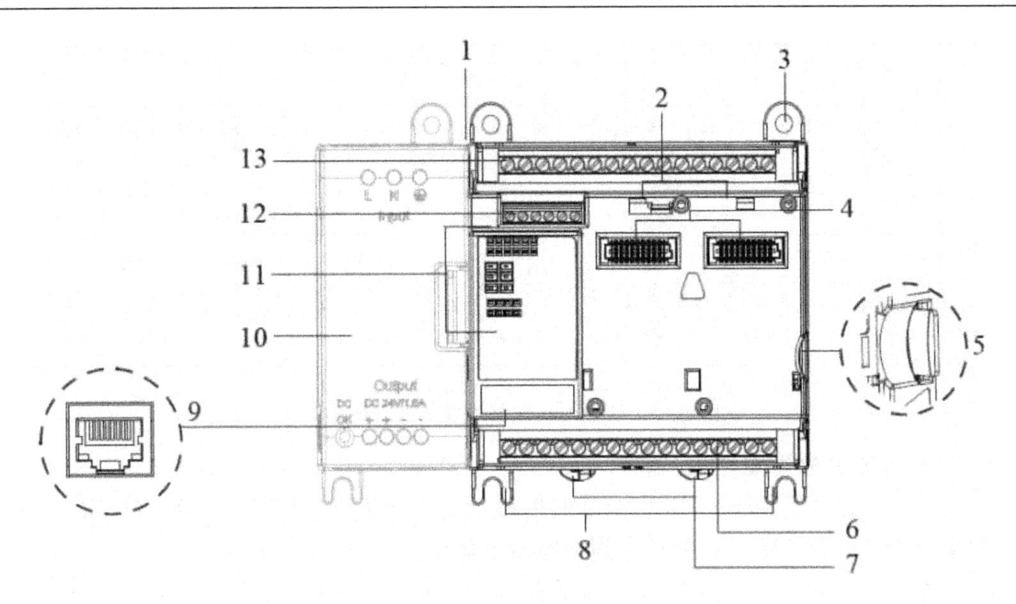

图1-21　Micro820控制器外形

表1-14　Micro820控制器硬件说明

标号	描　述	标号	描　述
1	电源模块连接槽	8	安装底角
2	扩展模块卡槽	9	以太网通信接口
3	安装孔	10	电源模块
4	扩展模块接口	11	状态指示器
5	MicroSD卡插槽	12	非隔离RS-232/RS-485串行通信接口
6	输出信号接线端子	13	输入信号接线端子
7	DIN导轨卡		

Micro820控制器其具体型号如下：2080-LC20-20QBB、2080-LC20-20QWB、2080-LC20-20AWB、2080-LC20-20QBBR、2080-LC20-20QWBR、2080-LC20-20AWB。不同型号控制器的I/O配置不同。控制器的I/O数据见表1-15。

表1-15　Micro820控制器I/O数据

控制器	输入			输出			模拟量输出DC0…10V	模拟量输入0…10V（与直流输入共享）	支持的PWM数
	AC120V	AC120/240V	DC24V	继电器	DC24V拉出型	DC24V灌入型			
2080-LC20-20QBB	—	—	12	—	7	—	1	4	1
2080-LC20-20QWB	—	—	12	7	—	—	1	4	—
2080-LC20-20AWB	8	—	4	7	—	—	1	4	—
2080-LC20-20QBBR	—	—	12	—	7	—	1	4	1
2080-LC20-20QWBR	—	—	12	7	—	—	1	4	—
2080-LC20-20AWBR	8	—	4	7	—	—	1	4	—

控制器型号为：2080-LC20-20AWB，2080-LC20-20QWB，2080-LC20-20AWBR，2080-LC20- 20QWBR的控制器，其外部接线图如图1-22所示。

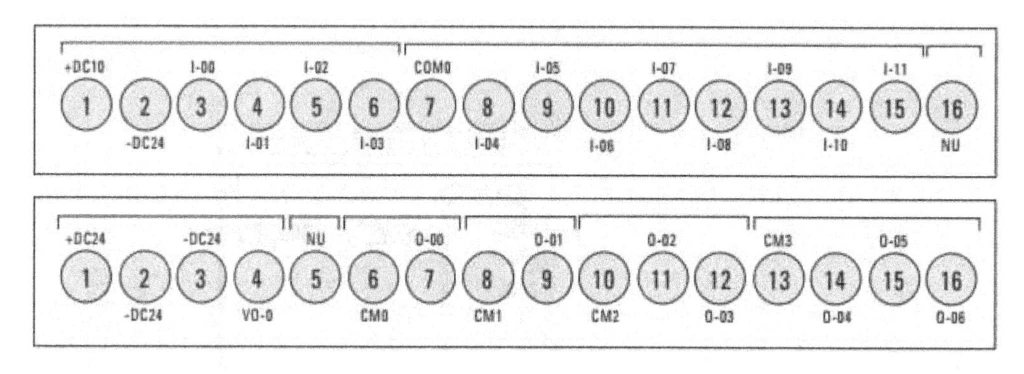

图 1-22　Micro820 控制器外部接线端子图

1. Micro820 的数字量输入/输出

（1）对于 2080-LC20-20AWB/R 型号的控制器，00…03 端口要求为 DC24V 输入，04…11 端口要求为 AC120V 输入，并且全为继电器型输出。

（2）对于 2080-LC20-20QWB/R 型号的控制器，00…11 端口都要求为 DC24V 输入，并且全为继电器型输出。

（3）对于 2080-LC20-20QBB/R 型号的控制器，00…11 端口都要求为 DC24V 输入，并且全为 DC24V 拉出型输出。

以 2080-LC20-20AWB 型号的控制器为例，它的输入端口配置如图 1-23 所示，可以看出，对于 00...03 端口只能使用直流输入，而对于 04…11 端口，只能使用交流输入。

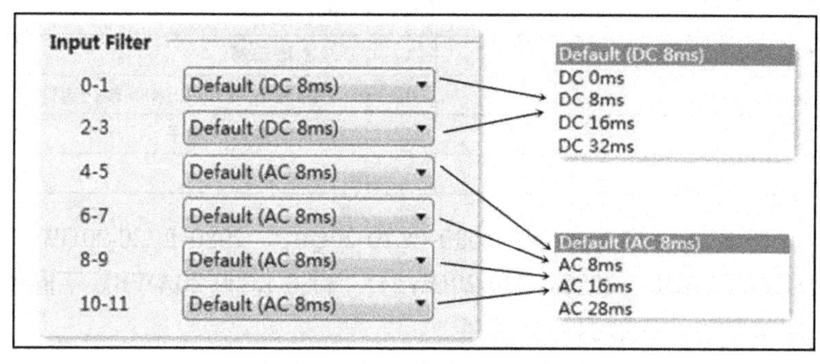

图 1-23　输入端口配置

2. Micro820 的模拟量输入/输出

Micro820 控制器的 I00 ~ I03 端口除了可以作为数字量的输入，也可以作为模拟量的输入，它可以将电压信号转换成数字量。模拟量的输入值分别存储在全局变量中的“_IO_EM_AI_00”到“_IO_EM_AI_03”中，可以用“SCALER”功能块对输入的模拟量进行标定（“SCALER”功能块在第 5 章中具体讲解）。Micro820 控制器还有一个模拟量输出端口。

3. Micro820 的热电阻输入

Micro820 控制器的 I00 ~ I03 端口可以作为热电阻输入，当 I00 ~ I03 端口接入热电阻时，可以通过如下公式计算输入电压为

$$V_i = \frac{R_i}{R_i + R_t} * V_{ref} \qquad (1\text{-}1)$$

式中　V_i——输入端口电压值（不校准时误差为 ±5%，校准时误差为 ±2%）；

R_i——输入端口电阻值（14. 14kΩ 误差为 ±2%）；

R_t——热电阻电阻值（建议是 10kΩ 的热敏电阻）；

V_{ref}——10V ±0. 5V。

为了使测量更加准确，在测量前需要对端口进行校准，校准步骤如下：

（1）连接一个电阻（建议是 10kΩ），该电阻的阻值一定要通过万用表精确测量的，它的阻值设为 R_i'；

（2）通过下式计算理想情况下的数值（C_1）为

$$C_1 = 14.14\text{k}\Omega / (14.14\text{k}\Omega + R_i') \times 4095 \tag{1-2}$$

（3）从 CCW 软件中读取 I00 端口的真实值（C_2）；

（4）计算增益（Gain）。

$$\text{Gain} = C_1 / C_2 \tag{1-3}$$

例如：如果测量电阻为 10kΩ，那么

$$C_1 = 14.14 / (14.14 + 10.00) \times 4095 = 2399 \tag{1-4}$$

从 CCW 软件中读得 C_2 的值为 2440，所以

$$\text{Gain} = 2399/2440 = 98\% \tag{1-5}$$

在 CCW 软件中配置页面中的“EmbeddedI/O”中的“Input0”的“Gain”参数改成“98”，如图 1-24 所示。并对其他端口也做同样的操作。

Gain & Offset

	Gain	Offset		Gain	Offset
Input 0	98	0	Output 0	100	0
Input 1	100	0			
Input 2	100	0			
Input 3	100	0			

图 1- 24　模拟量输入/输出端口标定界面

1. 5　Micro820 控制器的远程 LCD 模块

Micro820 控制器可以通过 RS-232 串口与远程 LCD 模块（2080-REMLCD）连接，其面板示意如图 1-25 所示。通过远程 LCD 模块在默认时显示控制器 I/O 的状态，该模块通过 USB 端口与电脑连接，用户可以通过 USB 从 CCW 软件中下载程序。或者也可以将 PLC 的以太网模块与电脑连接，使用以太网从 CCW 软件中下载程序。此时屏幕不显示模块的 I/O 状态，当 USB 电缆没有接通或者 30s 都没有通信时，远程 LCD 模块的屏幕自动恢复，显示控制器 I/O 状态。

远程 LCD 模块上电后，首先与 Micro820 进行连接，连接成功后会显示设置好的欢迎界面，如图 1-26 所示，默认的欢迎界面只显示“Micro820”，如图 1-27 所示。

远程 LCD 模块（2080-REMLCD）的操作方法与 Micro810 控制器的 LCD 功能有一定类似，图 1-28 所示显示了按键流程。

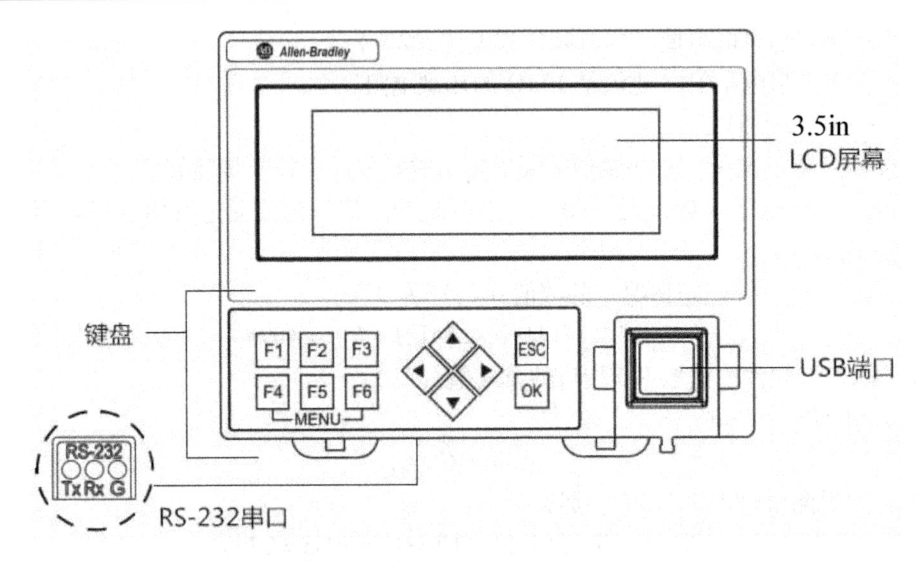

图 1-25　远程 LCD 模块面板示意图

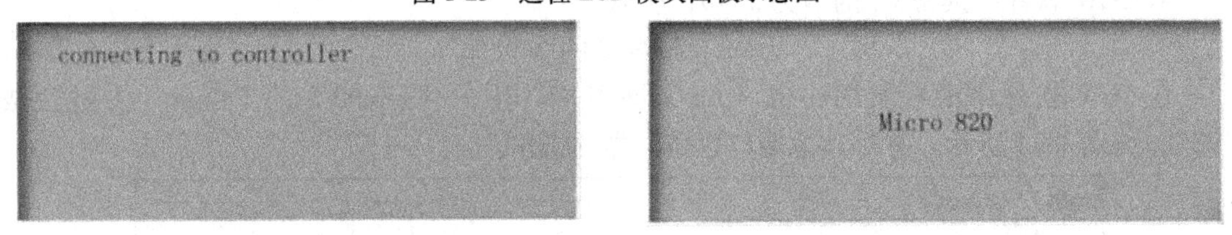

图 1-26　启动界面　　　　图 1-27　欢迎界面

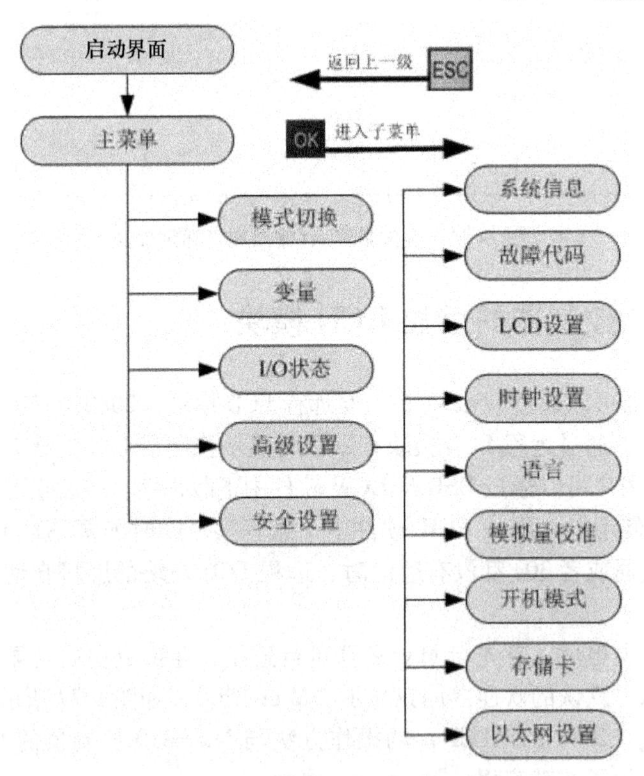

图 1-28　远程 LCD 模块按键流程

远程 LCD 模块会占用 Micro820 控制器的串行通信端口，且需要设置。在 Micro820 的主菜单中双击“Remote LCD”，如图 1-29 所示，将“Configure Serial Port for Remote LCD”勾选上即可，CCW 软件即将串行通信端口自行设置完毕，即可实现连接。

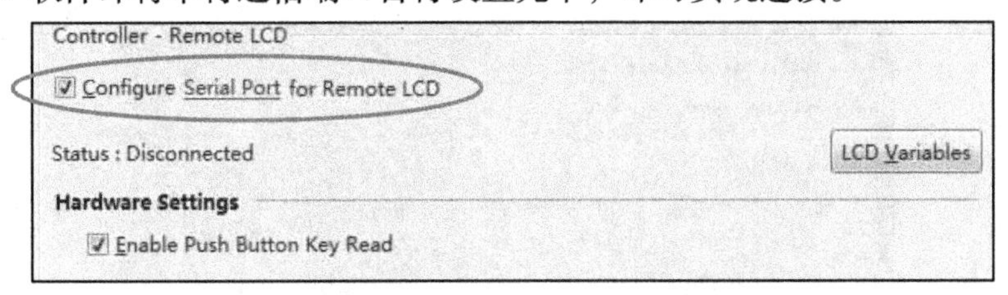

图 1-29　配置远程 LCD 模块与控制器通信

在 Micro820 主菜单中双击“Remote LCD”，如图 1-30 所示，远程 LCD 模块可以通过 CCW 软件来配置制作起动时屏幕的显示，即在“Message”中输入相应的起动欢迎语。

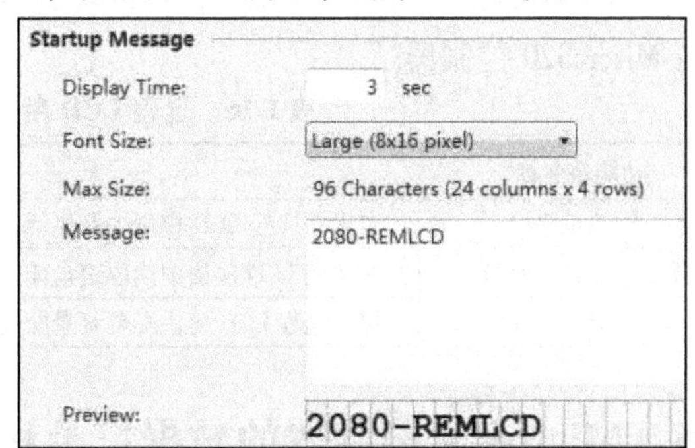

图 1-30　配置远程 LCD 界面

单击图 1-29 右上角的“LCD Variables”可以选定远程 LCD 模块所能查看和编辑的变量，单击“LCD Variables”，弹出对话框如图 1-31 所示。对要选定的变量打钩，应注意最多只能选定 400 个变量，图 1-31 左上角方框内表示已经选定了两个变量。

LCD Variables

2 out of 400

Name	Alias	DataType	LCD Display
_IO_EM_DO_00		BOOL	
_IO_EM_DO_01		BOOL	
_IO_EM_DO_02		BOOL	✓
_IO_EM_DO_03		BOOL	✓
_IO_EM_DO_04		BOOL	
_IO_EM_DO_05		BOOL	
_IO_EM_DO_06		BOOL	
_IO_EM_DI_00		BOOL	
_IO_EM_DI_01		BOOL	
_IO_EM_DI_02		BOOL	
_IO_EM_DI_03		BOOL	
_IO_EM_DI_04		BOOL	
_IO_EM_DI_05		BOOL	
_IO_EM_DI_06		BOOL	
_IO_EM_DI_07		BOOL	

图 1-31　选定 LCD 变量对话框

勾选成功后，将程序下载到 Micro820 中，能够在“变量”菜单下找到对应的变量名，按下“OK”按钮后会显示相应的变量数据，或者按下快捷键 F1 直接进入变量菜单，如图 1-32 所示。

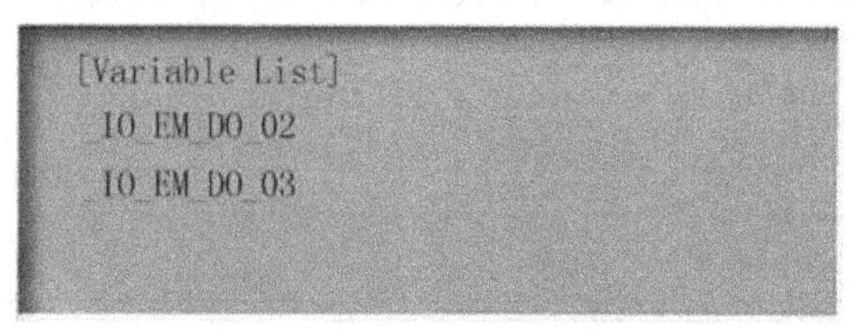

图 1-32　远程 LCD 模块显示

此外，该 LCD 模块还支持使用功能块创建用户自定义屏幕，见表 1-16。这三条指令仅支持 Mircro820 控制器。

表 1-16　远程 LCD 用户自定义屏幕功能块

功能块名称	描　述
LCD_REM	定义在远程 LCD 模块中所显示的内容
KEY_READ_REM	在远程 LCD 模块中读取键盘输入内容
LCD_BKLT_REM	更改远程 LCD 模块屏幕背景颜色和该模块的运行模式

1.6　Micro820 控制器的数据记录和配方

前面已经提过 Micro820 插入 microSD 卡后，可进行程序的存储和备份，数据的记录和配方，下面将分别介绍这些功能。

1.6.1　程序的存储和备份

程序的存储和备份只有控制器处于“编程”模式下才能进行。在 Micro820 主菜单中双击“Memory Card”，显示如图 1-33 所示。可以设置存储的条件。

microSD 卡存储目录结构如图 1-34 所示，备份的程序默认在“MICRO820/USERPRJ”文件夹中生成。

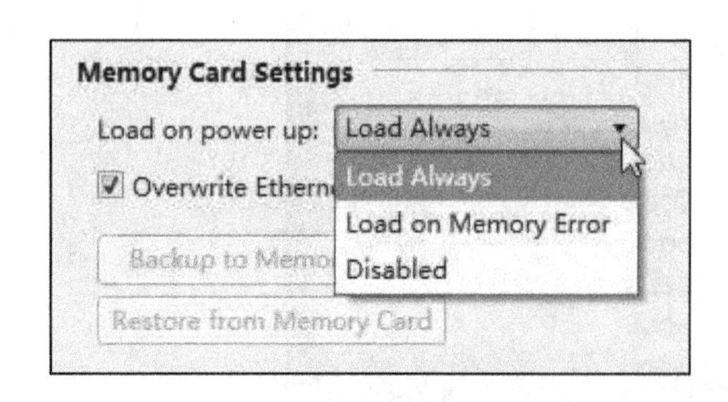

图 1-33　SD 卡设置

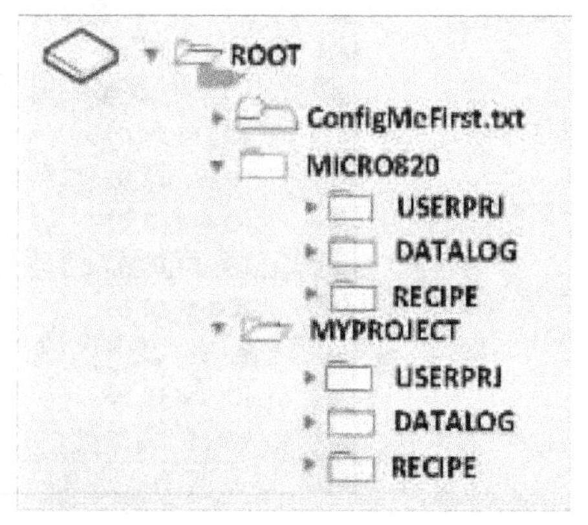

图 1-34　microSD 卡存储目录的结构

“ConfigMeFirst. txt”是 microSD 卡储存时的配置文件，它可以选择储存、备份、数据记录和配方的目录。其指令见表 1-17。

表 1-17　“ConfigMeFirst. txt”文件设定指令

设置	描　述
[PM]	上电后并转换到“编程”模式
[CF]	上电后清错
[ESFD]	上电后把嵌入式串联通信恢复至出厂状态
[IPA = xxx. xxx. xxx. xxx]	上电后把 IP 地址设置为 xxx. xxx. xxx. xxx
[SNM = xxx. xxx. xxx. xxx]	上电后把子网掩码设置为 xxx. xxx. xxx. xxx
[GWA = xxx. xxx. xxx. xxx]	上电后把网关地址设置为 xxx. xxx. xxx. xxx
[BKD = My Proj1]	上电后将控制器程序存储到“My Proj1”下
[RSD = My Proj2]	上电后从“My Proj2”目录程序下读取程序
[UPD = My Proj]	在正常使用的情况下(包括通过 CCW 软件、远程 LCD 模块等)，设定用户程序目录的名字
[END]	结束设定(该条指令是一定要写的，即使没有其他的指令)

ConfigMeFirst. txt 文件通用的配置规则如下：

1）所有的指令必须用“ [ ]”括起来；

2）每行只能有一个指令；

3）指令必须在一行的开头出现；

4）备注一定要以“#”开头。

1.6.2　数据记录和配方

1. 数据记录

在 Micro820 主菜单中双击“Data Log”，如图 1-35 所示。首先单击“Add Data Set”，这时在“Data Set List”中建立了一个变量库，命名为“DEST1”，最多可建 10 个这样的变量库。单击“Add Variable”添加该变量库所记录的变量。

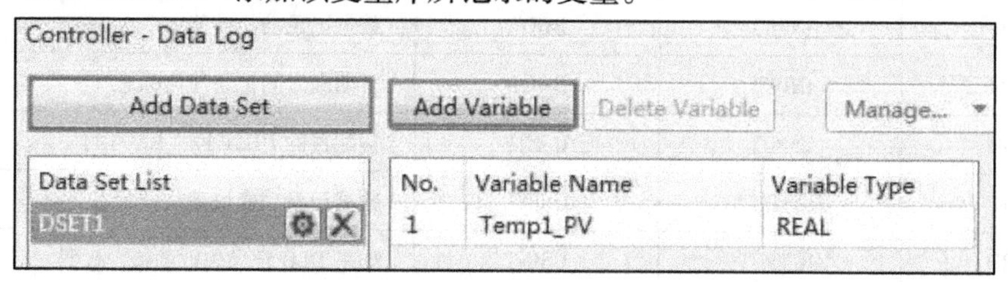

图 1-35　添加所需记录的变量

Micro820 控制器每天支持记录 10MB 的数据，数据记录目录的结构如图 1-36 所示。其中 DATALOG 文件夹是在 microSD 卡中自动生成的，其下属文件夹表示数据记录时控制器 RTC 时间，“2014”代表“年”，其下属文件夹代表“月份”，“月份”下属文件夹代表“日”，“Grpxx”文件夹是数据记录自动生成的，每天最多只能生成 50 个“Grpxx”文件夹，

"Grpxx"文件夹下的数据记录文件"Filexx",从"File01"开始,当文件的存储量大于 4KB 时,"File02"文件就自动生成了,每个"Grpxx"文件夹最多只能包含 50 个该文件。

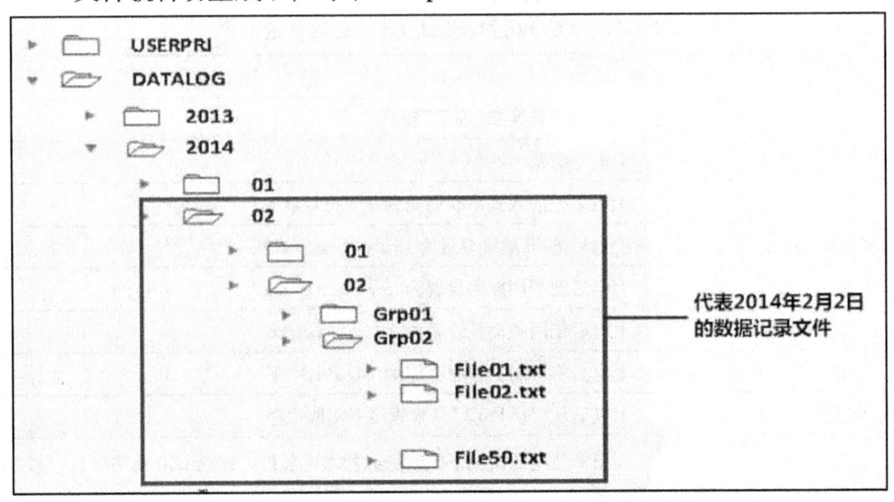

图 1-36　数据记录目录的结构

用户可以通过数据记录功能块来记录程序运行时的数据,DLG 指令如图 1-37 所示。

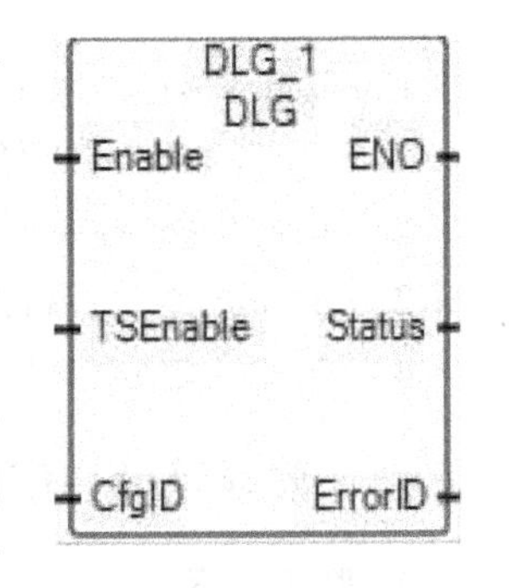

图 1-37　DLG 功能块

DLG 功能块的输入/输出参数,见表 1-18,DLG 功能块状态,见表 1-19,DLG 功能块错误代码,见表 1-20。

2. 配方

配方的变量添加方式与数据记录的变量添加方式类似,在 Micro820 主菜单中双击"Recipe",如图 1-38 所示。首先单击"Add Recipe",这时在"Recipe List"中建立了一个配方,命名为"RCP1",单击"Add Variable"添加该数据库所记录的变量。

表 1-18　DLG 功能块的输入/输出参数

参数	参数类型	数据类型	描　述
Enable	INPUT	BOOL	数据记录功能使能
TSEnable	INPUT	BOOL	日期和时间记录使能标志
Cfgld	INPUT	USINT	被配置的 DEST 号 (1...10)
Status	OUTPUT	USINT	数据记录功能块现在的状态
ErrorID	OUTPUT	USINT	如果 DLG 记录失败的错误代码

表 1-19　DLG 功能块状态

状态代码	描　述	状态代码	描　述
0	数据记录处于空闲状态	2	数据记录完成成功状态
1	数据记录处于运行状态	3	数据记录完成出现错误状态

表 1-20　DLG 功能块错误代码

状态代码	名　称	描　述
0	DLG_ERR_NONE	没有错误
1	DLG_ERR_NO_SDCARD	microSD 卡丢失
2	DLG_ERR_RESERVED	保留
3	DLG_ERR_DATAFILE_ACCESS	在 microSD 卡中存取的数据文件出错
4	DLG_ERR_CFG_ABSENT	数据记录配置文件丢失
5	DLG_ERR_CFG_ID	数据记录文件中配置的 ID 号丢失
6	DLG_ERR_RESOURCE_BUSY	不同的数据记录功能块同时使用了相同的配置 ID 号
7	DLG_ERR_CFG_FORMAT	数据记录配置文件格式错误
8	DLG_ERR_RTC	时钟错误
9	DLG_ERR_UNKNOWN	发生了未知的错误

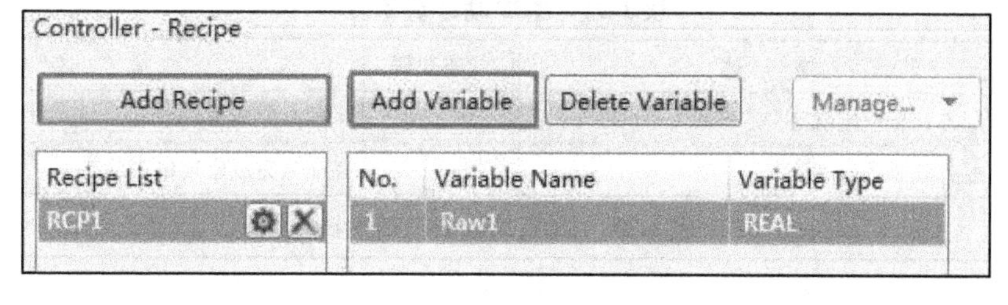

图 1-38　添加配方的变量

配方目录的结构如图 1-39 所示，“RECIPE”文件夹下最多有 10 个文件命名为“Rcp_idxx”（如果“CfgID”值为 1，那么指定的文件夹为“Rcp_Id01”），每个“Rcp_idxx”最多只能包含 50 个配方文件或变量集，配方文件的文件名不能超过 30 个字符。

RCP 功能块如图 1-40 所示，RCP 功能块允许用户程序从存储在 microSD 卡中配方文件夹中的配方数据文件中读取变量值，同时刷新控制器中实时的全局或本地变量值。RCP 功能块也允许从小型控制器向 microSD 卡中的配方数据文件中写入实时的全局或本地变量值。

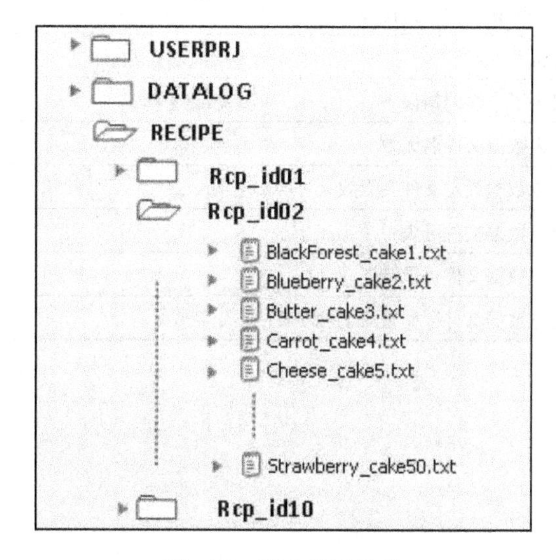

图 1-39　配方目录结构

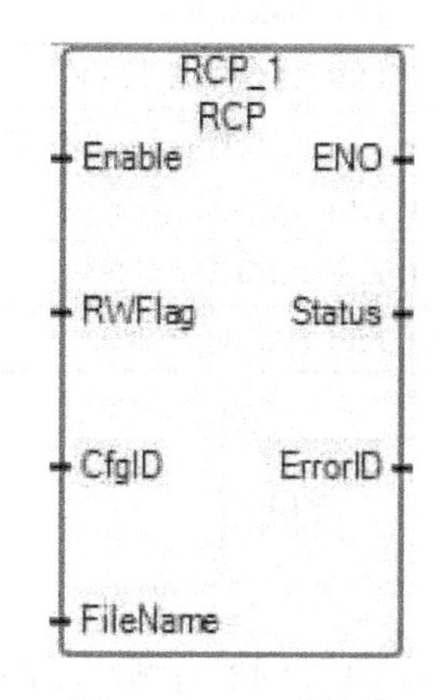

图 1-40　RCP 功能块

RCP 功能块的输入/输出参数，见表 1-21。RCP 功能块状态，见表 1-22。RCP 功能块错误代码，见表 1-23。

表 1-21　RCP 功能块的输入/输出参数

参数	参数类型	数据类型	描　述
Enable	INPUT	BOOL	配方功能（读、写）使能
RWFflag	INPUT	BOOL	真：向 microSD 卡中的配方文件写变量值 假：从 microSD 卡中读取已经保存的变量值并相应地更新这些变量值
Cfgld	INPUT	USINT	配方文件夹设定号（1...10）
RcpName	INPUT	STRING	配方数据的文件名（最大 30 个字符）
Status	OUTPUT	USINT	配方功能块当前的状态
ErrorID	OUTPUT	USINT	配方读/写记录失败的错误代码

表 1-22　RCP 功能块状态

状态代码	描　述	状态代码	描　述
0	配方处于空闲状态	2	配方完成成功状态
1	配方处于运行状态	3	配方完成出现错误状态

表 1-23　RCP 功能块错误代码

状态代码	名称	描　述
0	RCP_ERR_NONE	没有错误
1	RCP_ERR_NO_SDCARD	microSD 卡丢失
2	RCP_ERR_DATAFILE_FULL	配方文件数超过每个文件夹设定的最大数
3	RCP_ERR_DATAFILE_ACCESS	在 microSD 卡中存取的配方文件出错
4	RCP_ERR_CFG_ABSENT	配方配置文件丢失
5	RCP_ERR_CFG_ID	配方文件中配置的 ID 号丢失
6	RCP_ERR_RESOURCE_BUSY	不同的配方功能块中同时使用了相同的配置 ID 号
7	RCP_ERR_CFG_FORMAT	配方配置文件格式错误
8	RCP_ERR_RESERVED	保留
9	DLG_ERR_UNKNOWN	发生了未知的错误
10	RCP_ERR_DATAFILE_NAME	配方数据文件名无效
11	RCP_ERR_DATAFOLDER_INVALID	配方数据设定文件夹无效
12	RCP_ERR_DATAFILE_ABSENT	配方数据文件丢失
13	RCP_ERR_DATAFILE_FORMAT	配方数据文件目录错误
14	RCP_ERR_DATAFILE_SIZE	配方数据文件存储量太大(>4K)

1. Micro810 控制器有哪些硬件特性?
2. Micro810 控制器支持的电源类型有哪些?

3. Micro810 控制器的输入/输出有哪几种类型？
4. Micro810 控制器的 LCD 屏包含哪些功能？
5. Micro810 控制器有什么类型的通信端口？需要辅助通信器件吗？
6. Micro810 控制器可扩展什么类型的模块？
7. Micro820 控制器的 I/O 配置是怎样的？
8. Micro820 控制器的远程 LCD 模块有什么作用？

思考题

1. 请用 Micro 810 控制器设计一个简单的交通灯控制系统。
2. 输入滤波的主要目的是什么？如何计算滤波响应时间？
3. Micro820 控制器中的数据记录和配方有什么不同？请举例说明。

第 2 章

Micro830 控制器硬件

学习目标

- 了解 Micro830 控制器的基本功能
- 掌握 Micro830 控制器 I/O 的配置方法
- 掌握 Micro800 控制器嵌入式模块的使用方法

2.1　Micro830 控制器硬件特性

Micro830 控制器是带有嵌入式输入/输出的经济型控制器，根据控制器的类型，它可以插 2 ~5 个模块。按照其 I/O 点数可以分为四种款型：10 点、16 点、24 点和 48 点。具体型号如下：

10 点：2080-LC30-10QWB、2080-LC30-10QVB；

16 点：2080-LC30-16QWB、2080-LC30-16AWB、2080-LC30-16QVB；

24 点：2080-LC30-24QWB、2080-LC30-24QBB、2080-LC30-24QVB；

48 点：2080-LC30-48QWB、2080-LC30-48AWB、2080-LC30-48QBB、2080-LC30-48QVB。

Micro830 控制器的外形如图 2-1、图 2-2 和图 2-3 所示。它是一种固定式的控制器，具体描述见表 2-1 和表 2-2。

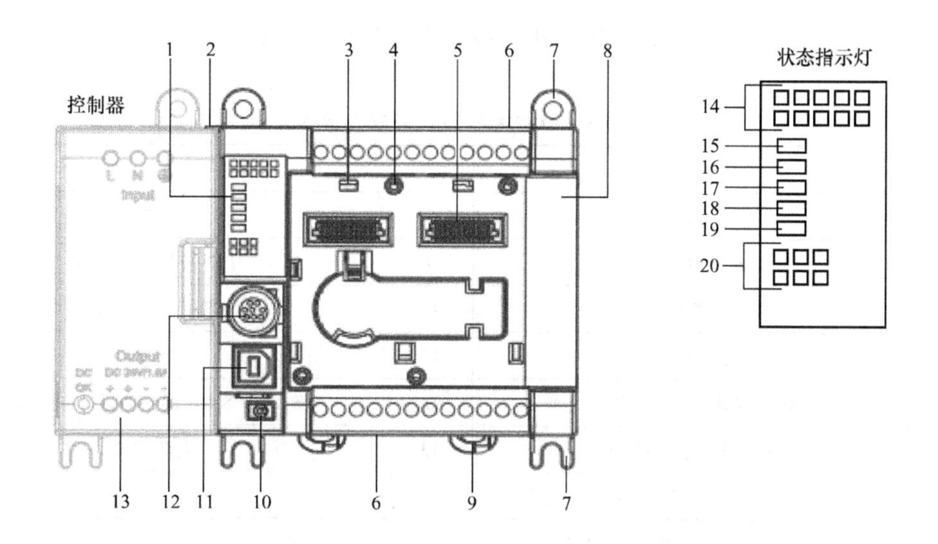

图 2-1　10\16 点 Micro830 控制器和状态指示灯

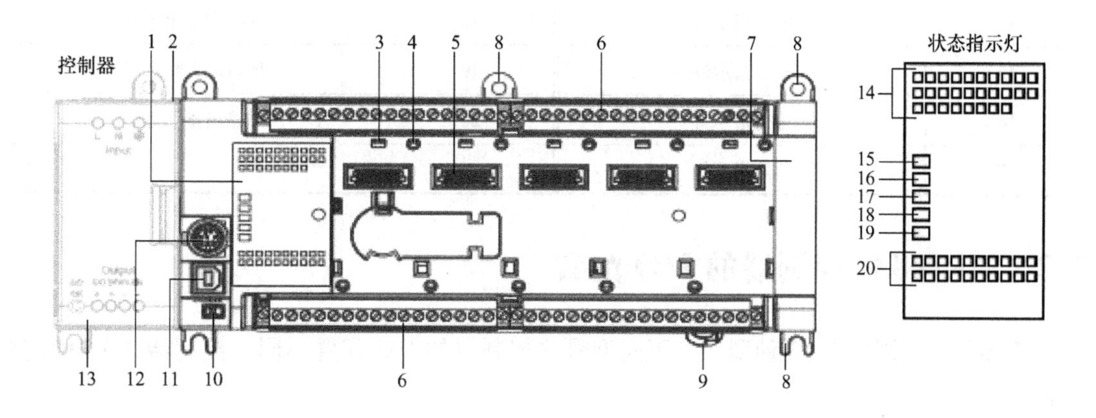

图 2-2　48 点 Micro830 控制器和状态指示灯

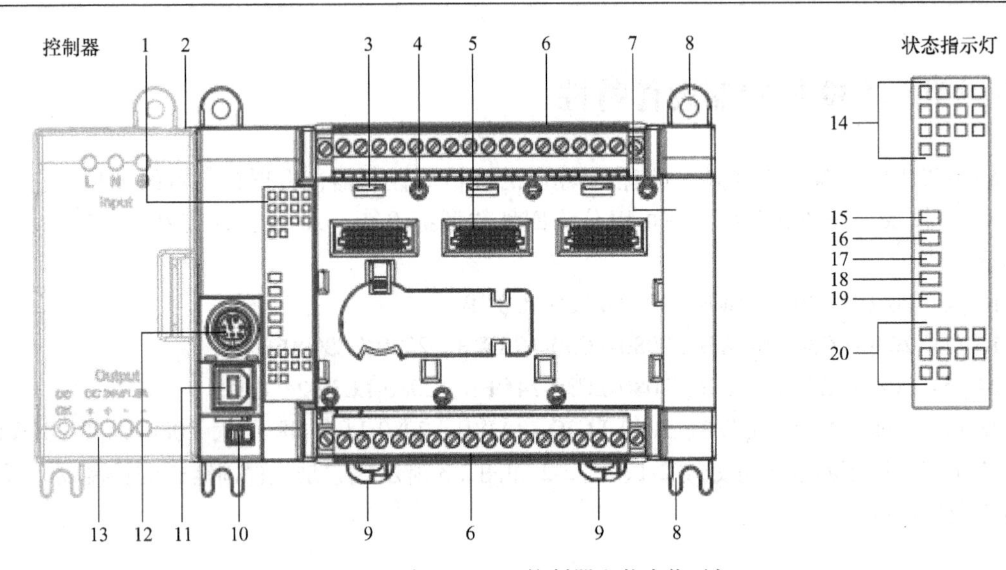

图 2-3　24 点 Micro830 控制器和状态指示灯

表 2-1　Micro830 控制器硬件说明

项号	描　述	项号	描　述
1	状态指示灯	8	安装孔
2	电源插槽	9	DIN 导轨安装卡件
3	嵌入式模块卡件	10	模式转换开关
4	嵌入式模块安装孔	11	USB 端口
5	40 针高速插件连接器	12	RS-232/RS-485 通信串行口（非隔离）
6	可拆卸 I/O 接线端子	13	直流电源
7	边缘侧盖		

表 2-2　Micro830 控制器状态指示灯说明

项号	描　述	项号	描　述
14	输入指示灯	18	强制 I/O 指示灯
15	电源指示灯	19	串口通信指示灯
16	运行指示灯	20	输出指示灯
17	故障指示灯		

2.2　Micro830 控制器的 I/O 配置

Micro830 控制器有 12 种型号，不同型号的控制器的 I/O 配置不同，控制器的 I/O 数据见表 2-3。

下面以 2080-LC30-24QWB 控制器为例，介绍 Micro830 控制器的输入/输出端子。该控制器的外部接线如图 2-4 所示。其中 I-00 ~ I-07 为高速输入。

表 2-3　Micro830 控制器 I/O 数据

控制器	输　入		输　出		
	AC110V	DC/AC24V	继电器	24V 灌入型	24V 拉出型
2080-LC30-10QWB		6	4		
2080-LC30-10QVB		6		4	
2080-LC30-16AWB	10		6		
2080-LC30-16QWB		10	6		
2080-LC30-16QVB		10		6	
2080-LC30-24QBB		14			10
2080-LC30-24QVB		14		10	
2080-LC30-24QWB		14	10		
2080-LC30-48AWB	28		20		
2080-LC30-48QBB		28			20
2080-LC30-48QVB		28		20	
2080-LC30-48QWB		28	20		

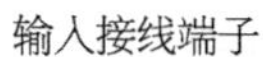

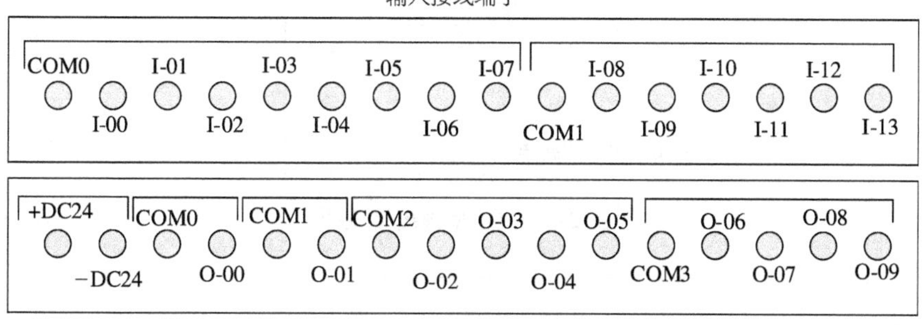

图 2-4　Micro830 控制器外部接线

Micro830 控制器的输入和输出分为灌入型和拉出型，但这仅针对数字量而言，对于模拟量输入和输出则没有灌入型和拉出型之分，其接线图如图 2-5、图 2-6、图 2-7 和图 2-8 所示。

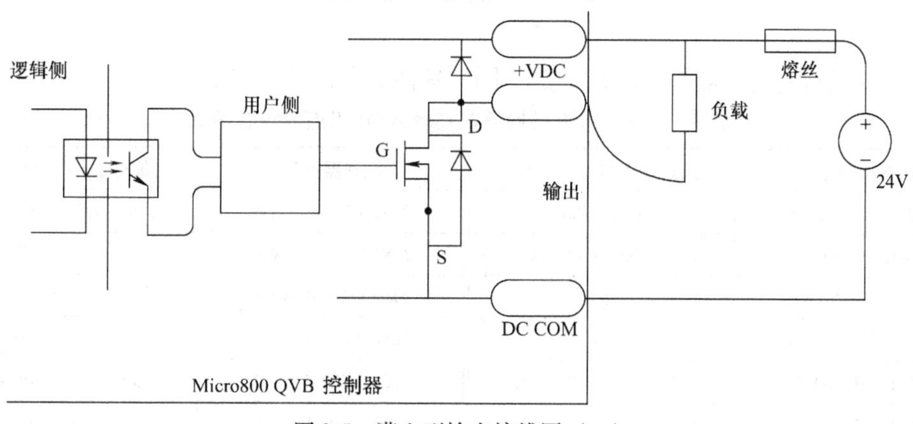

图 2-5　灌入型输出接线图（一）

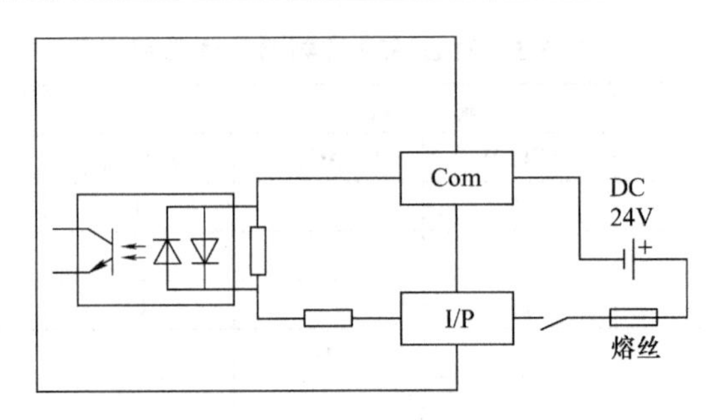

图 2-6　灌入型输入接线图

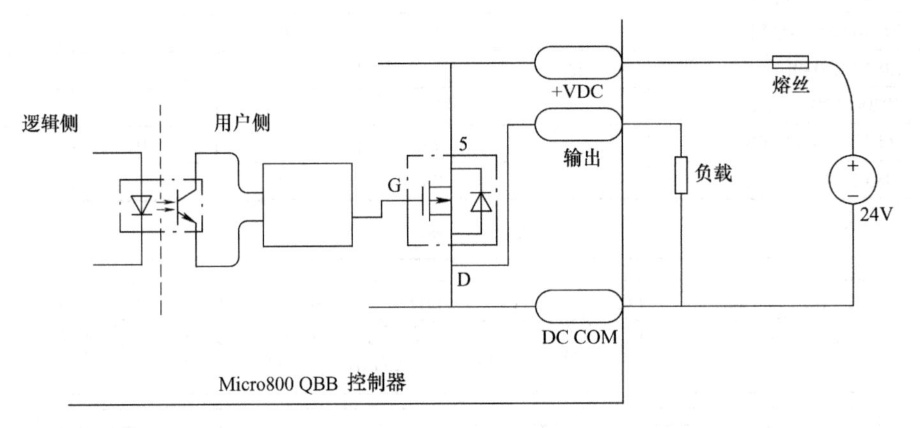

图 2-7　拉出型输出接线图

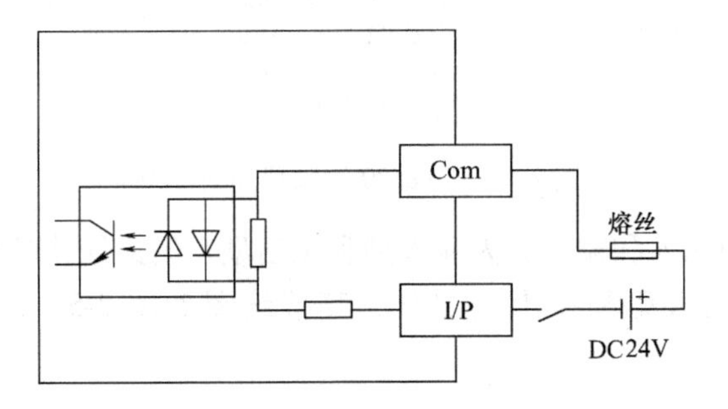

图 2-8　拉出型输入接线图

不同的控制器，高速输入/输出的点不同，具体分布情况见表 2-4。

表 2-4　Micro830 控制器高速输入/输出点的分布情况

控制器型号	高速输入/输出点分布	控制器型号	高速输入/输出点分布
2080-LC30-10QWB	I-00 ~ I03	2080-LC30-24QVB	I-00 ~ I07、O-00 ~ O01
2080-LC30-10QVB	I-00 ~ I03、O-00 ~ O01	2080-LC30-24QWB	I-00 ~ I07
2080-LC30-16AWB	无	2080-LC30-48AWB	无
2080-LC30-16QWB	I-00 ~ I03	2080-LC30-48QBB	I-00 ~ I11、O-00 ~ O03
2080-LC30-16QVB	I-00 ~ I03、O-00 ~ O01	2080-LC30-48QVB	I-00 ~ I11、O-00 ~ O03
2080-LC30-24QBB	I-00 ~ I07、O-00 ~ O01	2080-LC30-48QWB	I-00 ~ I11

2.3　Micro800 控制器嵌入式模块

介绍了 Micro830 控制器的硬件特性和本地 I/O 设置以后，下面重点介绍 Micro830 控制器的嵌入式模块，这些模块不仅适用于 Micro830 控制器，还适用于 Micro800 控制器中其他系列的控制器（如 Micro850）。Micro830 控制器最少可以插两个嵌入式模块，最多可以插 5 个嵌入式模块。其嵌入式模块类型见表 2-5。

表 2-5　Micro830 控制器嵌入式模块类型

类型	产品目录号	说　明
数字量 I/O	2080 数字量 I/O	4～8 点 DC12/24V 数字量 I/O，具有灌入和拉出型-IQ4、OB4、OV4、IQ4OB4、IQ4OV4
	2080-OW4	4 点 2A 单独隔离继电器输出
模拟量 I/O	2080-IF4	4 通道模拟量输入，0～20mA，0～10V，非隔离，12 位
	2080-IF2	2 通道模拟量输入，0～20mA，0～10V，非隔离，12 位
	2080-OF2	2 通道模拟量输出，0～20mA，0～10V，非隔离，12 位
专用	2080-RTD2	2 通道热电阻温度监测输入，非隔离，1.0℃
	2080-TC2	2 通道热电偶温度监测输入，非隔离，±1.0℃
	2080-TRIMPOT6	6 通道可调电位计模拟量输入，可为速度、位置和温度控制添加 6 个模拟量预设值
	2080-MOT-PTO2	HSC 高速计数功能扩展模块 输入频率最大值 250kHz
	2080-MOT-HSC2	可将基本控制器高速计数器（HSC）功能扩展至 2 轴 （具有 250kHz 差分线路驱动器）
	2080-MOT-AXIS2	增加 2 个内置运动轴通道，4MHz PTO
	2080-GSM	带 SMS 支持的 GSM 调制解调器
	2080-GSM-DATA	带数据和远程编程能力的 GSM 调制解调器
	2080-MEM-SD	存储器备份-SD 卡适配器
通信	2080-SERIALISOL	RS-232/485 隔离型串行端口
	2080-DNET20	DeviceNet 扫描器主站/从站，用于多达 20 个节点
备份内存	2080-MEMBAK-RTC	高精度实时时钟，备份项目数据和应用项目代码
第三方模块	ILX800-SMSG	短信插件模块，提供双向 SMS 短信功能
	2080SC-IF4u	通用模拟量输入模块，4 通道可选电压或电流信号
	2080SC-OW2IHC	大电流继电器输出模块
	2080SC-NTC	4 通道热敏电阻输入模块
	HI2080-WS	称重控制器模块

Micro850 控制器也兼容以上嵌入式模块。了解最新的嵌入式模块信息可以登录到 Rockwell 官方网站查看产品信息。

在介绍 Micro830 控制器的嵌入式模块之前，先来介绍一下控制器的外部电源模块。

在较小的系统中，当没有 DC24V 电源供应时，可以使用型号为 2080-PS120-240VAC 的电源模块，图 2-9 所示为外部交流供电模块接线图。

其中，PAC-1 为交流电的相线，PAC-2 为交流电的零线，PAC-3 为安全地线；DC-1 和 DC-2 为 +DC24V，DC-3 和 DC-4 为 -DC24V，承受的最大直流电流为 1.6A。

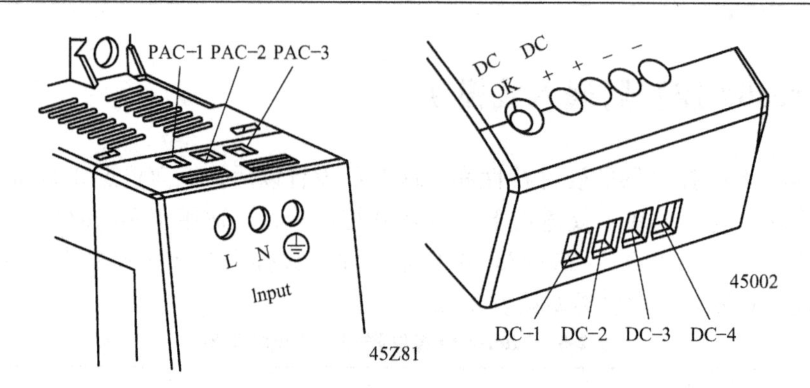

图 2-9 外部交流供电模块接线图

2.3.1 模拟量输入模块

模拟量输入模块有两通道 2080-IF2 和四通道 2080-IF4 两种。嵌入式模块嵌入到Micro830 控制器的 40 针嵌入式模块连接器上，嵌入模块后，用固定螺钉固定好，如图 2-10 所示。

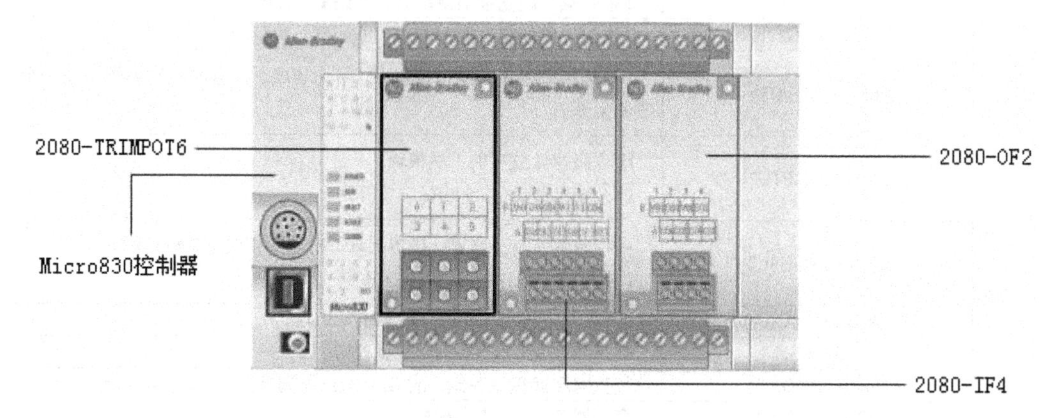

图 2-10 嵌入式模块嵌入到控制器的 40 针连接器上

2080-IF4 四通道模拟量输入模块的接线端子如图 2-11 所示，各个端子的具体信息见表 2-6。

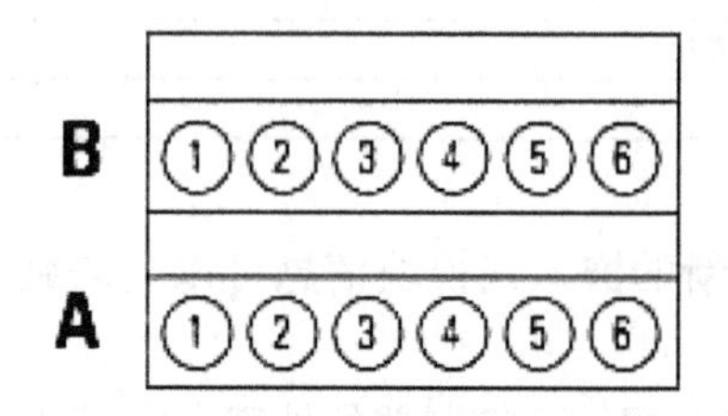

图 2-11 四通道模拟量输入模块接线端子

表 2-6 四通道模拟量输入模块的接线端子信息

端子序号	A	B
1	COM	VI-0(电压输入)
2	VI-2	CI-0(电流输入)
3	CI-2	COM
4	COM	VI-1
5	VI-3	CI-1
6	CI-3	COM

四通道模拟量输入的硬件属性见表 2-7。

表 2-7　四通道模拟量输入的硬件属性

硬件属性	2/4 通道模拟量输入模块
模拟量额定工作范围	电压：DC0～10V，电流：0～20mA
最大分辨率	12 位（单极性），在软件中有 50Hz、60Hz、250Hz 和 500Hz
数据范围	0～65535
输入阻抗	电压终端：>220kΩ；电流终端：250Ω
超过温度范围时的模块误差范围（-20～65℃，即 -4～149 ℉）	电压：±1.5%；电流：±2.0%
输入通道组态	通过软件屏幕组态或者通过用户程序组态
输入电路校准	无要求
扫描时间	180ms
母线隔离的输入组	无隔离
通道之间隔离	无隔离
工作温度	-20～65℃，即 -4～149 ℉
贮存温度	-40～85℃（-40～185 ℉）
相对湿度	5%～95%，无冷凝
操作海拔	2000m
最大电缆长度	10m

四通道模拟量输入模块的接线图如图 2-12 所示。

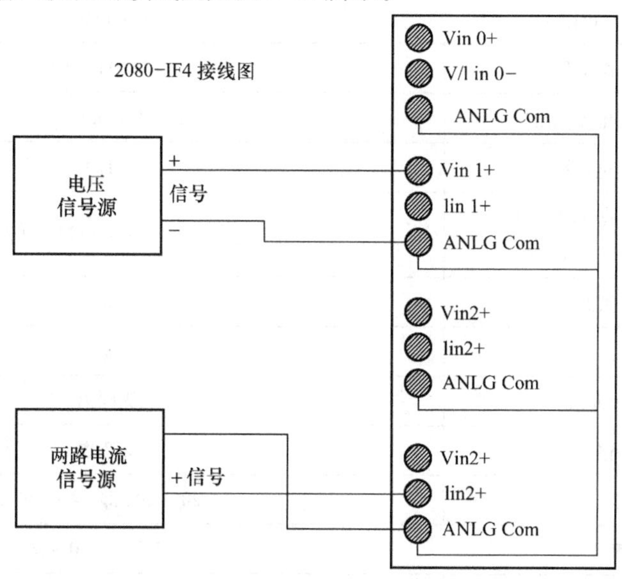

图 2-12　四通道模拟量输入模块的接线图

2.3.2　模拟量输出模块

2080-OF2 是两通道模拟量输出模块，其接线端子图如图 2-13 所示，各端子的具体信息见表 2-8。

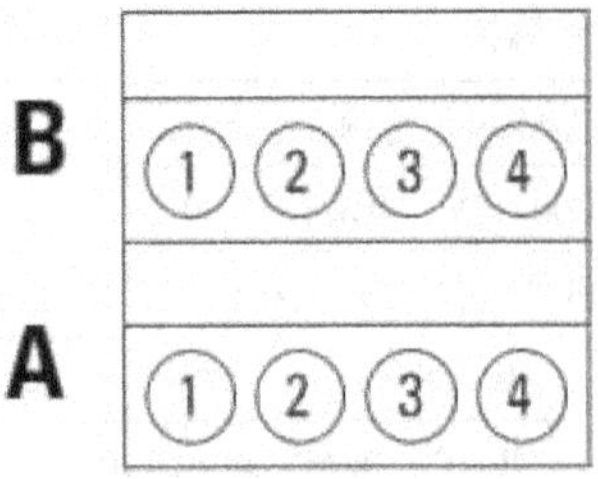

图 2-13　两通道模拟量输出模块接线端子图

表 2-8　两通道模拟量输出模块的接线端子信息

端子序号	A	B
1	COM	V0-0(电压输出)
2	COM	C0-0(电流输出)
3	COM	V0-1
4	COM	C0-1

两通道模拟量输出的硬件属性见表 2-9。

表 2-9　两通道模拟量输出硬件属性

硬　件　属　性	两通道模拟量输出模块
模拟量额定工作范围	电压：DC10V；电流：0～20mA
最大分辨率	12 位（单极性）
输出数据范围	0～65535
最大 D-A 转换时间（所有通道）	2.5ms
达到 65% 的阶跃响应时间	5ms
电源输出的最大负载电流	10mA
电流输出的负载电阻	0～500Ω
电压输出的负载范围	>1K@ DC10V
最大电感性负载（电流输出）	0.01mH
最大电容性负载（电压输出）	0.1μF
超出温度范围时的输出误差范围（－20～65℃，即－4～149 ℉）	电压：±1.5%；电流：±2.0%
开路和短路保护	有
过电压保护	有
母线隔离的输入组	无隔离
通道之间隔离	无隔离
工作温度	－20～65℃即－4～149 ℉
贮存温度	－40～85℃（－40～185 ℉）
相对湿度	5%～95%，无冷凝
操作海拔	2000m
最大电缆长度	10m

两通道模拟量输出模块的接线图如图 2-14 所示。

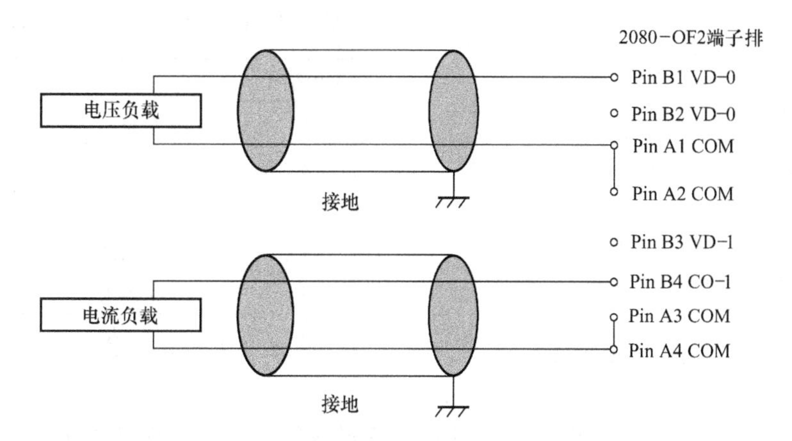

图 2-14　两通道模拟量输出模块的接线图

2.3.3　两通道热电偶模块

2080-TC2 是两通道热电偶模块。它把温度数据转换成数字量数据并将它传递到控制器中，它可以接收多达八种温度传感器的信号。可以通过 CCW 软件组态每个单独的通道，组态特定的传感器和滤波频率。

这个模块支持 B、E、J、K、N、R、S 和 T 类型的热电偶传感器。模块的通道称为通道 0、通道 1 和冷端补偿（CJC）。这个冷端补偿由模块外部的（负温度系数）NTC 热敏电阻提供。这个模块要用固定在模块的 A3 和 B3 螺钉上。冷端补偿是通道 0 和通道 1 共有的，提供开路、过载和低于量程的检测和指示。如果通道温度输入低于传感器正常温度范围的最小值，模块就会通过 CCW 软件中的全局变量发送一个低于量程的信号。如果通道读数高于最大值，就会发生超量程的报警。规定的热电偶类型和它们相关的温度范围见表 2-10。

表 2-10　规定的热电偶类型和它们相关的温度范围

热电偶传感器类型	温度范围/℃		准确性/℃		ADC 更新速率/Hz（准确度/℃）
	最低	最高	±1.0℃	±3.0℃	
B	40	1820	90～1700	<90　>1700	4.17、6.25、10、16.7（±1.0） 19.6、33、50、62、123、242、470（±3.0）
E	-270	1000	-200～930	<-200　>930	
J	-210	1200	-130～1100	<-130　>1100	
K	-270	1370	-200～1300	<-200　>1300	
N	-270	1300	-200～1200	<-200　>1200	
R	-50	1760	40～1640	<40　>1640	
S	-50	1760	40～1640	<40　>1640	
T	-270	400	-220～340	<-220　>340	

该热电偶模块的接线端子如图 2-15 所示。

各端子的具体信息见表 2-11。

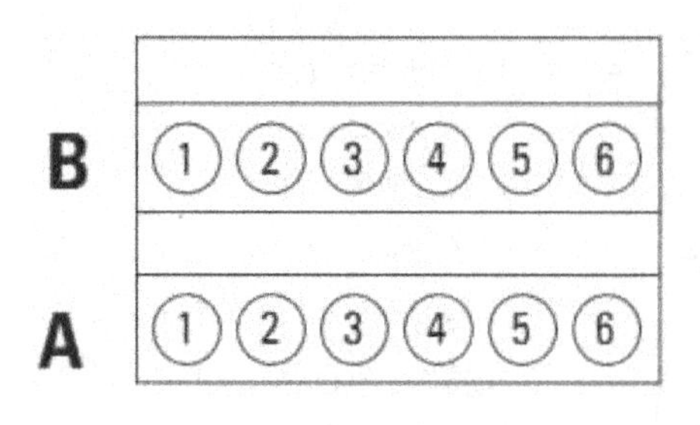

图 2-15 热电偶模块接线端子

表 2-11 两通道热电偶模块的接线端子信息

端子序号	A	B
1	CH0 +	CH1 +
2	CH0 -	CH1 -
3	CJC +	CJC -
4	无连接	无连接
5	无连接	无连接
6	无连接	无连接

图 2-16 为冷端补偿的热敏电阻连接到热电偶模块的接线图，这样连接有助于补偿电压在螺钉连接处的增高，同时热电偶连接到通道 0 和通道 1。

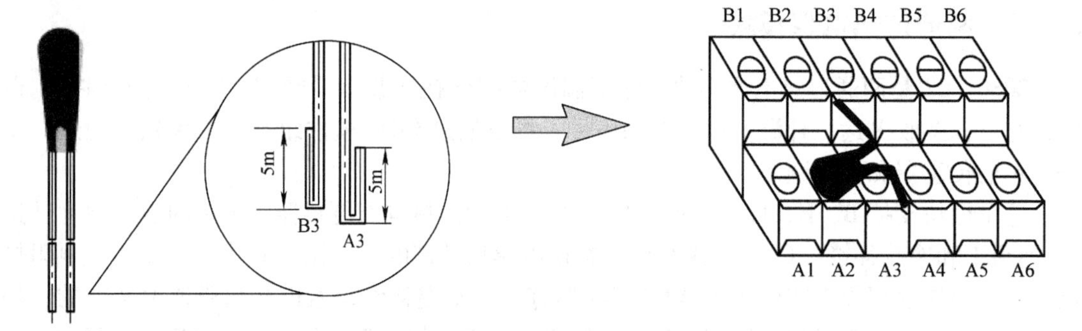

图 2-16 冷端补偿的热敏电阻连接到热电偶模块的接线图

图 2-17 为现场热电偶模块和热电偶传感器的接线图。模块的硬件属性见表 2-14。

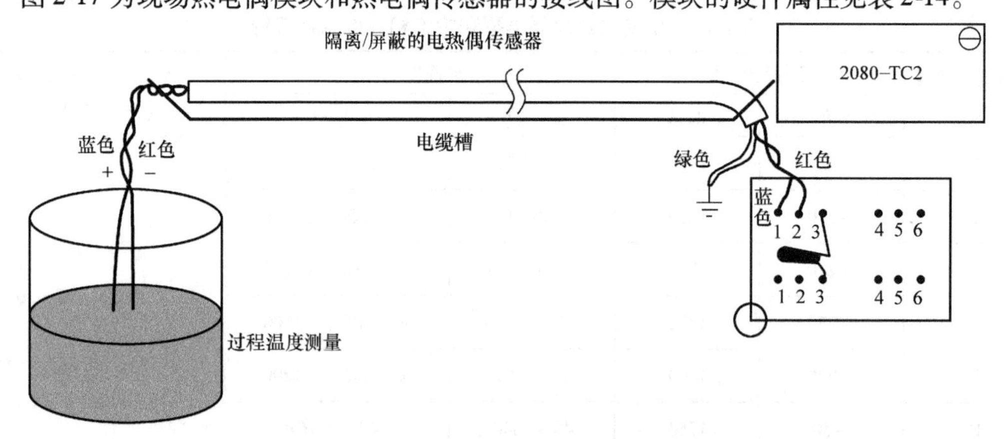

图 2-17 现场热电偶模块和热电偶传感器的接线图

2.3.4 两通道热电阻模块

2080-RTD2 模块支持电阻温度检测器（RTD）的测量，是数字量和模拟量的数据转换模块，并把转换数据传送到它的数据映像表。此模块支持多达 11 种的 RTD。每个通道都在 CCW 软件中单独组态，组态 RTD 的输入后，模块可以把 RTD 读数转换成温度数据。

每个通道提供开路、短路、过载和低于量程的检测和指示。2080-RTD2 模块支持 11 种类型的 RTD。11 种传感器的类型和温度范围见表 2-12。它支持两线和三线类型的 RTD 接线。如果通道温度输入低于传感器正常温度范围的最小值，模块就会通过 CCW 软件全局变量发送一个低于量程的错误。如果通道读数高于最大值，就会发生超量程的报警。

表 2-12　11 种传感器的类型和温度范围

<table>
<tr><th rowspan="2">传感器类型</th><th colspan="2">温度范围/℃</th><th colspan="2">准确性/℃</th><th rowspan="2">ADC 更新速率/Hz
（准确度/℃）</th></tr>
<tr><th>最小</th><th>最大</th><th>±1.0℃</th><th>±3.0℃</th></tr>
<tr><td>PT100 385</td><td>-200</td><td>660</td><td>-150～590</td><td><-150　>590</td><td rowspan="11">三线
4.17、6.25、10、16.7、19.6、33、50（±1.0）62、123、242、470（±3.0）
两线和三线 Cu10
4.17、6.25、10、16.7（>±1.0、<±3.0）19.6、33、50、62、123、242、470（±3.0）
两线
4.17、6.25、10、16.7（±1.0）19.6、33、50、62、123、242、470（±3.0）</td></tr>
<tr><td>PT200 385</td><td>-200</td><td>630</td><td>-150～570</td><td><-150　>570</td></tr>
<tr><td>PT500 385</td><td>-200</td><td>630</td><td>-150～580</td><td><-150　>580</td></tr>
<tr><td>PT1000 385</td><td>-200</td><td>630</td><td>-150～570</td><td><-150　>570</td></tr>
<tr><td>PT100 392</td><td>-200</td><td>660</td><td>-150～590</td><td><-150　>590</td></tr>
<tr><td>PT200 392</td><td>-200</td><td>630</td><td>-150～570</td><td><-150　>570</td></tr>
<tr><td>PT500 392</td><td>-200</td><td>630</td><td>-150～580</td><td><-150　>580</td></tr>
<tr><td>PT1000 392</td><td>-50</td><td>500</td><td>-20～450</td><td><-20　>450</td></tr>
<tr><td>Cu10 427</td><td>-100</td><td>260</td><td></td><td><-70　>220</td></tr>
<tr><td>Ni120 672</td><td>-80</td><td>260</td><td>-50～220</td><td><-50　>220</td></tr>
<tr><td>NiFe604 518</td><td>-200</td><td>200</td><td>-170～170</td><td><-170　>170</td></tr>
</table>

2080-RTD2 模块的接线端子如图 2-18 所示，其接线端子具体信息见表 2-13。

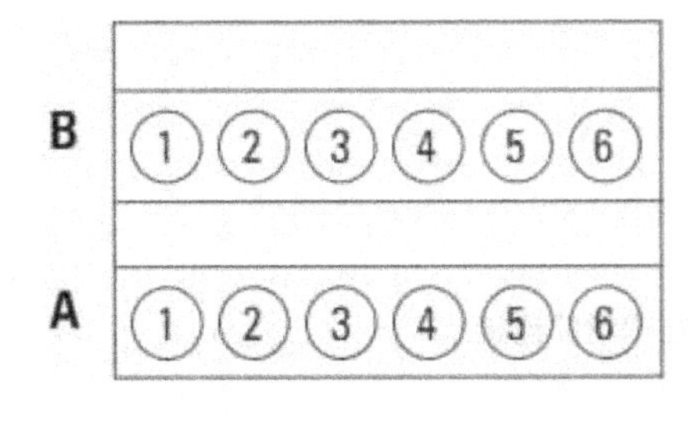

图 2-18　2080-RTD2 模块的接线端子

表 2-13　两通道 RTD 模块的接线端子信息

端子序号	A	B
1	CH0 +	CH1 +
2	CH0 -	CH1 -
3	CH0L	CH1L
4	无连接	无连接
5	无连接	无连接
6	无连接	无连接

图 2-19 为传感器连接图。由于三线和四线 RTD 在嘈杂的工业环境中准确性较好，所以较为常用。当使用这些传感器的时候，长度导致的额外电阻由额外的第三根线（三线制中）或额外的两根线（四线制中）进行补偿。在这个模块的两线制 RTD 中，这些电阻的补偿使用一个额外的 50mm22AWG 的短线提供，这些短线分别连接在通道 0 和通道 1 的 A2、A3 和 B2、B3 上。

图 2-20 为 RTD 模块和 RTD 在现场的连接。RTD 的传感元件应该总是连接在通道 1 的 B1（+）和 B2（-）端子之间，以及通道 0 的 A1（+）和 A2（-）端子之间。B3 和 A3 端子则应该分别短接到 B2 和 A2，来完成电流回路。不正确的接线将导致错误的读数。

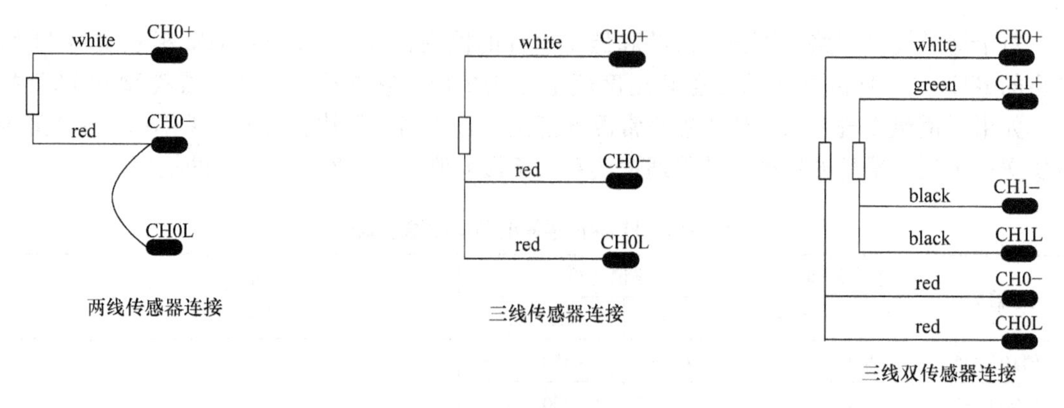

图 2-19　传感器连接图

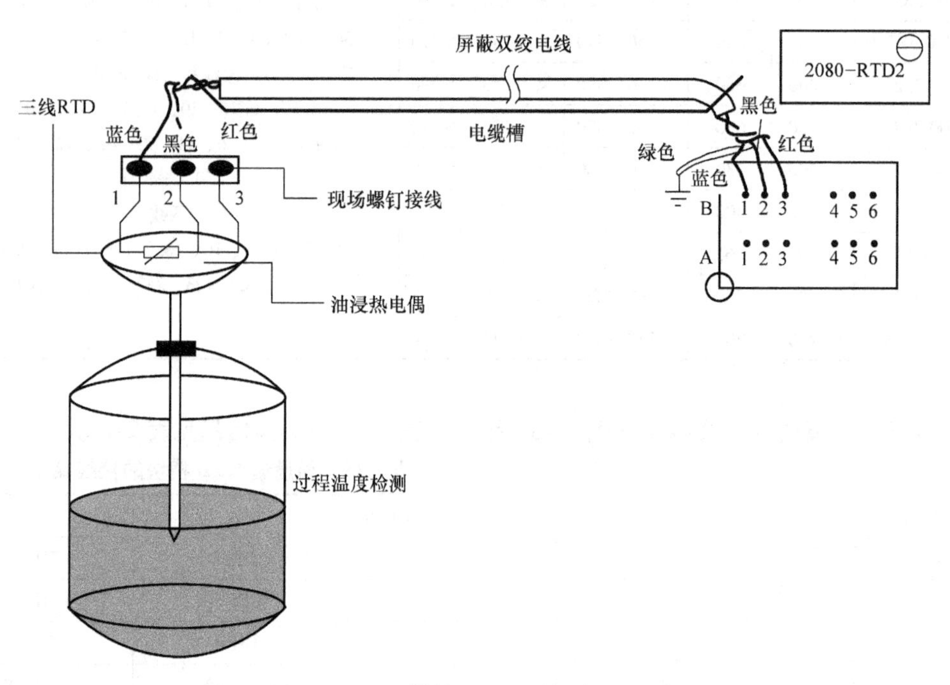

图 2-20　RTD 模块和 RTD 在现场的连接

2080-TC2 和 2080-RTD2 模块的硬件属性见表 2-14。

表 2-14　2080-TC2 和 2080-RTD2 模块硬件属性

属　性	2080-RTD2	2080-TC2
安装扭矩	0.2N · m(1.48lb-in)	
终端螺杆扭矩	0.22 ~ 0.25N · m(1.95 ~ 2.21li-in) 使用 2.5mm 的平口螺钉旋具	
线型	0.14 ~ 1.5mm^2(26 ~ 16AWG)刚性铜线或者 0.14 ~ 1.0mm^2 (26 ~ 17AWG)刚性铜线	
输入阻抗	>5MΩ	>300kΩ
共模抑制比	100dB 50/60Hz	
常模抑制比	70dB 50/60Hz	

（续）

属　性	2080-RTD2	2080-TC2
分辨率	14 位	
CJC 错误	—	±1.2℃@25℃
准确性	±1.0℃@25℃	
通道	2 非隔离	
短路检测时间	8～1212ms	8～1515ms
功率消耗	3.3V 40mA	
最高环境空气温度	65℃	
工作温度	-20～65℃	
贮存温度	-40～85℃	

2080-TC2 和 2080-RTD2 模块帮助用户通过 PID 实现温度自动控制。这两个嵌入式模块可以插在 Micro830 控制器的任意槽中，但是不支持带电插拔。

2.3.5　六通道预置模拟量输入模块

2080-TRIMPOT6 模块提供了 6 个模拟量预置通道用于对速度、位置和温度的控制，可增加六种模拟量预置。该嵌入式模块可以插在 Micro830 控制器的任意槽中，但是不支持带电插拔。模块的外观和端子如图 2-21 所示。

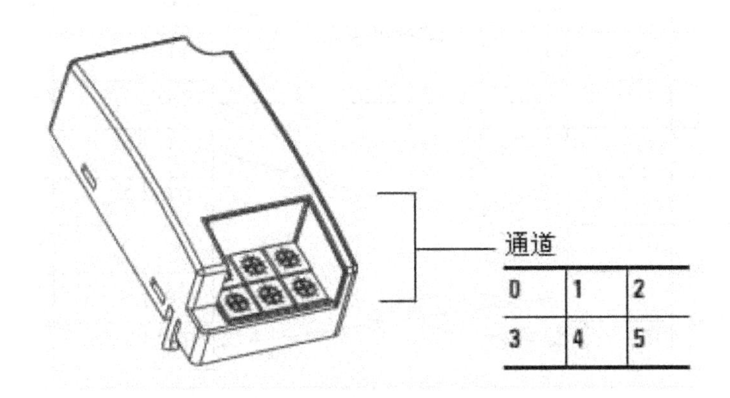

图 2-21　2080-TRIMPOT6 模块的外观和端子

2080-TRIMPOT6 模块的属性见表 2-15。

表 2-15　2080-TRIMPOT6 模块的属性

硬件属性	数　值	硬件属性	数　值
数据范围	0～255	相对湿度	5%～95%，无冷凝
工作温度	-20～65℃即 -4～149 ℉	操作海拔	2000m
贮存温度	-40～85℃（-40～185 ℉）		

2.3.6 RS-232/485 隔离串口模块

2080-SERIALISOL 模块支持远程终端单元 Modbus（RTU）和美国信息交换标准码（ASCII）等协议。这个端口是电气隔离的，所以是用在易受谐波干扰设备上的理想选择，例如变频器和伺服控制设备，并且通信电缆较长，在采用 RS-485 时长度可达 1000m。图 2-22 为该模块的接线端子，端子的具体信息见表 2-16。

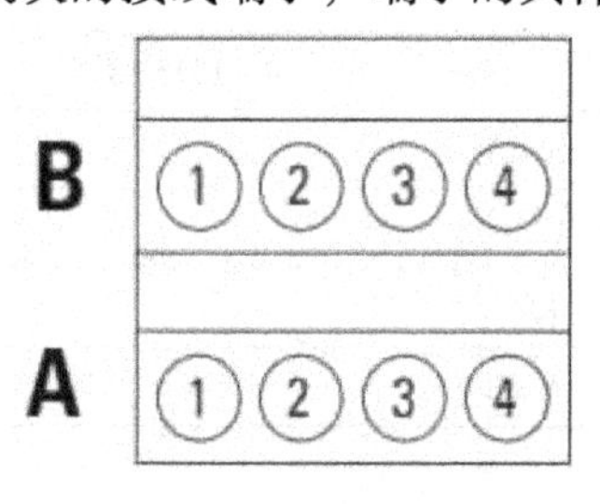

图 2-22　2080-SERIALISOL 模块的接线端子图

表 2-16　2080-SERIALISOL 模块的接线端子信息

端子序号	A	B
1	RS-485 +	RS-232 DCD
2	RS-485/232 GND	RS-232 RXD
3	RS-232 RTS	RS-232 TXD
4	RS-232 CTS	RS-485 -

图 2-23 为用 2080-SERIALISOL 模块时的通信接线图。

注意：不能短接 A1 和 B4，如果短接这两个端子，将损坏通信端口。

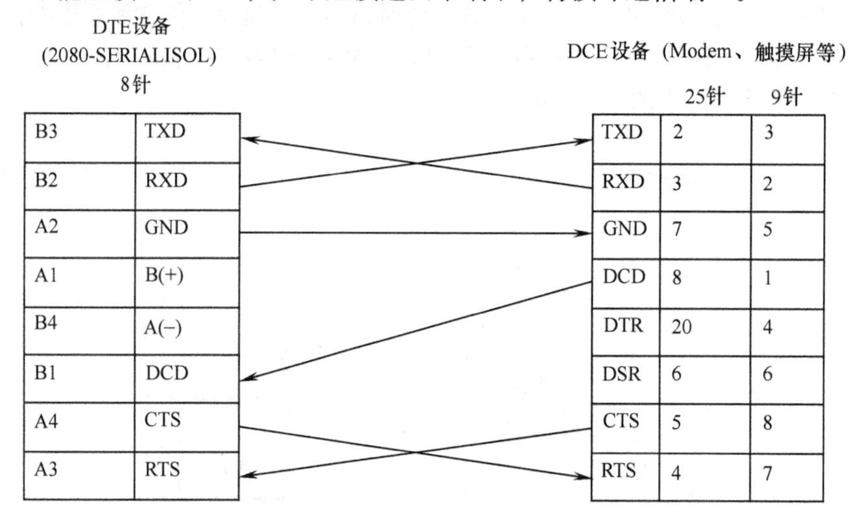

图 2-23　通信接线图

1. Micro830 控制器有哪些硬件特性？
2. Micro830 控制器支持的电源类型有哪些？
3. Micro830 控制器的输入/输出有几种类型？
4. Micro830 控制器的本地 I/O 有哪些功能？
5. Micro830 控制器有几种通信端口？

6. Micro800控制器可嵌入什么类型的模块？最多能嵌入几个？
7. Micro800控制器支持哪些嵌入式模块？
8. Micro800控制器的I/O配置？

1. 请用Micro830控制器控制设计一个简单的交通灯控制系统，对比用Micro810控制器设计的系统，说说各自的特点。
2. 比较Micro830和Micro810控制器，说说各自的优缺点。

第3章

Micro850控制器硬件

学习目标

- 了解Micro850控制器的基本功能
- 掌握Micro850控制器硬件的使用方法
- 了解HSC与PTO的功能特点
- 掌握Micro850控制器扩展模块的使用方法

3.1 Micro850 控制器硬件特性

Micro850 控制器是一种可以内置嵌入式 I/O 模块，又可以外挂扩展 I/O 模块的经济型控制器。Micro850 控制器可以嵌入 2 ~5 个模块不等，并且最多能支持 4 个扩展 I/O 模块。

该控制器还可以采用任何一类 2 等级额定 24V 直流输出电源，如采用符合最低规格的可选 Micro800 电源模块。按照其 I/O 点数可分为两种款型：24 点和 48 点。

Micro850 控制器外观和状态指示灯如图 3-1、图 3-2 所示，各部分具体描述见表 3-1、表 3-2。

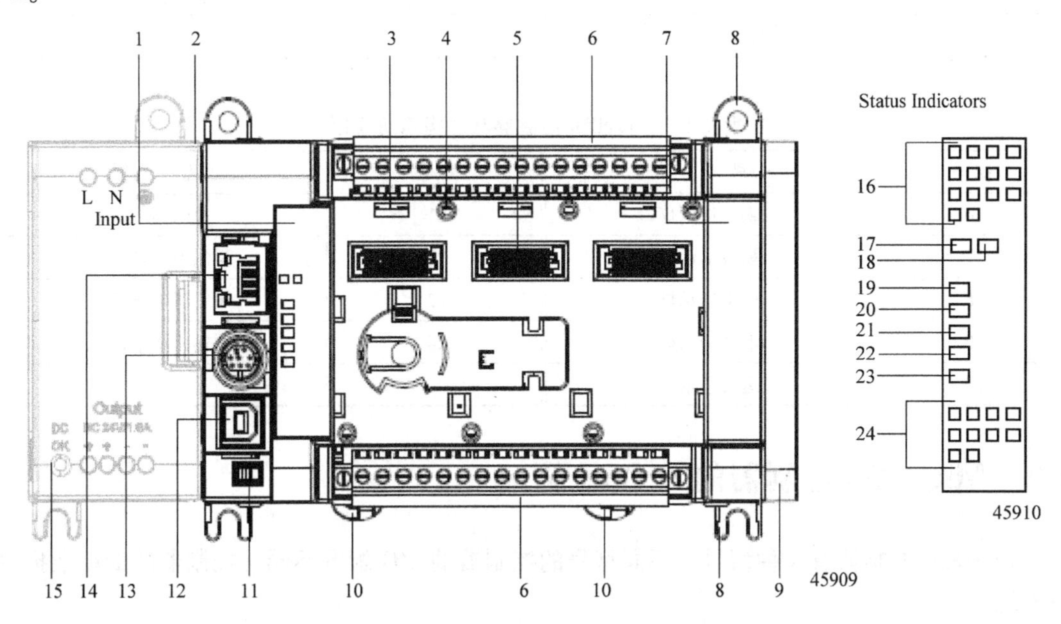

图 3-1 24 点 Micro850 控制器外观和状态指示灯

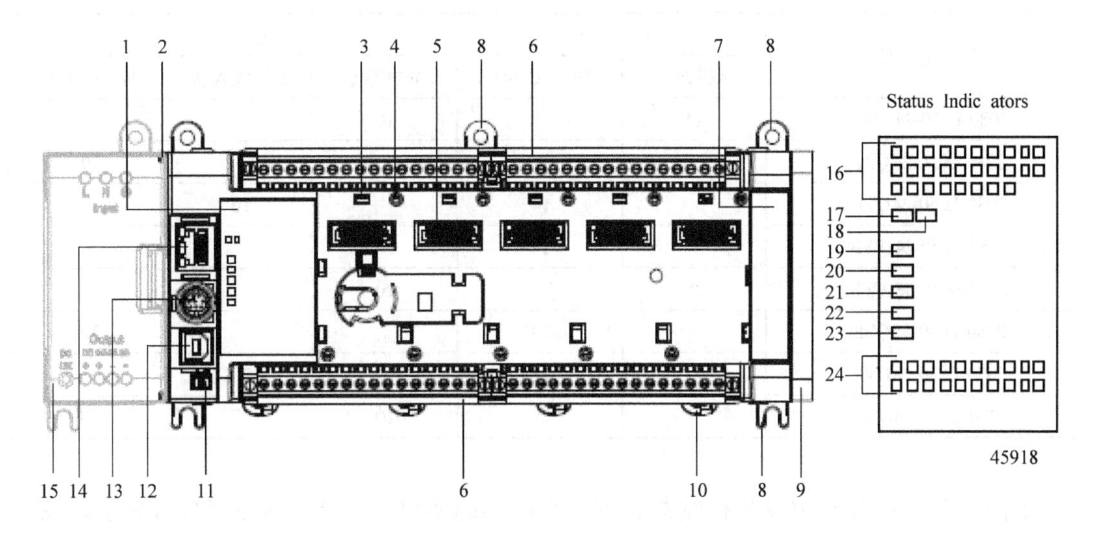

图 3-2 48 点 Micro850 控制器外观和状态指示灯

表 3-1 Micro850 控制器硬件说明

标号	描　述	标号	描　述
1	状态指示灯	9	扩展 I/O 槽盖
2	电源插槽	10	DIN 导轨安装卡件
3	嵌入式模块卡件	11	模式转换开关
4	嵌入式模块安装口	12	B 类 USB 端口
5	40 针高速插件连接器	13	RS-232/RS-485 通信串行口(非隔离)
6	可拆卸 I/O 接线端子	14	RJ-45 以太网端口
7	边缘侧盖	15	可选交流电源
8	安装口		

表 3-2 Micro850 控制器状态指示灯说明

标号	描　述	标号	描　述
16	输入指示灯	21	故障指示灯
17	模块指示灯	22	强制 I/O 指示灯
18	网络指示灯	23	串行通信指示灯
19	电源指示灯	24	输出指示灯
20	运行指示灯		

3.2 Micro850 控制器的 I/O 配置

Micro850 控制器有 8 种型号，不同型号的控制器的 I/O 配置不同，控制器的 I/O 数据见表 3-3。

表 3-3 控制器的 I/O 数据

控 制 器	输　入		输　出		
	AC120V	DC/AC 24V	继电器型	24V 灌入型	24V 拉出型
2080-LC50-24AWB	14		10		
2080-LC50-24QBB		14			10
2080-LC50-24QVB		14		10	
2080-LC50-24QWB		14	10		
2080-LC50-48AWB	28		20		
2080-LC50-48QBB		28			20
2080-LC50-48QVB		28		20	
2080-LC50-48QWB		28	20		

下面以 2080-LC50-24QWB 控制器为例，介绍 Micro850 控制器的输入/输出端子。该控制器的外部接线如图 3-3 所示。第一排 I-00 ~ I-13 为输入端口，第二排 O-00 ~ O-09 为输出端口。其中，I-00 ~ I-07 也可作为高速输入端口。

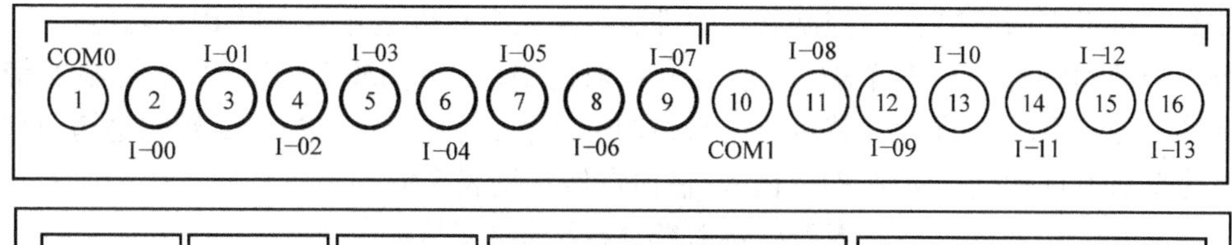

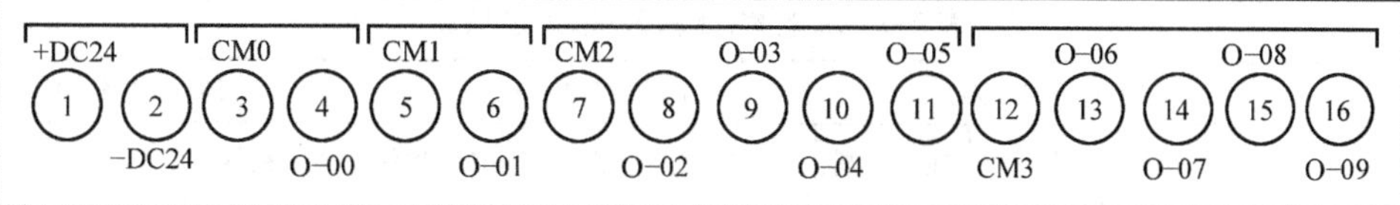

图 3-3　Micro850 控制器外部接线

Micro850 控制器的输出分为灌入型和拉出型，但这仅针对直流而言，并不适用于继电器输出。其接线方式与 Micro830 控制器的本地 I/O 接线方式一致，此处不再赘述。

不同型号的控制器，高速输入/输出的点不同，具体分布见表 3-4。

表 3-4　Micro850 控制器高速输入/输出点的分布情况

控制器型号	高速输入/输出点分布	控制器型号	高速输入/输出点分布
2080-LC50-24AWB	I-00 ~ I-07	2080-LC50-48AWB	I-00 ~ I-11
2080-LC50-24QWB	I-00 ~ I-07	2080-LC50-48QWB	I-00 ~ I-11
2080-LC50-24QBB	I-00 ~ I-07、O-00 ~ O-01	2080-LC50-48QVB	I-00 ~ I11、O-00 ~ O02
2080-LC50-24QVB	I-00 ~ I-07、O-00 ~ O-01	2080-LC50-48QBB	I-00 ~ I11、O-00 ~ O02

对于 Micro830 和 Micro850 控制器的特殊本地 I/O 介绍如下。

3.2.1　脉冲序列输出

表 3-5 列出 Micro830 和 Micro850 控制器支持高速脉冲序列输出（Pulse Train Output, PTO）数量和运动轴的数量。根据控制器的性能，PTO 功能能够以一个指定频率产生指定数量的脉冲，这些脉冲可以输出到驱动器以控制这些设备（如伺服驱动器），进而控制伺服电动机和步进电动机的速度和位置。每一个 PTO 对应着一个轴，所以可以使用 PTO 功能建立一个位置控制系统。

表 3-5　Micro830 和 Micro850 控制器支持 PTO 和运动轴数量

控制器型号	PTO（本地 I/O）数量	支持的运动轴数量
10/16 点 2080-LC30-10QVB；2080-LC30-16QVB	1	1
24 点 2080-LC30-24QVB；2080-LC30-24QBB 2080-LC50-24QVB；2080-LC50-24QBB	2	2
48 点 2080-LC30-48QVB；2080-LC30-48QBB 2080-LC50-48QVB；2080-LC50-48QBB	3	3

注意，对于 Micro830 系列控制器，固件版本需要 2.0 以上才能支持 PTO 功能。

每一个运动轴都需要多个输入/输出信号来控制，Micro830 和 Micro850 控制器带内置 PTO 脉冲信号和 PTO 方向信号就可以用来控制轴运动，剩下 PTO 的输入/输出通道可以禁止或是作为普通 I/O 使用。本地 PTO 输入/输出点信息见表 3-6。

表 3-6　本地 PTO 输入/输出点信息

运动控制信号	PTO0(EM_00)		PTO1(EM_01)		PTO2(EM_02)	
	在软件中的名称	在本地端子排名称	在软件中的名称	在本地端子排名称	在软件中的名称	在本地端子排名称
PTO pulse	_IO_EM_DO_00	0-00	_IO_EM_DO_01	0-01	_IO_EM_DO_02	0-02
PTO direction	_IO_EM_DO_03	0-03	_IO_EM_DO_04	0-04	_IO_EM_DO_05	0-05
Lower (Negative) Limit switch	_IO_EM_DI_00	I-00	_IO_EM_DI_04	I-04	_IO_EM_DI_08	I-08
Upper (Positive) Limit switch	_IO_EM_DI_01	I-01	_IO_EM_DI_05	I-05	_IO_EM_DI_09	I-09
Absolute Home switch	_IO_EM_DI_02	I-02	_IO_EM_DI_06	I-06	_IO_EM_DI_10	I-10
Touch Probe Input switch	_IO_EM_DI_03	I-03	_IO_EM_DI_07	I-07	_IO_EM_DI_11	I-11

下面以 2080-LC30-xxQBB/2080-LC50-xxQBB 控制器为例，介绍运动控制系统的搭建。图 3-4 所示是运动控制系统接线示例。

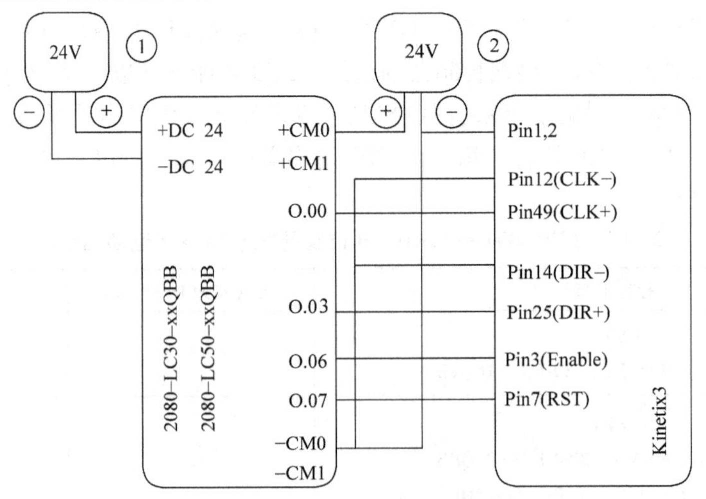

图 3-4　运动控制系统接线示例

注意：如果引脚 1、2 连接的是 24V 电源的正极，使能位（Enable，引脚 3）和重置位（RST，引脚 7）将会变成拉出型输入。

3.2.2　高速计数器和可编程限位开关

所有的 Micro830 和 Micro850 控制器（交流输入除外）都支持高速计数器（High-Speed Counter，HSC）功能，最多的能支持 6 个 HSC。高速计数器功能块包含两部分：一部分是位于控制器上的本地 I/O 端子，另一部分是 HSC 功能块指令。HSC 的参数设置以及数据更新都需要在 HSC 功能块中设置。

可编程限位开关（Programmable Limit Switch，PLS）功能允许用户组态 HSC 为 PLS 或者是凸轮开关。

图 3-5 是 HSC 组态为 PLS 的示意图，通过对 HSC 数据结构的设置，可以将 HSC 组态为 PLS 使用。

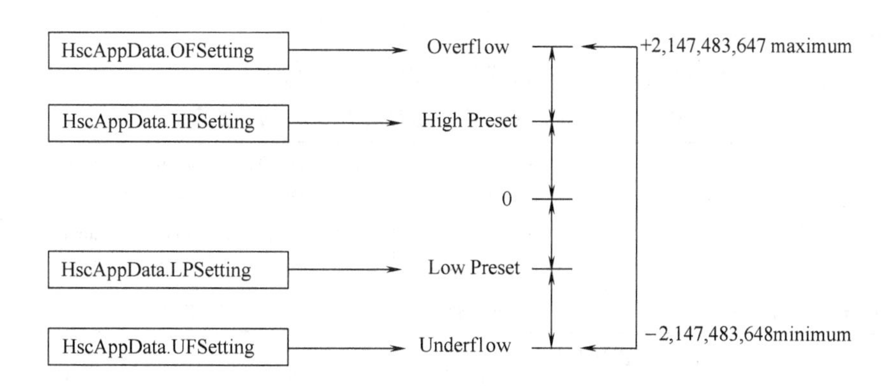

图 3-5　HSC 组态为 PLS 的示意图

下面介绍 HSC 的硬件信息：

所有的 Micro830 和 Micro850 控制器，除了 2080-LCxx-xxAWB，都有 100 kHz 的高速计数器。每个主高速计数器有 4 个专用的输入，每个副高速计数器有两个专用的输入。不同点数控制器 HSC 个数见表 3-7。

表 3-7　不同点数控制器 HSC 个数

	10/16 点	24 点	48 点
HSC 个数	2	4	6
主 HSC	1(counter 0)	2(counter 0,2)	3(counter 0, 2 and 4)
副 HSC	1(counter 1)	2(counter 1,3)	3(counter 1, 3 and 5)

每个 HSC 使用的本地输入号见表 3-8。

表 3-8　每个 HSC 使用的本地输入号

HSC	使用的输入点	HSC	使用的输入点
HSC0	0 ~ 3	HSC3	6 ~ 7
HSC1	2 ~ 3	HSC4	8 ~ 11
HSC2	4 ~ 7	HSC5	10 ~ 11

由表3-10可知，HSC0的副计数器是HSC1，其他HSC类似。所以每组HSC都有共用的输入通道，表3-9列出HSC的输入使用本地I/O情况。

表3-9　HSC的输入使用本地I/O情况

HSC	本地I/O											
	0	01	02	03	04	05	06	07	08	09	10	11
HSC0	A/C	B/D	Reset	Hold								
HSC1			A/C	B/D								
HSC2					A/C	B/D	Reset	Hold				
HSC3							A/C	B/D				
HSC4									A/C	B/D	Reset	Hold
HSC5											A/C	B/D

表3-10列出Micro830/Micro850控制器的HSC的计数模式。

表3-10　Micro830/Micro850控制器的HSC的计数模式

计数模式	Input0(HSC0) Input2(HSC1) Input4(HSC2) Input6(HSC3)	Input 1(HSC0) Input 3(HSC1) Input 5(HSC2) Input 7(HSC3)	Input2 (HSC0) Input6 (HSC2)	Input3 (HSC0) Input7 (HSC2)	用户程序中，模式的值
以内部方向计数（mode 1a）	增计数	未使用			0
以内部方向计数，外部提供Reset和Hold信号（mode 1b）	增计数	未使用	Reset	Hold	1
以外部方向计数（mode 2a）	增/减计数	方向	未使用		2
外部提供方向，Reset和Hold信号（mode 2b）	计数	方向	Reset	Hold	3
两输入计数器（mode 3a）	增计数	减计数	未使用		4
两输入计数器，外部提供Reset和Hold信号（mode 3b）	增计数	减计数	Reset	Hold	5
差分计数器（mode 4a）	A型输入	B型输入	未使用		6
差分计数器，外部提供Reset和Hold信号（mode 4b）	A型输入	B型输入	Z型Reset	Hold	7
差分X4计数器（mode 5a）	A型输入	B型输入	未使用		8
差分X4计数器，外部提供Reset和Hold信号（mode 5a）	A型输入	B型输入	Z型Reset	Hold	9

主HSC可以使用4个输入端口，但是副HSC只能使用后两个输入端口，具体接线方式取决于操作模式。

3.3　Micro850控制器扩展模块

介绍了Micro850控制器的硬件特性和本地I/O设置以后，下面重点介绍Micro850控制器的扩展模块，Micro850 控制器支持多种离散量和模拟量扩展 I/O 模块。可以连接任意组合的扩展 I/O 模块到 Micro850 控制器上，但要求本地、内置、扩展的离散量 I/O 点数小于或等于 132。Micro850 控制器扩展模块见表 3-11。

表 3-11　Micro850 控制器扩展模块

扩展模块型号	类别	种　类
2085-IA8	离散	8 点，120V 交流输入
2085-IM8	离散	8 点，240V 交流输入
2085-OA8	离散	8 点，120/240V 交流晶闸管输出
2085-IQ16	离散	16 点，12/24V 拉出/灌入型输入
2085-IQ32T	离散	32 点，12/24V 拉出/灌入型输入
2085-OV16	离散	16 点，12/24V 直流灌入型晶体管输出
2085-OB16	离散	16 点，12/24V 直流拉出型晶体管输出
2085-OW8	离散	8 点，交流/直流继电器型输出
2085-OW16	离散	16 点，交流/直流继电器型输出
2085-IF4	模拟	4 通道，14 位隔离电压/电流输入
2085-IF8	模拟	8 通道，14 位隔离电压/电流输入
2085-OF4	模拟	4 通道，12 位隔离电压/电流输出
2085-IRT4	模拟	4 通道，16 位隔离热电阻（RTD）和热电偶输入模块
2085-ECR	终端	2085 的总线终端电阻

3.3.1　模拟量扩展 I/O 模块

模拟量扩展 I/O 模块是一种将模拟信号转化为数字信号输入到计算机以及将数字信号转化为模拟信号输出的模块。控制器可以通过这些控制信号达到控制的目的。

1. I/O 属性

2085-IF4 和 2085-IF8 分别支持 4 通道和 8 通道输入，2085-OF4 支持 4 通道输出。每个通道都可以被设置成电流或者电压输入/输出，其中电流模式为默认配置。

2. 数据范围

2085-IF4、2085-IF8 和 2085-OF4 的有效数据范围见表 3-12、表 3-13。

表 3-12　2085-IF4、2085-IF8 的有效数据范围

数据类型	类型/范围			
	0 ~ 20mA	4 ~ 20mA	-10 ~ 10V	0 ~ 10V
原始/比例数据	-32768 ~ 32767			
工程单位	0 ~ 21000	3200 ~ 21000	-10500 ~ 10500	-500 ~ 10500
百分比范围	0 ~ 10500	-500 ~ 10625	不支持	-500 ~ 10500

3. 数据配置

（1）2085-IF4 的数据配置

模拟量输入值能从全局变量_IO_Xx_AI_yy 读出，x 代表扩展槽 1 ~ 4，yy 代表通道号

00～03。2085-IF8 的模拟量输入值读取以及 x、y 意义同 2085-IF4。

表 3-13　2085-OF4 的有效数据范围

数据类型	类型/范围			
	0～20mA	4～20mA	－10～10V	0～10V
原始/比例数据	－32768～32767			
工程单位	0～21000	3200～21000	－10500～10500	0～10500
百分比范围	0～10500	－500～10625	不支持	0～10500

模拟量输入状态值能从全局变量_IO_Xx_ST_yy 读出，x 代表扩展槽号 1～4，yy 代表状态字 00～02。2085-IF4 的数据格式见表 3-14。

表 3-14　2085-IF4 的数据格式

字	R/W	7	6	5	4	3	2	1	0
状态 0	R	保留							
状态 1	R	保留		HHA0	LLA0	HA0	LA0	DE0	S0
状态 2	R	保留		HHA2	LLA2	HA2	LA2	DE2	S2
字	R/W	15	14	13	12	11	10	9	8
状态 0	R	PU	GF	CRC	保留				
状态 1	R	保留	HHA1	LLA1	HA1	LA1	DE1	S1	
状态 2	R	保留	HHA3	LLA3	HA3	LA3	DE3	S3	

（2）2085-IF8 的数据配置

模拟量输入状态值能从全局变量 IO_Xx_ST_yy 读出，x 代表扩展槽号 1～4，yy 代表状态字 00～04。若是想从状态字中读出某一位，也能通过在全局变量后面附加一个 zz 读出来，zz 代表位号 00～15。2085-IF8 的数据格式见表 3-15，2085-IF4 和 2085-IF8 的字段描述见表 3-16。

表 3-15　2085-IF8 的数据格式

字	R/W	7	6	5	4	3	2	1	0
状态 0	R	保留							
状态 1	R	保留		HHA0	LLA0	HA0	LA0	DE0	S0
状态 2	R	保留		HHA2	LLA2	HA2	LA2	DE2	S2
状态 3	R	保留		HHA4	LLA4	HA4	LA4	DE4	S4
状态 4	R	保留		HHA6	LLA6	HA4	LA4	DE4	S6
字	R/W	15	14	13	12	11	10	9	8
状态 0	R	PU	GF	CRC	保留				
状态 1	R	保留		HHA1	LLA1	HA1	LA1	DE1	S1
状态 2	R	保留		HHA3	LLA3	HA3	LA3	DE3	S3
状态 3	R	保留		HHA5	LLA5	HA5	LA5	DE5	S5
状态 4	R	保留		HHA7	LLA7	HA7	LA7	DE7	S7

表 3-16　2085-IF4 和 2085-IF8 的字段描述

字段	描　　述	
CRC	CRC 错误	当数据上的 CRC（循环冗余校验）错误发生时，此位置 1，当收到下一个正确数据时，此位清零
DE#	数据错误	当允许输入通道没有从当前采样中读到任何值时，此位置 1。各自的返回输入数据值仍和之前的值一样
GF	一般错误	当任何一种错误发生时，此位置 1
HA#	高位报警	当输入通道的值超过之前设置的高位报警值时，此位置 1
HHA#	高高位报警	当输入通道的值超过之前设置的高高位报警值时，此位置 1
LA#	低位报警	当输入通道的值低于之前设置的低位报警值时，此位置 1
LLA#	低低位报警	当输入通道的值低于之前设置的低低位报警值时，此位置 1
PU	上电	1. 上电以后此位置 1，当模块接收到正确的设置以后，此位清零 2. 当控制器在运行模式下发生意外重启的时候，此位置 1。同时通道故障位 S#也会置 1。模块在重启以后还未进行配置的状态下仍然是连接上的。当再次配置正确后，PU 和通道故障位 S#会清零
S#	通道故障	当相应的通道打开了，或者有错误，或者低于/高于界限时，此位置 1

（3）2085-OF4 数据配置

控制位状态值能从全局变量_IO_Xx_CO_00zz 读出，x 代表扩展槽号 1～4，zz 代位号 00～11。2085-OF4 控制数据配置见表 3-17。

表 3-17　2085-OF4 控制数据配置

字	位　号							
	7	6	5	4	3	2	1	0
控制 0	UU3	UO3	UU2	UO2	UU1	UO1	UU0	UO0
字	位　号							
	15	14	13	12	11	10	9	8
控制 0	保留				CE3	CE2	CE1	CE0

UUx 和 UOx 在运行模式下置位是用来清除任何锁定的上下限报警。当解锁位置 1 并且报警的条件不存在时，报警被解除。如果仍然处在报警条件之下，那么解除报警位则无效。

CEx 在运行模式下置位可以清除任何 DAC 硬件错误位以及使得错误禁用的通道 x 再使能。

使用通道报警和错误解锁时，需要保持解锁位置位（1），直到正确的输入通道状态字告诉我们报警状态位复位了，此时再复位解锁位（0）。

（4）状态数据

模拟量输出状态值能从全局变量_IO_Xx_ST_yy 读出，x 代表扩展槽 1～4，yy 代表状态字 00～06。状态字中独立的每一位能够通过在全局变量的名字后面加 zz 读出来，zz 是位号 0～15。

2085-OF4 状态数据配置和字段描述见表 3-18、表 3-19。

表 3-18　2085-OF4 状态数据配置

字	位号							
	7	6	5	4	3	2	1	0
状态 0	通道 0 数据值							
状态 1	通道 1 数据值							
状态 2	通道 2 数据值							
状态 3	通道 3 数据值							
状态 4	E3	E2	E1	E0	S3	S2	S1	S0
状态 5	保留		U1	O1	保留		U0	O0
状态 6	保留							
字	位号							
	15	14	13	12	11	10	9	8
状态 0	通道 0 数据值							
状态 1	通道 1 数据值							
状态 2	通道 2 数据值							
状态 3	通道 3 数据值							
状态 4	PU	GF	CRC	保留	保留			
状态 5	保留		U3	O3	保留		U2	O2
状态 6	保留							

表 3-19　2085-OF4 的字段描述

字段	描述	
CRC	CRC 错误	表明数据接收到错误，所有的通道错误位置位，当接收到下一个正确数据的时候，此位清零
Ex	错误	表明有一个硬件错误，包括坏线或者通道 x 的高负载，错误代码可能会在各自的输入字（0 ~ 3）上显示出来，相应的通道会被关闭，直到用户通过写输出数据的 CEx 位清除了错误，通道才会打开
GF	一般错误	表明发生错误了，包括 RAM 测试失败，ROM 测试失败，EEPROM 失败。此时，所有通道错误位 Sx 同样会置位
Ox	超范围标志	表明控制器正尝试驱动高于其正常操作范围或者通道的高钳位电平的模拟量输出。但是如果通道的高钳位电平等级没有设置的话，模块会持续将模拟量输出转化为最大量程的值
PU	上电	当控制器在运行模式下发生意外重启的时候，此位置 1，同时 Ex 和 Sx 也会置 1。模块在重启以后还未进行配置的状态下，仍然是连接上的。当再次配置正确后，PU 和通道故障位会清零
Sx	通道错误	表明 x 通道上有一个错误
Ux	低于范围标志	表明控制器正尝试驱动低于其正常操作范围或者通道的低钳位电平（如果低钳位电平设置了的话）的模拟量输出

3.3.2　热电偶与热电阻模块

2085-IRT4 支持热电偶与热电阻的种类和电压、阻值范围见表 3-20、表 3-21。

表 3-20　热电偶的种类和电压范围

传感器类型	温 度 范 围	传感器类型	温 度 范 围
B	300～1800℃(572～3272 ℉)	N	-270～1300℃(-454～2372 ℉)
C	0～2315℃(32～4199 ℉)	R	-50～1768℃(-58～3214 ℉)
E	-270～1000℃(-454～1832 ℉)	S	-50～1768℃(-58～3214 ℉)
J	-210～1200℃(-346～2192 ℉)	T	-270～400℃(-454～752 ℉)
K	-270～1372℃(-454～2502 ℉)	mV	0～100mV
TXK/XK(L)	-200～800℃(-328～1472 ℉)		

表 3-21　热电阻的类型和阻值范围

传感器类型	温度范围	传感器类型	温度范围
100ΩPtα = 0.00385 Euro	-200～870℃(-328～1598 ℉)	200ΩNickel 618	-60～200℃(-76～392 ℉)
200ΩPtα = 0.00385 Euro	-200～400℃(-328～752 ℉)	120ΩNickel 672	-80～260℃(-112～500 ℉)
100ΩPtα = 0.003916 U.S	-200～630℃(-328～1166 ℉)	10ΩCopper(铜)427	-200～260℃(-328～500 ℉)
200ΩPtα = 0.003916 U.S	-200～400℃(-328～752 ℉)	Ohms(电阻)	0～500Ω
100ΩNickel(镍)618	-60～250℃(-76～482 ℉)		

1. 工程单位标定

2085-IRT4 模块使组态的每一个输入通道的模拟信号线性转换成温度值。通过 CCW 软件为通道 0～3 组态以下数据格式：

1）工程单位 * 1：如果选择工程单位 * 1 作为温度传感器的数据格式，对于确定的传感器类型和标准，模块将输入数据转换成实际温度值。表示的温度值是每单位 0.1℃/℉。对电阻式输入来说，每单位对应值为 0.1Ω。对电压式输入来说，每单位对应值为 0.01mV。

2）工程单位 * 10：热电偶或电阻式输入传感器，对于确定的传感器类型和标准，模块将输入数据转换成实际温度值。对于这种格式，每单位表示的温度值是 1℃/℉。对电阻式输入来说，每单位对应阻值为 1Ω。对电压式输入来说，每单位对应电压值为 0.1mV。

3）成比例的数据模式：控制器输出的值与输入量成正比，数值的范围由 A-D 转换器的分辨率而定。例如：热电偶类型 B（300～1800℃）的数据范围是 -32768～32767。

4）百分比范围：在正常工作范围内，输入数据被描述成百分比。例如：热电偶 B 型传感器，0～100mV 等价于 0～100% 或 300～1800℃ 等价于 0～100%。

通道 0～3 的数据格式的有效范围见表 3-22。

表 3-22　通道 0～3 的数据格式的有效范围

数据格式	传感器类型温度	传感器类型 0～100mV	传感器类型 0～500Ω
成比例的数据	-32768～32767		
工程单位 * 1	温度值(℃/℉)	0～10000	0～5000
工程单位 * 10	温度值(℃/℉)	0～1000	0～500
百分比范围	0～100%		

2. 数据格式

由于模拟信号将采集的信号直接量化为数值，也就是下文中所提到的模拟值 X，这个量需要进行工程标定，称为具有工程单位的数值 y。换句话说，就是模拟能道采集的数无法直接使用，需要进行数据转换，才可作为用于控制或计算的有效数值。

下面介绍如何将模拟量转换为特定数据格式对应的数值：

将模拟值 X 转换成带有工程单位的计算数值 Y 或将计算数据 Y 转换成模拟值 X 的公式如下：

Y =((X - X 数据范围是小值) * (Y 数据范围)/(X 数据范围)) + Y 数据范围最小值

例如：

假设有现场的温度传感器采集的信号量化后 X = -2000（未处理的数据），由于它是 16 位有符号整型值数值，所以 X 最小值 = -32768，X 数值范围 = 32767 - (-32768) = 65535。而现场传感器的测温范围为 -270℃ ~ 1372℃，所以这个 -270℃ 应该对应 X 的最小值 -32768，而 1372℃对应 X 的最大值 32767。因此，这里需要将这个 -2000 转换为实际对应的温度值，所以作如下计算：

Y 数值范围 = 1372 - (-270) = 1642，Y 最小值 -270℃，

则：Y = (-20000 - (-32768)) * 1642/65535 + (-270℃) = 49.9℃

这样就得到了具有工程单位的数值 Y。

温度单位可以设为℃（默认）或℉。

3. 配置参数

（1）开路响应

这个参数定义了模块处于开路时的响应。该参数有以下 4 个选项可供选择。

1）数值上限：通道数值的输入最大值。数值上限由选择的输入类型、数据格式和数据范围决定。

2）数值下限：通道数值的输入最小值。数值下限由选择的输入类型、数据格式和数据范围决定。

3）保持上一状态：将输入设为上一输入值。

4）调零：调输入为零，强制通道数据为零。

（2）滤波器频率

2085-IRT4 模块用一个数字滤波器为输入信号抑制干扰。频率默认值为 4Hz。当滤波频率为 4Hz 时，数字滤波器提供 -3dB 的振幅衰减。

-3dB 频率是滤波器的截止频率（截止频率定义：输入信号的频率响应曲线 3dB 点对应的频率即截止频率）。所有小于截止频率的输入信号都会以小于 3dB 衰减量通过数字滤波器。所有高于截止频率的输入信号都会加速衰减。

每一个通道的截止频率由滤波器频率的选择来确定，并且等于滤波器的设定频率。选择一个滤波器之后，信号的最快变化速率低于滤波器的截止频率。截止频率不能和响应时间混淆，截止频率和输入信号的数字滤波器的衰减程度有关，而响应时间定义为扫描完输入通道后通道数据字的更新速度。

补充说明：低通滤波器的抑制噪声效果更好，但是响应时间通常会增加。高通滤波器的响应速度很快，但会减弱抑制噪声的效果，并且降低有效分辨率。

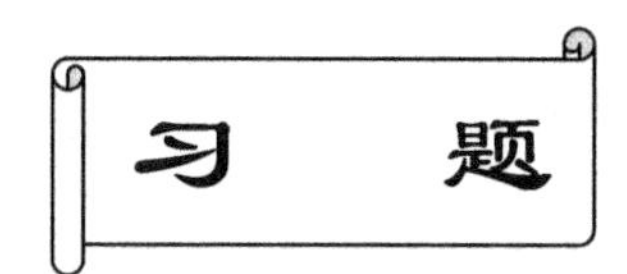

1. Micro850 控制器有哪些硬件特性?
2. Micro850 控制器支持的电源类型有哪些?
3. Micro850 控制器的输入/输出有哪几种类型?
4. Micro850 控制器有哪几种通信端口?

1. 请用 Micro850 控制器设计一个简单的运动控制系统。
2. 比较 Micro850 和 Micro830、Micro810 控制器，说说各自的优缺点。

第4章

CCW 编程软件的使用

学习目标

- 了解 CCW 编程软件的环境
- 掌握 CCW 编程软件的安装与卸载
- 掌握 Micro800 控制器固件的刷新
- 掌握 Micro800 控制器 I/O 模块的组态方法
- 学会使用 CCW 软件中的启动向导配置变频器
- 掌握 CCW 编程软件中程序的上载、下载和调试软件 Connected Components Workbench（CCW）是 Micro800 系列控制器的程序开发软件，在这个软件中，不仅可以组态 Micro800 控制器，还可以组态触摸屏和变频器等。Micro800 控制器编程软件 CCW（6.0 版本之前），对系统的具体要求见表 4-1。

表 4-1　CCW 软件对计算机操作系统的要求

操作系统	要　求	硬件要求
Microsoft Windows 2008 R2	32 位或 64 位均可安装	最低配置：Intel 奔腾 3 处理器，2GB 内存，3GB 可用硬盘空间
Microsoft Windows 7	32 位或 64 位均可安装	推荐配置：Intel 奔腾 4 处理器，4GB 内存，4GB 可用硬盘空间

5.0 版本之前的版本，可以在 Microsoft Windows XP SP3 之后的版本安装，而 5.0 版本开始要求在 Microsoft Windows 7 系统上安装。

4.1　编程软件的安装和卸载

下面介绍 Micro800 控制器编程软件 CCW 的安装过程。在安装之前，请确保计算机系统满足表 4-1 所示的要求。安装步骤如下：

1）打开安装文件，找到如图 4-1 所示图标，双击即可。

2）双击安装图标后，弹出的对话框提供可以选择安装软件时的说明语言。

3）点击继续，弹出选择版本的对话框，选择典型版本，点击“下一步”。

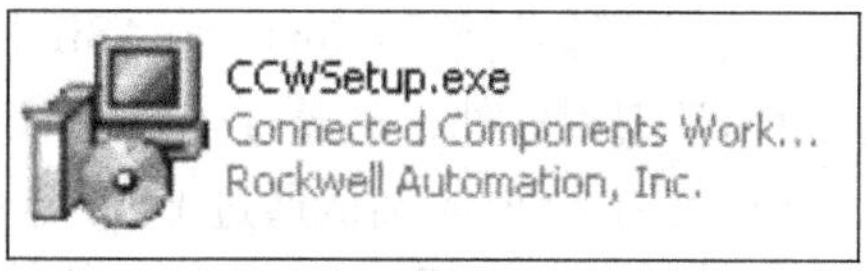

图 4-1　编程软件安装图标

4）在弹出的对话框输入用户信息（用户名：Rockwell Automation，Inc；组织：Rockwell Automation，Inc），点击“下一步”。

5）在弹出的对话框中选择接受，点击“下一步”。

6）在弹出的对话框中击安装，如果需要可以更改安装路径。

安装完成后，会提示安装完成，点击“完成”即可。

软件卸载时，进入控制面板，将其中的 Connected Components Workbench、ControlFLASH、Rockwell Automation USBCIP Driver Package、Rockwell Windows Firewall Configuration Utility、RSLinx Classic 进行删除。在弹出的对话框中直接点击“确定”即可。

4.2　RSLinx 中 USB 通信

将 USB 电缆分别连接到控制器和计算机的 USB 接口上，当控制器第一次和计算机连接时，连接后会自动弹出安装 USB 连接驱动窗口，选择第一个选项，点击下一步。USB 安装成功后，在开始菜单中的所有程序找到 Rockwell Automation/CCW/Connected Components Workbench，点击进入软件。

在 Catalog 中选择所使用的 PLC 型号：2080-LC50-24QBB，然后双击控制器图标。点击右上方的 Connect 按钮，弹出如图 4-2 所示的连接对话框，找到要连接的控制器型号，这里选择 Micro850 控制器，点击“OK”即可对事先准备好的 2080-LC50-24QBB 控制器进行连接。

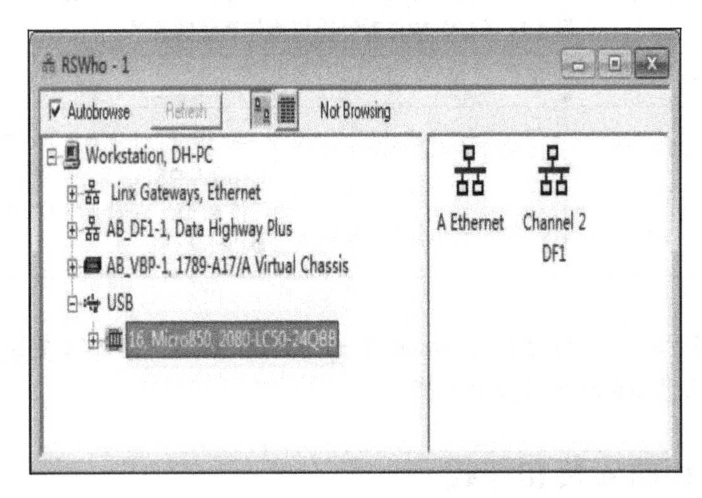

图 4-2　选择要连接的控制器

4.3　刷新 Micro800 固件

本节介绍如何使用 ControlFLASH 快速更新 Micro800 控制器中的固件。如果计算机上安装了 CCW 编程软件，将通过最新的 Micro800 固件安装或更新 ControlFLASH。

1）使用 RSWho 确认通过 USB 与 Micro800 控制器建立 RSLinx Classic 通信。

2）启动 ControlFLASH 软件，并单击“下一步”。

3）选择需要更新的 Micro800 控制器的产品目录号并单击“下一步”，如图 4-3 所示。

4）在浏览窗口中选择控制器，然后单击“确定”，如图 4-4 所示。

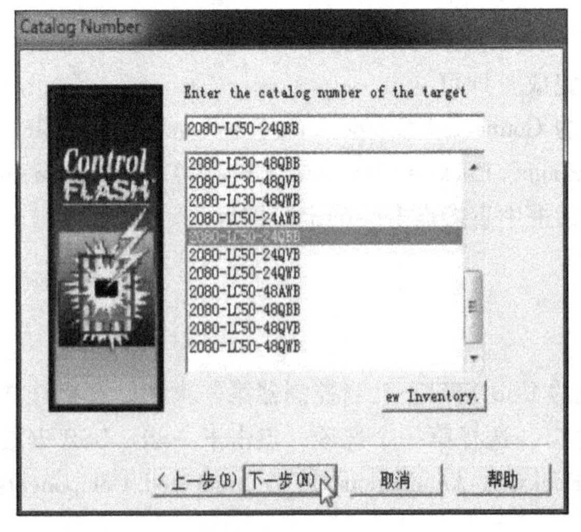

图 4-3　选择要更新的产品目录号

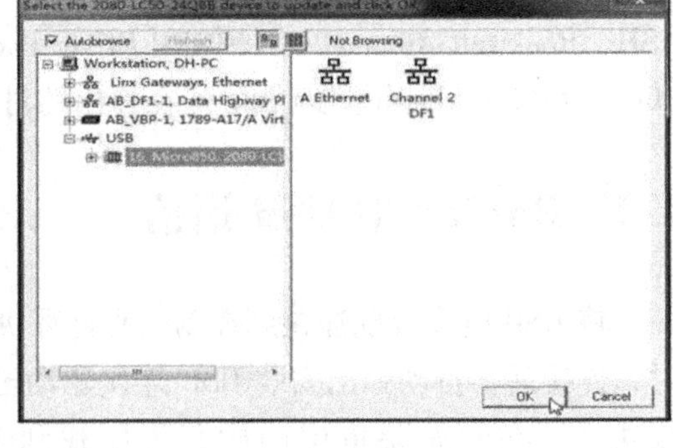

图 4-4　选择控制器

5）单击“下一步”继续，并确认所要升级的版本。单击“完成”，如图 4-5 所示。

图 4-5　确认固件版本

6）单击“是”启动更新，如图 4-6 所示。

图 4-6　启动更新

7）快速更新完成后，弹出更新完成对话框，如图 4-7 所示，单击“OK”完成更新。

图 4-7　更新完成对话框

4.4　创建 CCW 编程软件新项目

本节主要介绍怎样用 CCW 编程软件创建一个新的项目。

1）打开 CCW 编程软件，按照下面所示的路径打开软件：开始→所有程序→Rockwell Automation→CCW→Connected Components Workbench。

打开软件后，显示的是一个新建项目的界面，如图 4-8 所示，整个界面可以分为三部分，左边是 Project Organizer（项目组织器）窗口，在 Project Organizer 窗口中显示建立项目所选择的控制器及项目中建立的变量和编写的程序，并可以对控制器及其程序和变量进行编译，删除等操作。中间为工作区和输出窗口，在工作区中显示编写的程序或者要组态的控制器，输出窗口可显示编译程序后的提示信息。最右边为 Device Toolbox（设备工具箱）和 Toolbox（指令工具箱）窗口，上面为 Device Toolbox 窗口，这里的设备包括 Controller（控制器）、Expansion Modules（扩展模块）、Drives（变频器）、Safety（安全）、Motor Control（电机控制）和 Graphic Terminals（触摸屏）几部分，打开相应的菜单可以选择相应的设备；下

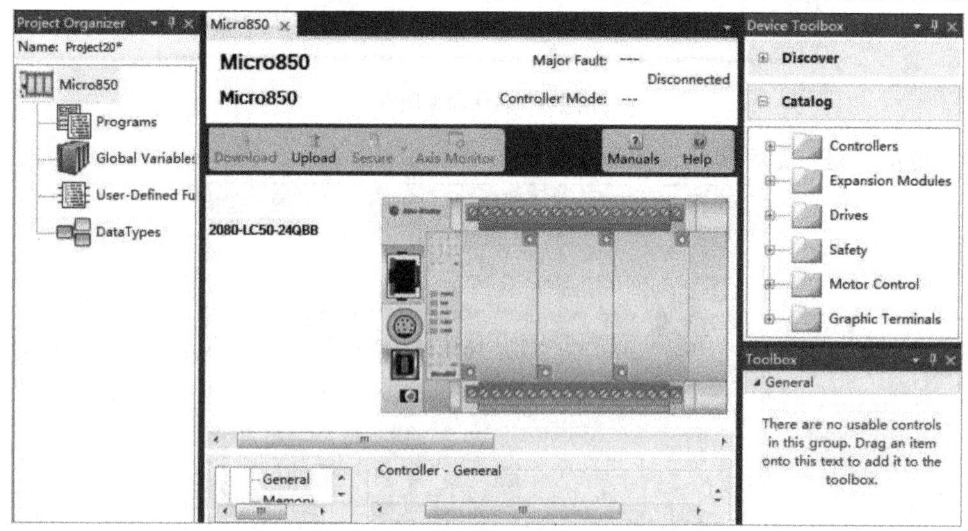

图 4-8　CCW 编程软件新建项目界面

面为 Toolbox 窗口，为建立的项目选择了控制器以后，编写程序时这里会显示要用的指令，只需把指令拖拽到工作区的编程区域就可以使用。

2）要建立一个项目，首先要打开右边的设备工具箱，并打开其中的控制器菜单，选择所需要的控制器型号，这里选择 2080-LC50-24QBB。

3）在选定的控制器上双击或直接把控制器拖拽到项目组织器，弹出版本选择的界面，如图 4-9 所示，在 Major revision 中选择控制器的主版本号，单击“OK”，项目组织器如图 4-10 所示。这样就建立了一个基于 Micro850 控制器的项目。

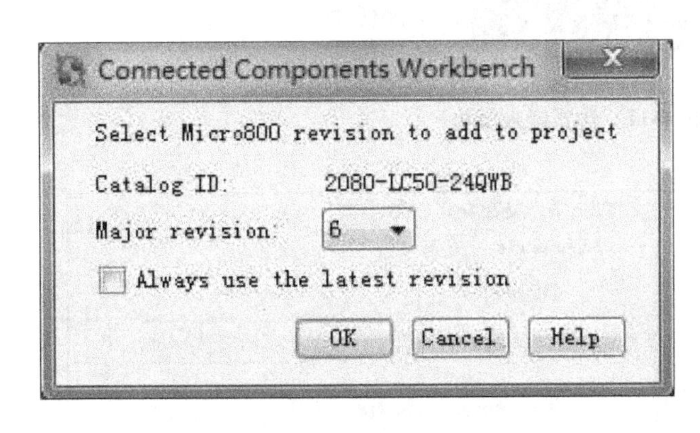

图 4-9　版本选择界面

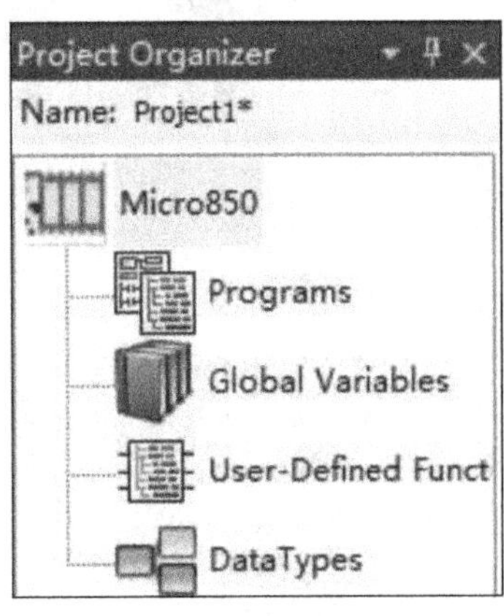

图 4-10　项目组织器窗口

4）该项目的名称显示在项目组织器窗口的名称字段中。

5）点击保存按钮，将项目保存，新建的项目默认保存在 C:\Documents and Settings\Administrator\My Documents\CCW 文件夹下。

这样就完成了一个新项目的创建。

4.5　I/O 模块的组态

4.5.1　内置 I/O 模块的配置

在 CCW 编程软件中可以很直观地组态 Micro800 控制器的内置模块。打开一个项目，在窗口左边的 Project Organizer（项目组织器）窗口中双击控制器图标，可以打开组态内置模块的界面。本例中所选的控制器是 Micro850 控制器，型号为 2080-LC50-24QBB，共可以容纳 3 个内置模块。在控制器的空白的槽上单击右键，弹出如图 4-11 所示的模块选项，用户可以根据实际情况，选择所需模块的型号。这里假设 3 个空白槽上分别插模拟量输入模块 2080-IF4，模拟量输出模块 2080-OF2 和通信接口模块 2080-SERIALISOL。在第一个空白的槽上单击右键，选中 2080-IF4 并单击，即可把模块嵌入到控制器中。用同样的方法可以组态其他两个模块。

组态模块后，在控制器下方的工作区内可以对每个内置模块进行组态，图 4-12 显示的是 2080-IF4 模块的组态界面，这里可以对模块每个通道的 Input Type（输入类型）、Frequency（频率）和 Input State（输入状态）进行组态。同时也可以对控制器自身所带的通信端口和 I/O 点进行组态。

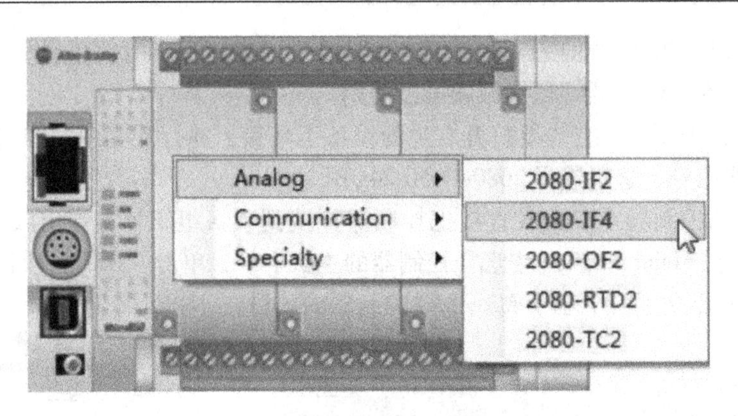

图 4-11　选择嵌入模块

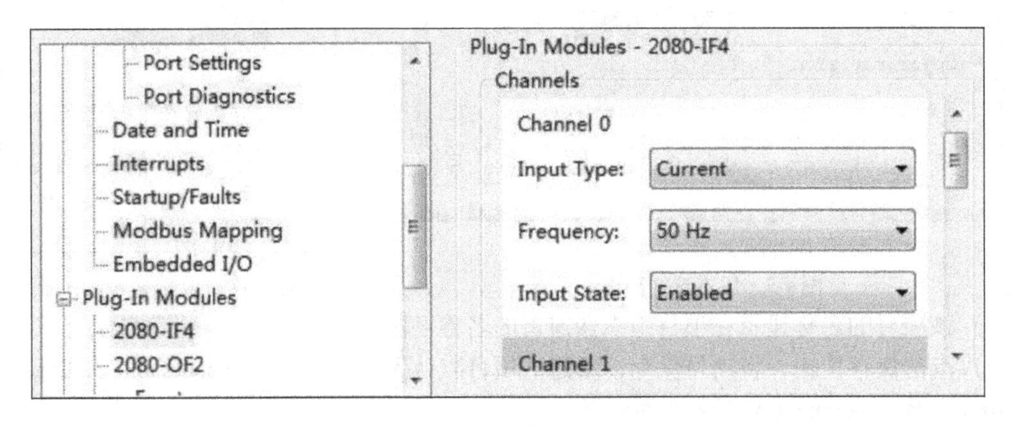

图 4-12　2080-IF4 模块的组态界面

4.5.2　扩展 I/O 模块的配置

对扩展 I/O 模块配置时，首先在 Device Toolbook（设备工具箱）窗口可以找到 Expansion Modules（扩展模块）文件夹，也可以通过右键点击空槽位的方式进行添加。选择 2085-IQ16 模块，如图 4-13 所示。

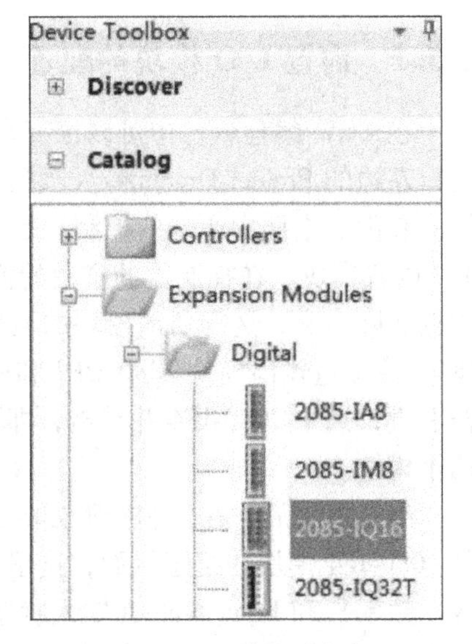

图 4-13　模块选择

把 2085-IQ16 拖拽到控制器右边第一个槽口中。4 个蓝色的槽表示可以用来安放 I/O 扩展模块的槽口。在添加了 I/O 扩展模块之后，CCW 编程软件工程应该如图 4-14 所示：

如果需要，可以将其他 I/O 模块放到剩余的 I/O 扩展槽。

在控制器图像下方可以通过扩展模块的详情框格来编辑默认 I/O 组态。

1）选择想要组态的 I/O 扩展设备。点击“General”，可以看到刚刚添加的扩展 I/O 设备的详情，如图 4-15 所示。

2）点击“Configuration”。根据需要来编辑模块和通道的属性。下一部分为扩展 I/O 模块组态属性，设备功能如图 4-16 所示。

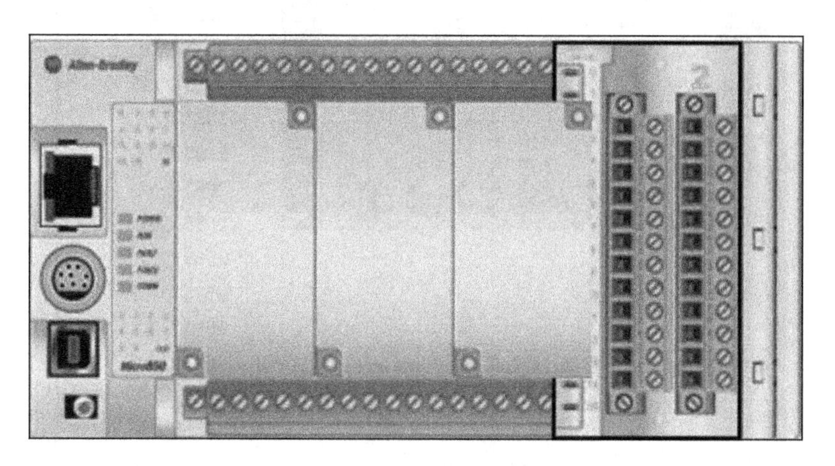

图 4-14　添加 I/O 扩展模块 2085-IQ16 的 CCW 工程界面

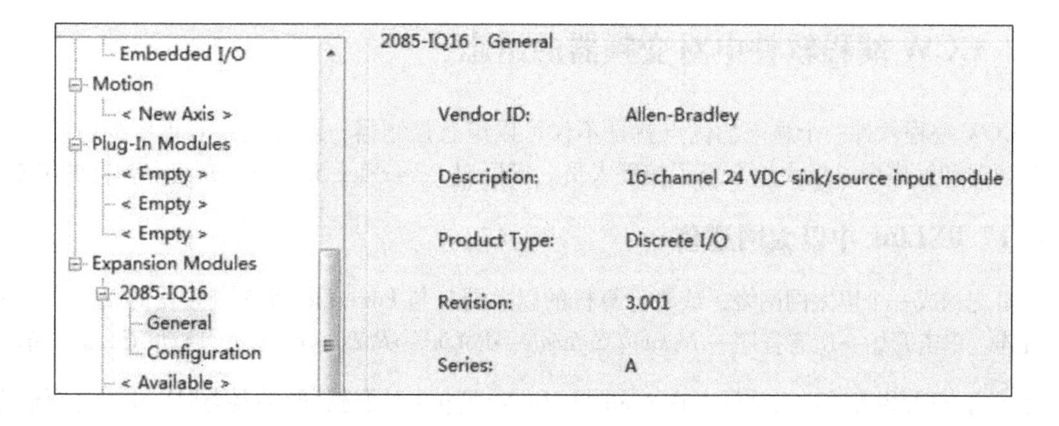

图 4-15　扩展模块详情

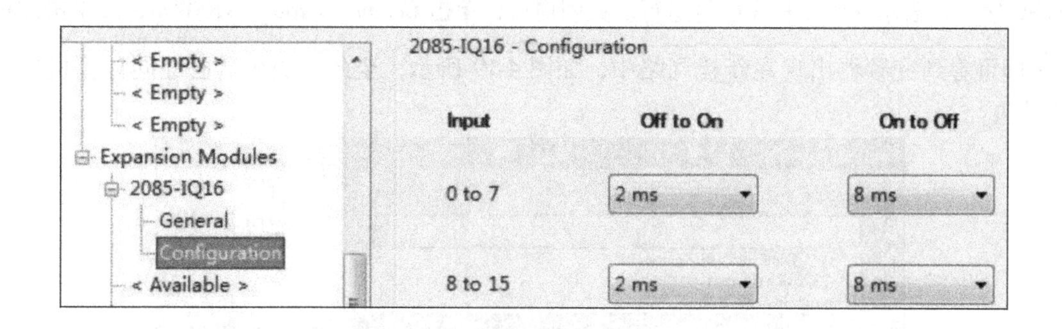

图 4-16　2085- IQ16 组态属性

如果想删除扩展模块，右击扩展模块选择 Delete，如图 4-17 所示。

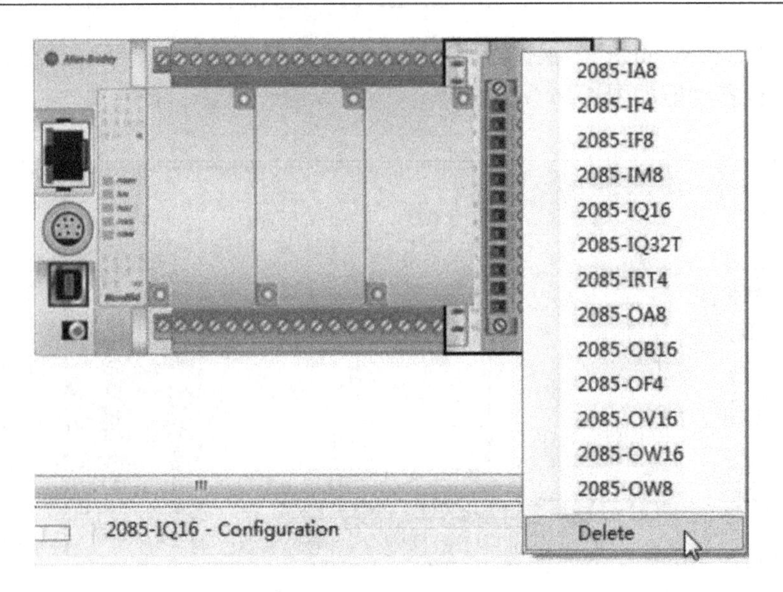

图 4-17 删除模块示意图

4.6 CCW 编程软件中对变频器的组态

CCW 编程软件一个显著的优点就是不仅可以组态控制器，编写控制器程序，还可以组态变频器和触摸屏，极大地方便了编程人员。下面以 PowerFlex 525 为例介绍变频器的组态。

4.6.1 RSLinx 中以太网通信

首先构成一个以太网网络，或将计算机的以太网口与 PowerFlex 525 变频器的以太网口进行直连。单击开始→所有程序→*Rockwell Software*→*RSLinx*→*RSLinx Classic*，启动 RSLinx，单击图标，打开组态驱动对话框，在 Available Driver Types（可选择驱动器类型）中，选择建立 EtherNet/IP Driver 驱动，如图 4-18 所示，点击 Add New（添加新驱动），打开对话框，为驱动命名，点击“OK”。在 Configure Driver 窗口下的列表中出现 AB _ ETHIP-1 A-B Ethernet RUNNING 字样，表示该驱动程序已经运行。关闭窗口，单击 *Communications*→*RSWho*，或单击图标即可看到变频器出现在新建网络中，如图 4-19 所示，至此，变频器已经同计算机成功连接。

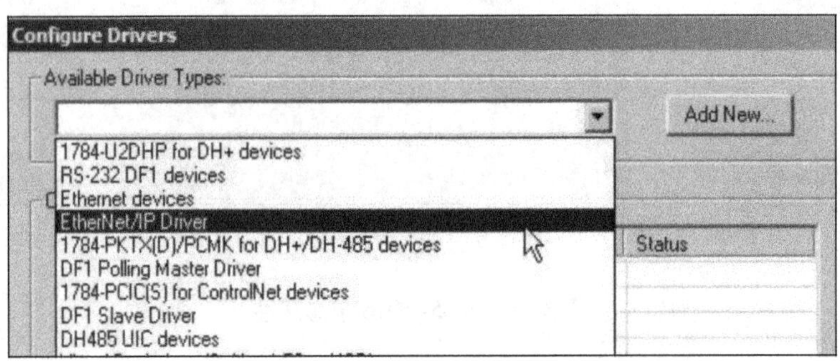

图 4-18 添加以太网驱动

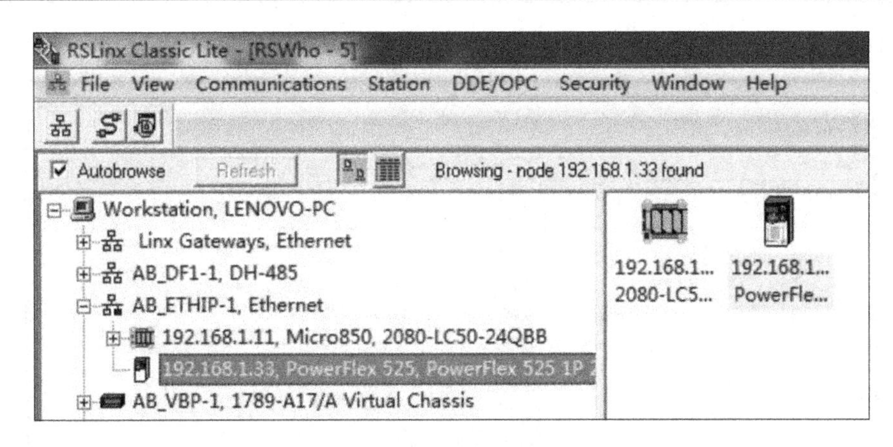

图 4-19　变频器成功连接

4.6.2　创建 PowerFlex 525 变频器项目

连接完成后，打开一个 CCW 工程，在 Device Toolbox（设备工具箱）中打开 Driver（变频器）文件夹，选择 PowerFlex 525 变频器。把变频器拖拽到 Project Organizer（项目组织器）中，图 4-20 所示，双击变频器图标，可以打开变频器的组态界面，界面中的 Connect（连接）按钮用来连接实际的变频器，Update（上传）和 Download（下载）按钮用来上传和下载变频器的参数配置，Parameters（参数）和 Properties（属性）按钮用来配置变频器的参数和属性，Wizard（向导）按钮给新用户提供的快速配置变频器各项参数的方法。

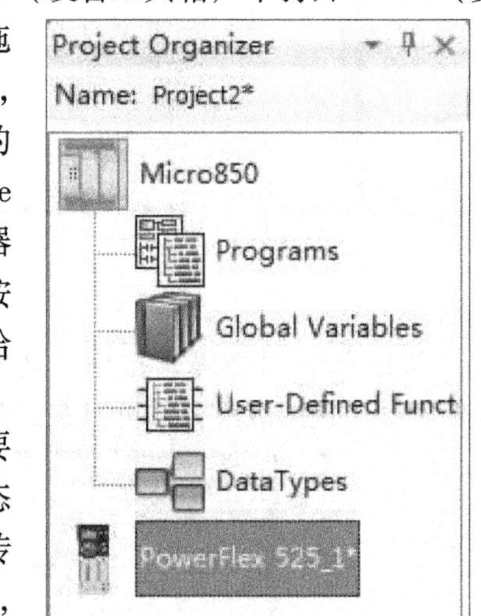

图 4-20　在项目组织器中添加 PowerFlex 525 变频器

点击 Connect（连接）按钮，在弹出对话框中选择要连接的变频器，点击“确定”即可。连接完成后，组态界面变为如图 4-21 所示的界面，并且连接的同时会上传当前所连接设备的配置信息。此时下载按钮不能使用了，这是因为要下载配置好的变频器参数不能先与设备连接，而应先断开连接，然后点击下载按钮，再选择下载到哪个变频器。

图 4-21　在线的变频器组态界面

点击 Parameters（参数）按钮，会打开变频器的参数对话框，如图 4-22 所示，在这里用户可以组态变频器的所有参数。由于通常不是所有的参数都要组态，推荐新用户使用启动向导来配置变频器参数。

点击 Properties（属性）按钮，可以看到变频器的各项属性，在离线的情况下，用户可以修改变频器的一些属性，包括变频器的版本和端口等。

Parameters - PowerFlex 525_1*

Parameters

Group: All Parameters　Show Non-Defaults　Filter Value:

#	Name	Value	Units	Internal Value	Default
1	Output Freq	0.00	Hz	0	0.00
2	Commanded Freq	0.00	Hz	0	0.00
3	Output Current	0.00	A	0	0.00
4	Output Voltage	0.0	V	0	0.0
5	DC Bus Voltage	319	VDC	319	0
6	Drive Status	00000000 ...		0	00000000 00
7	Fault 1 Code	4		4	0
8	Fault 2 Code	73		73	0
9	Fault 3 Code	4		4	0
10	Process Display	0		0	0
11	Process Fract	0.00		0	0.00
12	Control Source	155		155	0
13	Contrl In Status	00000000 ...		1	00000000 00
14	Dig In Status	00000000 ...		0	00000000 00

图 4-22　变频器参数列表

点击 Faults（故障）按钮，会显示变频器的故障列表，如图 4-23 所示。在这里可以看到变频器出现的故障，并可以在故障消除后对故障进行清除。

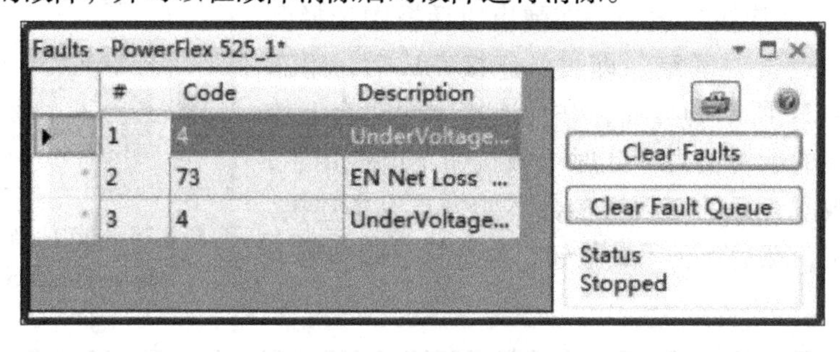
Faults - PowerFlex 525_1*

#	Code	Description
1	4	UnderVoltage...
2	73	EN Net Loss ...
3	4	UnderVoltage...

图 4-23　变频器故障列表

Reset（重置）按钮用来重置变频器的各项参数，重置的过程中系统会提示一些信息。这里不再演示重置方法。

4.6.3　变频器启动向导的使用

下面介绍在线的情况下如何使用启动向导来配置变频器参数。点击“Wizard（向导）”按钮，打开如图 4-24 所示的对话框，选择 PowerFlex 525 Startup Wizard（PowerFlex 525 启动向导），点击“Select”，打开向导欢迎对话框，该对话框是用来介绍向导并给出使用向导的提示和技巧的。按照向导的提示，设置变频器参数。

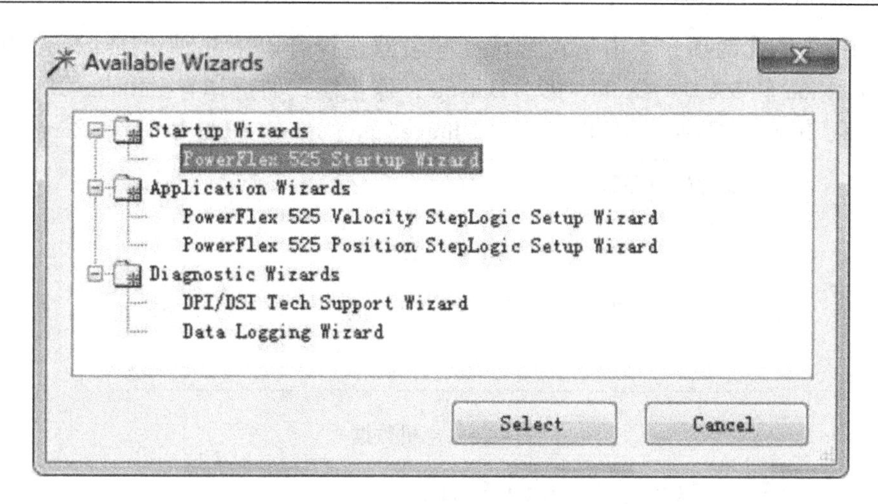

图4-24　启动变频器配置向导

启动向导设置变频器的步骤如下：

1. Reset Parameters（重置参数）

点击“Next”，弹出重置参数的对话框，这里点击重置参数按钮，可以把变频器的各项参数还原为默认值。如果不需要重置参数，直接点击“Next”即可。

2. Motor Control（电机控制）

点击“Next”，来设置电机控制，如图4-25所示，在这里可以设置电机的Troq Perf Mode（力矩特性模式），其中有选项V/Hz、SVC、Economize和Vector，同时还可以设置Boost Select（提升选择）、Start Boost（启动提升）、Break Voltage（截断电压）、Break Frequency（截断频率）和（Max Voltage）最高电压等。

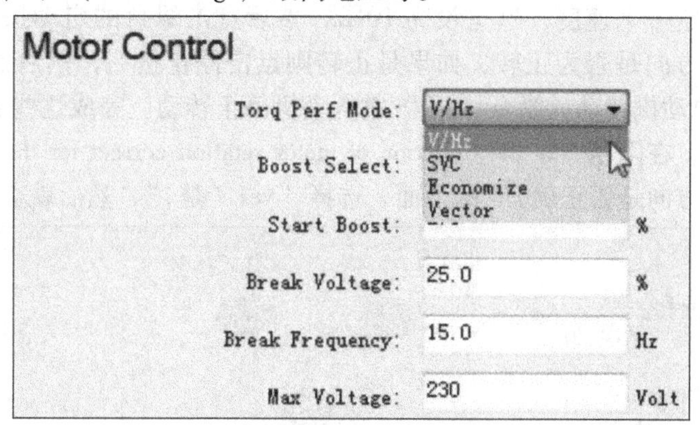

图4-25　电机控制

3. Motor Data（电机数据）

点击“Next”，设置电机参数，如图4-26所示，这里用户要根据变频器所控制的电机的铭牌来设置电机的电流、电压和频率。本次实验用到的电机的额定电流为1.1A，额定电压为220（26～230）V，额定频率为50Hz。

4. Stop/BrakeMode（停止/制动模式）

点击“Next”，设置电机的停止/制动模式，如图4-27所示，这里要设置的参数有DB电阻器选择和停止模式两项，点击下拉菜单，电阻器选择有以下几种：Disabled、Norma RA Res、NoProtection 和 3% DutyCycle ~ 99% Dutycle；停止模式的选择有：Ramp CF、Coast CF、DC Brake CF、Ramp、Coast、DC Brake、DC BrakeAuto、Ramp + EM B CF 和 Ramp + EM Brk。

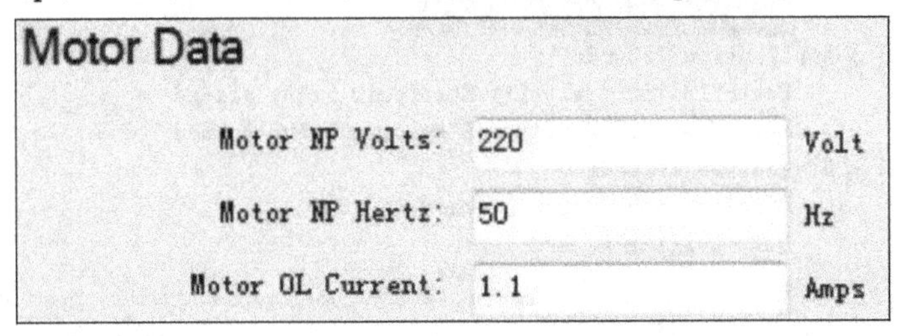

图 4-26　电机数据

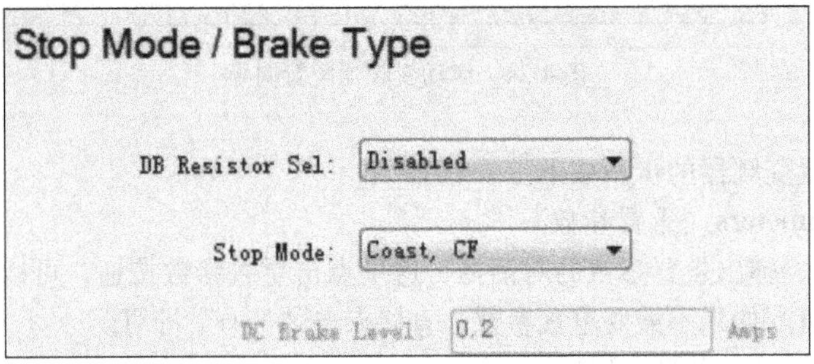

图 4-27　停止模式/制动模式

5. Direction Test（方向测试）

点击“Next”，进行方向测试，如图 4-28 所示，该测试只能在在线的情况下进行。在参考值处给电动机设定一个速度，这里设为 10Hz，然后点击绿色的启动按钮，电动机正转，查看电动机的转动方向是否为正转，如果是正转则点击停止按钮，然后点击“Jog”按钮，按住“Jog”键，电动机转动，松开“Jog”键电动机停止转动。完成这些测试以后，如果电动机转动方向正确，在问题“Is the direction of motor rotation correct for the application（应用程序的电动机旋转方向是否正确）”的下面，选择“yes（是）”，然后就会提示测试通过。

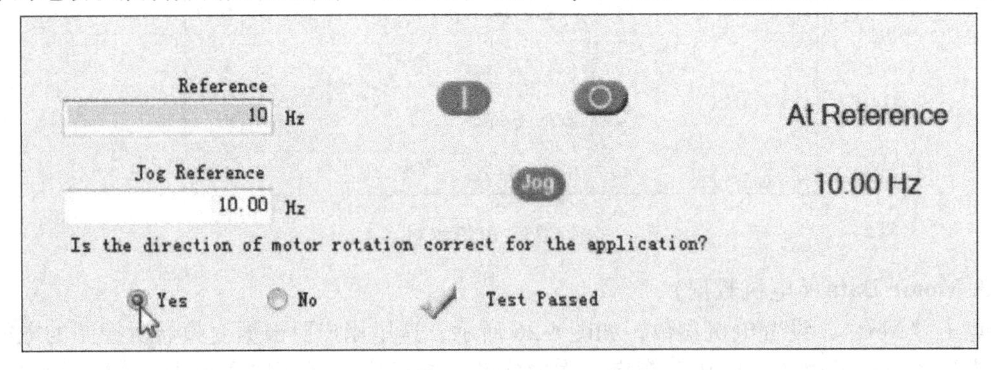

图 4-28　方向测试

6. AutoTune（自动调谐）

点击“Next”进行自动调谐，这一步也只能在在线的情况下进行。通过自动调谐，启动器可以对电动机特性进行取样，并正确设置其 IR 压降和磁通电流参考，仅当电动机卸除负载时，才能使用旋转调节。否则，请使用静态调节。调节完成后，系统会提示测试已完成。

7. Ramp Rates/Speed Limits（斜率/速度限制）

点击“Next”，设置斜率/速度限制，如图 4-29 所示。这里可以设置最大频率和最小频率，还可以设置是否启动反向操作。这是因为在有些系统中，电动机是不能反转的，例如皮带等。

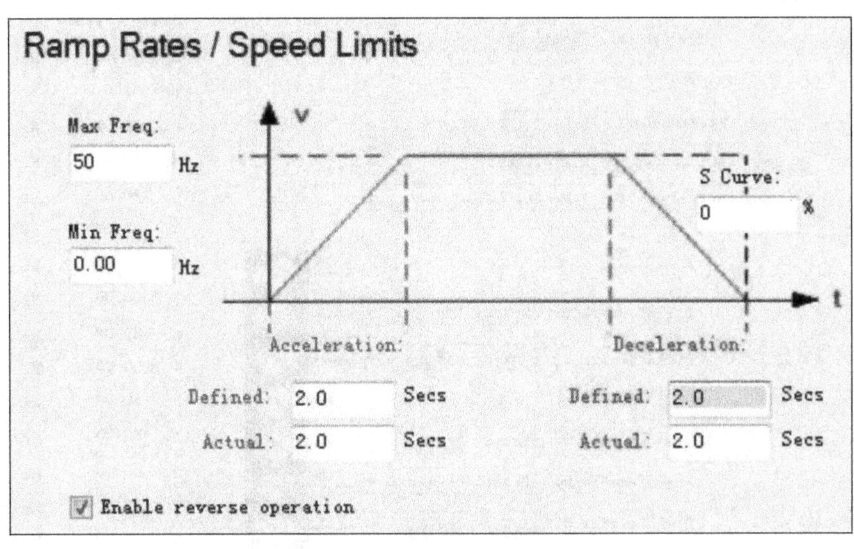

图 4-29　斜率/速度限制

8. Speed Control（速度控制）

点击“Next”，设置速度控制，如图 4-30 所示。这里来设置速度参考的来源，点开下拉菜单，可以有以下选择：Drive Pot、Keypad Freq、Serial/DSI、0-10V input、4-20mA input、

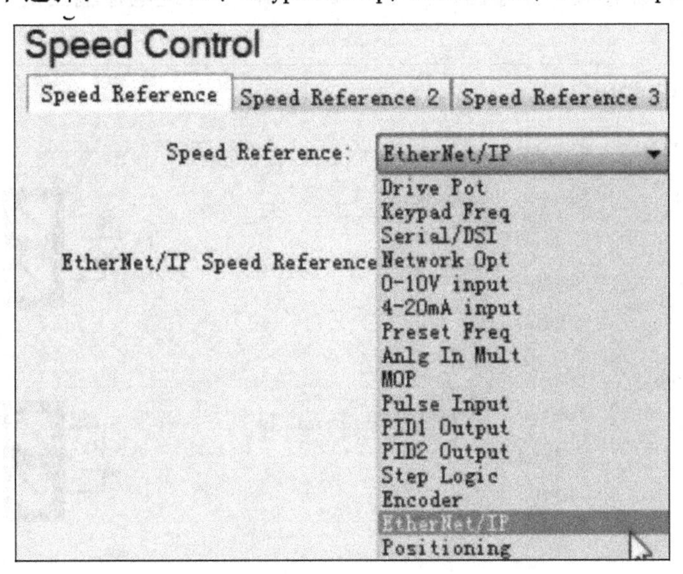

图 4-30　速度控制

Preset Freq、Anlg In Mult、MOP、Pulse Input、PID1 Output、PID2 Output、Step Logic、Encoder、EtherNet/IP 和 Positioning。这里选择 EtherNet/IP（以太网端口）。

9. Digital Inputs（数字输入）

点击“Next”，配置数字输入参数，如图 4-31 所示。这里可以设置停止源、启动源、数字输入和预置频率。用户可以根据需要来设置。

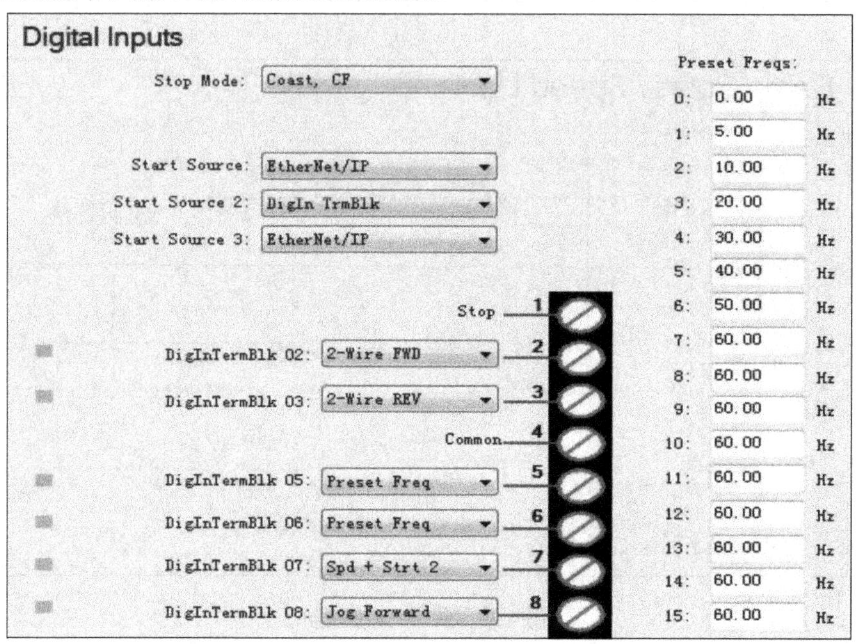

图 4-31　数字输入

10. Relay Outputs（继电器输出）

点击“Next”，设置继电器输出，如图 4-32 所示。点开继电器输出的下拉菜单，选择适合的继电器输出。

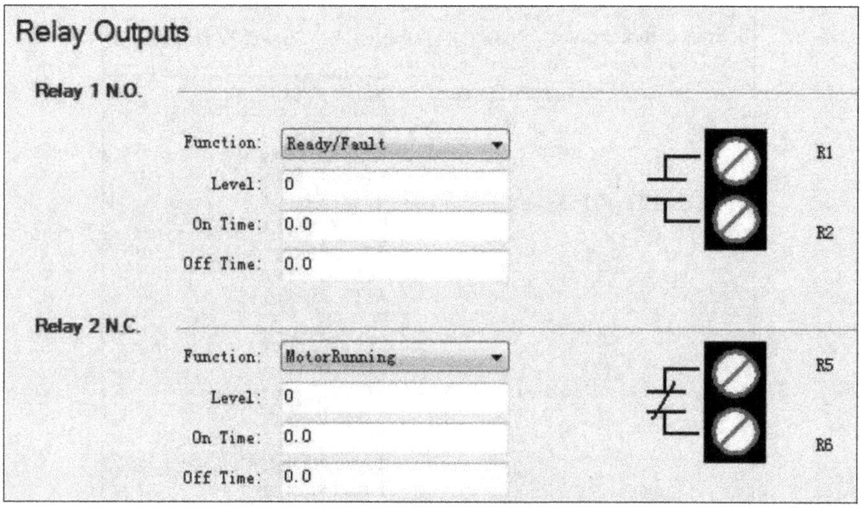

Relay Outputs
Relay 1 N.O.
Function: Ready/Fault
Level: 0
On Time: 0.0
Off Time: 0.0
R1
R2
Relay 2 N.C.
Function: MotorRunning
Level: 0
On Time: 0.0
Off Time: 0.0
R5
R6

图 4-32　继电器输出

11. Opto Output（光电耦合输出端）

点击“Next”，设置光电耦合输出端，如图 4-33 所示。这里可以设置光电耦合输出端的逻辑、光电耦合输出端 1 和光电耦合输出端 2。

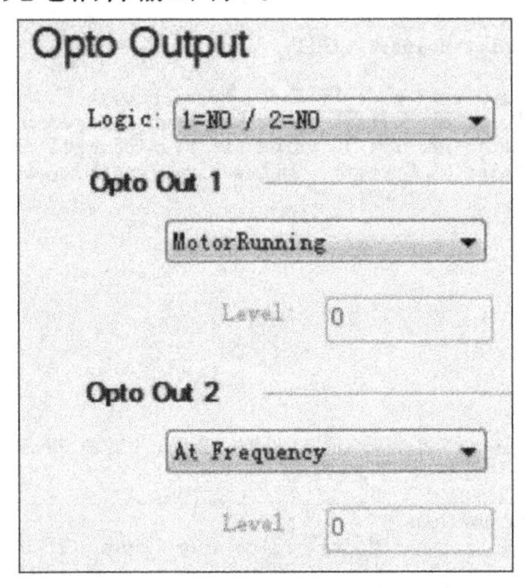

图 4-33　光电耦合输出端

12. Analog Output（模拟输出）

点击“Next”，设置模拟输出，如图 4-34 所示。

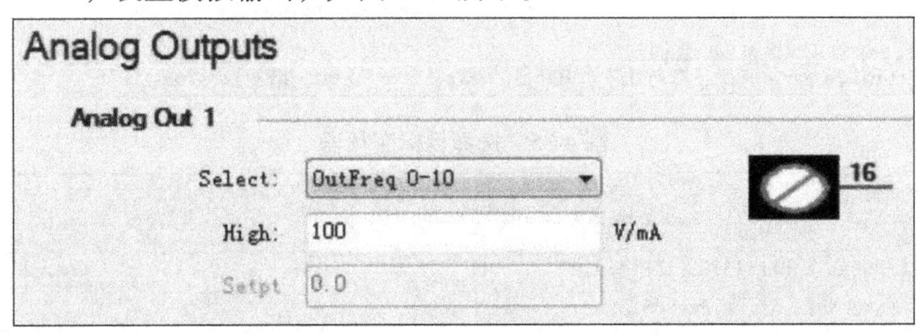

图 4-34　模拟输出

13. Pending Change（待定更改）

完成了上面的设置，点击“Next”，显示待定修改界面，如图 4-35 所示，这里提示用户在以上步骤中做了哪些修改，点击“Finish”，即可把所有的修改应用到变频器中。

启动向导提供了一种清晰的思路来快速组态变频器，它虽然没有覆盖到每一个参数，但大多数应用项目中常用的必须配置参数都已包括在内。

以上参数的配置都是在变频器在线的情况下进行的。断开在线的变频器，也可以用向导来配置变频器，只是部分步骤不能完成，但并不妨碍对变频器基本参数的配置。离线变频器参数的配置步骤和在线变频器参数的配置步骤一样，这里就不再赘述了。下面介绍变频器参数的下载。

在离线状态下，点击“Download”，会弹出下载对话框，如图 4-36 所示，如果需要更改路径可点击对话框上的“Change”按钮。点击下载按钮后，所做的修改就会下载到变频器。上传变频器参数的过程和下载的过程基本一致，在上传过程中，系统还会提示一些信息，这里不再赘述。

```
Applied and Pending Changes
Below is a list of changes that have already been made.

Wizard Step "Direction Test"...
   Direction Test completed successfully.

   The following changes were made by the direction test:
   Parameter "31 - [Motor NP Volts]" value has been changed from "230" to "220" V.
   Parameter "32 - [Motor NP Hertz]" value has been changed from "60" to "50" Hz.
   Parameter "33 - [Motor OL Current]" value has been changed from "4.8" to "1.1" A.

Below is a list of changes that will be made if you click Finish.

Wizard Step "Stop / Brake Mode"...
   Change parameter "45 - [Stop Mode]" value from "Ramp, CF" to "Coast, CF".

Wizard Step "Ramp Rates / Speed Limits"...
   Change parameter "44 - [Maximum Freq]" value from "60.00" to "50" Hz.
   Change parameter "42 - [Decel Time 1]" value from "10.00" to "2.00" Sec.
   Change parameter "41 - [Accel Time 1]" value from "10.00" to "2.0" Sec.

Wizard Step "Speed Control"...
   Change parameter "44 - [Maximum Freq]" value from "60.00" to "50" Hz.

Wizard Step "Digital Inputs"...
   Change parameter "45 - [Stop Mode]" value from "Ramp, CF" to "Coast, CF".
```

图 4-35　选择目标变频器

图 4-36　下载对话框

4.7　程序的调试和下载

4.7.1　程序的上传

在下载程序之前，首先要建立编程计算机和控制器之间的通信。这里使用 USB 电缆建立通信。把 USB 电缆分别连接到控制器和计算机的 USB 接口上。

打开创建的项目，在项目组织器窗口中双击控制器图标。打开控制器组态窗口，如图4-37所示，点击图右上方的连接按钮，找到要连接的控制器型号，这里选择Micro850控制器，点击“OK”即可。

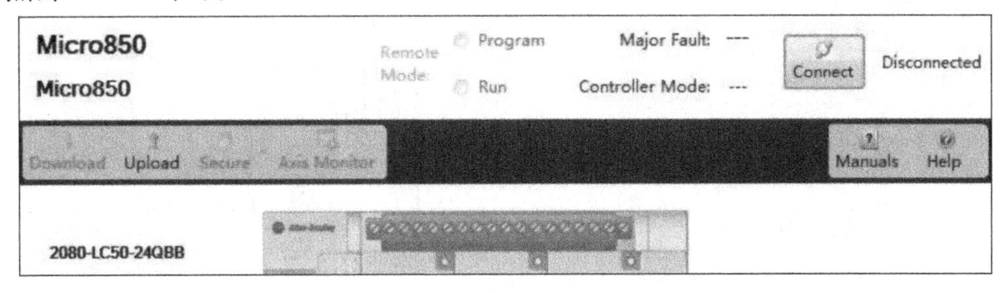

图4-37 连接控制器与计算机

在项目组织器中，右键单击控制器图标，选择Upload（上传），如图4-38所示。选择上传项目以后，会弹出一个对话框，询问是否通过上传来替换当前的项目，选择“Yes”，项目上传完成后，在软件的工作区输出窗口会弹出信息，提示上传完成。在项目组织器窗口中可以看到上传的项目。

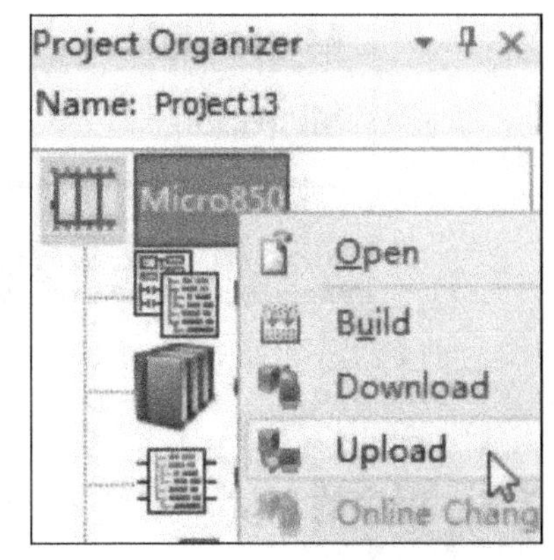

图4-38 选择上传项目

4.7.2 程序的下载

控制器连接计算机以后，组态界面显示如图4-39所示，断开连接的按钮为活动状态，同时可以改变控制器的状态，其状态有两种：Run（运行）和Program（编程）。

连接控制器以后，可以看到在图4-39中左边的下载按钮没有处于活动状态，而只有上传按钮处于活动状态。这是因为在下载项目之前要先对项目编译并保存，在项目组织器窗口中，右键单击控制器图标，选择Build（编译）选项，如图4-40所示开始编译项目。编译完成后，点击软件左上角的保存按钮，保存编译后的项目。

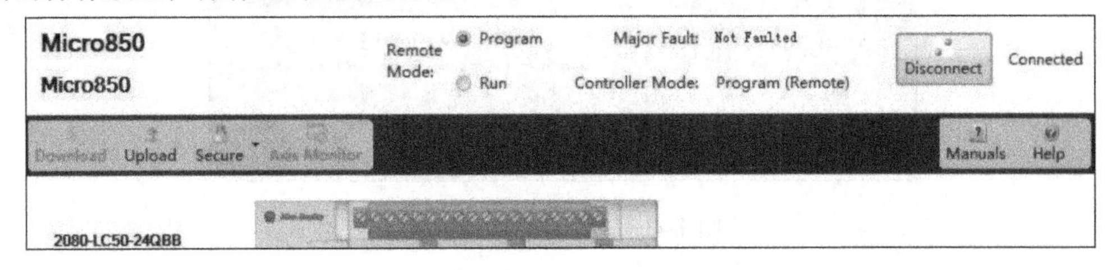

图4-39 控制器连接完成后的组态界面

保存完成后在项目组织器窗口中右键单击控制器图标，选择下载选项，如图4-41所示，也可以在组态窗口中直接选择下载按钮，如图4-42所示。在项目下载过程中，组态界面会显示项目正在下载。下载完成后，会弹出对话框，提示下载完成，并询问是否进入运行状态，用户可以根据需要自行选择。

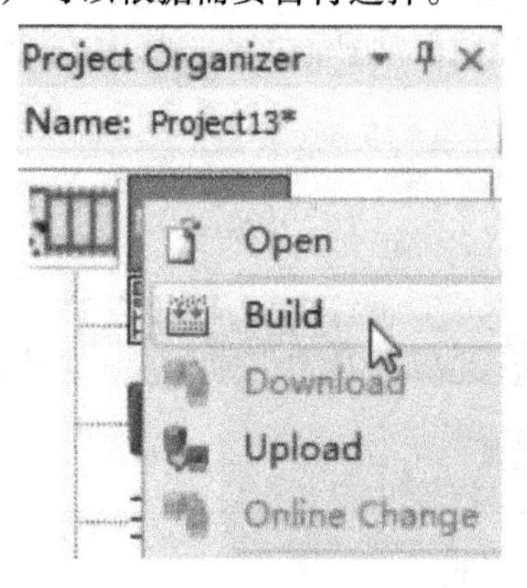

图 4-40　编译项目

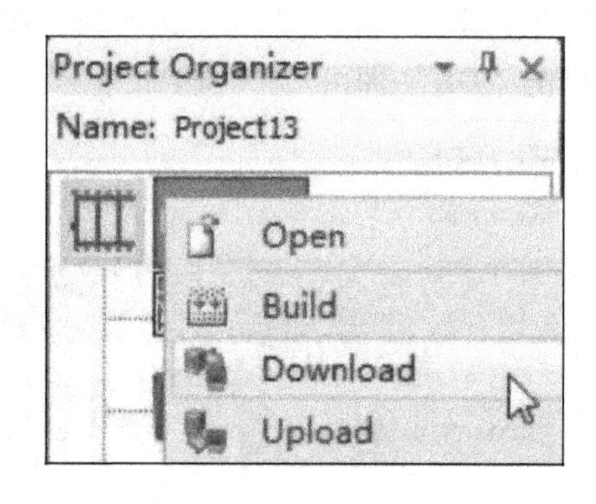

图 4-41　下载项目

图 4-42　下载项目按钮

4.7.3　程序的调试

在调试程序之前，首先要确定程序处于运行状态，即控制器处于运行模式。然后，从主菜单中的调试下拉菜单中选择 Start Debugging（启动调试），如图 4-43 所示。开始调试后，打开全局变量列表，可以给变量设定强制值，如图 4-44 所示。要强调的是在调试程序之前，一定要确保程序已经被编译通过，并且保存，否则开始调试的选项将不可用。

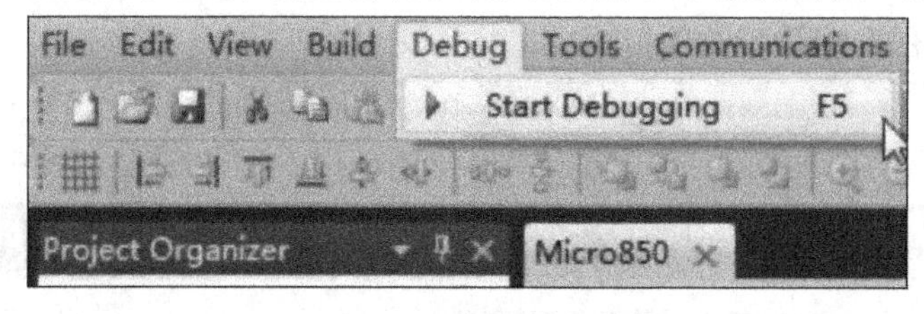

图 4-43　选择开始调试按钮

此时编程人员可以对项目中的变量强制赋值，在 I/O 没有被强制的情况下，可以看到除了 DO0 和 DO5 为真以外，其他变量都为假。打开全局变量列表，如图 4-44 所示，可以看到 DO0 和 DO5 的逻辑值和物理值选项均被钩选，与程序中的状态一致。要测试程序，就要强制程序中的一些变量，在强制变量之前，必须先把变量锁定，在图 4-44 中，有一列为锁定列，在该列中选定变量就可以对变量进行强制给值。例如：想要强制 DI0，则做如图 4-45 所示的选择。此时程序就会运行，输出的状态变为如图 4-46 所示的状态。与程序中的逻辑一致。

Name	Logical Val	Physical Val	Lock	Data Type
_IO_EM_DO_00	✓	✓		BOOL
_IO_EM_DO_01				BOOL
_IO_EM_DO_02				BOOL
_IO_EM_DO_03				BOOL
_IO_EM_DO_04				BOOL
_IO_EM_DO_05	✓	✓		BOOL
_IO_EM_DO_06				BOOL
_IO_EM_DO_07				BOOL

图 4-44　调试状态的全局变量列表

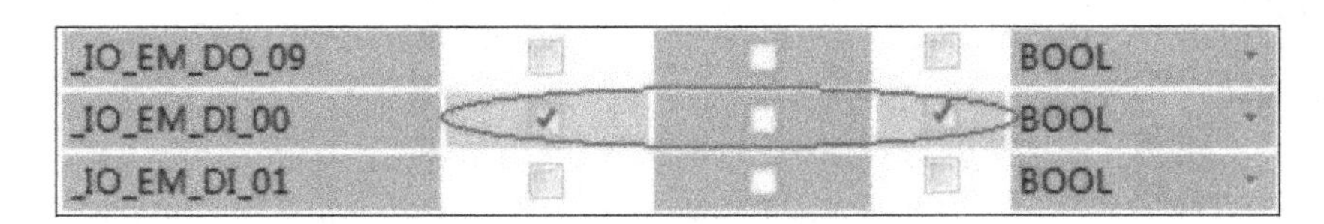

_IO_EM_DO_09				BOOL
_IO_EM_DI_00	✓		✓	BOOL
_IO_EM_DI_01				BOOL

图 4-45　强制 DI0 变量

Name	Logical Val	Physical Val	Lock	Data Type
_IO_EM_DO_00				BOOL
_IO_EM_DO_01				BOOL
_IO_EM_DO_02	✓	✓		BOOL
_IO_EM_DO_03	✓	✓		BOOL
_IO_EM_DO_04				BOOL

图 4-46　输入变量强制后的输出值

想要释放被强制的变量，只需要对变量解锁就可以了。用这种方法完成对程序的调试后，就可以停止调试了。在主菜单中的调试菜单的下拉菜单中选择 Stop Debugging（停止调试），停止对程序的调试工作。如图 4-47 所示。

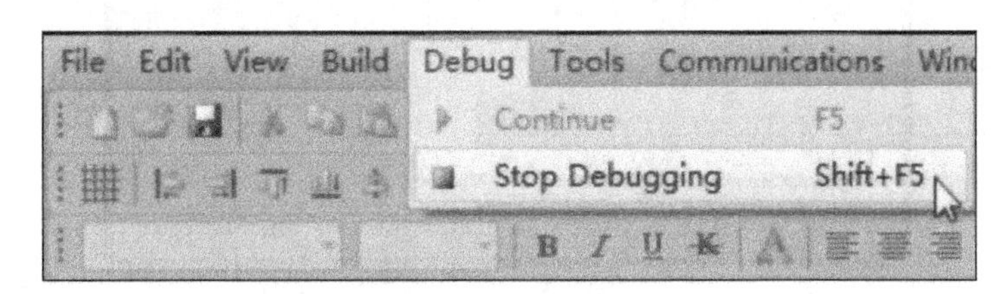

图 4-47　停止程序调试

至此完成了整个程序的调试步骤。

4.8 程序的导出和导入

当有多个项目需要使用相同的功能时，为了避免重复工作，编程人员可以把现有的程序从项目中导出，然后再导入到其他的项目中。下面介绍程序的导入和导出方法。

4.8.1 程序的导出

在项目组织器窗口中，选择已经建立的程序，右键单击，选择 Export（导出），如图 4-48 所示。

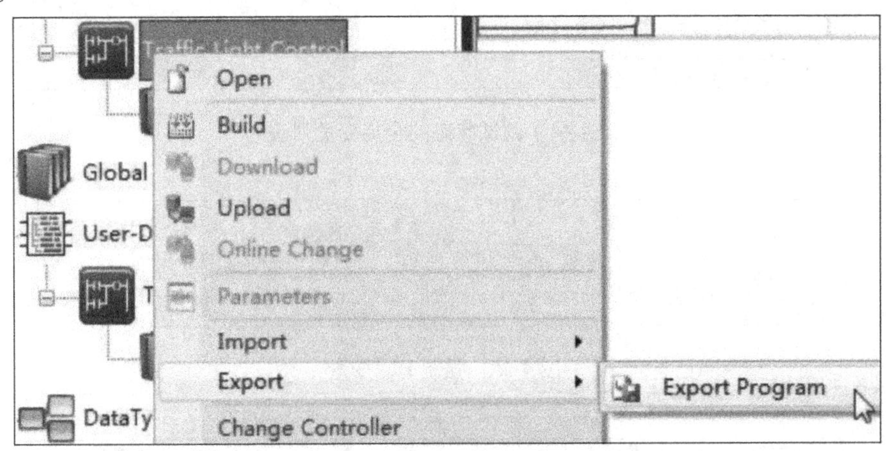

图 4-48 导出程序

选择导出程序后，弹出如图 4-49 所示的窗口，这里可以选择只导出变量，也可以选择全部导出，还可以对导出的文件加密。这里选择全部导出，并对文件加密。然后点击下面的导出按钮，在弹出的对话框中可以改变导出文件的路径和名字。这里把导出文件保存到桌面，并命名为 Traffic_Light_Control。

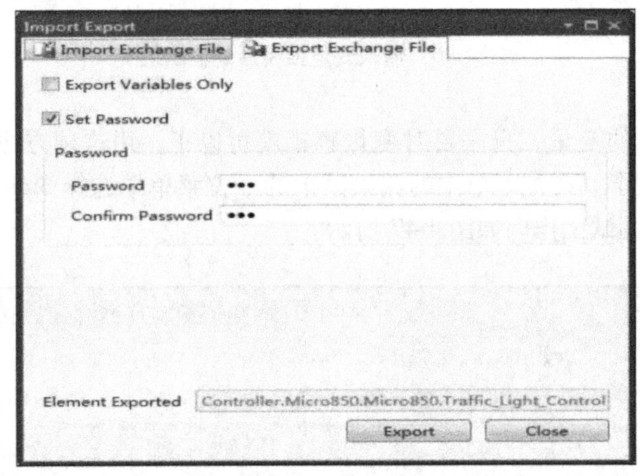

图 4-49 导出程序窗口

导出文件成功后，会在软件工作区的输出窗口中提示导出完成，并显示导出文件的位置和名字。

4.8.2　程序的导入

下面把导出的程序导入到一个新的项目中。首先打开一个新的项目，在程序图标处右键单击，选择 Import（导入），类似导出操作。选择后弹出如图 4-50 所示的导入程序窗口，在窗口中可以选择要导入的内容。可以只导入主程序或者只导入功能块程序，也可以全部导入，单击浏览按钮，选择要导入的文件，选择打开。然后点击导入文件窗口下方的导入按钮，就可以导入文件了，由于在导出文件的时候对文件设定了密码，所以在点击浏览按钮，选择要导入的文件时需要输入文件密码，在密码输入窗口后，选择要导入的文件，单击导入，即可开始导入文件。在完成了文件的导入后，在工作区的输出区域中会显示信息，提示用户导入文件完成。

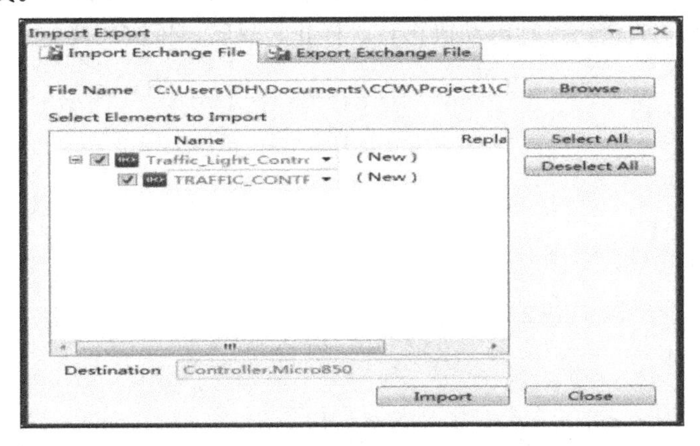

图 4-50　导入程序文件窗口

程序导入完成后，如图 4-51 所示，可以看到新项目中已经包含了导入的程序。

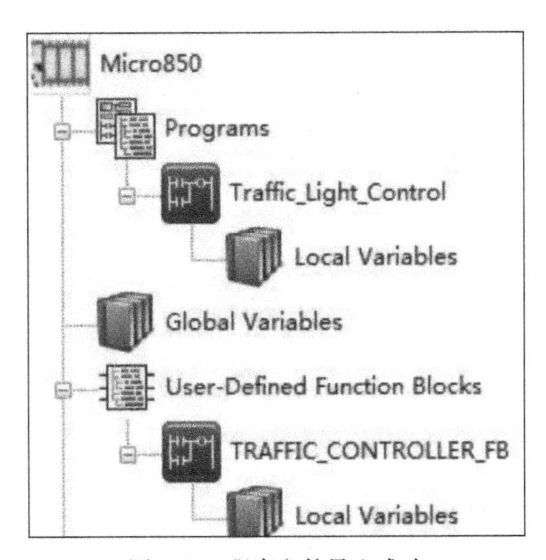

图 4-51　程序文件导入成功

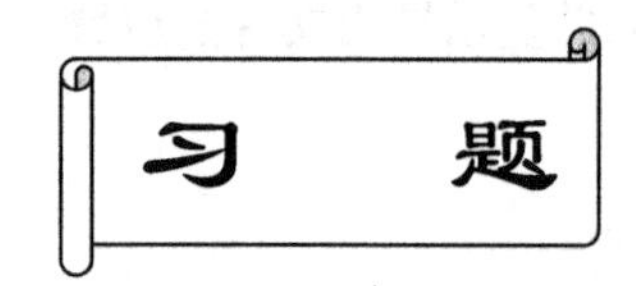

1. 如何更换扩展 I/O 的组态?

2. 如果选用的是 Micro800 控制器有模拟量输入输出功能，请将两个模拟量输入相加，送到模拟量输出。

1. 测量在数字量输入的由低电平到高电平转换（上升沿）时间和下降沿时间的不同。

2. 利用一个点动式按钮控制电动机正转、停止、反转，依次反复。

第 5 章

Micro800 控制器的编程指令

学习目标

- 了解 Micro800 控制器的编程方式
- 了解 Micro800 控制器的组织结构特点
- 熟练掌握基本指令集
- 学会创建自定义功能块

5.1 Micro800 控制器编程语言

通常 PLC 不采用微机的编程语言，而采用面向控制过程、面向实际问题的自然语言编程。这些编程语言有梯形图、逻辑功能图、布尔代数式等。如罗克韦尔自动化公司所有的 PLC（Micro800、MicroLogix、SLC 500、PLC-5 和 ControlLogix）都支持梯形图（LD）的编程方式。Micro800 控制器支持三种编程方式：梯形图、结构化文本和功能块编程。其最大的特点就是每种编程方式都支持功能块化的编程。下面分别介绍这三种方式。

5.1.1 梯形图

梯形图一般由多个不同的梯级（RUNG）组成，每一梯级又由输入及输出指令组成。在一个梯级中，输出指令应出现在梯级的最右边，而输入指令则出现在输出指令的左边，如图 5-1 所示。

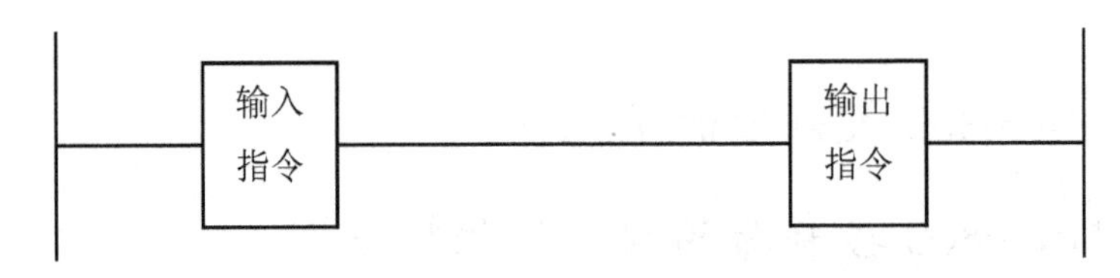

图 5-1 梯形图

梯形图表达式是从原电器控制系统中常用的接触器、继电器梯形图基础上演变而来的。它沿用了继电器的触点、线圈、串联等术语和图形符号，并增加了一些继电接触控制没有的符号。梯形图形象、直观，对于熟悉继电器方式的人来说，非常容易接受，而不需要学习更深的计算机知识。这是一种最为广泛的编程方式，适用于顺序逻辑控制、离散量控制、定时、计数控制等。

首选应对硬件进行组态，完成系统的硬件组态以后，就可以编写程序文件了。首先要创建一个新程序，在项目组织器窗口中右键单击控制器图标，选择添加一个新的梯形图程序，如图 5-2 所示。

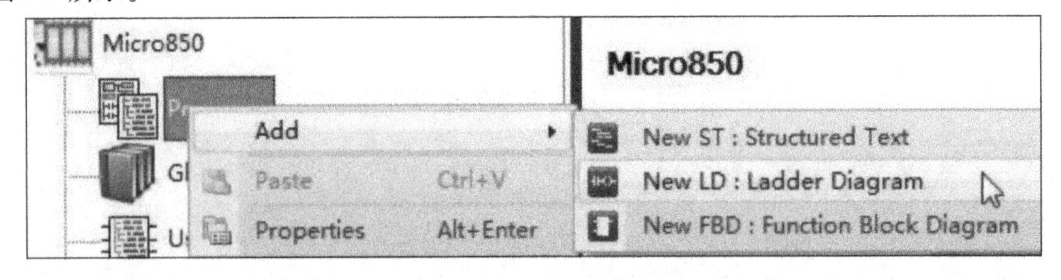

图 5-2 新建梯形图程序

新建程序后，在如图 5-3 所示的窗口右键单击 Programs（程序），选择对程序重新命名。

创建的程序将完成以下功能：有两盏灯 light1 和 light2，在第一盏灯亮两秒以后，熄灭第一盏灯，点亮第二盏灯。首先要创建编写程序所需要的变量，分别有 start、light1、light2 和计时器 timer。程序中所用到的变量可以是全局变量，也可以是本地变量，在项目组织器窗口中打开本地变量或者全局变量，只要双击其图标即可。这里采用本地变量，打开本地变量（Local Variables）列表，建立编程所需要的变量，如图 5-4 所示。

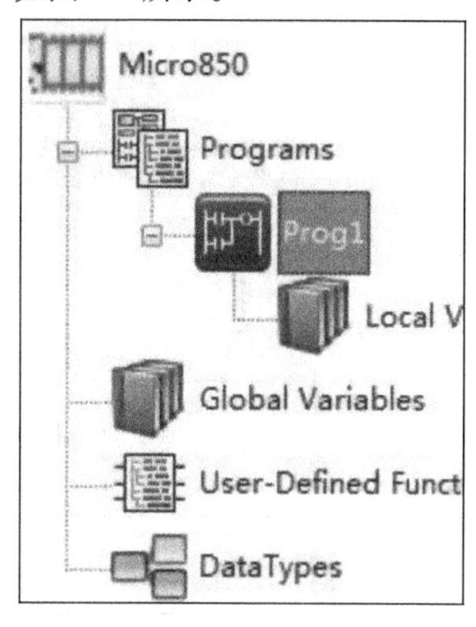

图 5-3　新建的梯形图程序

在项目组织器窗口中双击程序图标，打开编程窗口，在工具栏中添加或拖拽所需要的指令到编程梯级。添加完常开指令后，会自动弹出变量列表，编程人员可以直接选择需要的变量，如图 5-5 所示，这里选择表示启动按钮的 start。然后以同样的方法，完成第一个梯级，如图 5-6 所示。添加一个新的梯级，开始编写第二个梯级。在第二个梯级中需要用到计时器，这里计时器创建时选择功能块指令，把功能块指令拖拽到梯级上以后，会自动弹出选择功能块的对话框，选择 TON 功能块，选择完成后，计时器的名字在“Name”项中选择，选择前面建立的计时器 timer。为计时器定时 2s，双击计时器的 PT 输入处，输入 T#2s 即可。熄灭第一盏灯的同时，点亮第二盏灯，则梯级需要一个分支，从工具栏中拖拽梯级分支到计时器后面的梯级上，然后添加复位线圈和置位线圈，编好后的梯级如图 5-7 所示。

Name	Data Type	Dimension
start	BOOL	
light1	BOOL	
light2	BOOL	
timer	TON	
timer.IN	BOOL	
timer.PT	TIME	
timer.Q	BOOL	
timer.ET	TIME	
timer.Pdate	TIME	
timer.Redge	BOOL	

图 5-4　建立程序所需要的变量

以上步骤完成了梯形图程序的编写，右键单击程序图标，选择生成，如图 5-8 所示，对程序进行编译，编译无误后会提示编译完成。

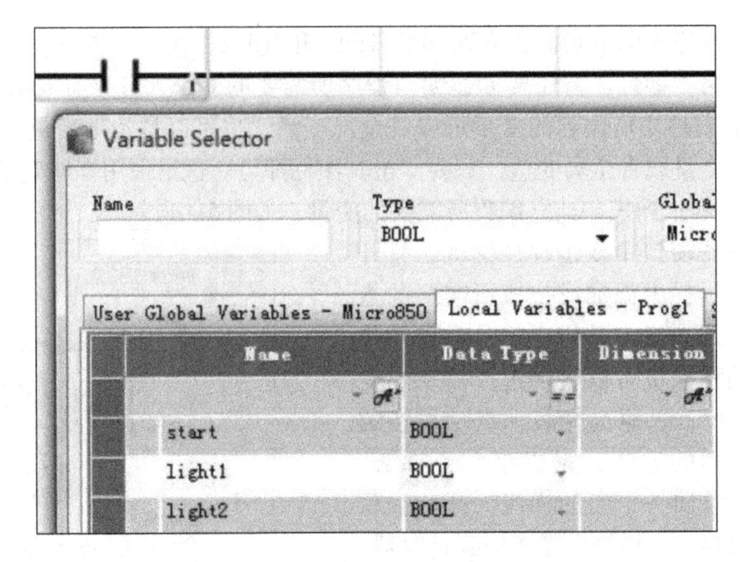

图 5-5　选择所需要的变量

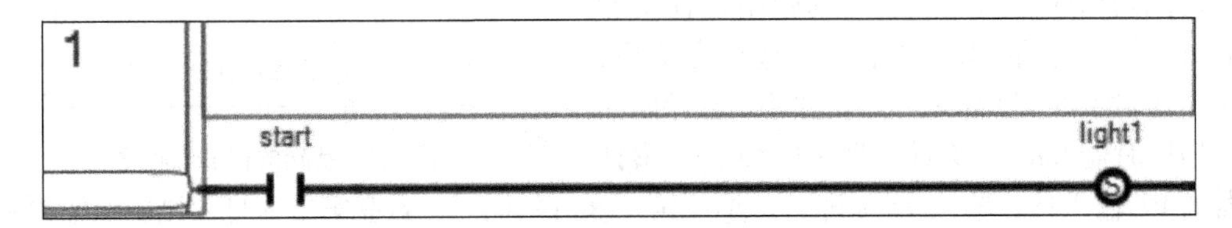

图 5-6　点亮第一盏灯的梯级

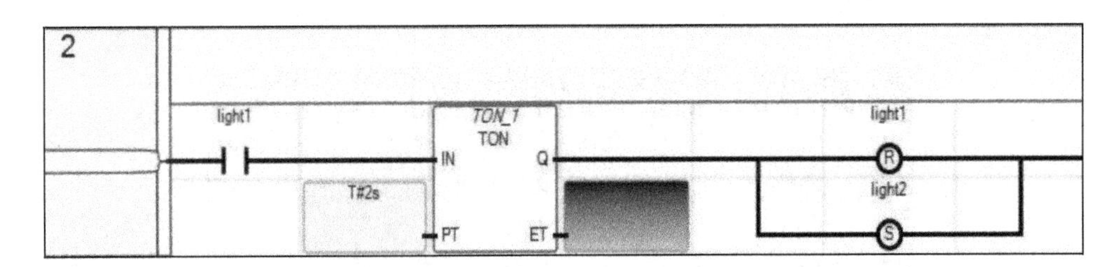

图 5-7　第二个梯级

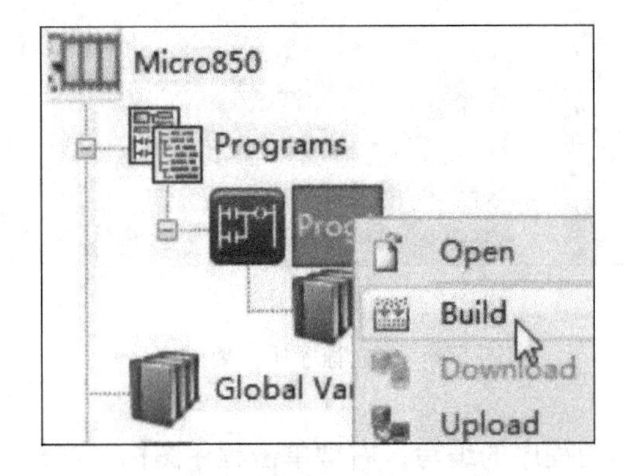

图 5-8　编译程序

5.1.2　功能块

1. 功能块简介

在Micro800控制器中可以用功能块（Function Block Diagram，FBD）编程语言编写一个控制系统中输入和输出之间的控制关系图示。用户也可以使用现有的功能块组合，编辑成需要的用户自定义功能块。

每个功能块都有固定的输入连接点和输出连接点，输入和输出都有固定的数据类型规定。输入点一般在功能块的左边，输出点在右侧。

在FBD中同样可以使用梯形图（LD）编程语言中的元素如：线圈、连接开关按钮、跳转、标签和返回等。与梯形图编程语言不同的是，在功能块编程中所使用的元素放置位置没有过多限制，不像在梯形图中对每个元素有严格规定的位置。且在FBD编程语言中同样支持使用功能块操作，如操作指令、函数等大类功能块以及用户自定义的功能块等（只在Connected Components Workbench™中）。

当使用功能块（Function Block Diagram，FBD）编程时，可以从工具箱拖出功能块元素到编辑框里，并编辑它。图5-9是一个编程示例：

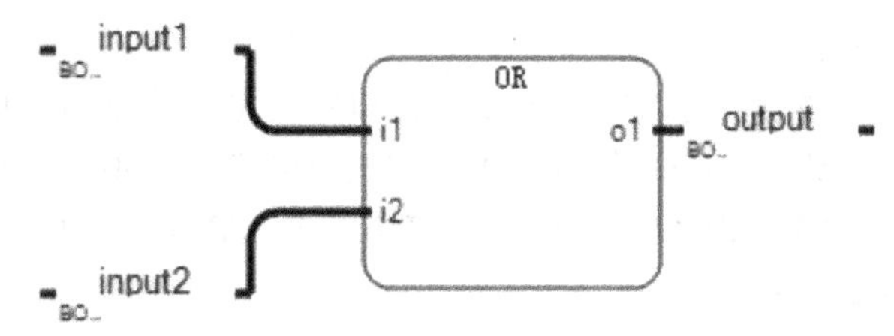

图5-9　功能块编程示意图

输入和输出变量与功能块的输入和输出用连接线连接。信号连接线可以连接如下块的两类逻辑点：输入变量和功能块的输入点；功能块的输出和另一功能块的输入点；功能块的输出和输出变量。连接的方向表示连接线带着得到的数据从左边传送到右边。连接线的左右两边必须有相同的数据类型。功能块多重的右边连接分支也叫做分支结构，可以用于从左边扩展信息至右边。注意数据类型的一致性。

2. 功能块执行顺序

在语言编辑器中，可以显示程序中包含的任意元素的执行顺序（以数字形式）。FBD程序中可以显示执行顺序的元素有：

- 线圈
- 触点
- LD垂直连接
- 角
- 返回
- 跳转
- 函数
- 运算符
- 功能块实例（已声明或未声明）
- 变量（程序中将值分配到的地方）

注意：当无法确定顺序时，标记显示问号（??）。

要显示执行顺序，可以执行以下任何一种操作：

● 按 Ctrl-W。

● 在工具菜单中，选择执行顺序。

在程序执行期间，指令块是功能块图中的任意元素，网络是链接在一起的一组指令块，指令块的位置是依据其左上角而定的。以下规则适用于 FBD 程序的执行顺序：

● 网络从左向右、从上向下执行。

● 在执行指令块前，必须解析所有输入。同时解析两个或更多个指令块的输入时，执行决定是根据指令块的位置做出的（从左向右、从上向下）。

● 指令块的输出按从左向右、从上向下的顺序以递归方式执行。

3. 调试功能块

调试 FBD 程序时，需要在语言编辑器中监视元素的输出值。这些值使用颜色、数字或文本值加以显示，具体取决于它们的数据类型：

● 布尔数据类型的输出值使用颜色进行显示。值为“真”时，默认颜色为红色；值为“假”时，默认颜色为蓝色。输出值的颜色将成为下一输入。输出值不可用时，布尔元素为黑色。

注意：可以在“选项”窗口中自定义用于布尔项的颜色。

SINT、USINT、BYTE、INT、UINT、WORD、DINT、UDINT、DWORD、LINT、ULINT、LWORD、REAL、LREAL、TIME、DATE 和 STRING 数据类型的输出值在元素中显示为数字或文本值。

当数字或文本值的输出值不可用时，在输出标签中会显示问号（??）。值还会显示在对应的变量编辑器实例中。

5.1.3 结构文本

结构文本（Structured Text）类似于 BASIC 语言，利用它可以很方便地建立、编辑和实现复杂的算法，特别是在数据处理、计算存储、决策判断、优化算法等涉及描述多种数据类型的变量应用中非常有效。

1. 结构化文本（ST）主要语法

ST 程序是一系列 ST 语句。下列规则适用于 ST 程序：

● 每个语句以分号（“;”）分隔符结束。

● 源代码（例如变量、标识符、常量或语言关键字）中使用的名称用不活动分隔符（例如空格字符）分隔，或者用意义明确的活动分隔符（例如“ > ”分隔符表示“大于”比较）分隔。

● 注释（非执行信息）可以放在 ST 程序中的任何位置。注释可以扩展到多行，但是必须以“ （ * ” 开头，以“ * ）” 结尾。

注意：不能在注释中使用注释。

下面是基本 ST 语句类型：

● 赋值语句（变量 ： = 表达式;）

● 函数调用

● 功能块调用

● 选择语句（例如 IF、THEN、ELSE、CASE...）

- 迭代语句（例如 FOR、WHILE、REPEAT...）
- 控制语句（例如 RETURN、EXIT...）
- 用于与其他语言链接的特殊语句

当输入 ST 语法时，下列项目以指定的颜色显示：

- 基本代码（黑色）
- 关键字（粉色）
- 数字和文本字符串（灰色）
- 注释（绿色）

在活动分隔符、文本和标识符之间使用不活动分隔符可增加 ST 程序的可读性。下面是 ST 不活动分隔符：

- 空格
- Tab
- 行结束符（可以放在程序中的任何位置）

使用不活动分隔符时，需要遵循以下规则：

- 每行编写的语句不能多于一条。
- 使用 Tab 来缩进复杂语句。
- 插入注释以提高行或段落的可读性。

2. 表达式和括号

ST 表达式由运算符及其操作数组成。操作数可以是常量（文本）值、控制变量或另一个表达式（或子表达式）。对于每个单一表达式（将操作数与一个 ST 运算符合并），操作数类型必须匹配。此单一表达式具有与其操作数相同的数据类型，可以用在更复杂的表达式中。

示例：

(boo _ var1 AND boo _ var2)	BOOL 类型
not (boo _ var1)	BOOL 类型
(sin (3.14) + 0.72)	REAL 类型
(t#1s23 + 1.78)	无效表达式

括号用于隔离表达式的子组件，以及对运算的优先级进行明确排序。如果没有为复杂表达式加上括号，则由 ST 运算符之间的默认优先级来隐式确定运算顺序。

示例：

2 + 3 * 6	相当于 2 + 18 = 20	乘法运算符具有较高优先级
(2 + 3) * 6	相当于 5 * 6 = 30	括号给定了优先级

3. 调用函数和功能块

ST 编程语言可以调用函数。可以在任何表达式中使用函数调用。

函数调用包含的属性见表 5-1。

表 5-1　函数调用属性

属　性	说　明
名称	被调用函数的名称以 IEC 61131-3 语言或"C"语言编写

（续）

属　性	说　明
含义	调用结构化文本（ST）、梯形图（LD）或功能块图（FBD）函数或“C”函数，并获取其返回值
语法	:= (, ...);
操作数	返回值的类型和调用参数必须符合为函数定义的接口
返回值	函数返回的值

当在函数主体中设置返回参数的值时，可以为返回参数赋予与该函数相同的名称：FunctionName : = ;

示例

示例 1：IEC 61131-3 函数调用

```
(* 主 ST 程序 *)
(* 获取一个整型值并将其转换成有限时间值 *)
ana _ timeprog := SPlimit ( tprog _ cmd );
appl _ timer := ANY _ TO _ TIME (ana _ timeprog * 100);
(* 被调用的 FBD 函数名为“SPlimit” *)
```

示例 2:“C”函数调用 - 与 IEC 61131-3 函数调用的语法相同

```
(* 复杂表达式中使用的函数:min、max、right、mlen 和 left 是标准“C”函数 *)
limited _ value := min (16, max (0, input _ value) );
rol _ msg := right (message, mlen (message) - 1) + left (message, 1);
```

ST 编程语言调用功能块。可以在任何表达式中使用功能块调用。

功能块调用属性见表 5-2。

表 5-2　功能块调用属性

属　性	说　明
名称	功能块实例的名称
含义	从标准库中（或从用户定义的库中）调用功能块，访问其返回参数
语法	(* 功能块的调用 *) ... (* 获取其返回参数 *) := .; ... := .;
操作数	参数是与为该功能块指定的参数类型相匹配的表达式
返回值	参见上面的“语法”以获取返回值

当在功能块主体中设置返回参数的值时，可以通过将返回参数的名称与功能块名称相连来分配返回参数：

FunctionBlockName. OutputParaName ： = ；

示例

(* 调用功能块的 ST 程序 *)

(* 在变量编辑器中声明块的实例：*)

(* trigb1：块 R _ TRIG - 上升沿检测 *)

(* 从 ST 语言激活功能块 *)

trigb1 (b1)；

(* 返回参数访问 *)

If (trigb1. Q) Then nb _ edge ： = nb _ edge + 1； End _ if；

5.2　Micro800 控制器的内存组织

Micro800 控制器的内存可以分为两大部分：数据文件和程序文件。下面分别介绍这两部分内容。

5.2.1　数据文件

Micro800 控制器的变量分为全局变量和本地变量，其中 I/O 变量默认为全局变量。全局变量在项目的任何一个程序或功能块中都可以使用，而本地变量只能在它所在的程序中使用。不同类型的控制器 I/O 变量的类型和个数不同，I/O 变量可以在 CCW 编程软件中的全局变量中查看。I/O 变量的名字是固定的，但是可以对 I/O 变量进行别名。除了 I/O 变量以外，为了编程的需要还要建立一些中间变量，变量的类型用户可以自己选择，常用的变量类型见表 5-3。

表 5-3　常用数据类型

数据类型	描　述	数据类型	描　述
BOOL	布尔量	LINT	长整型
SINT	单整型	ULINT、LWORD	无符号长整型
USINT、BYTE	无符号单整型	REAL	实型
INT、WORD	整型	LREAL	长实型
UINT	无符号整型	TIME	时间
DINT、DWORD	双整型	DATE	日期
UDINT	无符号双整型	STRING	字符串

在项目组织器中，还可以建立新的数据类型，用来在变量编辑器中定义数组和字，这样方便定义大量相同类型的变量。变量的命名有如下规则：

1）名称不能超过 128 个字符；

2）首字符必须为字母；

3）后续字符可以为字母、数字或者下划线字符。

数组也常常应用于编程中，下面介绍在项目中怎样建立数组。要建立数组首先要在CCW 编程软件的项目组织器窗口中，找到 Data Types，打开后建立一个数组的类型。如图 5-10 所示，建立数组类型的名称为 a，数据类型为布尔型，建立一维数组，数据个数为 10（维度一栏写 1..10），打开全局变量列表，建立名为 ttt 的数组，数据类型选择为 a，如图 5-11 所示。同理，建立二维数组类型时，维度一栏写 1..10..10。

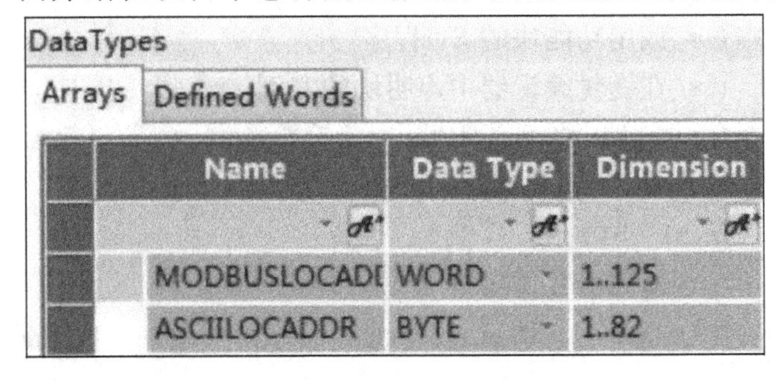

图 5-10　定义数组的数据类型

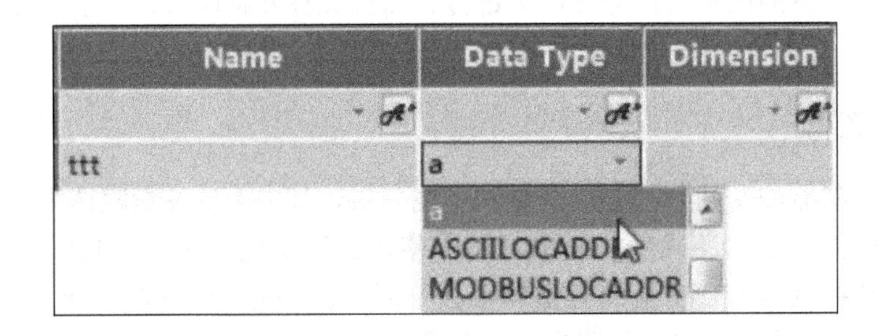

图 5-11　建立数组

5.2.2　程序文件

控制器的程序文件分为两部分内容：程序（Program）部分（相当于通常的主程序部分）和功能块（Function Block）部分，这里所说的功能块（Function Block），除了系统自身的函数和功能块（Function Block）指令以外，主要是指用户根据功能需要，自己用梯形图语言编写的具有一定功能的功能块（Function Block），可以在程序（Program）或者功能块（Function Block）中调用，相当于常用的子程序。

在一个项目中可以有多个程序（Program）和多个功能块（Function Block）程序。多个程序（Program）可以在一个控制器中同时运行，但执行顺序由编程人员设定，设定程序（Program）的执行顺序时，在项目组织器中右键单击程序图标，选择属性，打开程序（Program）属性对话框，如图 5-12 所示，在 Order 后面写下要执行顺序，1 为第一个执行，2 为第二个执行，例如：一个项目中有 8 个程序（Program），可以把第 8 个程序（Program）设定为第一个执行，其他程序（Program）会在原来执行的顺序上，依次后推。原来排在第一个执行的程序（Program）将自动变为第二个执行。

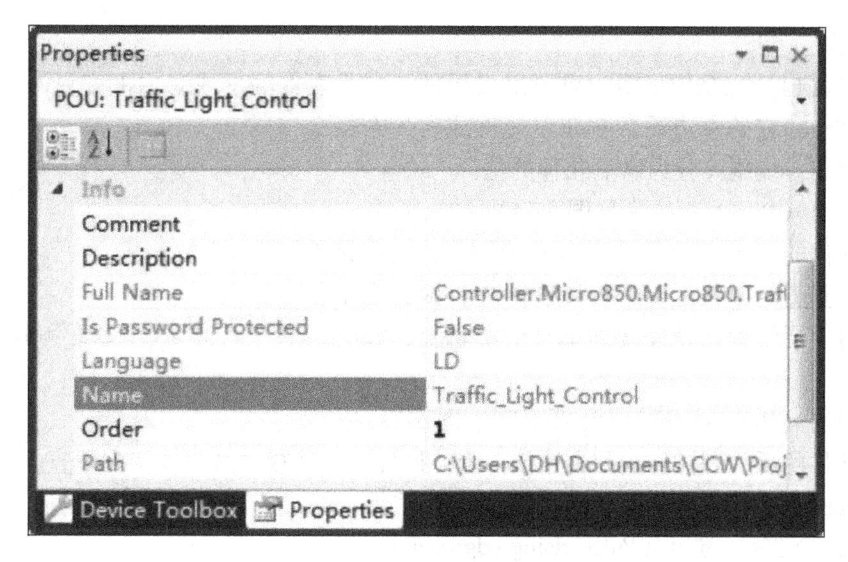

图 5-12　更改程序（Program）执行顺序

5.3　Micro800 控制器的指令集

罗克韦尔自动化公司的可编程序控制器编程指令非常丰富，不同系列可编程序控制器所支持的指令稍有差异，但基本指令都是大家所共有的。对于编程指令的理解程度，将直接关系到工作的效率。可以这样认为，对编程指令的理解，直接决定了对可编程序控制器的掌握程度。下面将详细介绍它的指令类型。

5.3.1　梯形图指令

编辑梯形图程序时，可以从工具箱拖拽需要的指令符号到编辑窗口中使用。可以添加以下梯形图指令元素：

1. 梯级（Rungs）

梯级是梯形图的组成元素，它表示着一组电子元件线圈的激活（输出）。梯级在梯形图中可以有标签，以确定它们在梯形图中的位置。标签和跳转指令（jumps）配合使用，控制梯形图的执行。梯级示意图如图 5-13 所示。

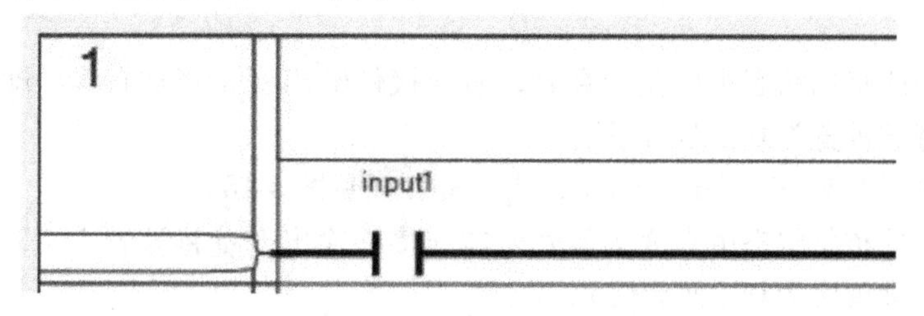

图 5-13　梯形图梯级示意图

点击编辑框的最左侧，输入该梯级的标签，即完成对该梯级标签的定义。

2. 线圈（Coils）

线圈（输出）也是梯形图的重要组成元件，它代表着输出或者内部变量。一个线圈代表着一个动作。它的左边通常有布尔元件或者一个指令块的布尔输出。线圈又分为以下几种类型：

直接输出（Direct coil）（见图 5-14）

左连接件的状态直接传送到右连接件上，右连接件必须连接到垂直电源轨上，平行线圈除外，因为在平行线圈中只有上层线圈必须连接到垂直电源轨上，如图 5-15 所示。

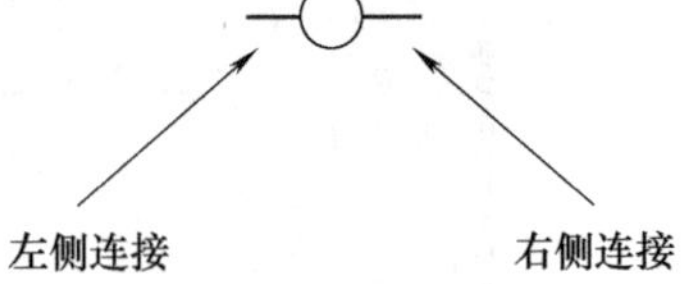

图 5-14　直接输出元件

反向输出（Reverse coil）（见图 5-16、图 5-17）

左连接件的反状态被传送到右连接件上，同样，右连接件必须连接到垂直电源轨上，除非是平行线圈。

上升沿（正沿）输出（Pulse rising edge coil）

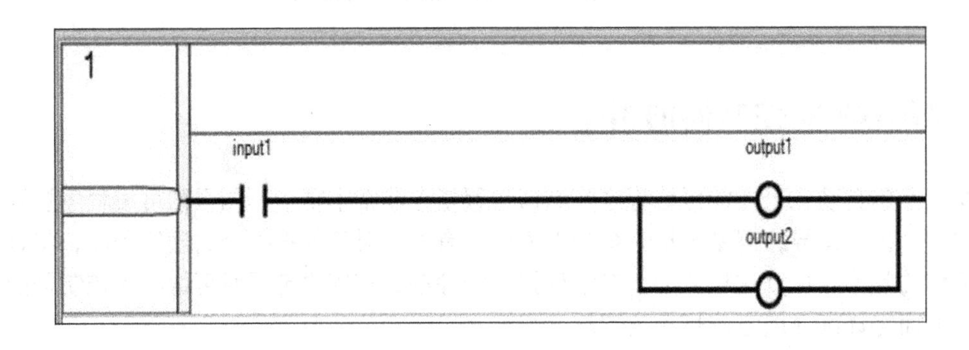

图 5-15　线圈连接示意图

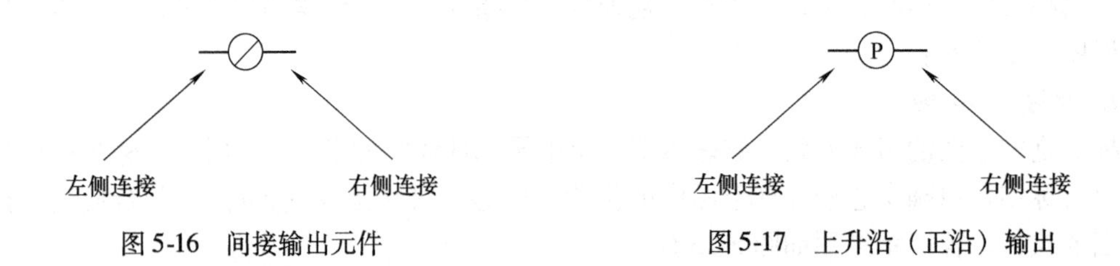

图 5-16　间接输出元件　　图 5-17　上升沿（正沿）输出

当左连接件的布尔状态由假变为真时，右连接件输出变量将被置 1（即为真），其他情况下输出变量将被重置为 0（即为假）。

下降沿（负沿）输出（Pulse falling edge coil）（见图 5-18）

当左连接件的布尔状态由真变为假时，右连接件输出变量将被置 1（即为真），其他情况下输出变量将被重置为 0（即为假）。

置位输出（Set coil）（见图 5-19）

当左连接件的布尔状态变为“真”时，输出变量将被置“真”。该输出变量将一直保持该状态直到复位输出（Reset coil）发出复位命令，如图 5-20 所示。

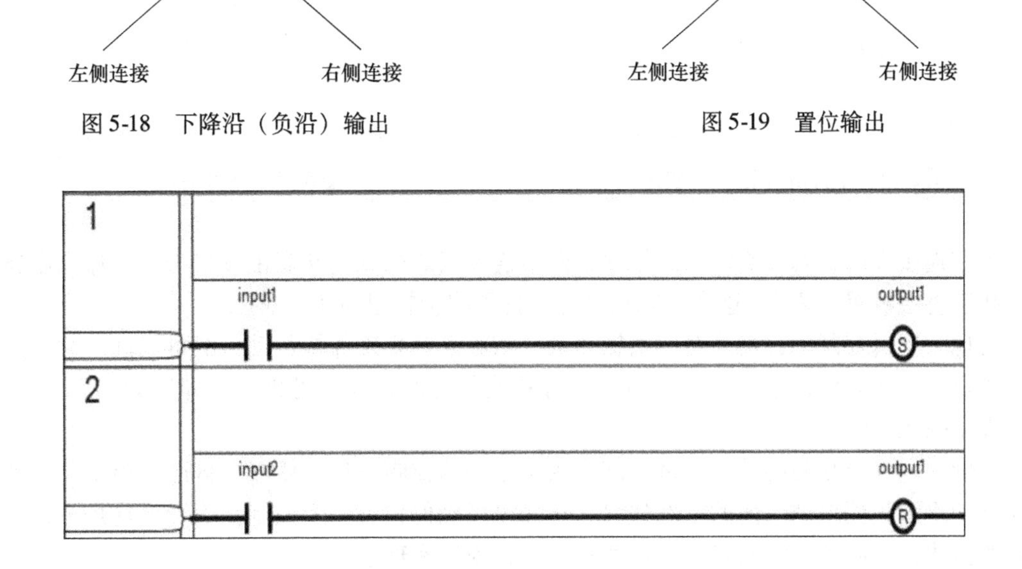

图 5-18　下降沿（负沿）输出　　　图 5-19　置位输出

图 5-20　置位复位梯形图

复位输出（Reset coil）（见图 5-21）

当左连接件的布尔状态变为“真”时，输出变量将被置“假”。该输出变量将一直保持该状态直到置位输出（Set coil）发出置位命令。

3. 接触器（Contacts）

接触器在梯形图中代表一个输入的值或是一个内部变量，通常相当于一个开关或按钮的作用。有以下几种连接类型：

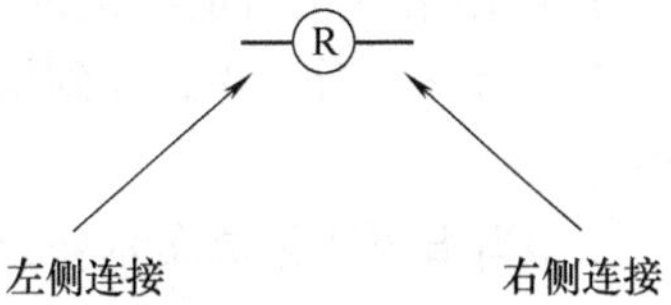

R

左侧连接　　右侧连接

图 5-21　复位输出

直接连接（Direct contact）（见图 5-22）

左连接件的输出状态和该连接件（开关）的状态取逻辑与，即为右连接件的状态值。

反向连接（Reverse contact）（见图 5-23）

图 5-22　直接连接　　　图 5-23　反向连接

左连接件的输出状态和该连接件（开关）的状态的布尔反状态取逻辑与，即为右连接件的状态值。

上升沿（正沿）连接（Pulse rising edge contact）（见图 5-24）

当左连接件的状态为真时，如果该上升沿连接代表的变量状态由假变为真，那么右连接件的状态将会被置“真”，这个状态在其他条件下将会被复位为“假”。

下降沿连接（Pulse falling edge contact）（见图 5-25）

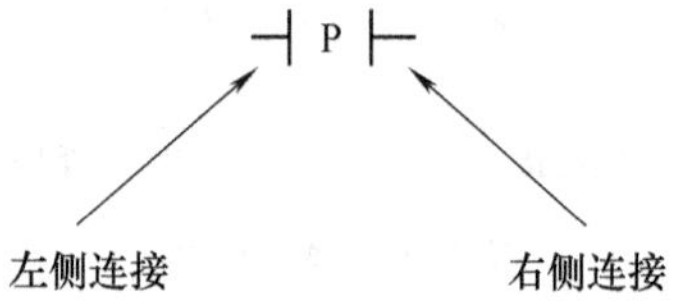

图 5-24　上升沿（正沿）连接

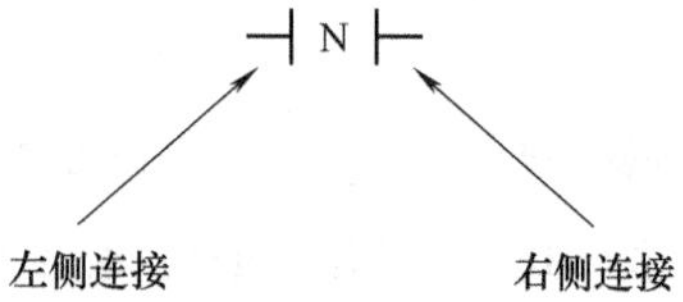

图 5-25　下降沿连接

当左连接件的状态为真时，如果该下降沿连接代表的变量状态由真变为假，那么右连接件的状态将会被置“真”，这个状态在其他条件下将会被复位为“假”。

在现场逻辑控制中，需要对一些操作动作实施互锁来确保执行动作的可靠性。对于几个互锁执行的操作动作，采用锁存解锁指令对其控制是最有效和可靠的，即用如图 5-26 所示的编程来确保互锁。

此例中有 4 个互锁的控制，每当满足其中之一的控制条件，便锁存自己的控制，解锁其他控制，不管其他控制当前的状态如何，这样可以确保只有一个控制在执行，这是一种十分可靠的做法，其明了清晰的表达，让读程序的人很容易理解。

4. 指令块（Instruction blocks）

块（Block）元素指的是指令块，也可以是位操作指令块、函数指令块或者是功能块指令块。在梯形图编辑中，可以添加指令块到布尔梯级中。加到梯级后可以随时用指令块选择器设置指令块的类型，随后相关参数将会自动陈列出来。

在使用指令块时请牢记以下两点：

1）当一个指令块添加到梯形图中后，EN 和 ENO 参数将会添加到某些指令块的接口列表中。

2）当指令块是单布尔变量输入、单布尔变量输出或是无布尔变量输入、无布尔变量输出时，可以强制 EN 和 ENO 参数。可以在梯形图操作中激活允许 EN 和 ENO 参数（Enable EN/ENO）。

从工具箱中拖出块元素放到梯形图的梯级中后，指令块选择器将会陈列出来，为了缩小指令块的选择范围，可以使用分类或者过滤指令块列表，或者使用快捷键。

EN 输入

一些指令块的第一输入不是布尔数据类型，由于第一输入总是连接到梯级上的，所以在这种情况下另一种叫 EN 的输入会自动添加到第一输入的位置。仅当 EN 输入为真时，指令块才执行。下面举一个“比较”指令块的例子，如图 5-27 所示。

ENO 输出：

由于第一输出另一端总是连接到梯级上，所以对于第一输出不是布尔型输出的指令块，另一端被称为 ENO 的输出自动添加到了第一输出的位置。ENO 输出的状态总是与该指令块的第一输入的状态一致。下面举一个“平均”指令块的例子，如图 5-28 所示。

EN 和 ENO 参数：

在一些情况下，EN 和 ENO 参数都需要。如在数学运算操作指令块中，如图 5-29 所示。

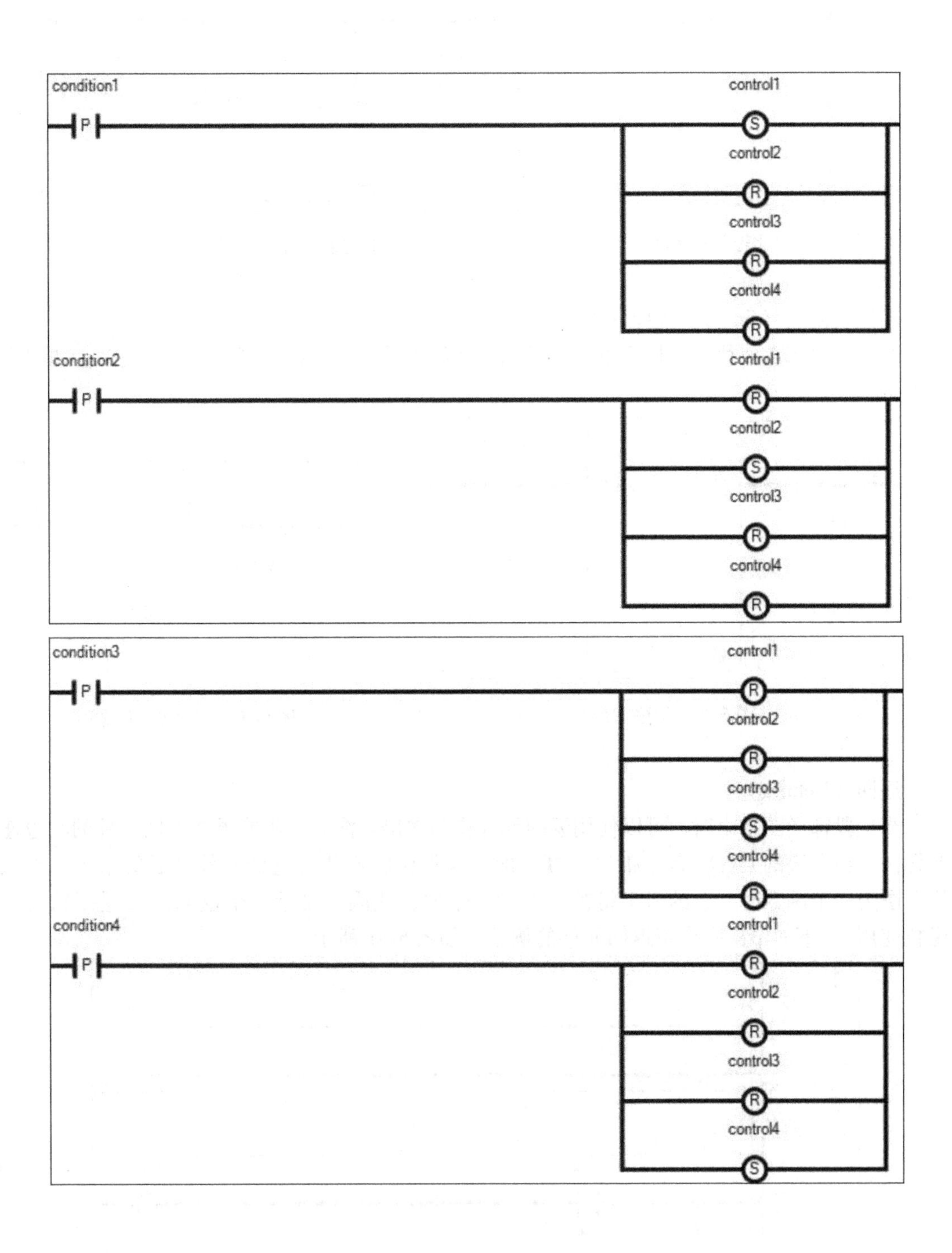

图 5-26　互锁指令梯级逻辑

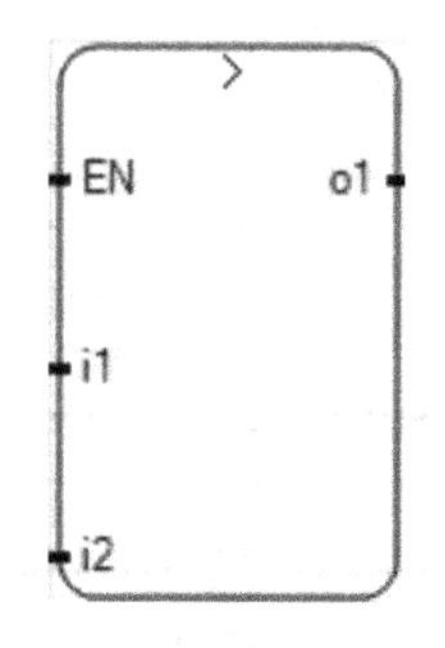

图 5-27 “比较”指令块

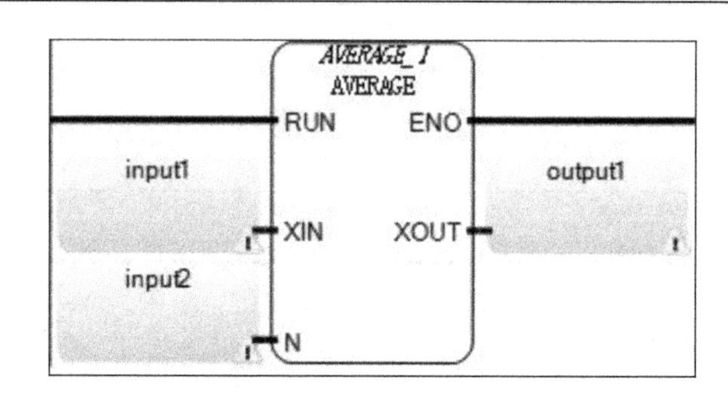

图 5-28 “平均”指令块

功能块使能（Enable）参数：

在指令块都需要执行的情况下，需要添加使能参数，例如在“SUS”指令块中，如图 5-30 所示。

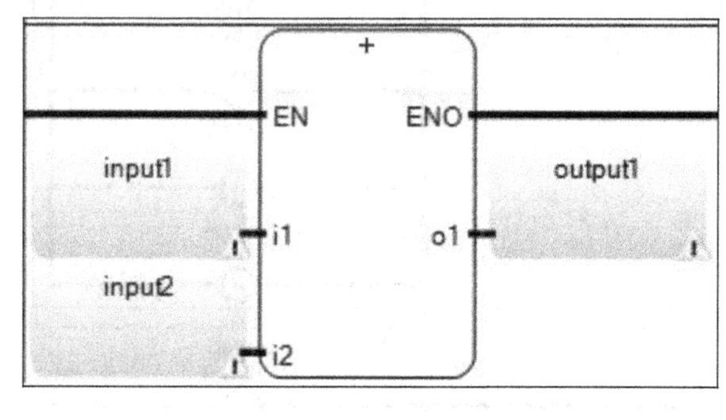

图 5-29 加法指令块

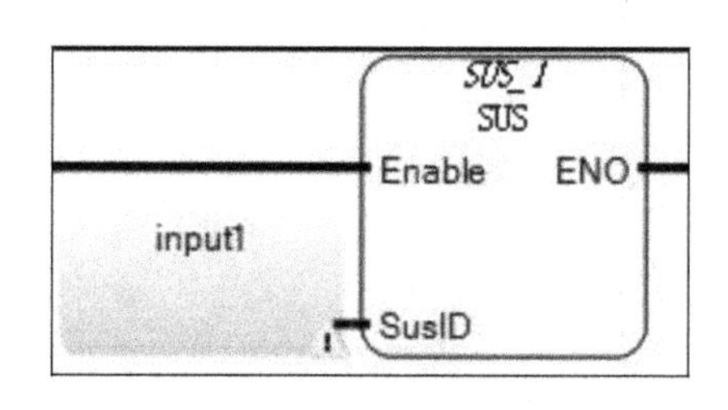

图 5-30 “SUS”指令块

返回（Returns）：

当一段梯形图结束时，可以使用返回元件作为输出。注意，不能再在返回元件的右边连接元件。当左边的元件状态为布尔“真”时，梯形图将不执行返回元件之后的指令。当该梯形图为一个函数时，它的名字将被设置为一个输出线圈以设置一个返回值（返回给调用函数使用）。下面给出一个带返回元件的例子，如图 5-31 所示。

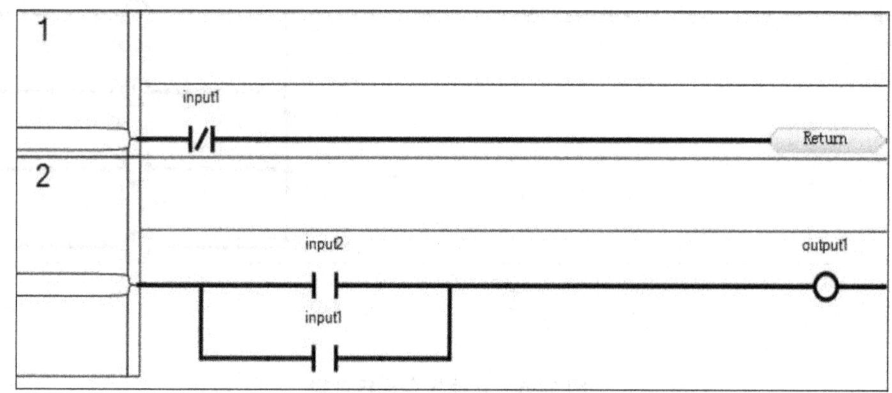

图 5-31 带返回元件的梯形图

5. 跳转（Jumps）

条件和非条件跳转控制着梯形图程序地执行。注意，不能在跳转元件的右边再添加连接件，但可以在其左边添加一些连接件。当跳转元件左边的连接件的布尔状态为“真”时，跳转执行，程序跳转至所需标签处。

6. 分支（Branches）

分支元件能产生一个替代梯级。可以使用分支元件在原来梯级基础上添加一个平行的分支梯级。

5.3.2　功能块指令

功能块指令是Micro800控制器编程中的重要指令，它包含了实际应用中的大多数编程功能。功能块指令种类及说明见表5-4。

表5-4　功能块指令种类

种　类	描　述
报警（Alarms）	超过限制值时报警
布尔运算（Boolean operations）	对信号上升下降沿以及设置或重置操作
通信（Communications）	部件间的通信操作
计时器（Time）	计时
计数器（Counter）	计数
数据操作（Data manipulation）	取平均，最大最小值
输入/输出（Input/Output）	控制器与模块之间的输入输出操作
中断（Interrupt）	管理中断
过程控制（Process control）	PID操作以及堆栈
程序控制（Program control）	主要是延迟指令功能块

1. 报警（Alarms）

功能块指令报警类指令只有限位报警一种，其详细功能说明如下。

限位报警（LIM _ ALRM），限位报警功能块如图5-32所示

该功能块用高限位和低限位限制一个实数变量。限位报警使用的高限位和低限位是EPS参数的一半。其参数列表见表5-5。

下面简单介绍限位报警功能块的用法。限位报警的主要作用就是限制输入，当输入超过或者低于预置的限位安全值时，输出报警信号。在本功能块中X接的是实际要限制的输入，其他个参数的意义我们可以参照上表。当X的值达到高限位值H时，功能块将输出QH和Q，即高位报警和报警，而要解除该报警，需要输入的值小于高限位的迟滞值（H - EPS），这样就拓宽了报警的范围，使输入值能较快地回到一个比较安全的范围值内，起到保护机器的作用。对于低位报警，功能块的工作方式很类似。当输入低于低限位值L时，功能块输出低位报警（QL）和报警（Q），而要解除报警则需输入回到低限位的迟滞值（L + EPS）。可见报警Q的输出综合了高位报警和低位报警。使用时可以留意该输出。

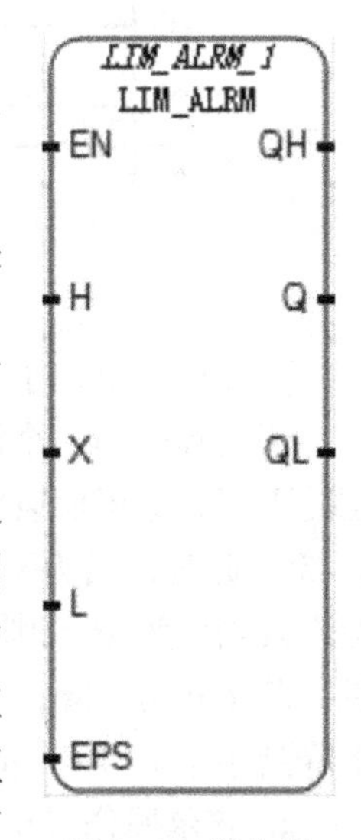

图5-32　限位报警功能块

表 5-5　限位报警功能块参数列表

参数	参数类型	数据类型	描　述
EN	Input	BOOL	功能块使能。为真时，执行功能块；为假时，不执行功能块
H	Input	REAL	高限位值
X	Input	REAL	输入：任意实数
L	Input	REAL	低限位值
EPS	Input	REAL	迟滞值（须大于零）
QH	Output	BOOL	高位报警：如果 X 大于高限位值 H 时为真
Q	Output	BOOL	报警：如果 X 超过限位值时为真
QL	Output	BOOL	低位报警：如果 X 小于低限位值 L 时为真

该功能块时序图如图 5-33 所示。

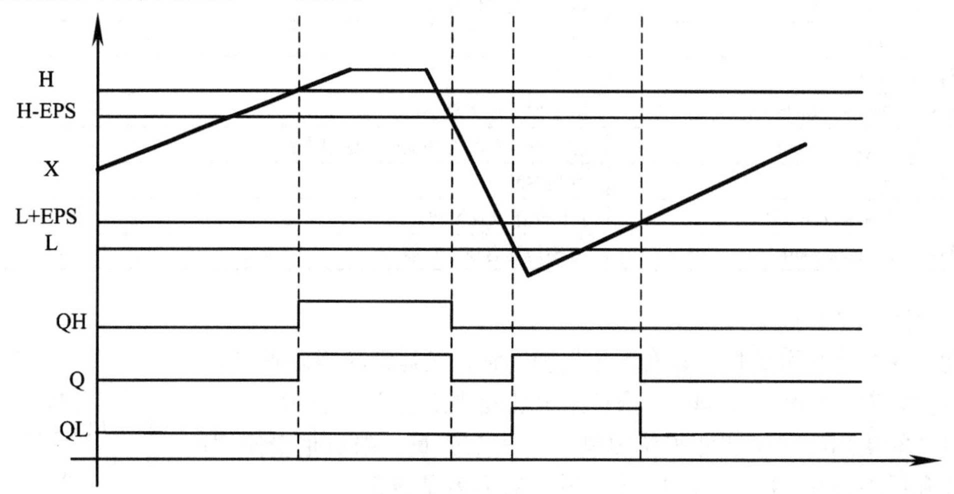

图 5-33　限位报警功能块时序图

下面用一个例子介绍报警功能块的使用方法，程序如图 5-34 所示。

假设程序为一个锅炉水位报警系统，h 为锅炉水位的上限，这里假设为 15，I 为锅炉水位的下限，这里假设为 5，eps 为迟滞值，这里假设为 1，x 为当前水位，这里假设其初始值为 10。此时，因为 x 小于 h 且大于 1，所以 qh、q、ql 的输出均为 False。若 x 上涨超过 15，假设其当前为 16，则由于其大于 h，所以 qh 为 True，由于其超过限位，所以 q 为 True。之后，若 x 开始下降，当其下降到小于 15 但仍大于 14（即 15-1）时，qh 和 q 仍为 True，当其下降到小于 14 后，qh 和 q 恢复为 False。下限 1 与上限 h 同理。

2. 布尔操作（Boolean operations）

布尔操作类功能块主要有以下 4 种，用途描述见表 5-6。

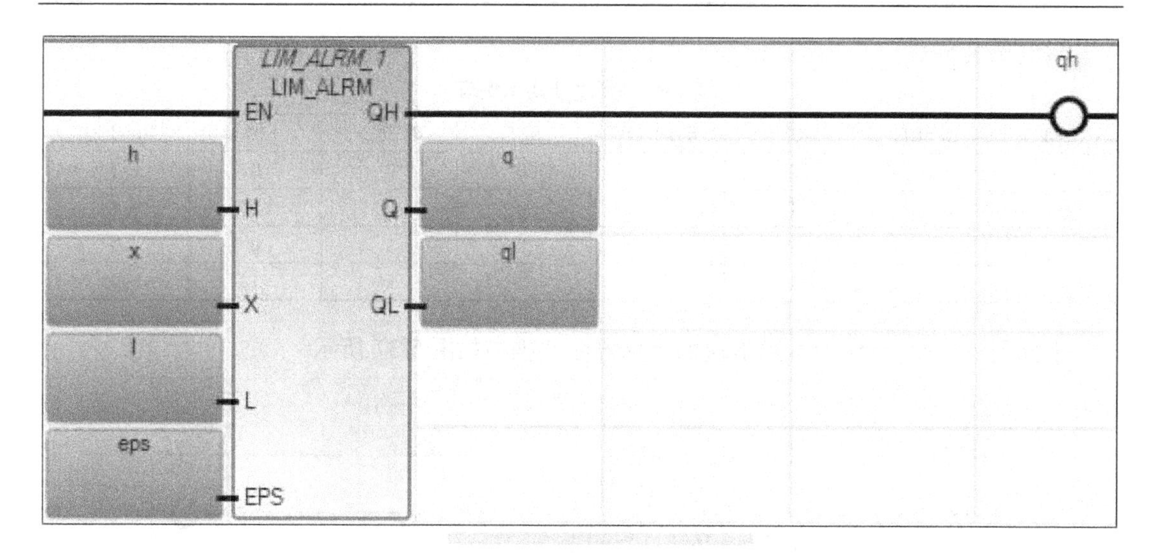

图5-34　锅炉水位报警系统

表5-6　布尔操作功能块用途

功　能　块	描　　述	功　能　块	描　　述
F_TRIG（下降沿触发）	下降沿侦测，下降沿时为真	R_TRIG（上升沿触发）	上升沿侦测，上升沿时为真
RS（重置）	重置优先	SR（设置）	设置优先

下面详细说明下降沿触发以及重置功能块的使用：

(1) 下降沿触发（F_TRIG）

如图5-35所示。

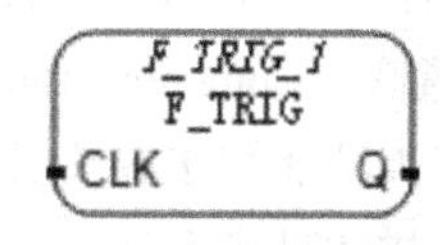

图5-35　下降沿触发功能块

该功能块用于检测布尔变量的下降沿，其参数列表见表5-7。

表5-7　下降沿触发功能块参数列表

参数	参数类型	数据类型	描　　述
CLK	Input	BOOL	任意布尔变量
Q	Output	BOOL	当CLK从真变为假时，为真。其他情况为假

(2) 双稳态触发器（RS功能块）

RS功能块属于复位优先，其参数列表见表5-8。RS功能块如图5-36所示。

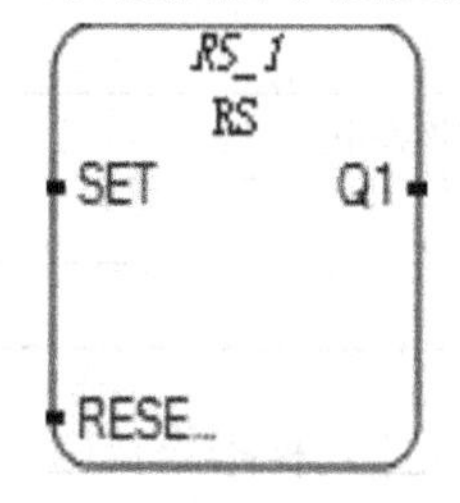

图5-36　RS功能块

表5-8　RS功能块参数列表

参数	参数类型	数据类型	描　　述
SET	Input	BOOL	如果为真，则置Q1为真
RESET1	Input	BOOL	如果为真，则置Q1为假（优先）
Q1	Output	BOOL	存储的布尔状态

示例见表 5-9。

表 5-9　RS 功能块示例表

SET	RESET1	Q1	Result Q1	SET	RESET1	Q1	Result Q1
0	0	0	0	1	0	0	1
0	0	1	1	1	0	1	1
0	1	0	0	1	1	0	0
0	1	1	0	1	1	1	0

下面用一个例子介绍 RS 功能块的使用方法，程序如图 5-37 所示。

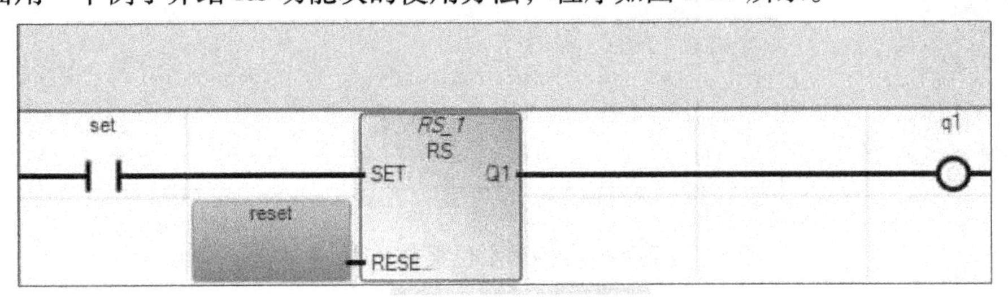

图 5-37　RS 功能块的使用

当 RESET1 为 False 时，若 SET 为 True 或有一个为 True 的脉冲时，q1 被置为 True。当 RESET1 为 True 时，无论 SET 为何值，q1 均为 False。当 SET 为 False 但 q1 为 True 时，若 RESET1 有一个为 True 的脉冲时，q1 变为 False。

3. 通信（Communications）

通信类功能块主要负责与外部设备通信，以及自身的各部件之间的联系。该类功能块的主要指令描述见表 5-10。

表 5-10　通信类功能块指令

功　能　块	描　　述
ABL（测试缓冲区数据列）	统计缓冲区中的字符个数（直到并且包括结束字符）
ACB（缓冲区字符数）	统计缓冲区中的总字符个数（不包括终止字符）
ACL（ASCII 清除缓存寄存器）	清除接收，传输缓冲区内容
AHL（ASCII 握手数据列）	设置或重置调制解调器的握手信号，ASCII 握手数据列
ARD（ASCII 字符读）	从输入缓冲区中读取字符并把它们放到某个字符串中
ARL（ASCII 数据列读）	从输入缓冲区中读取一行字符并把它们放到某个字符串中，包括终止字符
AWA（ASCII 带附加字符写）	写一个带用户配置字符的字符串到外部设备中
AWT（ASCII 字符写出）	从源字符串中写一个字符到外部设备中
MSG _ MODBUS（网络通信协议信息传输）	发送 Modbus 信息

下面主要介绍 ABL，ACL，AHL，ARD，AWA，MSG _ MODBUS 这几种指令：

（1）测试缓冲区数据列（ABL　ASCII Test For Line）

测试缓冲区数据列功能块指令（见图 5-38）可以用于统计在输入缓冲区里的字符个数

（直到并且包括结束字符）。其参数列表见表 5-11，ABL 功能块的使用见 9.4.1。

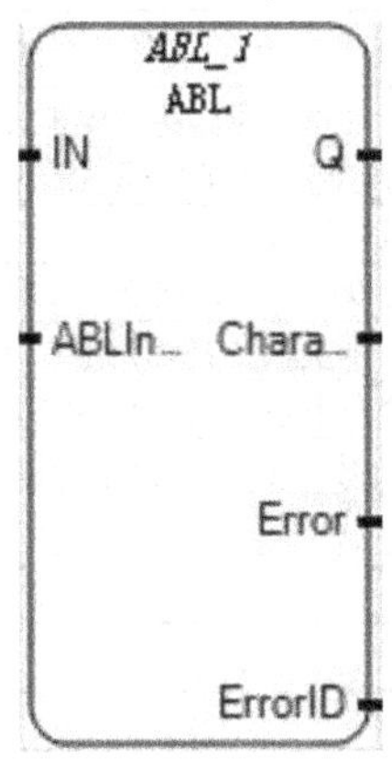

图 5-38　测试缓冲区数据列计功能块

表 5-11　测试缓冲区数据列功能块参数列表

参　数	参数类型	数据类型	描　述
IN	Input	BOOL	如果是上升沿（IN 由假变真），执行统计
ABLInput	Input	ABLACB（见 ABLACB 数据类型）	将要执行统计的通道
Q	Output	BOOL	假——统计指令不执行；真——统计指令已执行
Characters	Output	UINT	字符的个数
Error	Output	BOOL	假——无错误；真——检测到一个错误
ErrorID	Output	UINT	见 ABL 错误代码

ABLACB 数据类型见表 5-12。

表 5-12　ABLACB 数据类型

参　数	数据类型	描　述
Channel	UINT	串行通道号： 2 代表本地的串行通道口 5 ~ 9 代表安装在插槽 1 ~ 5 的嵌入式模块串行通道口：5 表示在插槽 1；6 表示在插槽 2；7 表示在插槽 3；8 表示在插槽 4；9 表示在插槽 5
TriggerType	USINT（无符号短整型）	代表以下情况中的一种：0：Msg 触发一次（当 IN 从假变为真）；1：Msg 持续触发，即 IN 一直为真；其他值：保留
Cancel	BOOL	当该输入被置为真时，统计功能块指令不执行

ABL 错误代码见表 5-13。

表 5-13　ABL 错误代码

错误代码	描　述
0x02	由于数据模式离线，操作无法完成
0x03	由于准备传输信号（Clear-to-Send）丢失，导致传送无法完成
0x04	由于通信通道被设置为系统模式，导致 ASCII 码接收无法完成
0x05	当尝试完成一个 ASCII 码传送时，检测到系统模式（DF1）通信
0x06	检测到不合理参数

（续）

错误代码	描　　述
0x07	由于通过通道配置对话框停止了通道配置，导致不能完成 ASCII 码的发送或接收
0x08	由于一个 ASCII 码传送正在执行，导致不能完成 ASCII 码写入
0x09	现行通道配置不支持 ASCII 码通信请求
0x0a	取消（Cancel）操作被设置，所以停止执行指令，没有要求动作
0x0b	要求的字符串长度无效或者是一个负数，或者大于 82 或 0。功能块 ARD 和 ARL 中也一样
0x0c	源字符串的长度无效或者是一个负数或者大于 82 或 0。对于 AWA 和 AWT 指令也一样
0x0d	在控制块中的要求的数是一个负数或是一个大于存储于源字符串中字符串长度的数。对于 AWA 和 AWT 指令也一样
0x0e	ACL 功能块被停止
0x0f	通道配置改变

说明：“0x”前缀表示十六进制数。

（2）ASCII 清除缓存寄存器（ACL ASCII Clear Buffers）

如图 5-39 所示。

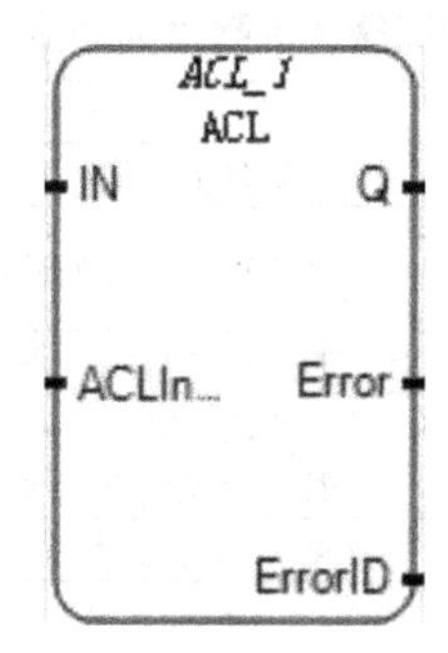

图 5-39　ASCII 清除缓存寄存器功能块

ASCII 清除缓存寄存器功能块指令用于清除缓冲区里接收和传输的数据，该功能块指令也可以用于移除 ASCII 队列里的指令。其参数描述见表 5-14，ACL 功能块的使用见 9.4.2。

表 5-14　ASCII 清除缓存寄存器功能块参数

参数	参数类型	数据类型	描　　述
IN	Input	BOOL	如果是上升沿（IN 由假变真），执行该功能块
ACLInput	Input	ACL（见 ACL 数据类型）	传送和接收缓冲区的状态
Q	Output	BOOL	假——该功能块不执行；真——该功能块已执行
Error	Output	BOOL	假——无错误；真——检测到一个错误
ErrorID	Output	UINT	见 ABL 错误代码

ACL 数据类型，见表 5-15。

表 5-15　ACL 数据类型

参　　数	数据类型	描　　述
Channel	UINT	串行通道号：2 代表本地的串行通道口 5～9 代表安装在插槽 1～5 的嵌入式模块串行通道口：5 表示在插槽 1；6 表示在插槽 2；7 表示在插槽 3；8 表示在插槽 4；9 表示在插槽 5
RXBuffer	BOOL	当置为真时，清除接收缓冲区里的内容，并把接收 ASCII 功能块指令（ARL 和 ARD）从 ASCII 队列中移除
TXBuffer	BOOL	当置为真时，清除传送缓冲区里的内容，并把传送 ASCII 功能块指令（AWA 和 AWT）从 ASCII 队列中移除

（3）ASCII握手数据列（AHL ASCII Handshake Lines）

如图5-40所示。

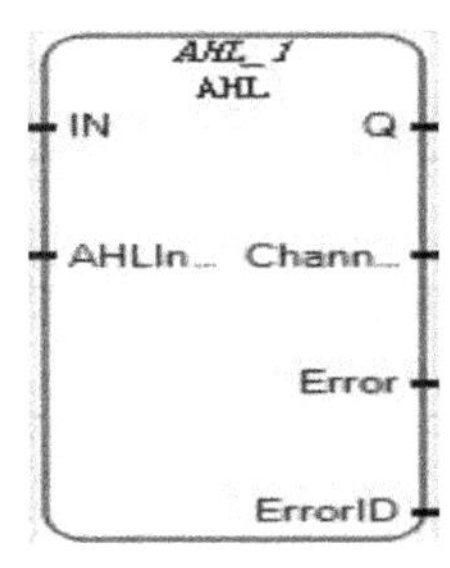

图5-40　ASCII握手数据列功能块

ASCII握手数据列功能块可以用于设置或重置RS-232请求发送（Request to Send，RTS）握手信号控制行。其参数见表5-16。

表5-16　ASCII握手数据列功能块参数

参　数	参数类型	数据类型	描　述
IN	Input	BOOL	如果是上升沿（IN由假变真），执行该功能块
AHLInput	Input	AHL（见AHLI数据类型）	设置或重置当前模式的RTS控制字
Q	Output	BOOL	假——该功能块不执行；真——该功能块已执行
ChannelSts	Output	WORD（见AHL ChannelSts数据类型）	显示当前通道规定的握手行的状态（0000～001F）
Error	Output	BOOL	假——无错误；真——检测到一个错误
ErrorID	Output	UINT	见ABL错误代码

AHLI数据类型，见表5-17。

表5-17　AHLI数据类型

参　数	数据类型	描　述
Channel	UINT	串行通道号：2代表本地的串行通道口 5～9代表安装在插槽1～5的嵌入式模块串行通道口：5表示在插槽1；6表示在插槽2；7表示在插槽3；8表示在插槽4；9表示在插槽5
ClrRts	BOOL	用于重置RTS控制字
SetRts	BOOL	用于设置RTS控制字
Cancel	BOOL	当输入为真时，该功能块不执行

AHL ChannelSts数据类型，见表5-18。

表5-18　AHL ChannelSts数据类型

参　数	数据类型	描　述
DTRstatus	UINT	用于DTR信号（保留）
DCDstatus	UINT	用于DCD信号（控制字的第3位），1表示激活
DSRstatus	UINT	用于DSR信号（保留）
RTSstatus	UINT	用于RTS信号（控制字的第1位），1表示激活
CTSstatus	UINT	用于CTS信号（控制字的第0位），1表示激活

（4）读 ASCII 字符（ARD ASCII Read）

如图 5-41 所示。

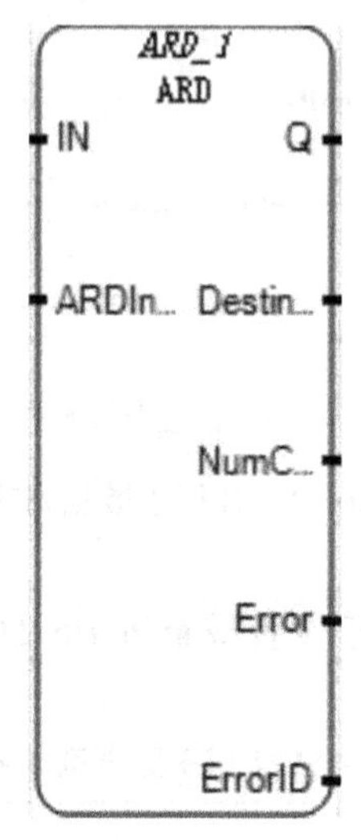

图 5-41　读 ASCII 字符功能块

读 ASCII 字符功能块用于从缓冲区中读取字符，并把字符存入一个字符串中。其参数见表 5-19。

表 5-19　读 ASCII 字符功能块参数

参数	参数类型	数据类型	描　述
IN	Input	BOOL	如果是上升沿（IN 由假变真），执行该功能块
ARDInput	Input	ARDARL（见 ARDARL 数据类型）	从缓冲区中读取字符，最多 82 个
Done	Output	BOOL	假——该功能块不执行；真——该功能块已执行
Destination	Output	ASCIILOC	存储字符的字符串位置
NumChar	Output	UINT	字符个数
Error	Output	BOOL	假——无错误；真——检测到一个错误
ErrorID	Output	UINT	见 ABL 错误代码

ARDARL 数据类型，见表 5-20。

表 5-20　ARDARL 数据类型

参数	数据类型	描　述
Channel	UINT	串行通道号：2 代表本地的串行通道口 5 ~9 代表安装在插槽 1 ~5 的嵌入式模块串行通道口：5 表示在插槽 1；6 表示在插槽 2；7 表示在插槽 3；8 表示在插槽 4；9 表示在插槽 5
Length	UINT	希望从缓冲区里读取的字符个数（最多 82 个）
Cancel	BOOL	当输入为真时，该功能块不执行，如果正在执行，则操作停止

（5）写 ASCII 带附加字符（AWA ASCII Write Append）

如图 5-42 所示。

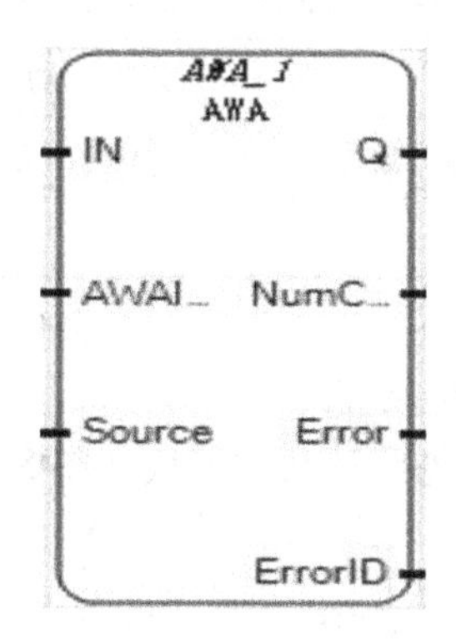

图 5-42　写 ASCII 带附加字符的功能块

写出功能块用于从源字符串向外部设备写入字符。且该指令附加在设置对话框里设置的两个字符。该功能块的参数列表见表 5-21，功能块的使用见 9. 4. 3。

表 5-21　写 ASCII 带附加字符功能块参数列表

参　　数	参数类型	数据类型	描　　述
IN	Input	BOOL	如果是上升沿（IN 由假变真），执行功能块
AWAInput	Input	AWAAWT（见 AWAAWT 数据类型）	将要操作的通道和长度
Source	Input	ASCIILOC	源字符串，字符阵列
Q	Output	BOOL	假——功能块不执行；真——功能块已执行
NumChar	Output	UINT	字符个数
Error	Output	BOOL	假——无错误；真——检测到一个错误
ErrorID	Output	UINT	见 ABL 错误代码

AWAAWT 数据类型，见表 5-22。

表 5-22　AWAAWT 数据类型

参　　数	数据类型	描　　述
Channel	UINT	串行通道号：2 代表本地的串行通道口 5 ~ 9 代表安装在插槽 1 ~ 5 的嵌入式模块串行通道口：5 表示在插槽 1；6 表示在插槽 2；7 表示在插槽 3；8 表示在插槽 4；9 表示在插槽 5
Length	UINT	希望写入缓冲区里的字符个数（最多 82 个）。提示：如果设置为 0，AWA 将会传送 0 个用户数据字节和两个附加字符到缓冲区
Cancel	BOOL	当输入为真时，该功能块不执行，如果正在执行，则操作停止

4. 计数器（Counter）

计数器功能块指令主要用于增减计数，其主要指令描述见表 5-23。

表 5-23　计数器功能块指令用途

功 能 块	描　述	功 能 块	描　述
CTD(减计数)	减计数	CTUD(给定加减计数)	增减计数
CTU(增计数)	增计数		

下面主要介绍给定加减计数功能块指令：

给定加减计数（CTUD），给定加减计数功能块如图 5-43 所示。

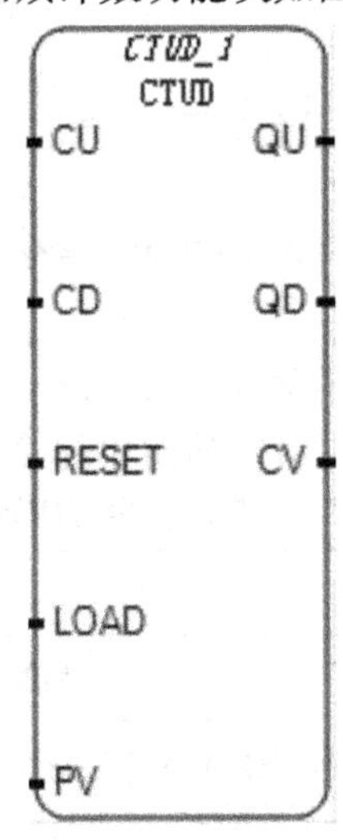

图 5-43　给定加减计数功能块

从 0 开始加计数至给定值，或者从给定值开始减计数至 0。其参数列表见表 5-24。

表 5-24　给定加减计数功能块参数列表

参　数	参数类型	数据类型	描　述
CU	Input	BOOL	加计数(当 CU 是上升沿时,开始计数)
CD	Input	BOOL	减计数(当 CD 是上升沿时,减计数)
RESET	Input	BOOL	重置命令(高级)(RESET 为真时 CV =0 时)
LOAD	Input	BOOL	加载命令(高级)(当 LOAD 为真时 CV = PV)
PV	Input	DINT	程序最大值
QU	Output	BOOL	上限,当 CV >= PV 时为真
QD	Output	BOOL	上限,当 CV <=0 时为真
CV	Output	DINT	计数结果

下面用一个例子介绍计数器的使用方法，程序如图 5-44 所示。

这个程序要实现的功能是加减计数，梯级一是一个自触发的计时器，TON _ 1. Q 每 3s 输出一个动作脉冲，并复位计时器，重新计时。梯级二使能 CTUD 加减计数器模块。梯级三通过 decrease 位使能减计数，这时当 TON _ 1. Q 位输出一个脉冲时，pv 值减一。同理，梯级四用来使能加计数。梯级五用来复位加减计数器 CTUD。这样便实现了加减计数功能。

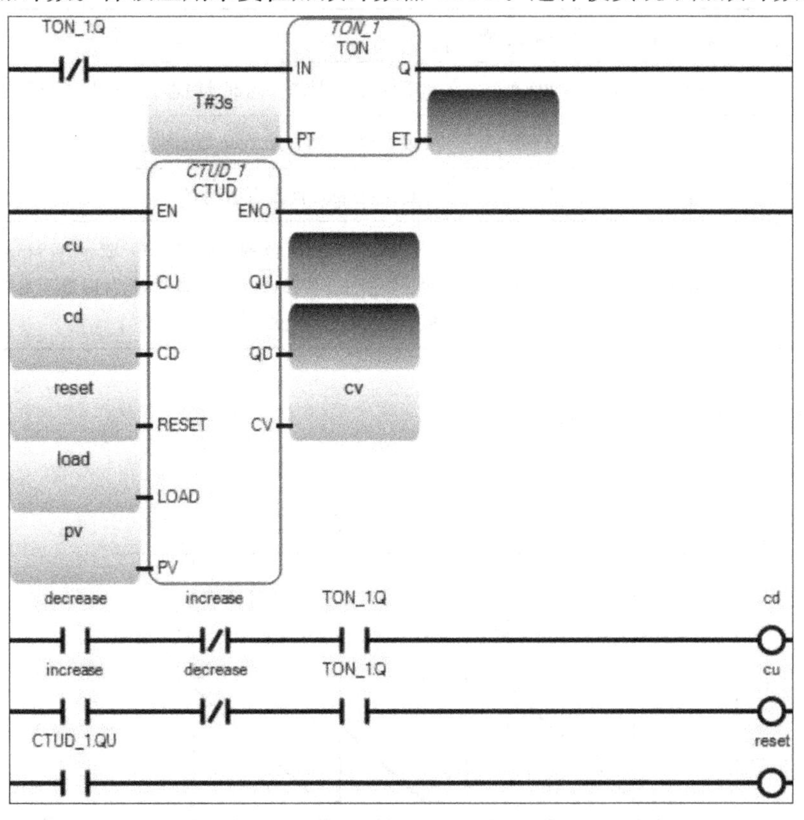

图 5-44　加减计数

5. 计时器（Time）

计时器类功能块指令主要有以下 4 种，其指令描述见表 5-25。

表 5-25　计时器功能块指令用途

功 能 块	描　　述	功 能 块	描　　述
TOF(延时断开计时)	延时断计时	TONOFF(延时通延时断)	在为真的梯级延时通,在为假的梯级延时断
TON(延时导通计时)	延时通计时	TP(上升沿计时)	脉冲计时

下面将详细介绍上述指令：

（1）延时断开计时（TOF）

如图 5-45 所示。

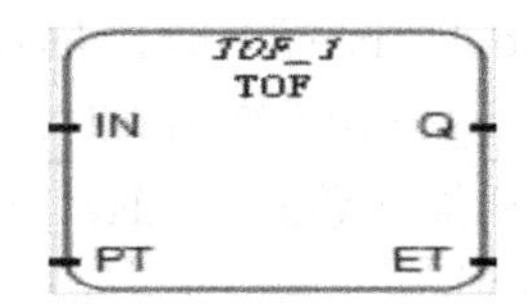

图 5-45　延时断开计时功能块

延时断开计时，其参数列表见表 5-26。

表 5-26　延时断开计时功能块参数列表

参　数	参数类型	数据类型	描　述
IN	Input	BOOL	下降沿，开始增大内部计时器；上升沿，停止且复位内部计时器
PT	Input	TIME	最大编程时间，见 Time 数据类型
Q	Output	BOOL	真：编程的时间没有消耗完
ET	Output	TIME	已消耗的时间，范围：0ms 至 1193h2m47s294ms。注：如果在该功能块使用 EN 参数，当 EN 置真时，计时器开始增计时，且一直持续下去（即使 EN 变为假）

该功能块时序图如图 5-46 所示。

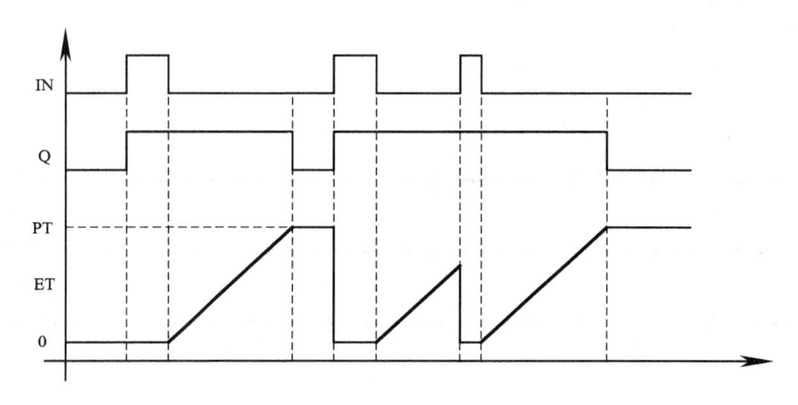

图 5-46　延时断开计时功能块时序图

研究一下该时序图，延时断功能块其本质就是输入断开（即下降沿）一段时间（达到计时值）后，功能块输出（即 Q）才从原来的通状态（1 状态）变为断状态（0 状态），即延时断。从图中可以看出梯级条件 IN 的下降沿才能触发计时器工作，且当计时未达到预置值（PT）时，如果 IN 又有下降沿，计时器将重新开始计时。参数 ET 表示的是已消耗的时间，即从计时开始到目前为止计时器统计的时间，可以看出，ET 的取值范围是（0，PT 的设置值）。输出 Q 的状态由两个条件控制，从时序图中可以看出：当 IN 为上升沿时，Q 开始从 0 变为 1，前提是原来的状态是 0，如果原来的状态是 1，即上次计时没有完成，则如果又碰到 IN 的上升沿，Q 保持原来的 1 的状态；当计时器完成计时时，Q 才回复到 0 状态。所以 Q 由 IN 的状态和计时器完成情况共同控制。

下面通过一个例子介绍延时断开计时（TOF）的使用方法。

如图 5-47 所示，当 delay _ control _ in 置 1 时，delay _ control _ out 置位，此时 delay _ timer. Q 位保持为 1。当 delay _ control _ in 由 1 变为 0 时，断电延时计时器开始计时，计时 3s 后，delay _ timer. Q 位由 1 变为 0，梯级二导通，delay _ control _ out 复位。由此便实现了断电延时的功能。

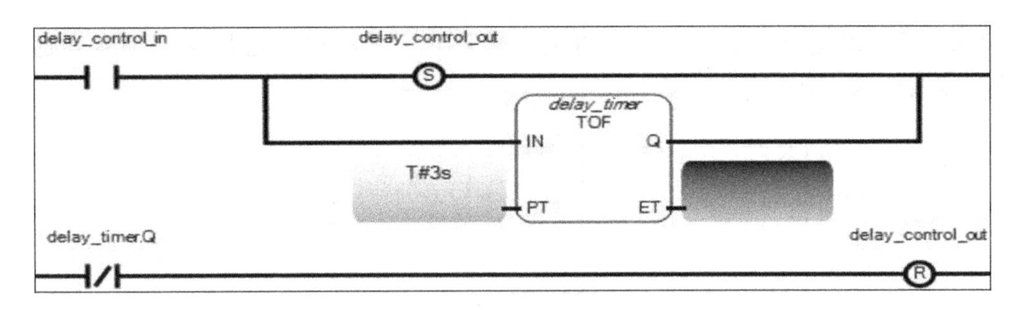

图 5-47　延时断开梯级逻辑

(2) 延时导通计时 (TON)

如图 5-48 所示。

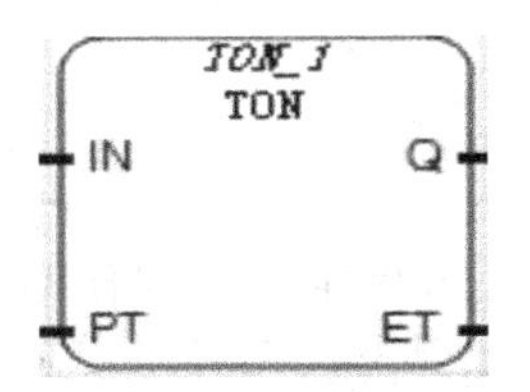

图 5-48　延时导通计时功能块

延时导通计时。其参数列表见表 5-27。

表 5-27　延时导通计时功能块参数列表

参　数	参数类型	数据类型	描　述
IN	Input	BOOL	上升沿，开始增大内部计时器；下降沿，停止且重置内部计时器
PT	Input	TIME	最大编程的时间，见 Time 数据类型
Q	Output	BOOL	真：编程的时间已消耗完
ET	Output	TIME	已消耗的时间，允许值：0ms 至 1193h2m47s294ms。注：如果在该功能块使用 EN 参数，当 EN 置真时，计时器开始增计时，且一直持续下去（即使 EN 变为假）

该功能块时序图如图 5-49 所示。

研究一下该时序图，延时通功能块的实质是输入 IN 导通后，输出 Q 延时导通。从图中可以看出梯级条件 IN 的上升沿触发计时器工作，IN 的下降沿能直接停止计时器计时。参数 ET 表示的是已消耗的时间，即从计时开始到目前为止计时器统计的时间，明显可以看出，ET 的取值范围也是（0，PT 的设置值）。输出 Q 的状态也是由两个条件控制，从时序图中可以看出：当 IN 为上升沿时，计时器开始计时，达到计时时间后 Q 开始从 0 变为 1；直到 IN 变为下降沿时，Q 才跟着变为 0；当计时器未完成计时时，即 IN 的导通时间小于预置的计时时间，Q 将仍然保持原来的 0 状态。

下面用一个例子讲解延时导通计时（TON）的使用方法。

如图 5-50 所示，这个程序常用于在现场检测故障信号，当探测故障发生的信号传送进来，如果马上动作，可能会引起停机，因为有的故障是需要停机的。假定这个故障信号并不是真正的故障，可能只是一个干扰信号，停机就变得虚惊一场了。所以一般情况下会将这个信号延时一段，确定故障真实存在，再去故障停机。本程序便是使用了延时导通计时（TON）来实现这一功能的。

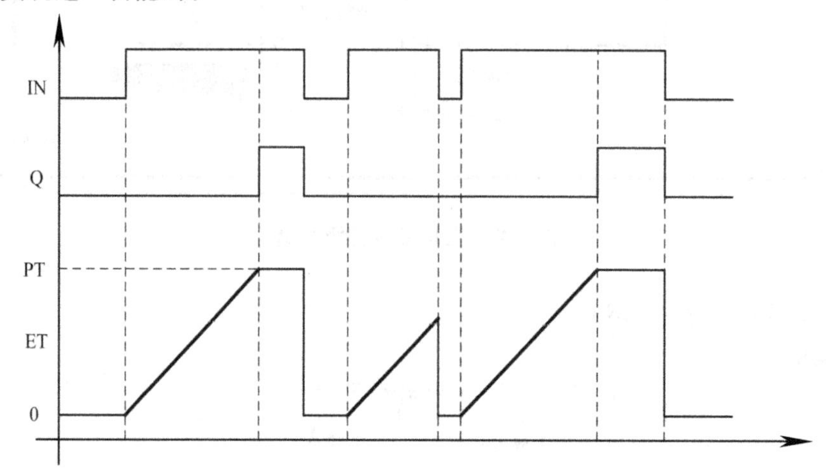

图 5-49　延时导通计时功能块时序图

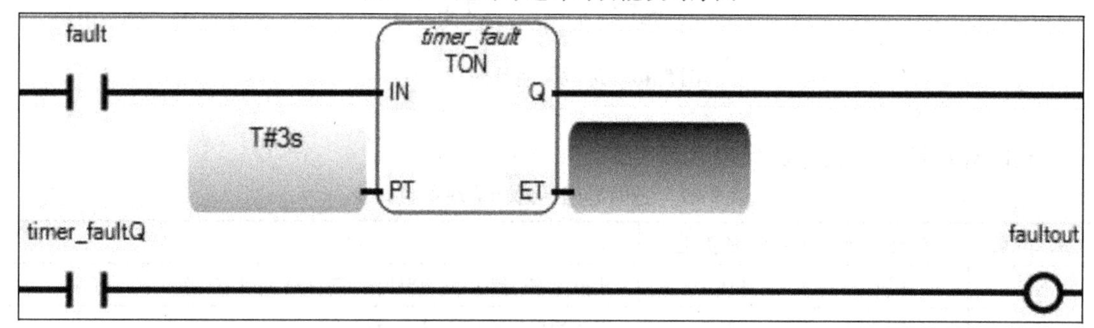

图 5-50　通电延时梯级逻辑

将计时器的预定值定义为 3s，那么 TON 的梯级条件 fault 能保持 3s，则故障输出动作的产生将延时 1s 执行。如果这是一个扰动信号，不到 3s 便已经消失，计时器 TON 的梯级条件随之消失，计时器复位，完成位不会置位，故障输出动作不会发生。故障动作延时时间可以根据现场实际情况来确定，挑选一个合适的延时时间即可。

（3）延时通延时断（TONOFF）

如图 5-51 所示。

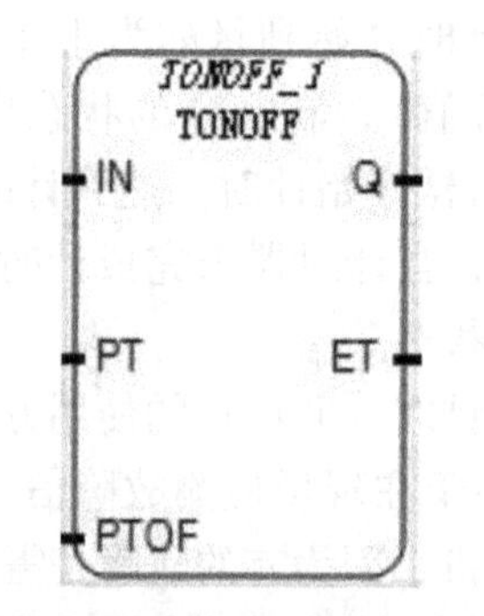

图 5-51　延时通延时断功能块

该功能块用于在输出为真的梯级中延时通，在为假的梯级中延时断开。其参数列表见表 5-28。

表 5-28　延时通延时断功能块参数列表

参　数	参数类型	数据类型	描　述
IN	Input	BOOL	如果 IN 上升沿，延时通计时器开始。如果程序设定的延时通时间消耗完毕，且 IN 是下降沿(从 1 到 0)，延时断计时器开始计时，且重置已用时间(ET)。如果程序延时通时间没有消耗完毕，且处于上升沿，继续开启延时通计时器
PT	Input	TIME	延时通时间设置
PTOF	Input	TIME	延时断时间设置
Q	Output	BOOL	真：程序延时通时间消耗完毕，程序延时断时间没有消耗完毕
ET	Output	TIME	当前消耗时间。允许值：0ms 至 1193h2m47s294ms。如果程序延时通时间消耗完毕且延时断计时器没有开启，消耗时间(ET elapsed time)保持在延时通的时间值(PT) 如果设定的关断延时时间已过，且关断延时计时器未启动，则上升沿再次发生之前，消耗时间(ET)仍为关断延时(PTOF)值 如果延时断的时间消耗完毕，且延时通计时器没有开启，则消耗时间保持与延时断的时间值(PTOF)一致，直到上升沿再次出现为止 注：如果在该功能块使用 EN 参数，当 EN 为真时，计时器开始增计时，且持续下去(即使 EN 被置为假)

下面通过一个例子介绍延时通延时断（TONOFF）的用法。

如图 5-52 所示，该例子是某输出开关的控制要求，当控制发出打开命令后，延时 3s 打开；控制发出关闭命令后，延时 2s 关闭。如果发出打开的命令后 3s 内接受关闭命令，则不打开；如果发出关闭命令后 2s 内接到打开命令，则不关闭。

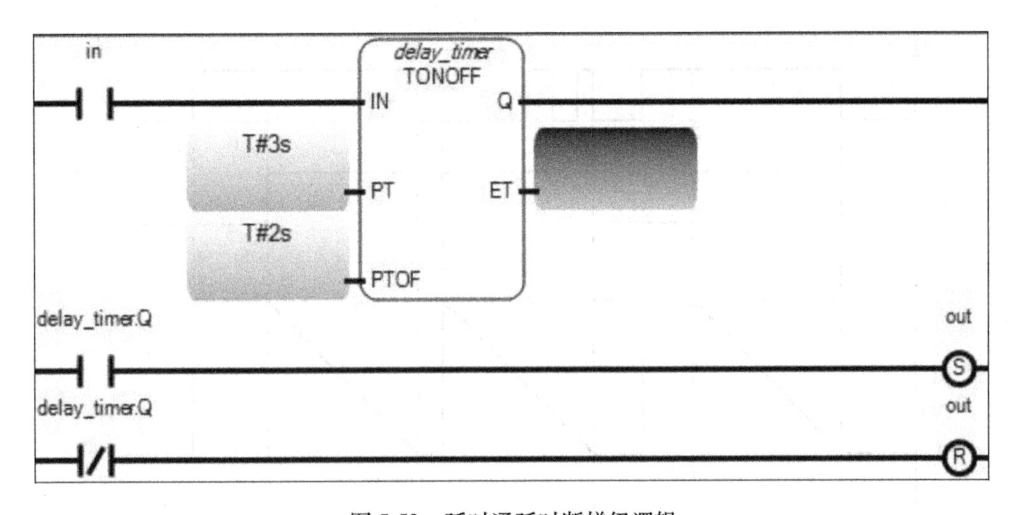

图 5-52　延时通延时断梯级逻辑

通过 TONOFF 指令，很轻松地实现了这一功能。延时控制开关 in 作为 TONOFF 的梯级条件，开或关的任意情况会触发通电计时或断电计时，从而控制 out 位输出。

（4）上升沿计时（TP）

如图 5-53 所示。

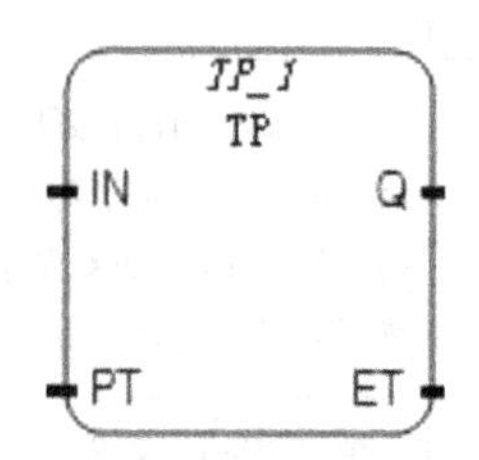

图 5-53　上升沿计时功能块

在上升沿，内部计时器增计时至给定值，若计时时间达到，则重置内部计时器。其参数列表见表 5-29。

表 5-29　上升沿计时功能块参数列表

参　数	参数类型	数据类型	描　述
IN	Input	BOOL	如果 IN 上升沿，内部计时器开始增计时（如果没有开始增计时） 如果 IN 为假且计时时间到，重置内部计时器。在计时期间任何改变将无效
PT	Input	TIME	最大编程时间
Q	Output	BOOL	真：计时器正在计时
ET	Output	TIME	当前消耗时间。允许值：0ms 至 1193h2m47s294ms 注：如果在该功能块使用 EN 参数，当 EN 为真时，计时器开始增计时，且持续下去（即使 EN 被置为假）

该功能块时序图如图 5-54 所示。

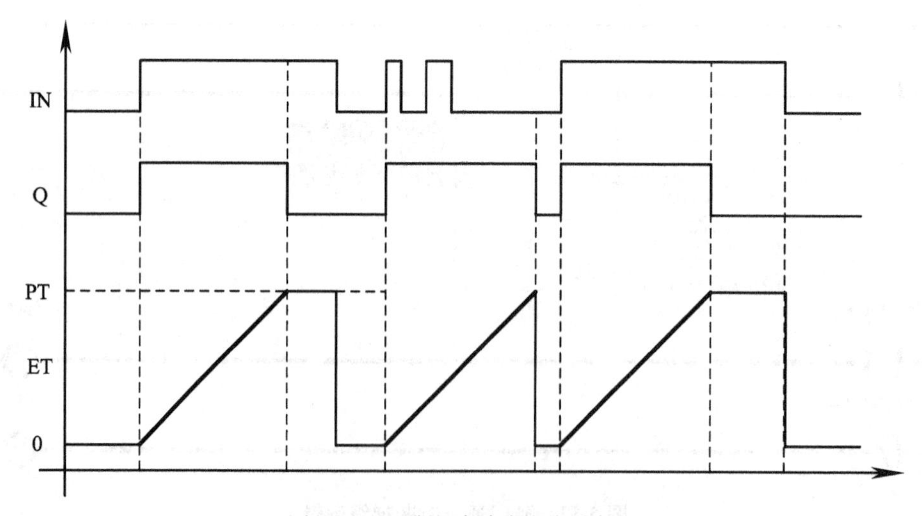

图 5-54　上升沿计时功能块时序图

下面研究该功能块的时序图。从时序图可以看出，上升沿计时功能块与其他功能块明显的不同是其消耗时间（ET）总是与预置值（PT）相等。可以看出，输入 IN 的上升沿触发计时器开始计时，当计时器开始工作后，就不受 IN 干扰，直至计时完成。计时器完成计时后才接受 IN 的控制，即计时器的输出值保持住当前的计时值，直至 IN 变为 0 状态时，计时器才回到 0 状态。此外，输出 Q 也与之前的计时器不同，计时器开始计时时，Q 由 0 变为 1，计时结束后，再由 1 变为 0。所以 Q 可以表示计时器是否在计时状态。

6. 数据操作（Data manipulation）

数据操作类功能块主要有最大值和最小值，其用途描述见表 5-30。

表 5-30　数据操作类功能块用途描述

功　能　块	描　　述
AVERAGE(平均)	取存储数据的平均
MAX(最大值)	比较产生两个输入整数中的最大值
MIN(最小值)	计算两个整数输入中最小的数

下面举例说明该类功能块的参数及应用：

平均（AVERAGE），其功能块如图 5-55 所示。

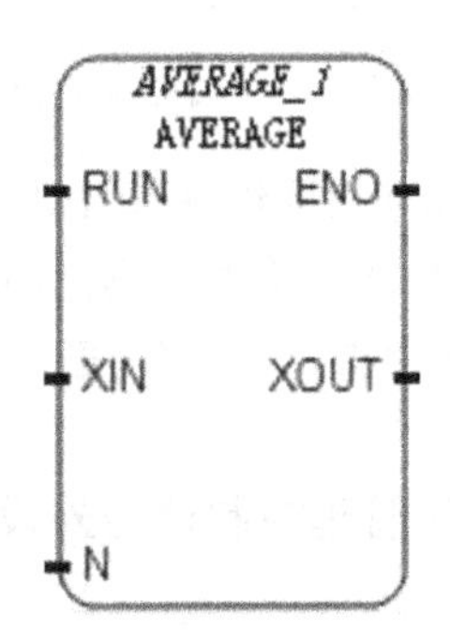

图 5-55　平均功能块

平均功能块用于计算每一循环周期所有已存储值的平均值，并存储该平均值。只有 N 的最后输入值被存储。N 的样本数个数不能超过 128 个。如果 RUN 命令为假（重置模式），输出值等于输入值。当达到最大的存储个数时，第一个存储的数将被最后一个替代。该功能块的参数列表见表 5-31。

表 5-31　平均功能块参数列表

参　　数	参数类型	数据类型	描　　述
RUN	Input	BOOL	真 = 执行、假 = 重置
XIN	Input	REAL	任何实数
N	Input	DINT	用于定义样本个数
XOUT	Output	REAL	输出 XIN 的平均值
ENO	Output	BOOL	使能输出
提示：需要设置或更改 N 的值时，需要把 RUN 置假，然后置回真			

下面用一个例子介绍平均功能块的使用方法，程序如图 5-56 所示。

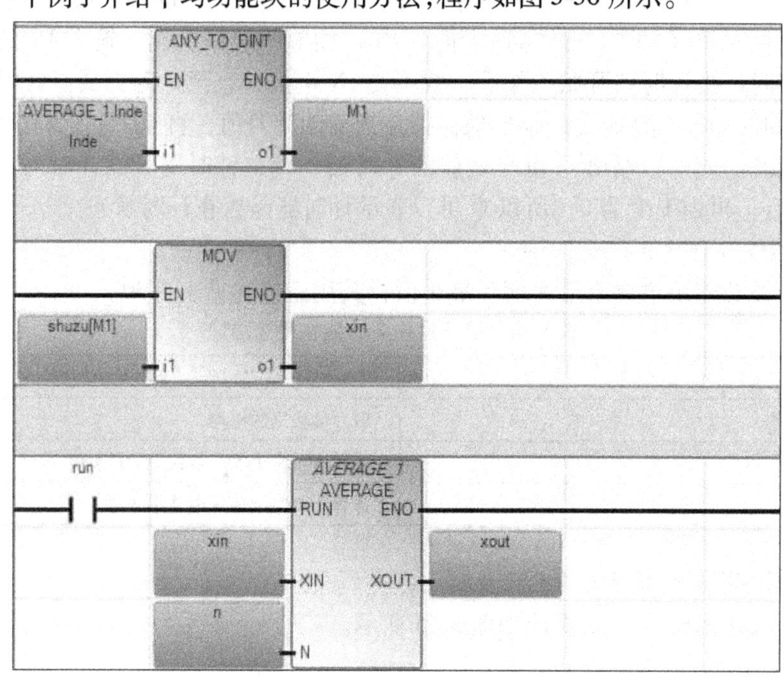

图 5-56 平均功能块的使用

当 n 值为 5 时，且 run 更改为 True 后，数组 AVERAGE_1. Index 中的数值将从 0 到 4 做周期性变化。AVERAGE_1. Index 作为数组的角标周期性输入到 xin 中，这里设数组中的数为 10、20、30、40、50，则可以在 xout 中得到其平均值 30。

7. 输入/输出（Input/Output）

输入/输出类功能块指令主要用于管理控制器与外设之间的输入和输出数据，详细描述见表 5-32。

表 5-32 输入/输出类功能块指令用途

功 能 块	描 述
HSC（高速计数器）	设置要应用到高速计数器上的高和低预设值以及输出源
HSC _ SET _ STS（HSC 状态设置）	手动设置/重置高速计数器状态
IIM（立即输入）	在正常输出扫描之前更新输入
IOM（立即输出）	在正常输出扫描之前更新输出
KEY _ READ（键状态读取）	读取可选 LCD 模块中的键的状态（只限 Micro810™）
MM _ INFO（存储模块信息）	读取存储模块的标题信息
PLUGIN _ INFO（嵌入型模块信息）	获取嵌入型模块信息（存储模块除外）
PLUGIN _ READ（嵌入型模块数据读取）	从嵌入型模块中读取信息
PLUGIN _ RESET（嵌入型模块重置）	重置一个嵌入型模块（硬件重置）
PLUGIN _ WRITE（写嵌入型模块）	向嵌入型模块中写入数据
RTC _ READ（读 RTC）	读取实时时钟（RTC）模块的信息
RTC _ SET（写 RTC）	向实时时钟模块设置实时时钟数据
SYS _ INFO（系统信息）	读取 Micro800™系统状态
TRIMPOT _ READ（微调电位器）	从特定的微调电位模块中读取微调电位值

（续）

功 能 块	描 述
LCD(显示)	显示字符串和数据(只限于 Micro810™)
RHC(读高速时钟的值)	读取高速时钟的值
RPC(读校验和)	读取用户程序校验和

下面将详细介绍上述指令块：

（1）立即输入（IIM）

如图 5-57 所示。

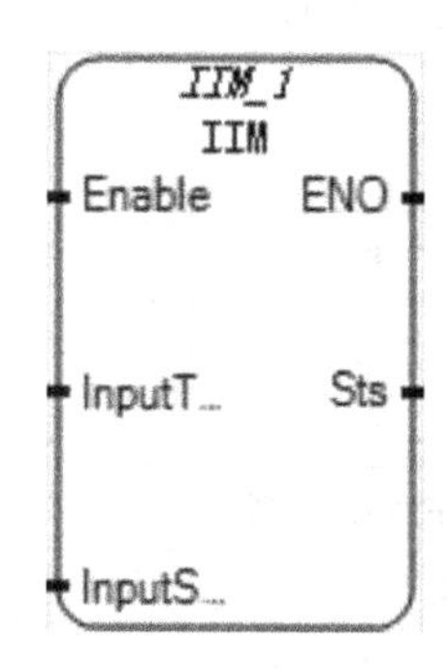

图 5-57　立即输入功能块

该功能块用于不等待自动扫描而立即输入一个数据。注意：对于刚发布的 Connected Components Workbench 版本，IIM 功能块只支持嵌入式的数据输入。

该功能块参数列表见表 5-33。

表 5-33　立即输入功能块参数列表

参　数	参数类型	数据类型	描　述
InputType	Input	USINT	输入数据类型:0——本地数据;1——嵌入式输入;2——扩展式输入
InputSlot	Input	USINT	输入槽号:对于本地输入,总为0;对于嵌入式输入,输入槽号为1,2,3,4,5(插口槽号最左边为1);对于扩展式输入,输入槽号是1,2,3...(扩展 I/O 模式号,从最左边开始,为1)
Sts	Output	USINT	立即输入扫描状态,见 IIM/IOM 状态代码

IIM/IOM 状态代码，见表 5-34。

（2）存储模块信息（MM _ INFO）

如图 5-58 所示。

表 5-34　IIM/IOM 状态代码

状态代码	描　述
0x00	不使能(不执行动作)
0x01	输入/输出扫描成功
0x02	输入/输出类型无效
0x03	输入/输出槽号无效

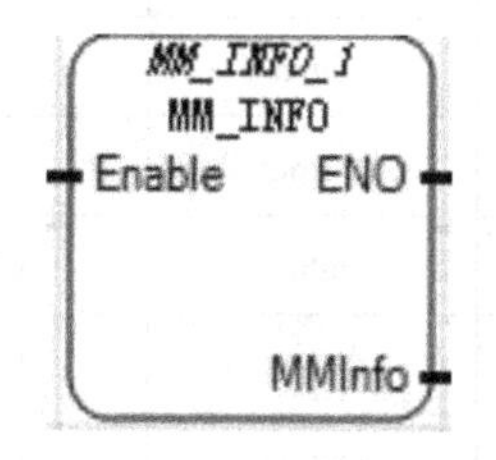

图 5-58　存储模块信息功能块

该功能块用于检查存储模块信息。当没有存储模块时，所有值变为零。其参数列表见表5-35。

表 5-35　存储模块信息功能块参数列表

参　数	参数类型	数据类型	描　述
MMInfo	Output	MMINFO 见 MMINFO 数据类型	存储模块信息

MMINFO 数据类型，见表 5-36。

(3) 嵌入式模块信息 (PLUGIN _ INFO)

如图 5-59 所示。

表 5-36　MMINFO 数据类型

参　数	数据类型	描　述
MMCatalog	MMCATNUM	存储模块的目录号,类型编号
Series	UINT	存储模块的序列号,系列
Revision	UINT	存储模块的版本
UPValid	BOOL	用户程序有效(真:有效)
ModeBehavior	BOOL	模式动作(真:上电后,执行运行模式)
LoadAlways	BOOL	上电后,存储模块信息存于控制器
LoadOnError	BOOL	如果上电后有错误,则将存储模块信息存于控制器
FaultOverride	BOOL	上电后出现覆盖错误
MMPresent	BOOL	存储模块信息已存在

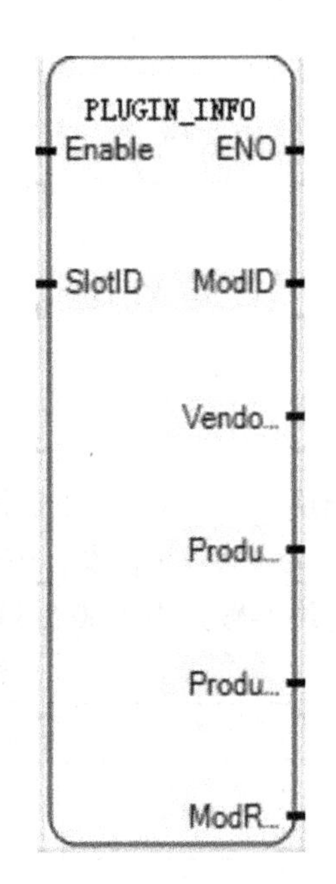

图 5-59　嵌入式类模块的信息功能块

嵌入式模块的信息可以通过该功能块读取。该功能块可以读取任意嵌入式模块的信息（除了 2080-MEMBAK-RTC 模块）。当没有嵌入式模块时，所有的参数值归零。其参数列表见表 5-37。

表 5-37　嵌入式模块的信息功能块参数列表

参　数	参数类型	数据类型	描　述
SlotID	Input	UINT	嵌入槽号:槽号 =1,2,3,4,5(从最左边开始,第一个插槽号 =1)
ModID	Output	UINT	嵌入式模块物理 ID
VendorID	Output	UINT	嵌入式模块厂商 ID,对于 Allen Bradley 产品,厂商 ID =1
ProductType	Output	UINT	嵌入式模块产品类型
ProductCode	Output	UINT	嵌入式模块产品代码
ModRevision	Output	UINT	生产型号版本信息

（4）嵌入式模块数据读取（PLUGIN _ READ）

如图 5-60 所示。

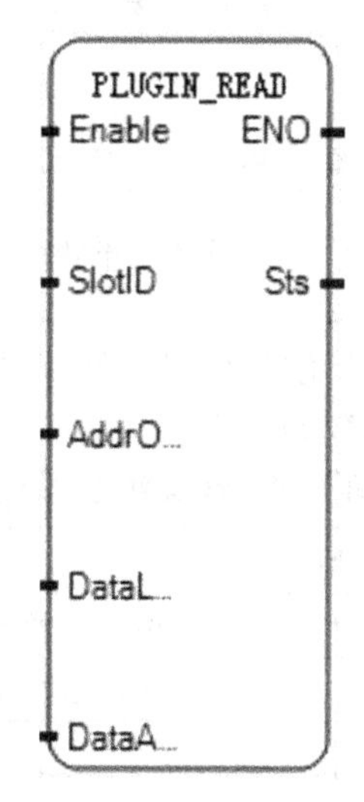

图 5-60　嵌入式模块数据读取功能块

该功能块用于从嵌入式模块硬件读取一组数据。其参数列表见表 5-38。

表 5-38　嵌入式模块数据读取功能块参数列表

参　　数	参数类型	数据类型	描　　述
Enable	Input	BOOL	功能块使能。为真时，执行功能块， 为假时，不执行功能块，所有输出数值为 0
SlotID	Input	UINT	嵌入槽号：槽号 =1,2,3,4,5（从最左边开始，槽号 =1）
AddrOffset	Input	UINT	第一个要读的数据的地址偏移量。从嵌入类模块的第一个字节开始计算
DataLength	Input	UINT	需要读的字节数量
DataArray	Input	USINT	任意曾用于存储读取于嵌入类模块 Data 中的数据的数组
Sts	Output	UINT	见嵌入类模块操作状态值
ENO	Output	BOOL	使能输出

嵌入式模块操作状态值，见表 5-39。

表 5-39　嵌入式模块操作状态值

状态值	状态描述	状态值	状态描述
0x00	功能块未使能（无操作）	0x03	由于无效嵌入式模块，嵌入操作失败
0x01	嵌入操作成功	0x04	由于数据操作超出范围，嵌入操作失败
0x02	由于无效槽号，嵌入操作失败	0x05	由于数据奇偶校验错误，嵌入操作失败

（5）嵌入式模块重置（PLUGIN _ RESET）

如图 5-61 所示。

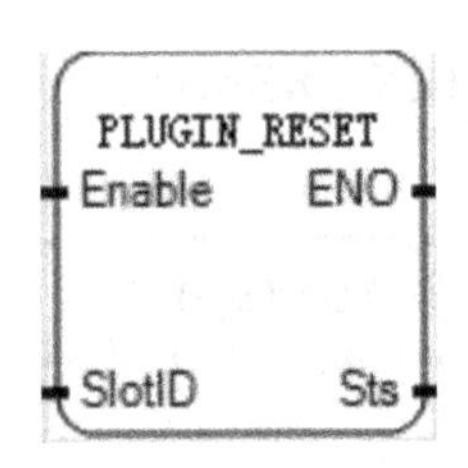

图 5-61　嵌入式模块重置功能块

该功能块用于重置任意嵌入式模块硬件信息（除了 2080-MEMBAK-RTC）。硬件重置后，嵌入式模块可以组态或操作。其参数列表见表 5-40。

表 5-40　嵌入式模块重置功能块参数列表

参　数	参数类型	数据类型	描　述
SlotID	Input	UINT	嵌入槽号：槽号 = 1,2,3,4,5（从最左边开始，槽号 = 1）
Sts	Output	UINT	见嵌入式模块操作状态值

（6）读 RTC（RTC _ READ）

如图 5-62 所示。

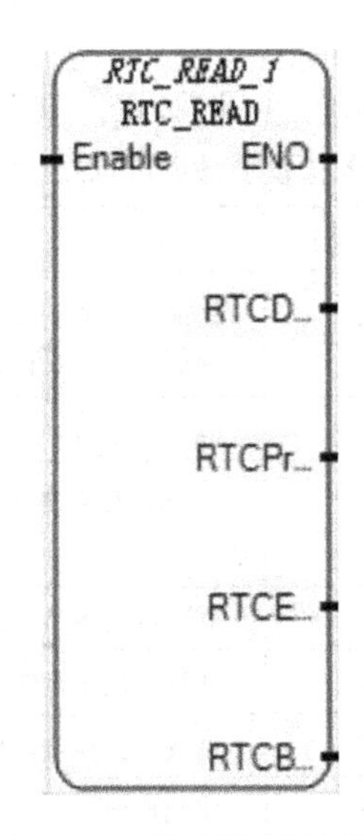

图 5-62　读 RTC 功能块

该功能块用于读取 RTC 预设值和 RTC 信息。

提示：当在带嵌入式的 RTC 的 Micro810 控制器中使用时，RTCBatLow 总是 0。当由于断电导致嵌入式的 RTC 丢失其负载或存储信息时，RTCEnabled 总是为 0。其参数列表见表 5-41。

表 5-41　读 RTC 功能块参数列表

参　数	参数类型	数据类型	描　述
RTCData	Output	RTC 见 RTC 数据类型	RTC 数据信息：yy/mm/dd，hh/mm/ss，week
RTCPresent	Output	BOOL	真：RTC 硬件嵌入；假：RTC 未嵌入

（续）

参　　数	参 数 类 型	数 据 类 型	描　　述
RTCEnabled	Output	BOOL	真:RTC 硬件使能(计时); 假:RTC 硬件未使能(未计时)
RTCBatLow	Output	BOOL	真:RTC 电量低;假:RTC 电量不低
ENO	Output	BOOL	使能输出

RTC 数据类型，见表 5-42。

（7）写 RTC（RTC _ SET）

如图 5-63 所示。

表 5-42　RTC 数据类型

参　　数	数据类型	描　　述
Year	UINT	对 RTC 设置的年份,16 位,有效范围是 2000 ~ 2098
Month	UINT	对 RTC 设置的月份
Day	UINT	对 RTC 设置的日期
Hour	UINT	对 RTC 设置的小时
Minute	UINT	对 RTC 设置的分钟
Second	UINT	对 RTC 设置的秒
DayOfWeek	UINT	对 RTC 设置的星期

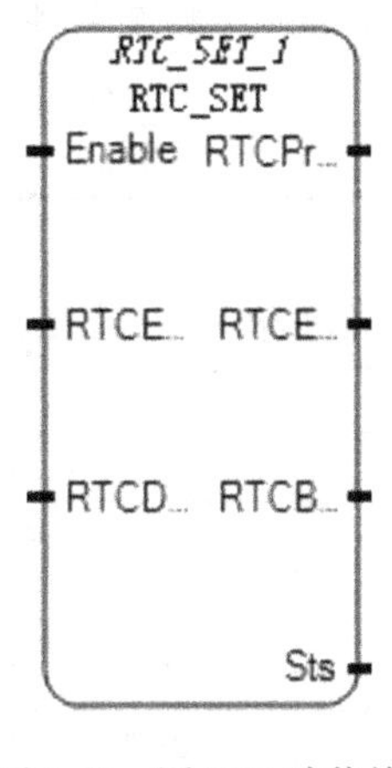

图 5-63　写 RTC 功能块

该功能块用于设置 RTC 状态或是写 RTC 信息。其参数列表见表 5-43。

表 5-43　写 RTC 功能块参数列表

参　　数	参 数 类 型	数 据 类 型	描　　述
RTCEnabled	Input	BOOL	真:使 RTC 能使用 RTC 数据类型;假:停止 RTC 提示:该参数在 Micro810 中忽略
RTCData	Input	RTC 见 RTC 数据类型	RTC 数据信息:yy/mm/dd,hh/mm/ss,week 当 RTCEnabled = 0 时,忽略该数据
RTCPresent	Output	BOOL	真:RTC 硬件嵌入;假:RTC 未嵌入
RTCEnabled	Output	BOOL	真:RTC 硬件使能(定时);假:RTC 硬件未使能(未计时)
RTCBatLow	Output	BOOL	真:RTC 电量低;假:RTC 电量不低
Sts	Output	USINT	读操作状态,见 RTC 设置状态值

RTC 设置状态值，见表 5-44。

（8）系统信息（SYS _ INFO）

如图 5-64 所示。

表 5-44 RTC 设置状态值

状态值	状 态 描 述
0x00	功能块未使能(无操作)
0x01	RTC 设置操作成功
0x02	RTC 设置操作失败

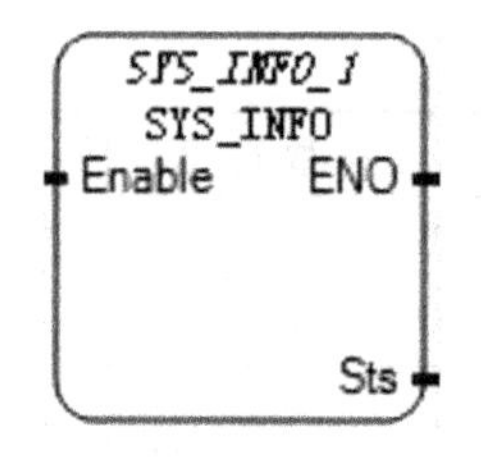

图 5-64 系统信息功能块

该功能块用于读取系统状态数据块。其参数列表见表 5-45。

表 5-45 系统信息功能块参数列表

参 数	参 数 类 型	数 据 类 型	描 述
Sts	Output	SYSINFO,见 SYSINFO 数据类型	系统状态数据块
ENO	Output	BOOL	使能输出

SYSINFO 数据类型，见表 5-46。

表 5-46 SYSINFO 数据类型

参 数	数 据 类 型	描 述
BootMajRev	UINT	启动主要版本信息
BootMinRev	UINT	启动副本信息
OSSeries	UINT	操作系统(OS)系列。注:0 代表系列 A 产品
OSMajRev	UINT	操作系统(OS)主要版本
OSMinRev	UINT	操作系统(OS)次要版本
ModeBehaviour	BOOL	动作模式(真:上电后启动 RUN 模式)
FaultOverride	BOOL	默认覆盖(真:上电后覆盖错误)
StrtUpProtect	BOOL	启动保护(真:上电后启动保护程序)。注:对于未来版本
MajErrHalted	BOOL	主要错误停止(真:主要错误已停止)
MajErrCode	UINT	主要错误代码
MajErrUFR	BOOL	用户程序里的主要错误。注:为将来预留
UFRPouNum	UINT	用户错误程序号
MMLoadAlways	BOOL	上电后,存储模块总是重新存储到控制器(真:重新存储)
MMLoadOnError	BOOL	上电后,如果发生错误,则重新存储至控制器(真:重新存储)
MMPwdMismatch	BOOL	存储模块密码不匹配(真:控制器和存储模块的密码不匹配)
FreeRunClock	UINT	从 0 ~ 65535 每 100μs 递增一个数字,然后回到 0 的可运行时钟。如果需要比标准 1ms 的更高分辨率计时器,可以使用该全局范围内可以访问的时钟。注意:仅支持 Micro830 控制器。Micro810 控制器的值保持为 0
ForcesInstall	BOOL	强制安装(真:安装)
EMINFilterMod	BOOL	修改嵌入的过滤器(真:修改)

(9) 微调电位器 (TRIMPOT _ READ)

如图 5-65 所示。

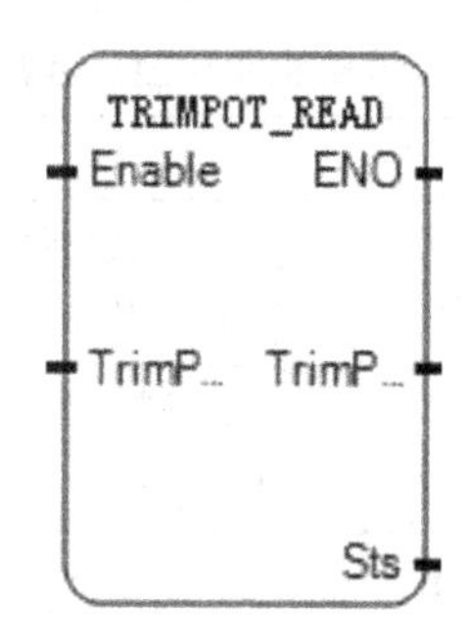

图5-65　微调电位器功能块

该功能块用于读取微调电位当前值。其参数列表见表5-47。

表5-47　微调电位器功能块参数列表

参　数	参数类型	数据类型	描　述
TrimPotID	Input	UINT	要读取的微调电位的ID(见TrimPotID定义)
TrimPotValue	Output	UINT	当前电位值
Sts	Output	UINT	读取操作的状态(见电位操作状态值)
ENO	Output	BOOL	使能输出

Trimpot ID定义，见表5-48。

表5-48　Trimpot ID定义

输出选择	Bit	描　述
Trimpot ID定义	15~13	电位计模块类型:0x00:本地;0x01:扩展式;0x02:嵌入式
	12~8	模块的槽号:0x00:本地;0x01~0x1F:扩展模块的ID 0x01~0x05:嵌入型的ID
	7~4	电位类型:0x00:保留;0x01:数字电位类型1(LCD模块1) 0x02:机械式电位计模块1
	3~0	模块内部的电位计ID:0x00~0x0F:本地;0x00~0x07:扩展式的电位ID 0x00~0x07:嵌入式的电位ID。微调电位ID从0开始

电位操作状态值，见表5-49。

(10)读校验和(RPC)

如图5-66所示。

表5-49　电位操作状态值

状态值	状态描述
0x00	功能块未使能(无读写操作)
0x01	读写操作成功
0x02	由于无效电位ID导致读写失败
0x03	由于超出范围导致写操作失败

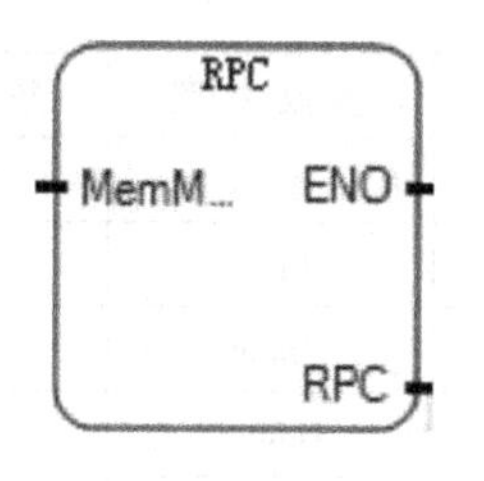

图5-66　读校验和功能块

用于从控制器或者存储模块中读取用户程序的校验和。其参数列表见表 5-50。

表 5-50　读校验和功能块参数列表

参　数	参数类型	数据类型	描　述
MemMod	Input	BOOL	为真时，从存储模块中读取 为假时，从 Micro800 控制器中读取
RPC	Output	UDINT	指定用户程序的校验和
ENO	Output	BOOL	使能输出

8. 过程控制（Process Control）

过程控制类功能块指令用途描述见表 5-51。

表 5-51　过程控制类功能块指令用途

功能块	描　述	功能块	描　述
DERIVATE(微分)	一个实数的微分	IPIDCONTROLLER(PID)	比例，积分，微分
HYSTER(迟滞)	不同实值上的布尔迟滞	SCALER(缩放)	鉴于输出范围缩放输入值
INTEGRAL(积分)	积分	STACKINT(整数堆栈)	整数堆栈

（1）微分（DERIVATE）

如图 5-67 所示。

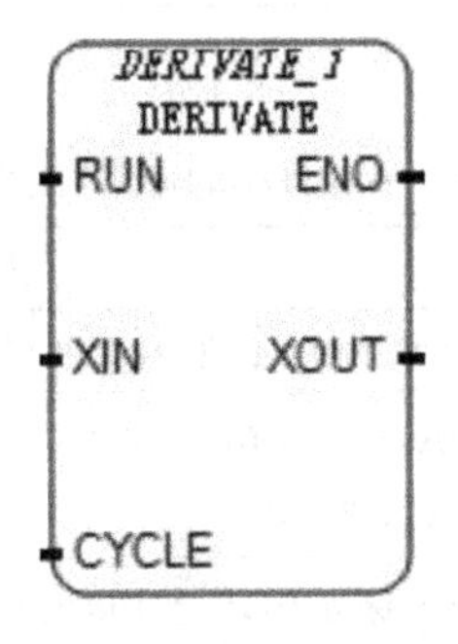

图 5-67　微分功能块

该功能块用于取一个实数的微分。如果 CYCLE 参数设置的时间小于设备的执行循环周期，那么采样周期将强制与该循环周期一致。注意：差分是以毫秒为时间基准计算的。要将该指令的输出换算成以秒为单位表示的值，必须将该输出除以 1000。

功能块的参数列表见表 5-52。

表 5-52　微分功能块参数列表

参　数	参数类型	数据类型	描　述
RUN	Input	BOOL	模式：真 = 普通模式；假 = 重置模式
XIN	Input	REAL	输入：任意实数
CYCLE	Input	TIME	采样周期，0ms 至 23h59m59s999ms 之间的任意实数
XOUT	Output	REAL	微分输出
ENO	Output	BOOL	使能输出

下面用一个例子介绍微分功能块的使用方法，程序如图5-68所示。

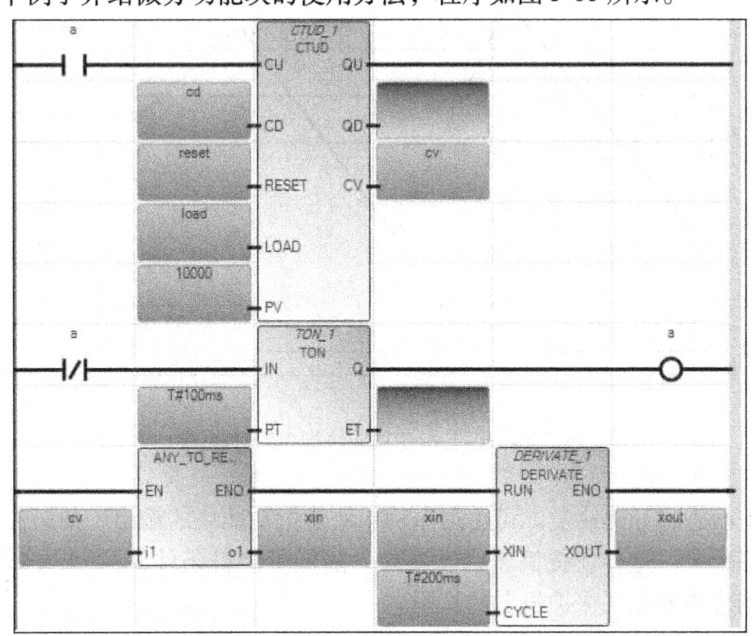

图5-68　微分功能块的使用

设一计数器与计时器使其每100ms对变量cv值加1，将cv转成REAL型输入到XIN中，在CYCLE中输入微分时间T#200ms，则在xout中可得到微分结果0.01，即2除以200。

（2）迟滞（HYSTER）

如图5-69所示。

迟滞指令用于上限实值滞后。其参数列表见表5-53。

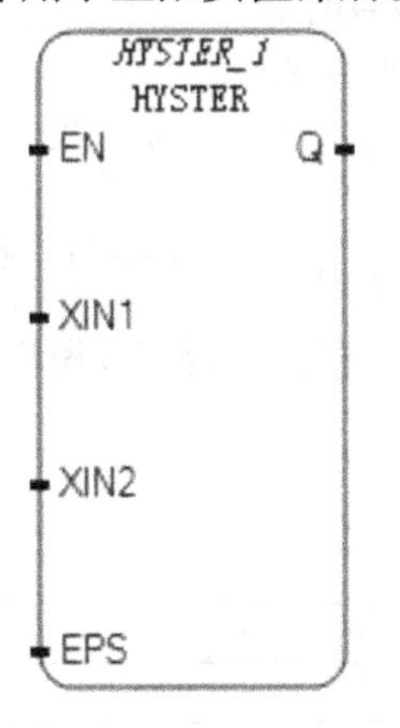

图5-69　迟滞指令

表5-53　迟滞指令参数列表

参　数	参数类型	数据类型	描　述
XIN1	Input	REAL	任意实数
XIN2	Input	REAL	测试XIN1是否超过XIN2+EPS
EPS	Input	REAL	滞后值(须大于零)
ENO	Output	BOOL	使能输出
Q	Output	BOOL	当XIN1超过XIN2+EPS且不小于XIN2－EPS时为真

迟滞指令功能块指令的时序图如图5-70所示。

下面来研究迟滞功能块。从其时序图可以看出当功能块输入XIN1没有达到功能块的高预置值时（即XIN2+EPS），功能块的输出Q始终保持0状态，当输入超过高预置值时，输出才跳转为1状态。输出变为1状态后，如果输入值没有小于低预置值（XIN2－EPS），输

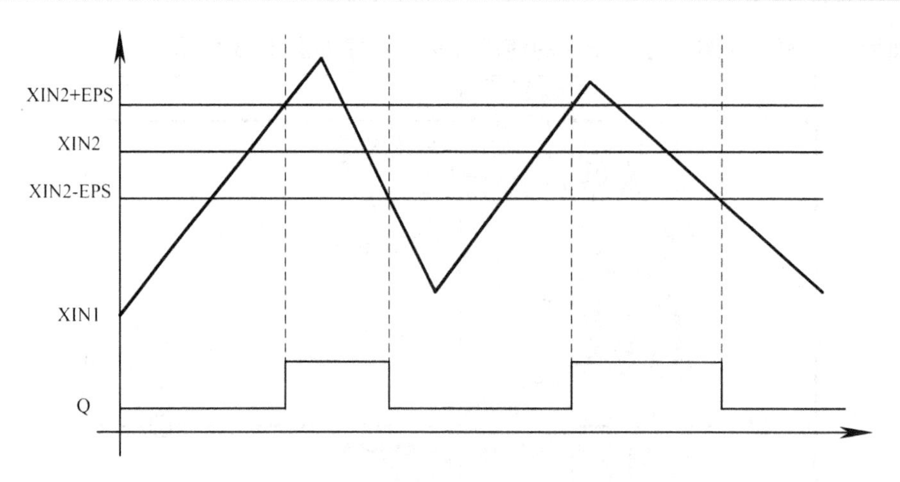

图 5-70　迟滞指令功能块指令的时序图

出将一直保持 1 状态，如此往复。可见迟滞功能块是把功能块的输出 1 的条件提高了，又把输出 0 的条件降低了。这样就提高了启动条件，降低了停机条件，在实际的应用场合中能起到保护机器的作用。

（3）积分（INTEGRAL）

如图 5-71 所示。

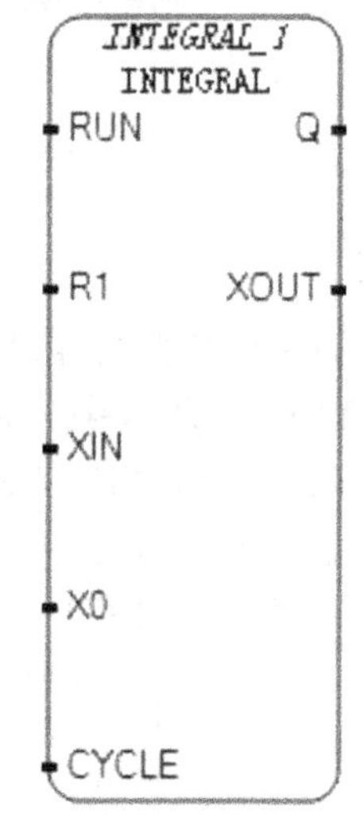

图 5-71　积分功能块

该功能块用于对一个实数进行积分。

提示：如果 CYCLE 参数设置的时间小于设备的执行循环周期，那么采样周期将强制与该循环周期一致。

首次初始化 INTEGRAL 功能块时，不会考虑其初始值。使用 R1 参数来设置要用于计算的初始值。

建议不要使用该功能块 EN 和 ENO 参数，因为当 EN 为假时循环时间将会中断，导致不正确的积分。如果选择使用 EN 和 ENO 参数，需把 R1 和 EN 置为真，来清除现有的结果，以确保积分正确。

为防止丢失积分值，控制器从 PROGRAM 转换为 RUN 或 RUN 参数从“假”转换为“真”时，不会自动清除积分值。首次将控制器从 PROGRAM 转换到 RUN 模式以及启动新的积分时，使用 R1 参数可清除积分值。

该功能块的参数列表见表 5-54。

表 5-54　积分功能块参数列表

参　数	参数类型	数据类型	描　述
RUN	Input	BOOL	模式:真 = 积分,假 = 保持
R1	Input	BOOL	重置重写
XIN	Input	REAL	输入:任意实数
X0	Input	REAL	无效值
CYCLE	Input	TIME	采样周期。0ms 至 23h59m59s999ms 间的可能值
Q	Output	BOOL	非 R1
XOUT	Output	REAL	积分输出

（4）量程转换（SCALER）

如图 5-72 所示。

该功能块用于基于输出范围量程转换输入值，例如

$$\frac{(Input - InputMin)}{(InputMax - InputMin)} \times (OutputMax - OutputMin) + OutputMin$$

其参数列表见表 5-55。

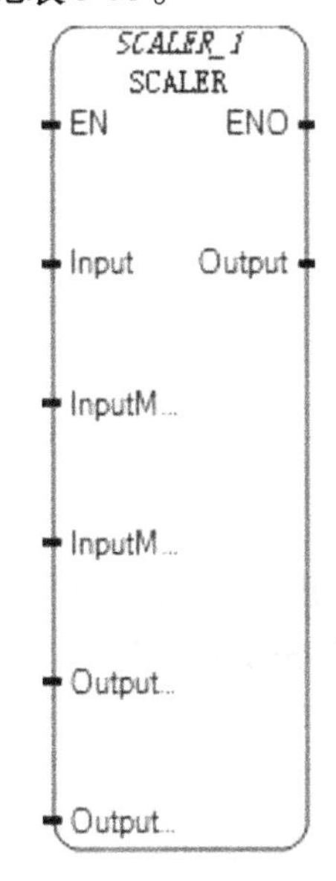

图 5-72　量程转换功能块

表 5-55　量程转换功能块参数列表

参　数	参数类型	数据类型	描　述
Input	Input	REAL	输入信号
InputMin	Input	REAL	输入最小值
InputMax	Input	REAL	输入最大值
OutputMin	Input	REAL	输出最小值
OutputMax	Input	REAL	输出最大值
Output	Output	REAL	输出值

下面用一个例子介绍量程转换功能块的使用方法，程序如图 5-73 所示。

假设 InputMin 输入 0.0，InputMax 输入 100.0，OutputMin 输入 0.0，OutputMax 输入 10000.0。则此功能块会将 Input 输入的数按 0 ~ 100 中的比例转化为 0 ~ 10000 中的数输出到 Output 中，若 in 中输入 10.0，则 out 输出 1000.0，若 in 中输入 50.0，则 out 输出 5000.0。

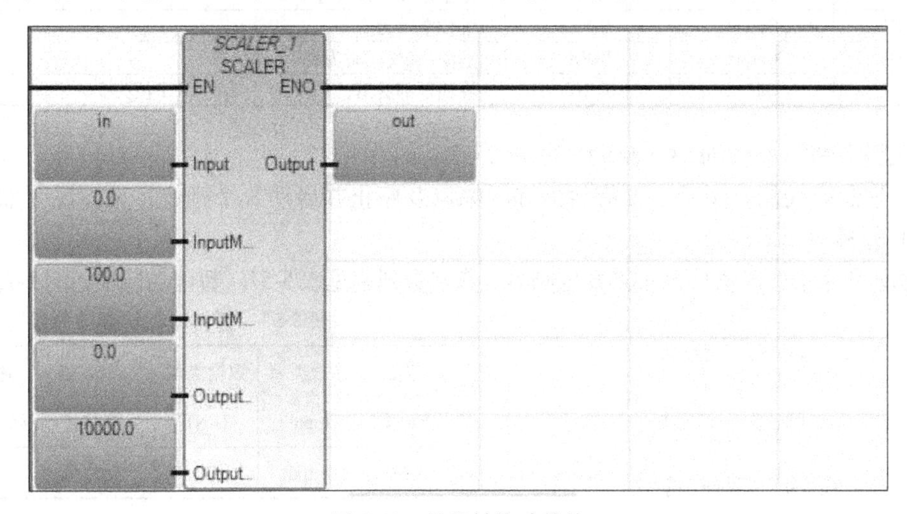

图 5-73　量程转换功能块

（5）整数堆栈（STACKINT）

如图 5-74 所示。

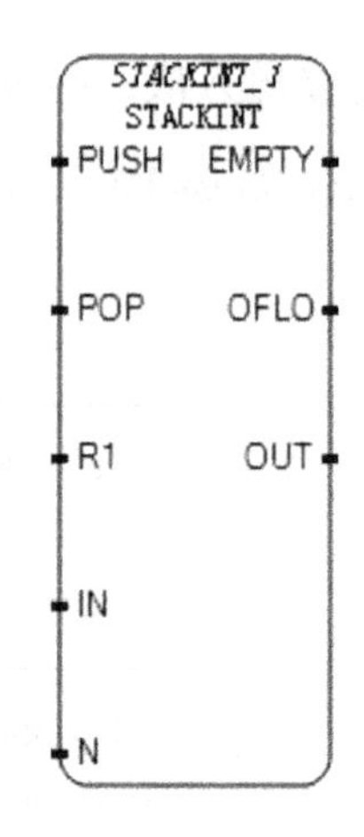

图 5-74　整数堆栈功能块

该功能块用于处理一个整数堆栈。

STACKINT 功能块对 PUSH 和 POP 命令的上升沿检测。堆栈的最大值为 128。当重置（R1 至少置为真一次，然后回到假）后 OFLO 值才有效。用于定义堆栈尺寸的 N 不能小于 1 或大于 128。下列情况下，该功能块将处理无效值：

如果 N < 1，STACKINT 功能块尺寸为 1 的数据

如果 N > 128，STACKINT 功能块尺寸为 128 的数据

功能块参数列表见表 5-56。

表 5-56　整数堆栈功能块参数列表

参　数	参数类型	数据类型	描　述
PUSH	Input	BOOL	推命令(仅当上升沿有效),把 IN 的值放入堆栈的顶部
POP	Input	BOOL	拉命令(仅当上升沿有效),把最后推入堆栈顶部的值删除
R1	Input	BOOL	重置堆栈至“空”状态
IN	Input	DINT	推的值
N	Input	DINT	用于定义堆栈尺寸
EMPTY	Output	BOOL	堆栈空时为真
OFLO	Output	BOOL	上溢:堆栈满时为真
OUT	Output	DINT	堆栈顶部的值,当 OFLO 为真时 OUT 值为 0

9. 程序控制（Program Control）

程序控制类功能块指令主要有暂停和限幅以及停止并启动 3 个指令，具体说明如下：

（1）暂停（SUS）

该功能块用于暂停执行 Micro800 控制器。其参数列表见表 5-57。暂停功能块如图 5-75 所示。

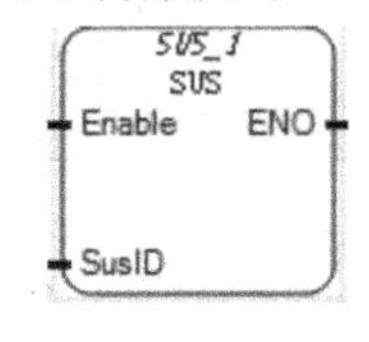

图 5-75　暂停功能块

表 5-57　暂停功能块参数列表

参数	参数类型	数据类型	描　述
SusID	Input	UINT	暂停控制器的 ID
ENO	Output	BOOL	使能输出

（2）限幅（LIMIT）

该功能块（见图5-76）用于限制输入的整数值在给定水平。整数值的最大和最小限制是不变的。如果整数值大于最大限值，则用最大限值代替它。小于最小值时，则用最小限值代替它。参数列表见表5-58。

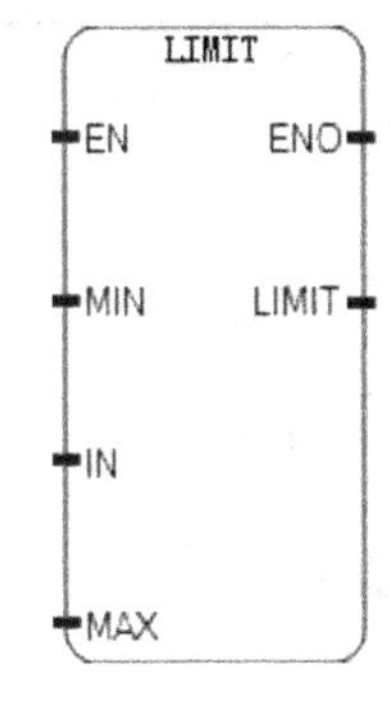

图5-76 限幅功能块

表5-58 限幅功能块参数列表

参数	参数类型	数据类型	描　述
MIN	Input	DINT	支持的最小值
IN	Input	DINT	任意有符号整数值
MAX	Input	DINT	支持的最大值
LIMIT	Output	DINT	把输入值限制在支持的范围内的输出
ENO	Output	BOOL	使能输出

（3）停止并重启（TND）

如图5-77所示。

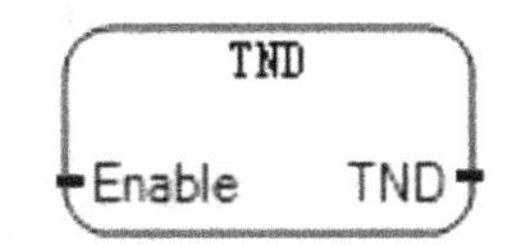

图5-77 停止并重启功能块

该功能块用于停止当前用户程序扫描。然后在输出扫描，输入扫描，和内部处理后，用户程序将从第一个子程序开始重新执行。其参数列表见表5-59。

表5-59 停止并重启功能块参数列表

参　数	参数类型	数据类型	描　述
TND	Output	BOOL	如果为真,该功能块动作成功。注:当变量监视开启时,监视变量的值将赋给功能块的输出。当变量监视关闭时,输出变量的值赋给功能块输出

5.3.3 函数指令

函数类功能块主要是数学函数，用于快速计算变量之间的数学函数关系。该大类指令分类及用途见表5-60。

表5-60 函数类功能块分类及用途

种　类	描　述
算术(Arithmetic)	数学算术运算
二进制操作(Binary operations)	将变量进行二进制运算
布尔运算(Boolean)	布尔运算
字符串操作(String manipulation)	转换提取字符
时间(Time)	确定实时时钟的时间范围,计算时间差

1. 算术（Arithmetic）

算术类功能块指令主要用于实现算术函数关系，如三角函数、指数幂、对数等。该类指令具体描述见表 5-61。

表 5-61　算术类功能块指令用途

功　能　块	描　　述
ABS(绝对值)	取一个实数的绝对值
ACOS(反余弦)	取一个实数的反余弦
ACOS _ LREAL(长实数反余弦值)	取一个 64 位长实数的反余弦
ASIN(反正弦)	取一个实数的反正弦
ASIN _ LREAL(长实数反正弦值)	取一个 64 位长实数的反正弦
ATAN(反正切)	取一个实数的反正切
ATAN _ LREAL(长实数反正切值)	取一个 64 位长实数的反正切
COS(余弦)	取一个实数的余弦
COS _ LREAL(长实数余弦值)	取一个 64 位长实数的余弦
EXPT(整数指数幂)	取一个实数的整数指数幂
LOG(对数)	取一个实数的对数(以 10 为底)
MOD(除法余数)	取模数
POW(实数指数幂)	取一个实数的实数指数幂
RAND(随机数)	随机值
SIN(正弦)	取一个实数的正弦
SIN _ LREAL(长实数正弦值)	取一个 64 位长实数的正弦
SQRT(平方根)	取一个实数的平方根
TAN(正切)	取一个实数的正切
TAN _ LREAL(长实数正切值)	取一个 64 位长实数的正切
TRUNC(取整)	把一个实数的小数部分截掉(取整)
Multiplication(乘法指令)	两个或两个以上变量相乘
Addition(加法指令)	两个或两个以上变量相加
Subtraction(减法指令)	两个变量相减
Division(除法指令)	两变量相除
MOV(直接传送)	把一个变量分配到另一个中
Neg(取反)	整数取反

下面举例介绍该类指令的具体应用：

（1）弧度反余弦值（ACOS）

如图 5-78 所示。

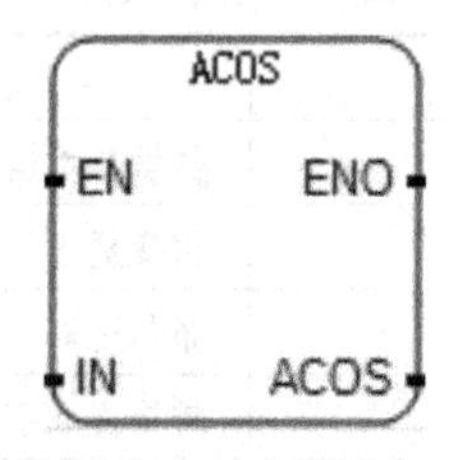

图 5-78　弧度反余弦值该功能块

该功能块用于产生一个实数的反余弦值。输入和输出都是弧度。其参数列表见表 5-62。

表 5-62　弧度反余弦值功能块参数列表

参　数	参数类型	数据类型	描　述
IN	Input	REAL	须在(-1.0～1.0)之间
ACOS	Output	REAL	输入的反余弦值(在(0.0～pi)之间)。无效输入时为 0.0

（2）除法余数（模）（MOD）

如图 5-79 所示。

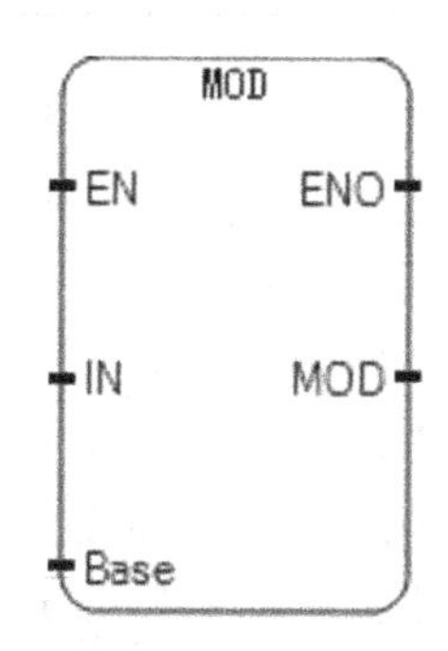

图 5-79　除法余数功能块

用于产生一个整数除法的余数，其参数列表见表 5-63。

表 5-63　除法余数功能块参数列表

参　数	参数类型	数据类型	描　述
IN	Input	DINT	任意有符号整数
Base	Input	DINT	被除数，须大于零
MOD	Output	DINT	余数计算。如果 Base≤0，则输出 -1

（3）实数指数幂（POW）

如图 5-80 所示。

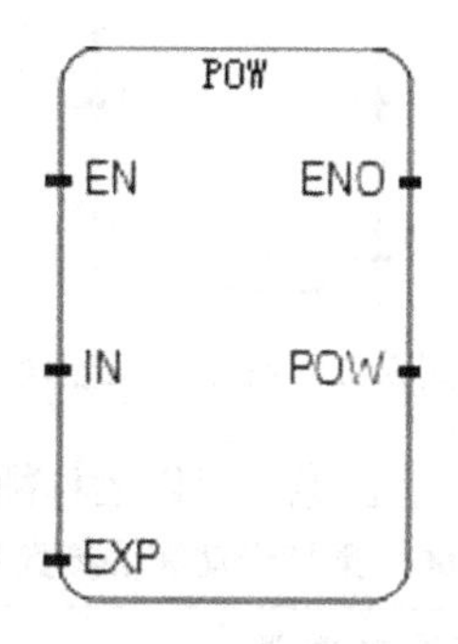

图 5-80　实数指数幂功能块

产生如下形式的实数指数值：基底^{指数}（$base^{exponent}$）。注：Exponent 为实数。其参数列表见表 5-64。

表 5-64　实数指数幂功能块参数列表

参　数	参数类型	数据类型	描　述
IN	Input	REAL	基底，实数
EXP	Input	REAL	指数值，幂
POW	Output	REAL	结果(IN^{EXP}) 输出 1.0，如果 IN 不是 0.0 但 EXP 为 0.0 输出 0.0，如果 IN 是 0.0，EXP 为负 输出 0.0，IN 是 0.0 ，EXP 为 0.0 输出 0.0，如果 IN 为负，EXP 不为整数

(4) 随机数 (RAND)

如图 5-81 所示。

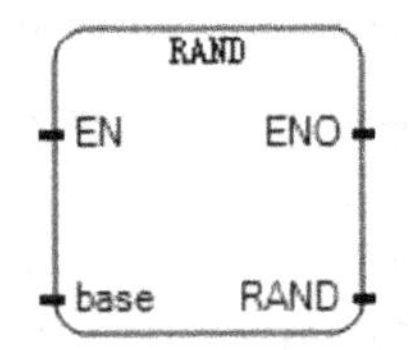

图 5-81　随机数功能块

从一个定义的范围中，产生一组随机整数值。其参数列表见表 5-65。

表 5-65　随机数功能块参数列表

参　数	参数类型	数据类型	描　述
base	Input	DINT	定义支持的数值范围
RAND	Output	DINT	随机整数值，在(0 ~ base − 1)范围内

(5) 乘指令 (Multiplication)

如图 5-82 所示。

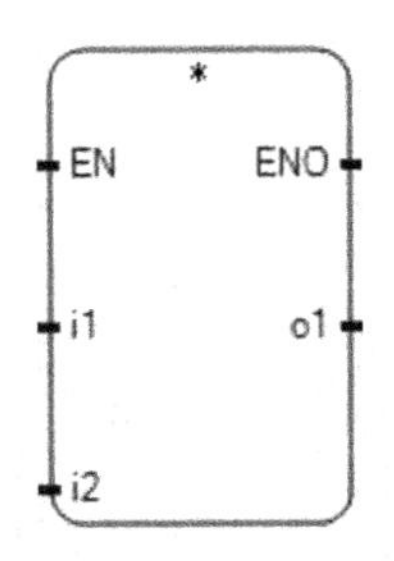

图 5-82　乘指令功能块

两个及多个整数或实数的乘法运算。注意：可以运算额外输入变量。其参数描述见表 5-66。

表 5-66　乘指令功能块参数列表

参　数	参数类型	数据类型	描　述
i1	Input	SINT-USINT-BYTE-INT-UINT-WORD-DINT-UDINT-DWORD-LINT-ULINT-LWORD-REAL-LREAL	可以是整数或实数(所有的输入变量必须是同一格式)
i2	Input		
O1	Output		输入的乘法

(6) 直接传送指令（MOV）

如图 5-83 所示。

图 5-83　直接传送指令功能块

直接将输入和输出相连接，当与布尔非一起使用时，将一个 i1 复制移动到 o1 中去。其参数描述见表 5-67。

表 5-67　直接传送指令功能块参数列表

参　数	参数类型	数 据 类 型	描　述
i1	Input	BOOL-DINT-REAL-TIME-STRING-SINT-USINT-INT-UINT-UDINT-LINT-ULINT-DATE-LREAL-BYTE-WORD-DWORD-LWORD	输入和输出必须使用相同的格式
o1	Output		输入和输出必须使用相同的格式
ENO	Output	BOOL	使能信号输出

(7) 取负指令（Neg）

如图 5-84 所示。

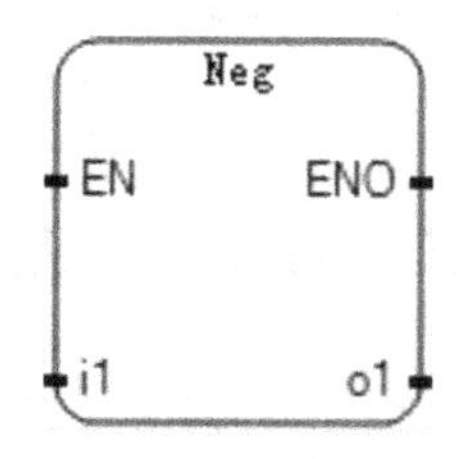

图 5-84　取负指令功能块

将输入变量取反。其参数描述见表 5-68。

表 5-68　取负指令功能块参数列表

参　数	参数类型	数 据 类 型	描　述
i1	Input	SINT-INT-DINT-LINT-REAL-LREAL	输入和输出必须有相同的数据类型
o1	Output		

下面通过几个例子讲解算术指令的一些用法。

如图 5-85 所示，这个程序实现对电动机连续运行时间的计时，用于电动机保养。梯级一是自复位的计时器，循环计时 1h。计时器每计时 1h，通过 TON _ 1. Q 位输出控制 time _ totalize 自加一，当 time _ totalize 大于 5 时，输出 timefull 位。提醒电动机已经连续运行 5h，需要停机。最后一个梯级用于复位 timefull 和 time _ totalize。

如图 5-86 所示，这个程序是定标运算的梯级逻辑。梯级一和梯级二使用 MOV 指令设定未标定范围和标定范围，然后用减法指令计算出未标定范围和标定范围上下限之差，并分别存放到标签 a 和标签 b 中，然后用除法指令计算 b 除以 a，结果存放到标签 k 中。最后输入数据与 k 做乘法，得到定标后的输入值。

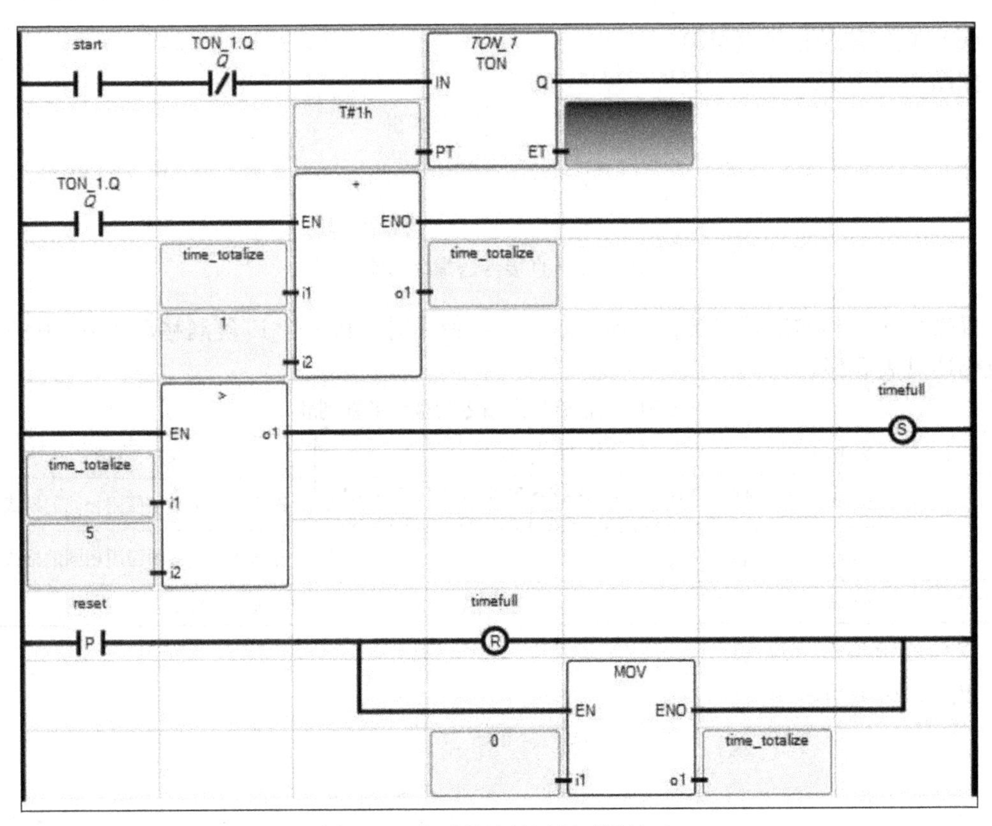

图 5-85　电动机连续运行时间计时

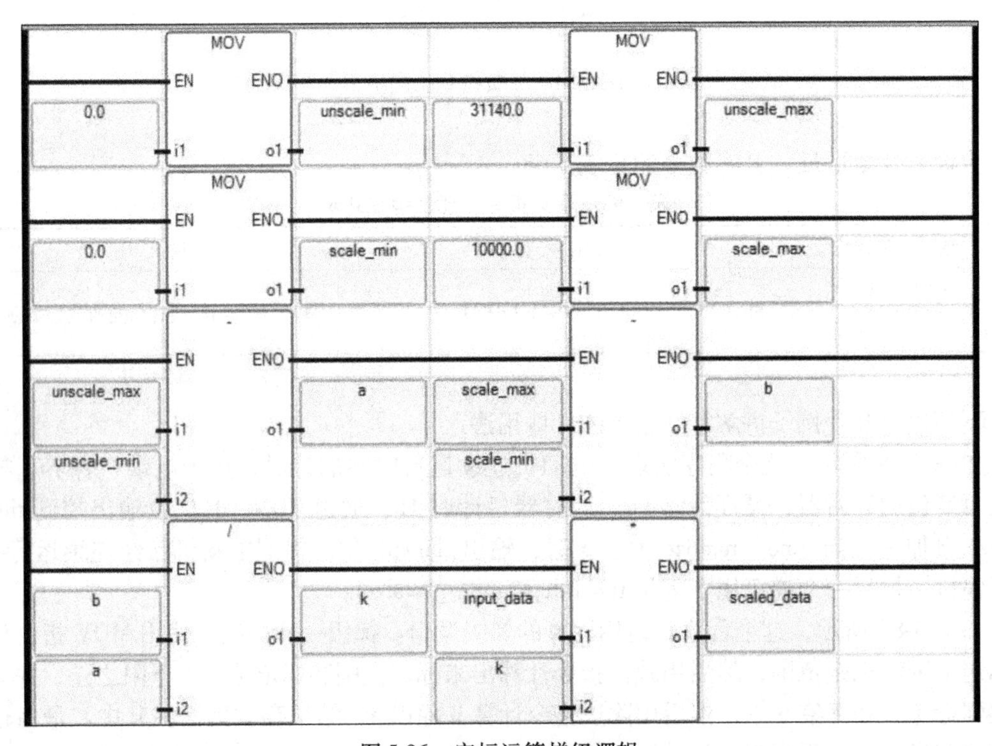

图 5-86　定标运算梯级逻辑

2. 二进制操作（Binary Operations）

二进制操作类指令主要用于二进制数之间的与或非运算，以及实现屏蔽、位移等功能，该类功能块指令具体描述见表 5-69。

表 5-69　二进制操作功能块指令用途

功 能 块	描　述
AND _ MASK(与屏蔽)	整数位到位的与屏蔽
NOT _ MASK(非屏蔽)	整数位到位的取反
OR _ MASK(或屏蔽)	整数位到位的或屏蔽
ROL(左循环)	将一个整数值左循环
ROR(右循环)	将一个整数值右循环
SHL(左移)	将整数值左移
SHR(右移)	将整数值右移
XOR _ MASK(异或屏蔽)	整数位到位的异或屏蔽
AND(逻辑与)	布尔与
NOT(逻辑非)	布尔非
OR(逻辑或)	布尔或
XOR(逻辑异或)	布尔异或

下面举例介绍该类指令：

（1）取反（NOT _ MASK）

如图 5-87 所示。

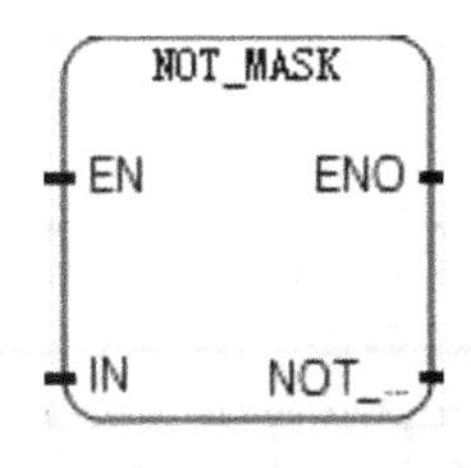

图 5-87　取反功能块

整数值位与位的取反，其参数列表见表 5-70。

表 5-70　取反功能块参数列表

参　数	参 数 类 型	数 据 类 型	描　述
IN	Input	DINT	须为整数形式
NOT _ MASK	Output	DINT	32 位形式的 IN 的位与位取反
ENO	Output	BOOL	使能输出

例如：16#1234 取 NOT _ MASK 结果为 16#FFFF _ EDCB。

（2）左循环（ROL）

如图 5-88 所示。

对于 32 位整数值，把其位向左循环。其参数列表见表 5-71。

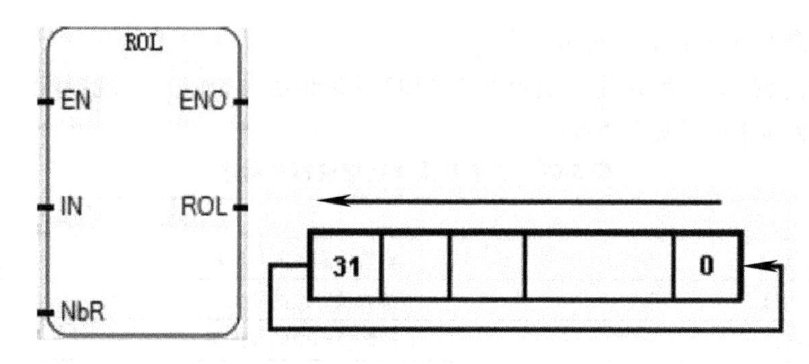

图 5-88　左循环功能块

表 5-71　左循环功能块参数列表

参　数	参数类型	数据类型	描　述
IN	Input	DINT	整数值
NbR	Input	DINT	要循环的位数,须在(1 ~ 31)范围内
ROL	Output	DINT	左移之后的输出,当 NbR≤0 时,无变化输出
ENO	Output	BOOL	使能输出

(3) 左移 (SHL)

如图 5-89 所示。

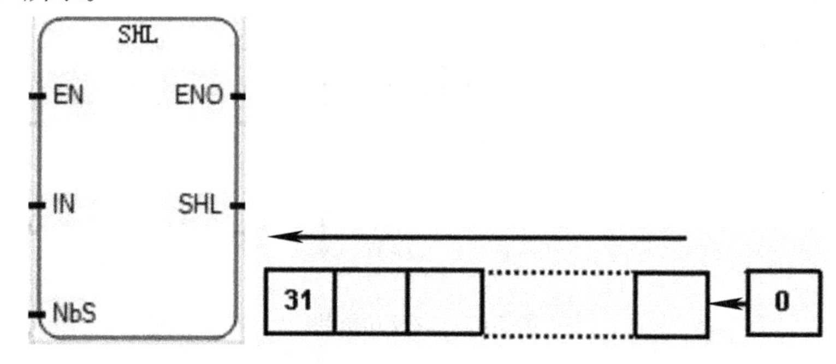

图 5-89　左移功能块

对于 32 位整数值，把其位向左移。最低有效位用 0 替代。其参数列表见表 5-72。

表 5-72　左移功能块参数列表

参　数	参数类型	数据类型	描　述
IN	Input	DINT	整数值
NbS	Input	DINT	要移动的位数,须在(1 ~ 31)范围内
SHL	Output	DINT	左移之后的输出,当 NbR≤0 时,无变化输出

(4) 逻辑与 (AND)

如图 5-90 所示。

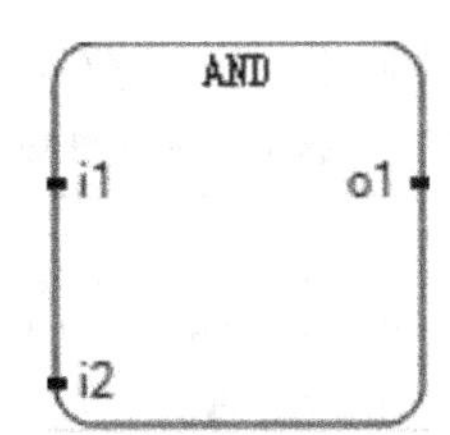

图 5-90　逻辑与功能块

用在两个或更多表达式之间的布尔“与”运算。注意：可以运算额外输入变量。其参数描述见表 5-73。

表 5-73　逻辑与功能块参数列表

参　　数	参数类型	数据类型	描　　述
i1	Input	BOOL	
i2	Input	BOOL	
o1	Output	BOOL	输入表达式的布尔与运算

3. 布尔运算（Boolean）

布尔运算功能块指令用途描述见表 5-74。

表 5-74　布尔运算功能块指令用途

功能块	描　　述
MUX4B	与 MUX4 类似，但是能接受布尔类型的输入且能输出布尔类型的值
MUX8B	与 MUX8 类似，但是能接受布尔类型的输入且能输出布尔类型的值
TTABLE	通过输入组合，输出相应的值

（1）4 选 1（MUX4B）

如图 5-91 所示。

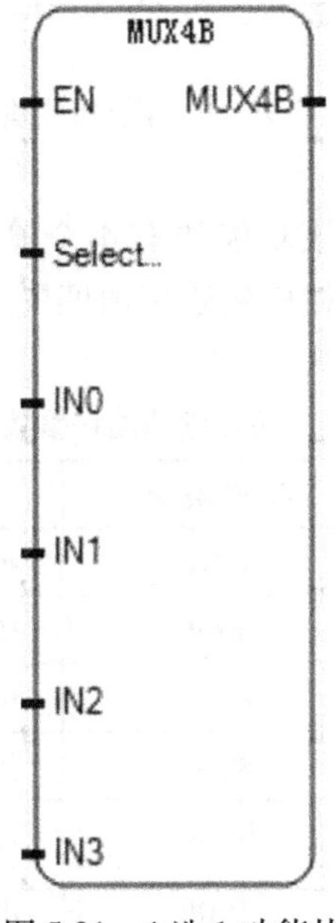

图 5-91　4 选 1 功能块

在 4 个布尔类型的数中选择一个并输出。其参数列表见表 5-75。

表 5-75　4 选 1 功能块参数列表

参　　数	参 数 类 型	数 据 类 型	描　　述
Selector	Input	USINT	整数值选择器，须为(0～3)中的一值
IN0	Input	BOOL	任意布尔型输入
IN1	Input	BOOL	任意布尔型输入
IN2	Input	BOOL	任意布尔型输入
IN3	Input	BOOL	任意布尔型输入
MUX4B	Output	BOOL	可能为：IN0，如果 Selector = 0；IN1，如果 Selector = 1；IN2，如果 Selector = 2；IN3，如果 Selector = 3 如果 Selector 为其他值时，输出为“假”

（2）组合数（TTABLE）

如图 5-92 所示。

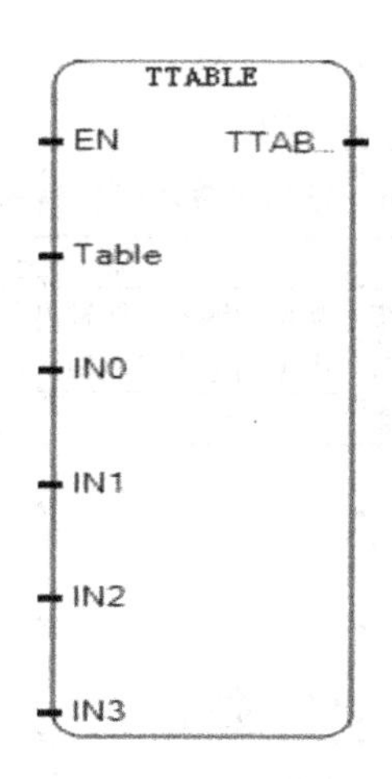

图 5-92　组合数功能块

通过输入的组合，给出输出值。该功能块有 4 个输入，16 种组合。可以在真值表中找到这些组合，对于每一种组合，都有相应的输出值匹配。输出数的组合形式取决于输入和该功能块函数的联系。其参数列表见表 5-76。

表 5-76　组合数功能块参数列表

参　　数	参 数 类 型	数 据 类 型	描　　述
Table	Input	UINT	布尔函数的真值表
IN0	Input	BOOL	任意布尔输入值
IN1	Input	BOOL	任意布尔输入值
IN2	Input	BOOL	任意布尔输入值
IN3	Input	BOOL	任意布尔输入值
TTABLE	Output	BOOL	由输入组合而成的输出值

4. 字符串操作（String Manipulation）

字符串操作类功能块指令主要用于字符串的转换和编辑，其具体描述见表5-77。

表5-77　字符串操作功能块指令用途

功　能　块	描　　述
ASCII(ASCII码转换)	把字符转换成ASCII码
CHAR(字符转换)	把ASCII码转换成字符
DELETE(删除)	删除子字符串
FIND(搜索)	搜索子字符串
INSERT(嵌入)	嵌入子字符串
LEFT(左提取)	提取一个字符串的左边部分
MID(中间提取)	提取一个字符串的中间部分
MLEN(字符串长度)	获取字符串长度
REPLACE(替代)	替换子字符串
RIGHT(右提取)	提取一个字符串的右边部分

下面将举例介绍该类功能块指令：

(1) ASCII码转换（ASCII）

如图5-93所示。

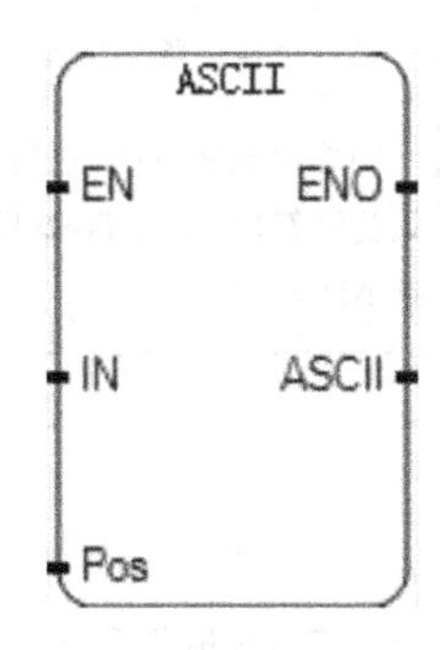

图5-93　生成ASCII功能块

将字符串里的字符变成ASCII码。其参数列表见表5-78。

表5-78　生成ASCII功能块参数列表

参　　数	参数类型	数据类型	描　　述
IN	Input	STRING	任意非空字符串
Pos	Input	DINT	设置要选择的字符位置(1～len)(len是在IN中设置的字符串长度)
ASCII	Output	DINT	被选字符的代码(0～255)，若是0则Pos超出了字符串范围
ENO	Output	BOOL	使能输出

(2) 删除 (DELETE)

如图 5-94 所示。

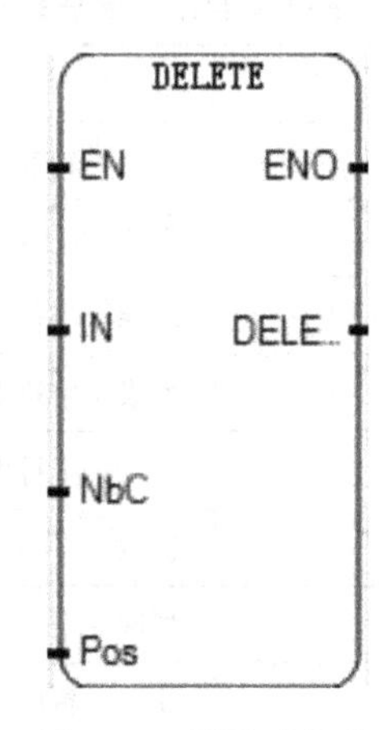

图 5-94　删除功能块

删除字符串中的一部分。其参数列表见表 5-79。

表 5-79　删除功能块参数列表

参　数	参数类型	数据类型	描　述
IN	Input	STRING	任意非空字符串
NbC	Input	DINT	要删除的字符个数
Pos	Input	DINT	第一个要删除的字符位置(字符串的第一个字符地址是 1)
DELETE	Output	STRING	如下情况之一:1. 已修改的字符串。2. 空字符串(如果 Pos < 1);3. 初始化字符串(如果 Pos > IN 中输入的字符串长度);4. 初始化字符串(如果 NbC≤0)

(3) 搜索 (FIND)

如图 5-95 所示。

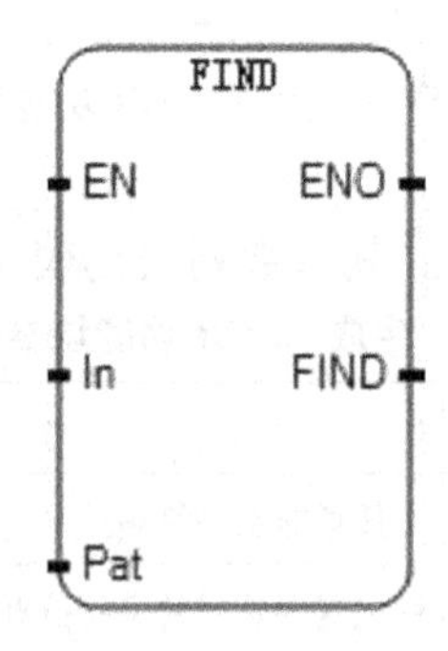

图 5-95　搜索功能块

定位和提供子字符串在字符串中的位置。该功能块的参数列表见表 5-80。

表5-80 搜索功能块参数列表

参 数	参数类型	数据类型	描 述
In	Input	STRING	任意非空字符串
Pat	Input	STRING	任意非空字符串(样品Pattern)
FIND	Output	DINT	可能是如下情况:0:没有发现样品子字符串;子字符串Pat第一次出现的第一个字符的位置(第一个位置为1)
ENO	Output	BOOL	使能输出

(4) 左提取 (LEFT)

如图5-96所示。

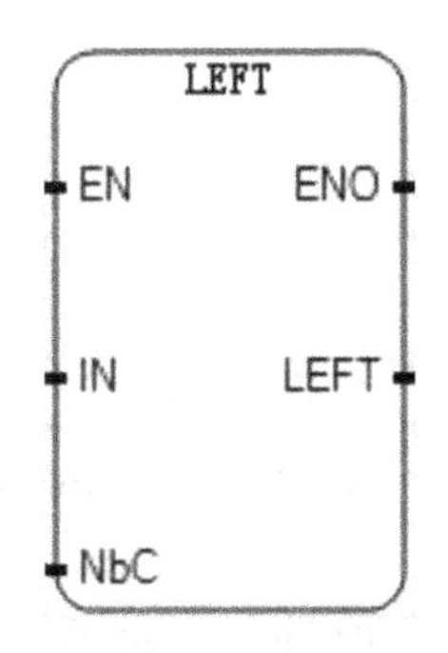

图5-96 左提取功能块

该功能块用于提取字符串中用户定义的左边的字符个数。其参数列表见表5-81。

表5-81 左提取功能块参数列表

参 数	参数类型	数据类型	描 述
IN	Input	STRING	任意非空字符串
NbC	Input	DINT	要提取的字符个数,该数不能大于IN中输入的字符长度
LEFT	Output	STRING	IN中输入的字符的左边部分(长度为NbC定义的长度),可能为如下情况:空字符串如果:NbC≤0 完整的IN字符串:如果:NbC≥IN中字符串的长度
ENO	Output	BOOL	使能输出

5. 时间 (Time)

时间类功能块指令主要用于确定实时时钟的年限和星期范围，以及计算时间差。具体用途见表5-82。

表5-82 时间类功能块指令用途

功 能 块	描 述
DOY(年份匹配)	如果实时时钟在年设置范围内,则置输出为真
TDF(时间差)	计算时间差
TOW(星期匹配)	如果实时时钟在星期设置范围内,则置输出为真

下面将举例介绍该类功能块指令的用途：

年份匹配（DOY）

如图 5-97 所示。

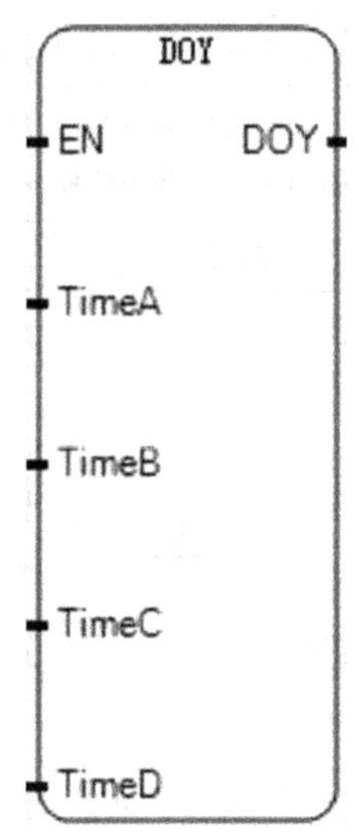

图 5-97　年份匹配功能块

该功能块有 4 个输入通道，当实时时钟（Real-Time Clock（RTC））的值在 4 个通道中任意一个时钟的年份范围内时，功能块输出为真。如果没有 RTC，则输出总为假。其参数列表见表 5-83。

表 5-83　年份匹配功能块参数列表

参　数	参数类型	数据类型	描　述
TimeA	Input	DOYDATA 见 DOYDATA 数据类型	通道 A 的年份设置
TimeB	Input	DOYDATA 见 DOYDATA 数据类型	通道 B 的年份设置
TimeC	Input	DOYDATA 见 DOYDATA 数据类型	通道 C 的年份设置
TimeD	Input	DOYDATA 见 DOYDATA 数据类型	通道 D 的年份设置
DOY	Output	BOOL	真：实时时钟（RTC）的值在 4 个通道中任意一个时钟的年份范围内

DOYDATA 数据类型，见表 5-84。

表 5-84　DOYDATA 数据类型

参　数	数据类型	描　述
Enable	BOOL	真：使能；假：无效
YearlyCenturial	BOOL	计时器类型（0：年份计时器，1：世纪计时器）
YearOn	UINT	年的开始值（须在（2000 ~ 2098）之间）
MonthOn	USINT	月的开始值（须在（1 ~ 12）之间）
DayOn	USINT	天的开始值（须在（1 ~ 31）之间，且须与 MonthOn 匹配）

（续）

参　数	数据类型	描　述
YearOff	UINT	年结束值(须在(2000 ~ 2098)之间)
MonthOff	USINT	月结束值(须在(1 ~ 12)之间)
DayOff	USINT	天结束值(须在(1 ~ 31)之间,且须与 MonthOn 匹配)

5.3.4　运算符指令

运算符类功能块指令也是 Micro800 控制器的主要指令类，该大类指令主要用于转换数据类型以及比较，其中比较指令在编程中占有重要地位，它是一类简单有效的指令。运算符类功能块指令的分类描述见表 5-85。

表 5-85　运算符类功能块指令分类

种　类	描　述
数据转换(Data conversion)	将变量转换为所需数据
比较(Comparators)	变量比较

1. 数据转换（Data Conversion）

数据转换功能块指令主要用于将源数据类型转换为目标数据类型，在整型、时间类型、字符串类型的数据转换时有限制条件，使用时须注意。该类功能块具体描述见表 5-86。

表 5-86　数据转换功能块指令用途

功 能 块	描　述
ANY _ TO _ BOOL(布尔转换)	转换为布尔型变量
ANY _ TO _ BYTE(字节转换)	转换为字节型变量
ANY _ TO _ DATE(日期转换)	转换为日期型变量
ANY _ TO _ DINT(双整型转换)	转换为双整型变量
ANY _ TO _ DWORD(双字转换)	转换为双字型变量
ANY _ TO _ INT(整型转换)	转换为整型变量
ANY _ TO _ LINT(长整型转换)	转换为长整型变量
ANY _ TO _ LREAL(长实型转换)	转换为长实数型变量
ANY _ TO _ LWORD(长字转换)	转换为长字型变量
ANY _ TO _ REAL(实型转换)	转换为实数型变量
ANY _ TO _ SINT(短整型转换)	转换为短整型变量
ANY _ TO _ STRING(字符串转换)	转换为字符串型变量
ANY _ TO _ TIME(时间转换)	转换为时间型变量
ANY _ TO _ UDINT(无符号双整型转换)	转换为无符号双整型变量
ANY _ TO _ UINT(无符号整型转换)	转换为无符号整型变量
ANY _ TO _ ULINT(无符号长整型转换)	转换为无符号长整型变量
ANY _ TO _ USINT(无符号短整型转换)	转换为无符号短整型变量
ANY _ TO _ WORD(字转换)	转换为字变量

下面举例说明该类功能块的应用：

（1）布尔转换（ANY _ TO _ BOOL）

如图 5-98 所示。

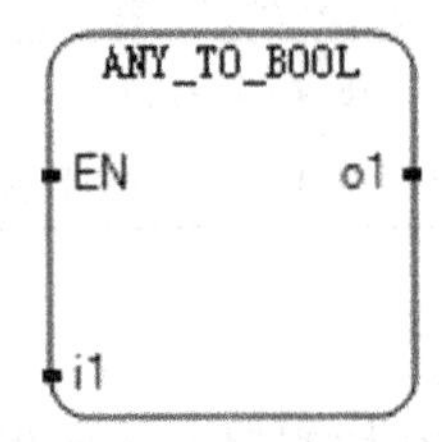

图 5-98　转换成布尔变量功能块

将变量转换成布尔变量。其参数描述见表 5-87。

表 5-87　转换成布尔变量功能块参数列表

参　数	参数类型	数据类型	描　述
i1	Input	SINT-USINT-BYTE-INT-UINT-WORD-DINT-UDINT-DWORD-LINT-ULINT-LWORD-REAL-LREAL-TIME-DATE-STRING	任何非布尔值
o1	Output	BOOL	可能为："真"，对于非零数量值而言； "假"，对于零数量值而言； "真"，对于一个"真"字符串而言； "假"，对于一个"假"字符串而言

（2）短整型转换（ANY _ TO _ SINT）

如图 5-99 所示。

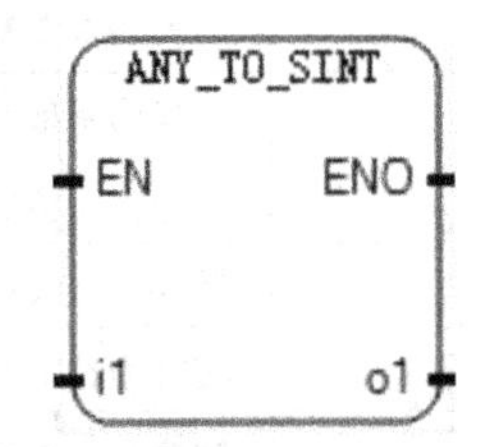

图 5-99　转换成短整型功能块

把输入变量转换为 8 位短整型变量，其参数描述见表 5-88。

表 5-88　转换成短整型功能块参数列表

参　数	参数类型	数据类型	描　述
i1	Input	非短整型	任何非短整型值
o1	Output	SINT	计时器的毫秒数，这是一个实数或被字符串代替的小数的整数部分，可能为："0"，IN 为假；"1"，IN 为真
ENO	Output	BOOL	使能信号输出

(3) 时间转换 (ANY _ TO _ TIME)

如图 5-100 所示。

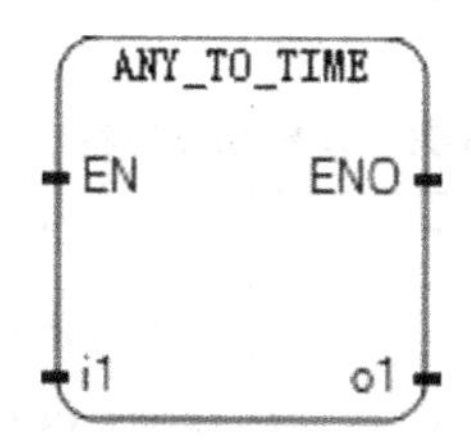

图 5-100　转换成时间功能块

把输入变量（除了时间和日期变量）转换为时间变量，其参数描述见表 5-89。

表 5-89　转换成时间功能块参数列表

参　数	参数类型	数据类型	描　述
i1	Input	见描述	任何非时间和日期变量。IN(当 IN 为实数时,取其整数部分)是以毫秒为单位的数。STRING(毫秒数,例如 300032 代表 5 分 32 毫秒)
o1	Output	TIME	代表 IN 的时间值,1193h2m47s295ms 表示无效输入
ENO	Output	BOOL	使能信号输出

(4) 字符串转换 (ANY _ TO _ STRING)

如图 5-101 所示。

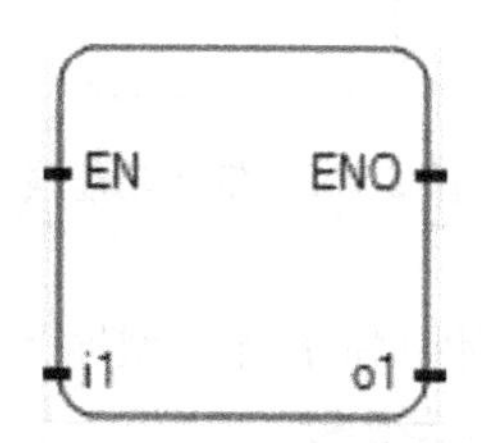

图 5-101　转换成字符串功能块

把输入变量转换为字符串变量，其参数描述见表 5-90。

表 5-90　转换成字符串功能块参数列表

参　数	参数类型	数据类型	描　述
i1	Input	见描述	任何非字符串变量
o1	Output	STRING	如果 IN 为布尔变量,则为"假"或"真" 如果 IN 是整数或实数变量,则为小数 如果 IN 为 TIME 值,可能为: TIME time1;STRING s1;time1: = 13ms s1: = ANY _ TO _ STRING(time1);(* s1 = '0s13' *)
ENO	Output	BOOL	使能信号输出

2. 比较（Comparators）

比较功能块指令主要用于数据之间的大小、等于比较，是编程中的一种简单有效的指令。其用途描述见表 5-91。

表 5-91　比较功能块指令用途

功　能　块	描　　述
Equal(等于)	比较两数是否相等
Greater Than(大于)	比较两数是否一个大于另一个
Greater Than or Equal(大于或等于)	比较两数是否其中一个大于或等于另一个
Less Than(小于)	比较两数是否其中一个小于另一个
Less Than or Equal(小于或等于)	比较两数是否其中一个小于或等于另一个

下面举例说明该类功能块的具体应用：

等于（Equal）

如图 5-102 所示。

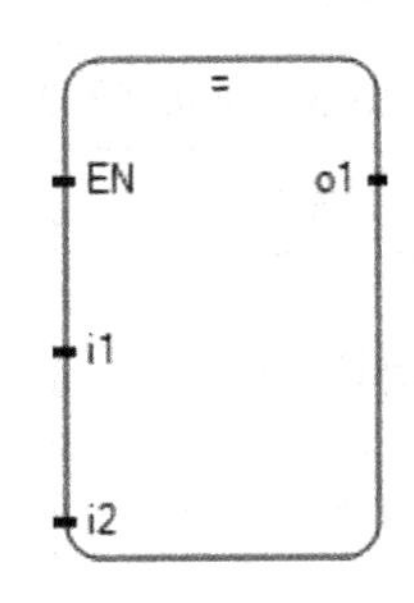

图 5-102　等于功能块

对于整型、实数、时间型、日期型和字符串型输入变量，比较第一个输入和第二个输入，并判断是否相等。其参数描述见表 5-92。

表 5-92　等于功能块参数列表

参　　数	参数类型	数据类型	描　　述
i1	Input	BOOL-SINT-USINT-BYTE-INT-UINT-WORD-DINT-UDINT-DWORD-LINT-ULINT-LWORD-REAL-LREAL-TIME-DATE-STRING	两个输入必须有相同的数据类型。TIME 类型输入只在 ST 和 IL 编程中使用。布尔输入不能在 IL 编程中使用
i2	Input		
o1	Output	BOOL	当 i1 = i2 时为真

提示：由于 TON，TP 和 TOF 功能块作用，不推荐比较 TIME 变量是否相等。

下面通过一个例子，介绍比较指令的使用方法。

如图 5-103，这个程序用来控制红灯和蓝灯的亮灭，红灯前 4s 亮，后 4s 灭；蓝灯前 4s 灭，后 4s 亮。梯级一为自复位计时器，用来实现 8s 循环计时。当 TON _ 1. ET 小于等于 4s 时，置位 red，复位 blue。当 TON _ 1. ET 大于 4s 时，置位 blue，复位 red。

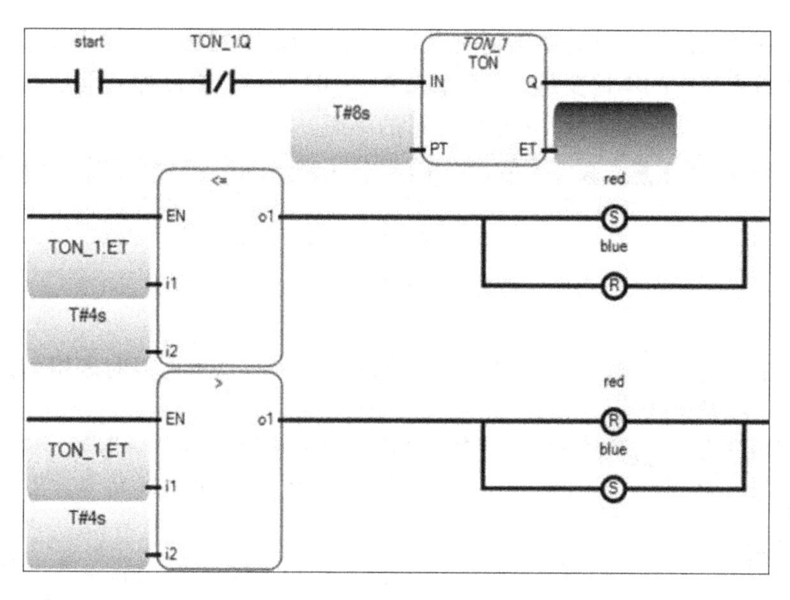

图 5-103　比较指令应用

5.4　自定义功能块

5.4.1　自定义功能块的创建

Micro800 控制器的一个突出特点就是在用梯形图语言编写程序的过程中，对于经常重复使用的功能可以编写成功能块，需要重复使用的时候直接调用该功能块即可，无需重复编写程序。这样就给程序开发人员提供了极大的便利，节省时间的同时也节省了精力。功能块的编写步骤与编写主程序的步骤基本一致，下面将简单介绍。

在项目组织器中，选择用户自定义功能块图标，单击右键，选择新建梯形图。新建功能块的名字默认为 UntitledLD，单击右键，选择重命名，可以给功能块定义相应的名字。双击打开功能块后可以编写完成功能块的功能所需要的程序，功能块的下面为变量列表，这里的变量为本地变量。只能在当前功能块中使用。

这样就完成了一个功能块程序的建立，然后在功能块中编写所要实现的功能。完成后功能块可以在主程序中直接使用。下面以交通灯功能块为例具体介绍功能块的编程。

要编写的交通灯功能块要完成的功能是：当一个方向的汽车等红灯等了至少 5s 的时候，另一个方向的绿灯变为黄灯保持 2s，然后变成红灯，同时前面红灯方向的红灯变为绿灯。

首先把新建功能块命名为交通灯控制功能块（TRAFFIC _ CONTROLLER _ FB），如图 5-104 所示。

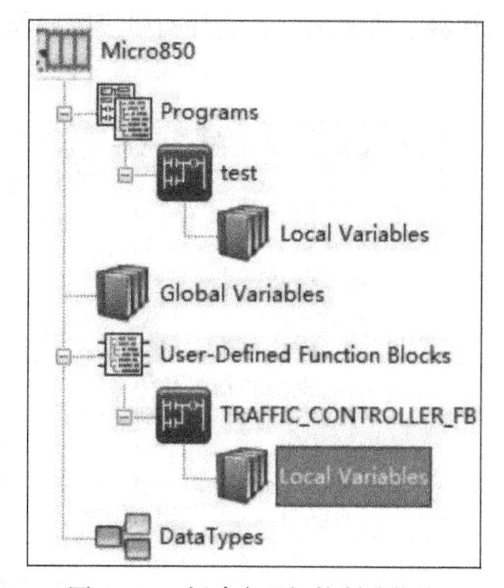

图 5-104　新建交通灯控制功能块

创建一个新的功能块，首先要确定完成此功能块所需要的输入和输出变量。这些输入输出变量在项目组织器中的本地变量中创建，如图 5-104 所示，在新建功能块的下面，双击本地变量图标，打开如图 5-105 所示的创建变量的界面。

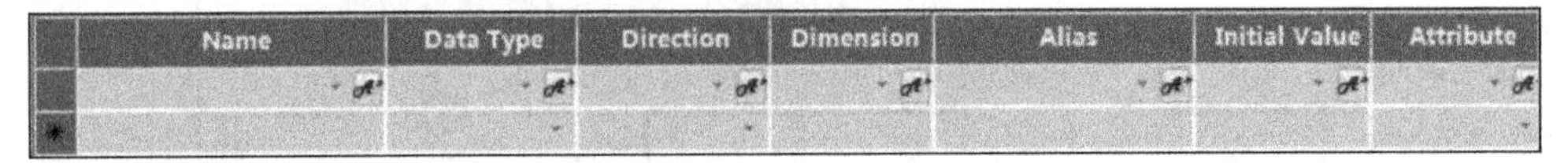

图 5-105　创建本地变量

在表格的上部右键单击，显示如图 5-106 所示的选项，这里可以对表格列的显示进行重置，默认显示一些常用选项。

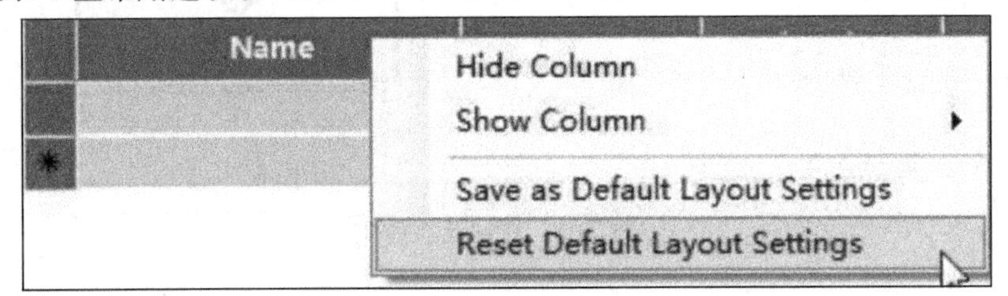

图 5-106　对变量表格重置

对于此次要编写的交通灯控制功能块，需要 4 个布尔量输入，分别是 4 个方向的信号，6 个布尔量输出，分别是在东西向和南北向的红、黄、绿交通信号灯。输入输出的定义是在“Direction”一列中定义的，输入用 VarInput 表示，输出用 VarOutput 表示。下面首先来定义此功能块所需要的变量，如图 5-107 所示。在表格的 Name 一列中输入变量的名字，并设定变量为输入或者输出变量即可；要新建变量，在已经建立的变量处回车即可创建下一个变量。图中是完成此功能块所需要的输入和输出变量，注意一定要在“Direction（方向）”一列中定义变量为输入或者输出变量，否则在主程序使用此功能块的时候将无法显示其输入输出变量。在变量列表中除了定义变量的数据类型和变量类型以外，还可以对变量进行别名、加注释、改变维度、设置初始值等操作。

Name	Data Type	Dimension	String Size	Initial Value	Direction	Attribute
N_CAR_SENSOR	BOOL				VarInput	Read
S_CAR_SENSOR	BOOL				VarInput	Read
E_CAR_SENSOR	BOOL				VarInput	Read
W_CAR_SENSOR	BOOL				VarInput	Read
NS_RED_LIGHTS	BOOL				VarOutput	Write
NS_YELLOW_LIGHTS	BOOL				VarOutput	Write
NS_GREEN_LIGHTS	BOOL				VarOutput	Write
EW_RED_LIGHTS	BOOL				VarOutput	Write
EW_YELLOW_LIGHTS	BOOL				VarOutput	Write
EW_GREEN_LIGHTS	BOOL				VarOutput	Write

图 5-107　创建功能块变量

定义了输入输出变量就可以编写功能块程序了。双击交通灯控制功能块（TRAFFIC _ CONTROLLER _ FB）图标，可打开编程界面。

根据要求可知第一个梯级实现如下功能：如果南北红灯和东西绿灯亮，并且南北向的车等了至少 5s，那么就把东西绿灯变为黄灯。

点击设备工具箱窗口下部的工具箱，展开梯形图工具箱。工具箱里有编写梯形图程序所需要的基本指令，用户只需选择要用的指令，直接拖拽到编程界面中的梯级上即可。

把指令拖拽到梯级上以后，会自动弹出变量列表，编程人员可以直接给指令选择所用的变量，这里选择接触器位指令，并添加 NS _ RED _ LIGHTS 变量。用同样的方法添加第二个接触器位指令，变量选择 EW _ GREEN _ LIGHTS，然后选择一个梯形图分支指令，并在上面分别放接触器位指令，变量为 N _ CAR _ SENSOR 和 S _ CAR _ SENSOR。然后添加一个功能块，选择计时器指令（TON），并给计时器定时 5s。在梯级的最后再添加一个梯级分支，分别放置位线圈 EW _ GREEN _ LIGHTS 和复位线圈 EW _ YELLOW _ LIGHTS。这样就完成了第一个梯级的编写，其功能是：当南北红灯和东西绿灯同时点亮，并且南北车辆等候至少 5s 的时候，复位东西绿灯，同时点亮东西黄灯。

这样就完成了第一个梯级的编写，编写好的梯级如图 5-108 所示，可以在梯级的上方为梯级添加描述信息，也可以在描述处单击右键，选择不显示描述，如图 5-109 所示，这里还可以对梯级或者指令进行复制、粘贴、改变布局等，打开属性对话框还可以设置对象的各种属性，同时还可以打开交叉引用浏览器来查看一个变量在程序中多处使用的情况。

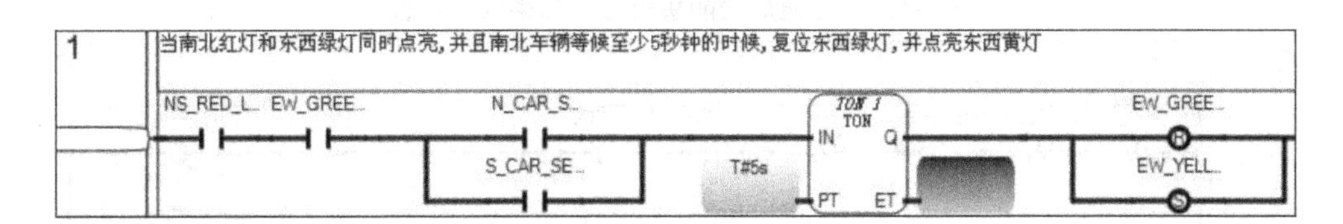

图 5-108　交通灯功能块第一个梯级

根据分析，第二条梯级实现以下功能：当东西黄灯亮 2s 以后，复位东西黄灯和南北红灯，同时置位南北绿灯和东西红灯，其编程如图 5-110 所示。

经分析可知第三个和第四个梯级与第一个和第二个梯级完成的功能相同，只是方向不同，所以只需把第一个和第二个梯级复制，然后改变变量即可，程序如图 5-111 所示。

在完成了交通灯功能块的功能以后，还需要添加另外的一个梯级用来初始化。当程序第一次被下载到控制器并运行的时候，所有交通信号灯的状态都应该是灭的。最后这个梯级就是用来确保这一点，并同时点亮南北红灯和东西绿灯，梯级如图 5-112 所示。

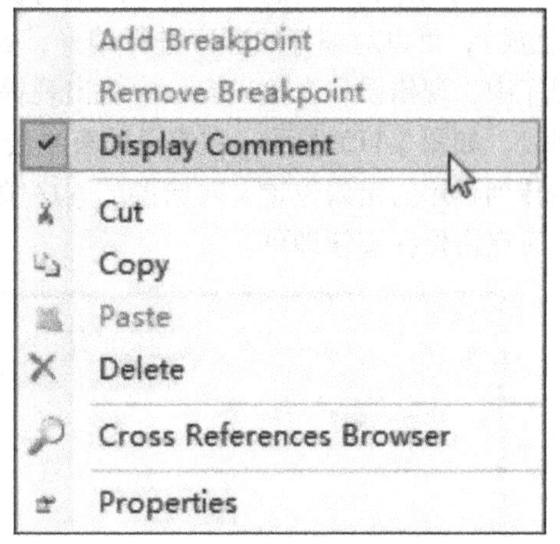

图 5-109　选择梯级描述是否显示

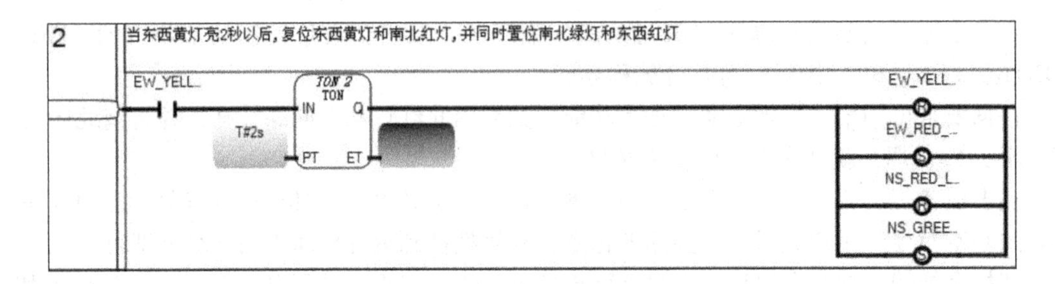

图 5-110　交通灯功能块第二个梯级

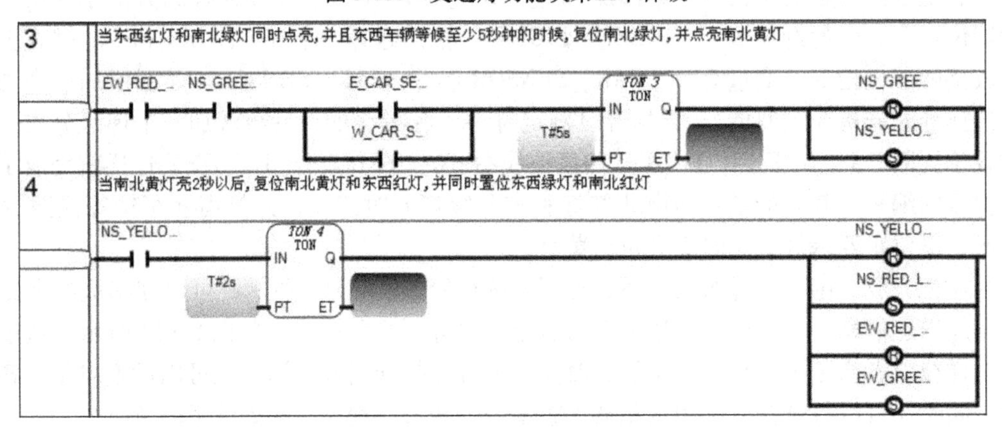

图 5-111　交通灯功能块第三个和第四个梯级

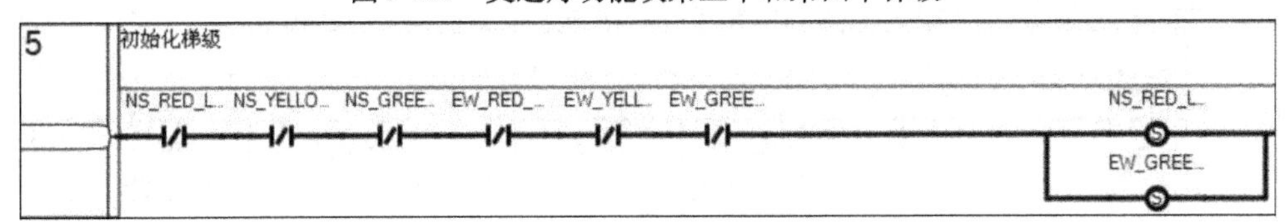

图 5-112　交通灯功能块第三个和第四个梯级

到此就完成了交通灯功能块的编写，在项目组织器中，右键单击功能块图标，选择编译（生成），可以对编好的程序进行编译，如果程序没有错误，点击保存按钮即可保存。如果程序中出现错误，在输出窗口中将出现提示信息，提示程序编译出现错误，同时会弹出错误列表，如图 5-113 所示，在错误列表中会指出错误在程序中的位置。双击错误信息行，可以跳转到程序的错误位置，对错误的程序做出修改。然后，再次对程序进行编译，程序编译无误后点击保存按钮即可。

图 5-113　错误列表

5.4.2　自定义功能块的使用

上节完成了对交通灯功能块的编写，本节来介绍编写的交通灯功能块在主程序中的使用。

1）首先要在项目组织器窗口中创建一个梯形图程序，右键单击程序图标，选择新建梯形图程序。

2）创建新程序以后，对程序重新命名为交通灯控制（Traffic _ Light _ Control）。

3）双击交通灯控制图标，打开编程界面，在工具箱里选择功能块指令拖拽到程序梯级中，如图 5-114 所示。拖拽功能块指令到梯级以后，会自动弹出功能块选择列表，找到编写好的交通灯控制功能块，如图 5-115 所示，选择即可。

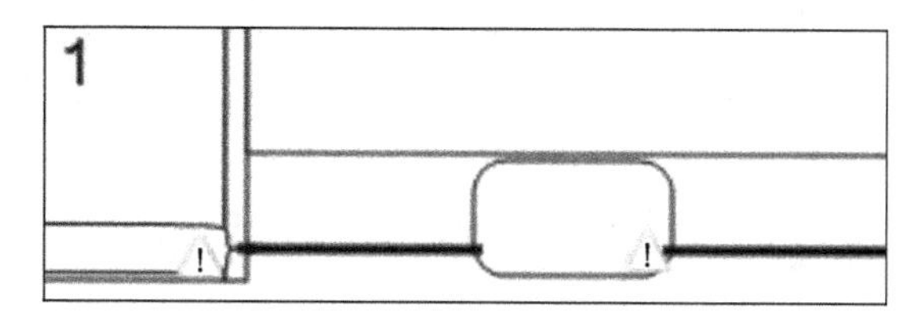

图 5-114　编写主程序

双击编写的交通灯功能块，出现如图 5-115 所示的界面，选中编写的交通灯功能块，单击右上方的显示参数按钮 Show Parameters，可以看到交通灯功能块中所有的输入和输出参数，在该参数列表中可以对这些参数进行必要的设置，完成参数的设置后，将图 5-116 中左下角的 EN/ENO 复选框选中，EN/ENO 复选框表示使能功能块的输入和输出。如果这里不选择，将无法在主程序中使用功能块。

Search　Show Parameters

Name	Type	Category	
TP	SFB	Time	Pulse timing
TRAFFIC_CONTROLLER_FB	FB	(User defined)	
TRIMPOT_READ	CFB	Input/Output	Read the Trimpot value from a specific Trimpot.
TRUNC	SFU	Arithmetic	Truncate decimal part
TTABLE	CFU	Boolean	Provide the value output based on the combinati
UIC	CFU	Interrupt	Clear Lost bit for specific user interrupt

Instance : TRAFFIC_CONTROLLER_FB_1

EN / ENO

OK　Cancel

图 5-115　选择功能块

完成参数设置以后，单击“OK”键，交通灯功能块将出现在程序中。可以看到交通灯功能块有 4 个输入变量和 6 个输出变量，单击输入或者输出，可以出现选择变量的下拉菜单，如图 5-117 所示，在此下拉菜单中为功能块的输入输出选择合适的变量。

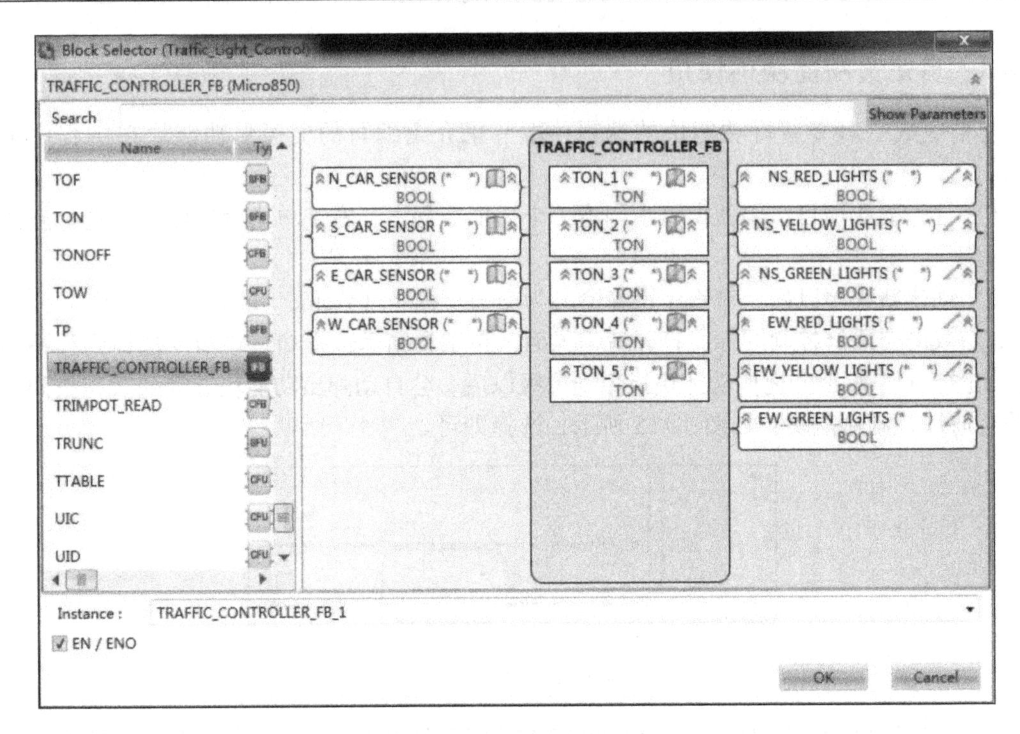

图 5-116　设置交通灯功能块

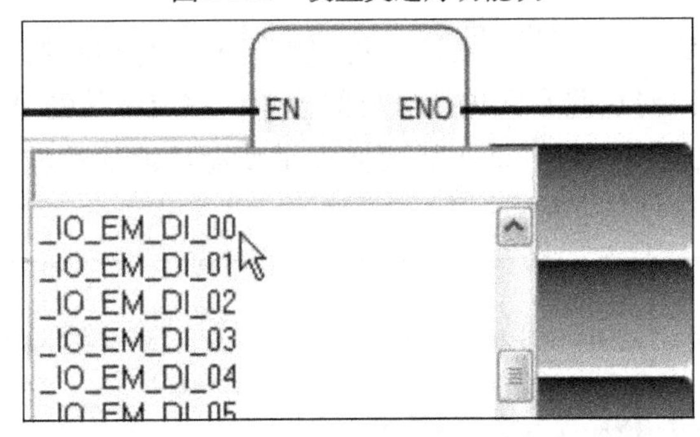

图 5-117　为功能块输入/输出选择变量

由于变量默认的名字太长，为了方便起见，可以对使用的变量别名，在功能块的第一个输入处双击，可以打开变量列表，在此列表中可以对变量进行别名，如图 5-118 所示。

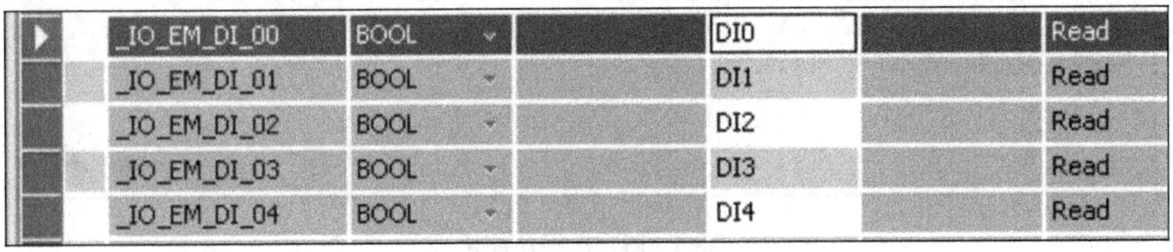

	_IO_EM_DI_00	BOOL		DI0		Read
	_IO_EM_DI_01	BOOL		DI1		Read
	_IO_EM_DI_02	BOOL		DI2		Read
	_IO_EM_DI_03	BOOL		DI3		Read
	_IO_EM_DI_04	BOOL		DI4		Read

图 5-118　全局变量列表

对变量别名以后，变量的别名将出现在功能块上，如图 5-119 所示。

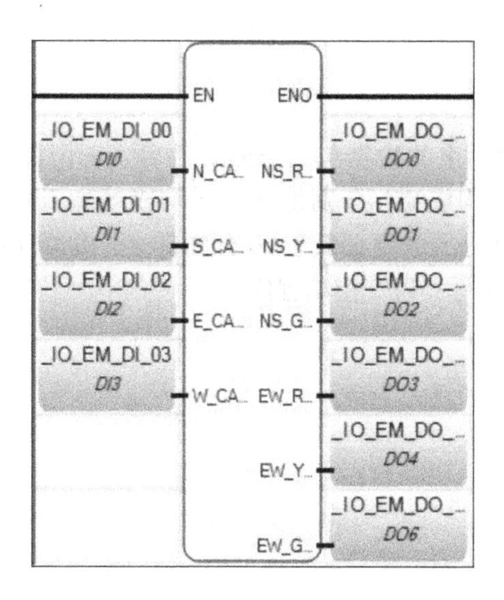

图 5-119　别名后的变量

至此就完成了程序的编写，在项目组织器窗口中右键单击交通灯控制图标，选择编译（生成），对主程序编译。编译完成后点击保存即可。

习　题

1. 利用两个定时器和一个输出点设计一个闪烁信号源，使输出的闪烁信号周期为 3s，产生一波形，占空比为 2∶1。

2. 读取逻辑量输入模块的输入状态，记录每个逻辑量输入状态的改变。编写一段中断处理程序来处理引起输入模块输入状态改变的情况（如有硬件出问题了）。

3. 设有一个知识竞赛抢答装置，提出如下控制要求：

主持人用一个开关控制 3 个抢答桌，参赛者若要回答主持人所提问题时需抢先按下桌上的按钮。主持人说出题目后，谁抢先按下桌上的按钮谁的桌上的灯即亮。这时主持人按控制按钮后灯才熄灭，否则一直亮着。3 个抢答桌的按钮作如下安排：一个抢答桌上是儿童组，桌上有两只按钮，并联形式，无论按哪一只，桌上的灯都亮；第二个抢答桌是大学生组，桌子上也有两只按钮，串联形式，只有两只按钮都按下，桌上的灯才亮；第三组是中学生组，桌上只有一个按钮，且只有一个人，一按灯即亮。当主持人将开关处于开状态时，10s 之内若有人按抢答按钮，电铃即发出声响。

4. 控制机械手运动的循环过程为：初始位置、启动、夹紧、正转、松开、反转、回原位、停止。夹紧、松开的时间均为 10s，正转、反转的时间均为 15s，请设计一个逻辑控制程序。

思考题

1. 有 10 个学生，每个学生的数据包括学号、姓名、三门课的成绩，输入 10 个学生数据，要求计算三门课的总平均成绩，分别统计总平均成绩高于 80、高于 70 分低于 80 分的学生、高于 60 分而低于 70 分的学生、低于 60 分的学生，并降序排名。

2. 利用顺序进出指令编写交通灯控制程序。

第 6 章

速度控制系统

学习目标

- 了解速度控制系统的结构
- 掌握 RS-485 网络的组态方法
- 学会最主要的通信手段 MSG 指令的使用
- 通过 Modbus 网络控制 PowerFlex 525 变频器
- 掌握 PanelView Component 600 的应用
- 了解速度控制系统的标准化程序设计

6.1 速度控制系统结构

罗克韦尔自动化微型控制单元系列中的速度控制系统的结构如图 6-1 所示。

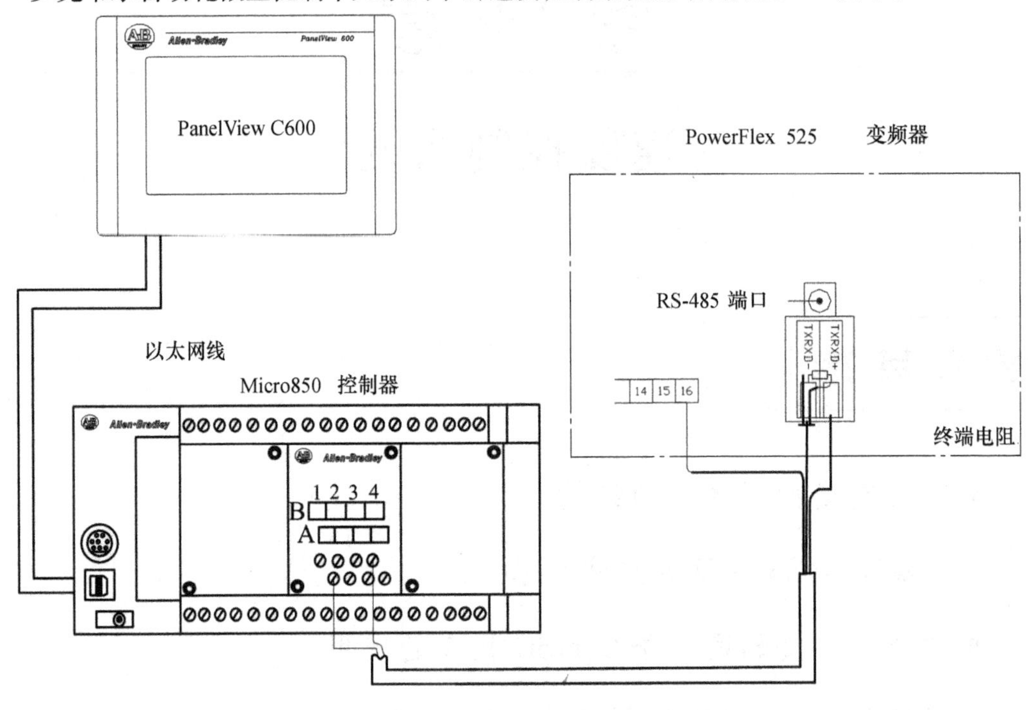

图 6-1 速度控制系统的结构

速度控制系统采用 PanelView Component 600 人机界面解决方案，可以通过以太网和其他多种通信方式进行远程操作。通过预先编辑好的人机界面以及内置状态和报警监控，对控制过程进行设置和调试，并利用串行和以太网网络来控制和监视多台变频器。

速度控制单元的工作原理为：控制器通过消息指令（MSG）子例程实现与 PowerFlex 525 变频器的通信，控制变频器的起动、停止和运行方向，监视速度和故障等。通过触摸屏 PanelView Component 600（PVC 600）为操作员提供控制、状态和诊断的屏幕显示。除此之外，还包括用于电源分配、电路保护、连接器和传感器的组件，以节省成本的方式满足完整控制解决方案的要求。通过 RS-485 和以太网，使用智能变频器，以节省成本的方式满足完整控制解决方案的要求。

在速度控制系统中，Micro850 速度控制例程最多支持与 8 个 PowerFlex 525 变频器进行 Modbus 通信。但是，由于 Modbus 网络通信时一次只能与一台设备进行通信，网络上的设备越多，与全部设备进行通信所需的时间就越长。如果使用默认的通信设置，控制器需要大约 50ms 从每个启用的 PowerFlex 525 变频器获得状态更新信息，因此，在进行数据通信之前，必须首先确认多台设备的响应时间足够长。在与 8 个变频器通过 RS-485 网络连接时，电缆应采用菊花链方式进行连接，在菊花链的最后一个变频器（仅这个变频器）的连接器上安装终端电阻。但要保证每个变频器都有唯一的节点地址，范围从 1 ~ 8。在所有变频器通电后对它们的相关参数进行配置。

在本章介绍的速度控制系统中，Micro850 控制器通过以太网网线与 PVC 600 进行连接，采用 CIP 协议通信。将 2080-SERIALISOL 模块组态为基于 RS-485 的 Modbus 通信协议，控制变频器 PowerFlex 525 的运行，组成一个简单的速度控制系统。

6.2　通过 RS-485 的 Modbus 网络通信

以速度控制系统为例，本节应用 2080-SERIALISOL 模块实现 Micro850 与 PowerFlex 525 变频器的连接。硬件接线如图 6-2 所示。

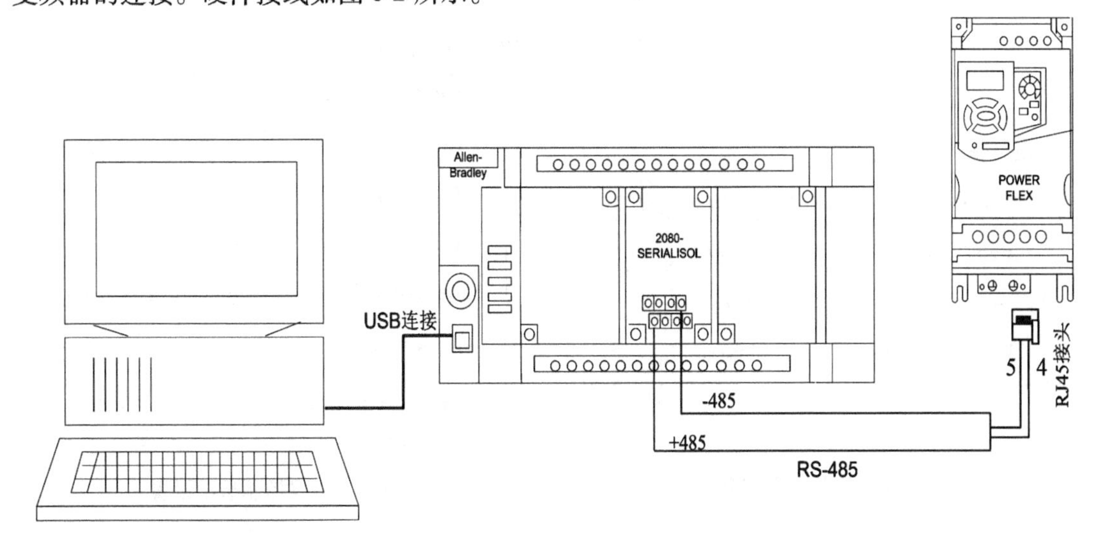

图 6-2　系统硬件连接图

有关 RS-232/485 隔离串口模块 2080-SERIALISOL 的使用，请参阅本书 2. 3. 6 节。RJ45 头与正常的双绞线线序的对应情况为：蓝线对应接头的 4，蓝白线对应接头的 5。4 号接头连接 485 正端（+485），5 号接头连接 485 负端（-485）。

连接完成后，需要设置 Micro850 控制器以及变频器参数，然后对控制器进行编程，输出控制命令给变频器，来控制电动机。

首先，设置控制器参数。将计算机与 Micro850 通过 USB 线连接起来，用 RSLinx Classic 中默认的 USB 协议实现计算机对 Micro850 的访问。然后右键单击添加模块处，选择 2080-SERIALISOL 模块，如图 6-3 所示。

添加完成后，在屏幕右下方的 Properties 选项处，设置模块相应信息。由于控制器与变频器连接应用 Modbus 协议，所以选择 Modbus RTU 驱动，而控制器为主站，在最下面一个选项选择 Modbus RTU Master，波特率选择 19200，无奇偶校验，单位地址设置为 1，如图 6-4、图 6-5 所示。

注意：设置完 2080-SERIALISOL 模块信息后即可对 Micro850 控制器进行编程，无需组态变频器，设置变频器参数可通过控制面板进行，也可用以太网连接的方式，通过 CCW 中的变频器启动向导进行配置，具体操作见 4. 6 节。

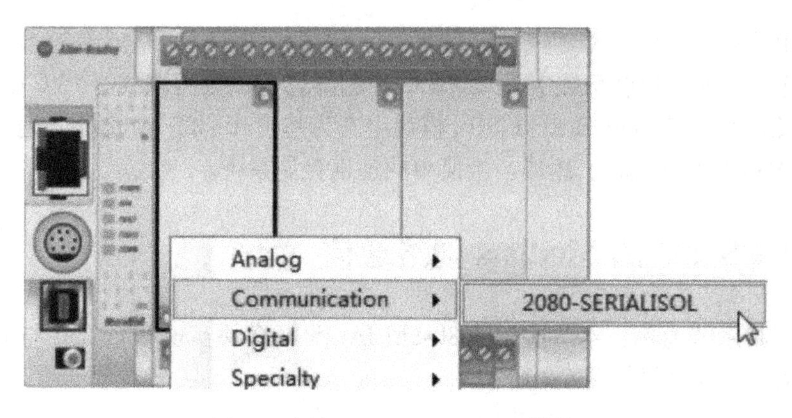

图 6-3　添加 2080-SERIALISOL 模块

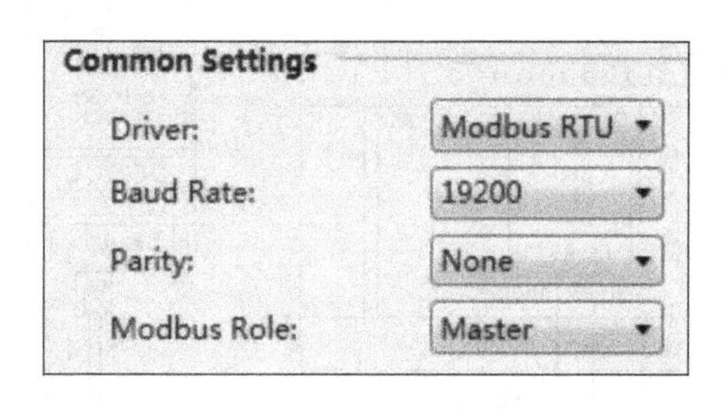

图 6-4　选择相关参数

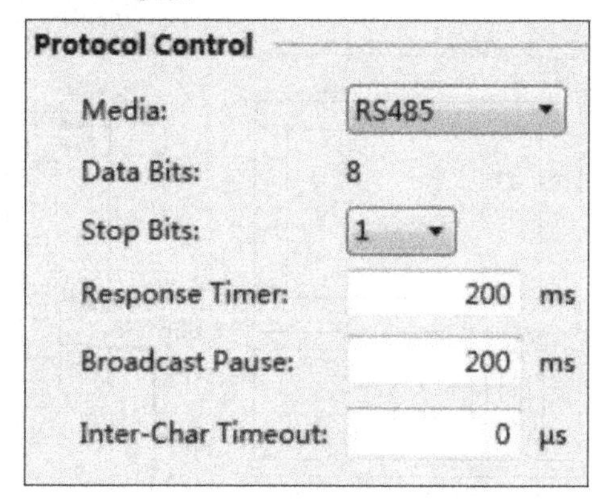

图 6-5　协议控制选项设置

6.3　MSG 功能块的使用

在 Modbus 通信中要用到的通信指令块为网络通信协议信息传输（MSG _ MODBUS）指令，如图 6-6 所示。

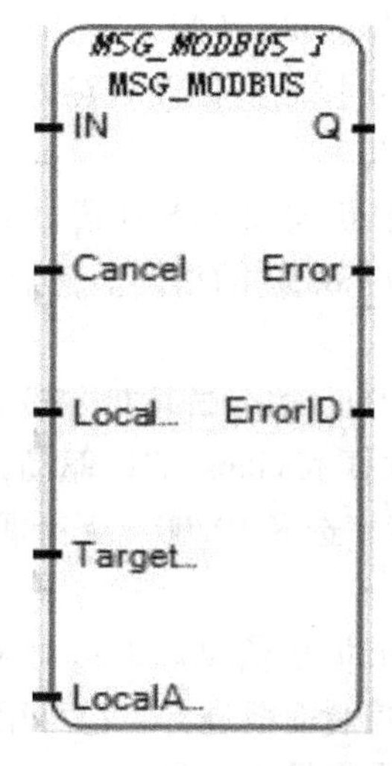

图 6-6　网络通信协议信息传输功能块

该功能块用于传送网络通信协议（Modbus）信息，例如读写目标设备的寄存器中的信息。其参数列表见表6-1。

表6-1　网络通信协议信息传输功能块参数列表

参　　数	参数类型	数据类型	描　　述
IN	Input	BOOL	如果是上升沿(IN从假变为真),执行功能块
Cancel	Input	BOOL	真——取消执行功能块
LocalCfg	Input	MODBUSLOCPARA	确定结构化输入信息(本地设备)
TargetCfg	Input	MODBUSTSRPARA	确定结构化输入信息(目标设备)
LocalAddr	Input	MODBUSLOCADDR	确定本地存入或写出信息的地址(125字)MODBUSLOCADDR数据类型是一个大小为125个字的数组,由读取命令来存储Modbus从站返回的数据(1~125个字),并由写入命令来缓冲要发送到Modbus从站的数据(1~125个字)
Q	Output	BOOL	真——MSG指令完成;假——指令未完成
Error	Output	BOOL	真——出现错误;假——无错误
ErrorID	Output	UINT	当信息传送错误时,显示错误代码,见MSG MODBUS错误代码

MODBUSLOCPARA数据类型见表6-2。

表6-2　MODBUSLOCPARA数据类型

参　　数	数据类型	描　　述
Channel	UINT	Micro800 PLC串行端口号;2代表本地串行端口 5~9代表嵌入式串行端口,槽号范围从1~5:5代表槽1,6代表槽2 7代表槽3(24点的Micro850只有3个插槽);8代表槽4;9代表槽5
TriggerType	USINT	0:MSG触发一次(IN从假变为真) 1:MSG持续触发,当IN为真;其他情况:保留
Cmd	USINT	MSG指令的操作命令: 01:读取线圈状态;02:读取输入状态;03:读取保持寄存器 04:读取输入寄存器05:写单一线圈;06:写单一寄存器 15:写多个线圈;16:写多个寄存器
ElementCnt	UINT	读写数据个数的限制: 对于读取线圈或开关量输入最多2000bits;对于读寄存器最多125 words 对于写线圈最多1968 bits;对于写寄存器最多123 words

MODBUSTARPARA数据类型见表6-3。

表6-3　MODBUSTARPARA数据类型

参　　数	数据类型	描　　述
Addr	UDINT	目标数据(1~65536)地址;传送后减1
Node	USINT	默认从站节点号为1。节点范围为0~247,零是Modbus广播节点号,且当Modbus处于写命令时有效(如5,6,15,16)

提示：由于目标数据地址传送后会自动减1，所以在给MSG指令读写地址时，需要在要读写的实际地址基础上加1后给到Addr上，这样才能使MSG指令读写到正确的地址。

MSG_MODBUS错误代码见表6-4。

表 6-4　MSG _ MODBUS 错误代码

错误代码	描　述	错误代码	描　述
3	TriggerType 的类型已经非法改为 2 ~ 255	130	非法数据地址
20	本地通信设备与 MSG 指令不兼容	131	非法数据值
21	本地通道配置参数存在错误	132	从机连接失败
22	目标或本地节点号大于最大允许的节点号	133	响应
33	存在一个损坏的 MSG 文件参数	134	从站忙
54	丢失调制解调设备信息	135	否定响应
55	本地处理器中信息传输超时。链接层超时	136	存储器奇偶校验错误
217	用户取消信息	137	非标准回应
129	非法函数	255	通道被关闭

6.4　PowerFlex 525 的 Modbus 网络通信

PowerFlex 525 变频器集成的 RS-485 通信口使其具有多种应用方式。简单的 RS-485 通信有以下三种使用方案：

1）PC 通过 DriveExplorer 或 DriveExecutive 软件对变频器进行控制和监视。

2）控制器通过 Modbus 协议与变频器进行通信。

3）定义 Modbus 网络中主、从站。

在控制单元速度控制系统中，选择通过 Modbus 协议实现控制器与变频器的通信。

1. Modbus 协议

RS-485/Modbus 是现在流行的一种布网方式，其特点是操作简单方便，凡是具有 Modbus 接口的设备，都可以很方便地进行组态。从其功能上看，它可认为是一种现场总线，通过 24 种总线命令实现控制器与外界的信息交换。

Modbus 有两种传送模式，RTU（Remote Terminal Unit）和 ASCII 码。它把通信参与者规定为主站和从站。主站可向多个从站发送通信请求，最多可达 247 个从站，每个从站都有自己的地址编号。对于每一种传输方式，Modbus 协议都定义了控制器可识别和使用的信息类型，而无须考虑通信网络的拓扑结构。即通过定义传输的数据信息帧格式，描述了控制器如何访问其他设备和其他设备怎样做出响应，并检查和报告错误的过程。

在该速度控制系统中，采用 Modbus 的 RTU 模式，控制器与设备之间的通信主要包括主站对从站的读取和写入。主站可单独与从站进行通信，也可以广播方式与所有从站进行通信。Modbus 规定，只有主站具有主动权，从站只能被动的响应，包括回答出错信息。主站写入信息的帧格式见表 6-5，从站读取信息的帧格式见表 6-6。

表 6-5　主站写入信息的帧格式

从站地址	功能代码	数据量	命令数据	CRC 校验码
1 个字节	1 个字节	1 个字节	N 个字节	2 个字节

表 6-6　从站读取信息的帧格式

从站地址	功能代码	数据量	响应数据	CRC 校验码
1 个字节	1 个字节	1 个字节	N 个字节	2 个字节

Modbus 的 RTU 模式规定，采用 CRC（循环冗余校验）方法对整个信息帧的内容进行错误检测，传输信息的最后两个字节用于传递该循环冗余校验数据。其校验方式是将整个传输数据（不包括最后两个字节）的所有字节按规定的方式进行位移并进行 XOR（异或）计算，其结果作为检验码。接收端在收到数据时按同样的方式进行计算，并将结果与收到的 CRC 校验码进行比较，如果一致则认为通信正确，如果不一致，则认为通信有误，从站将发送 CRC 错误响应。

Modbus 通信包括 24 种功能命令，每一种功能命令都有相应的功能代码。其中模拟量信息存放在寄存器（Holding Register）中，数字量信息存放在线圈（Holding Coils）中。

2. PowerFlex 525 变频器的 Modbus 功能代码

PowerFlex 525 变频器的外设接口（DSI）支持部分 Modbus 功能代码，见表 6-7。

表 6-7　Modbus 功能代码和命令

Modbus 功能代码(十进制)	命　令	Modbus 功能代码(十进制)	命　令
03	读寄存器	16	写多个寄存器
06	写单个寄存器		

通过 Modbus 协议，控制器向 PowerFlex 525 变频器的寄存器中写入逻辑命令及速度给定信息。下面强调几点要注意的地方：

1）寄存器地址偏移量为 1，例如：逻辑命令的寄存器地址是 8192，而实际操作中就要设置为 8193。

2）通过 Modbus 网络控制变频器，因此 PowerFlex 525 的参数 P046[Start Source1]（启动源）和 P047[Speed Reference1]（速度参考）应设为 3——[Serial/DSI]（串口或外设接口）。

3）控制器可通过发送功能代码 06，将控制信息写入地址为 8193（逻辑命令字）和 8194（速度给定值）的寄存器中，以控制变频器的运行。也可通过发送功能代码 03，读取地址为 8449（逻辑状态字）和 8452（速度反馈值）的寄存器中的信息。

读写变频器其他参数时，寄存器地址就是相应的参数号码，但是注意要偏移 1 位。

3. Modbus 网络的硬件连接

本系统使用 Micro850 控制器，在 RS-485 网络上通过 Modbus RTU 模式监视并控制 PowerFlex 525 变频器。

4. PowerFlex 525 变频器参数设置

通过变频器控制面板设置参数，控制面板相关参数设置见表 6-8。

表 6-8　变频器相关参数设置

参　数	参数名称	设　置
P046	启动源	3 = "Serial/DSI"(串口或外设接口)
P047	速度参考频率	3 = "Serial/DSI"(串口或外设接口)
C123	通信数据速率	4 = 19.2k
C124	通信节点地址	100
C127	通信格式	0 = RTU 8 - N - 1

5. Micro850 控制器组态

设置好变频器的参数后，即可对控制器进行编程，且在程序中不需要组态变频器，直接通过 MSG _ MODBUS 指令即可控制变频器。

1）将嵌入式串口通信模块插到控制器的 1 槽上，把该模块组态成 Modbus 网络协议（则该模块的通道号为 5 号，详见 Modbus 指令），通信驱动类型（Driver）设置为 Modbus RTU Master。打开 Micro850 控制器的组态界面，选择对 1 槽上的串口通信模块进行组态，设置以下参数：

- Driver（通信驱动类型）：Modbus RTU；
- Baud Rate（通信波特率）：19200；
- Party（奇偶校验位）：NONE；
- Unit Address（控制器节点地址）：1；
- Modbus Role（在 Modbus 中的角色）：Modbus RTU Master。

2）单击"Advanced Settings"按钮，展开通信模块的高级设置，设置如下参数：Media（协议类型）：RS-485；Stop Bites（数据格式停止位）：1。

6. Micro850 控制器与 PowerFlex 525 变频器的通信程序

1）创建 MSG _ Modbus 功能块，并分别创建功能块上所需要的变量，如图 6-7 所示。

2）编写读取变频器逻辑状态字的程序，如图 6-8 所示。

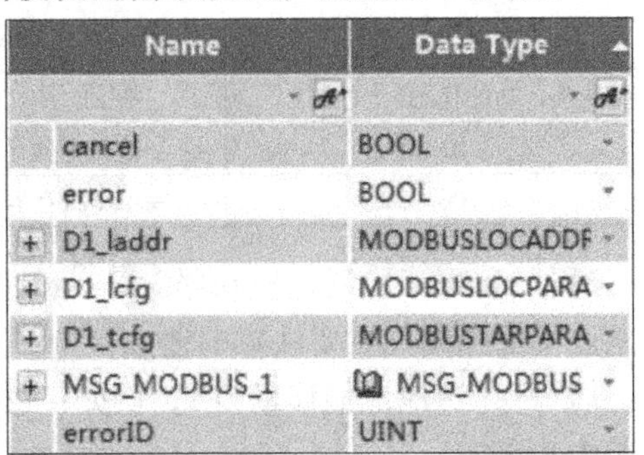

图 6-7　建立 MSG 功能块和它所对应的变量

梯级中的 MSG _ MODBUS _ 1 指令用于读取变频器的逻辑状态字，start 指令用于启动指令，当 start 指令由假变真一次，控制器就会读一次变频器的逻辑状态字。

MSG _ MODBUS _ 1 功能块指令的相关参数设置如图 6-9 所示，参数说明见表 6-9。

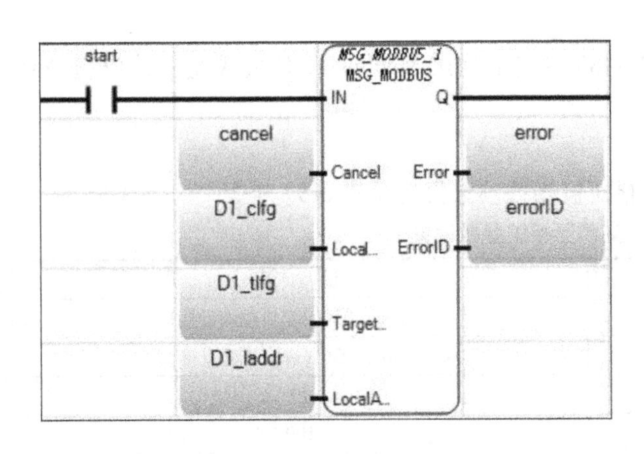

图 6-8　读取变频器逻辑状态程序

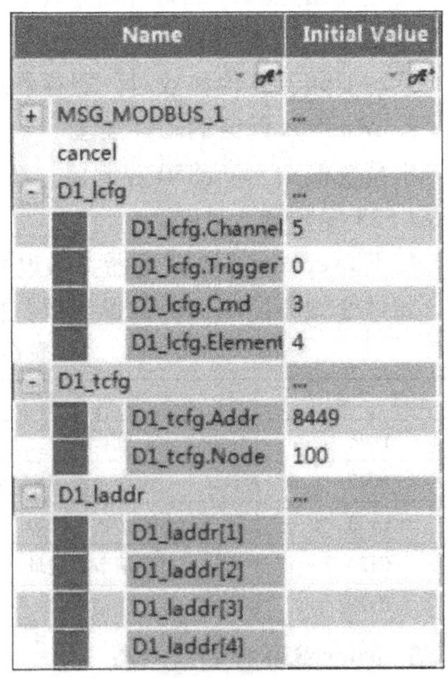

图 6-9　读取变频器逻辑状态的 MSG 指令参数设置

表 6-9　读取变频器逻辑状态 MSG 指令参数说明

名　称	作　用	设 定 值
D1 _ lcfg. Channel(通道)	选择通信端口	5
D1 _ lcfg. Trigger Type(触发类型)	选择触发类型	0(上升沿触发)
D1 _ lcfg. cmd(Modbus 命令)	选择信息功能	3(读寄存器)
D1 _ lcfg. ElementCnt(长度)	选择读取的数据个数	4
D1 _ tcfg. Addrs(Modbus 数据地址)(1-65535)	选择变频器的数据寄存器地址	8449(变频器内部定义)
D1 _ tcfg. Node(从节点地址)	选择变频器的节点地址	100(在 A[104]通信节点地址中设定)
D1 _ laddr[1] ~ D1 _ laddr[4](存放数据的地址)	分别存放从 Modbus 地址 8449 ~ 8452 中读取的数据	

从 Modbus 地址 8449 ~ 8452 中读取的数据分别放到 D1 _ laddr [1] ~ D1 _ laddr [4] 中，其中 8449 中存放的是变频器逻辑状态字，8450 中是变频器错误代码，8451 中是变频器速度参考值，8452 中是变频器速度反馈值。值得注意的是，这里的 Modbus 地址都是经过偏移一位以后的地址。

3）编写控制变频器逻辑命令字的程序与读取逻辑状态字类似，只是 MSG 文件不同，且 MSG _ MODBUS 指令的相关参数设置也有所不同，Modbus 命令选择为“6”，存放数据的地址为“D2 _ laddr [1]”，将该地址文件中的数据写入到变频器寄存器中，而 Modbus 数据地址（变频器数据寄存器地址）为“8193”，D2 _ laddr 设为 18，命令电动机起动并正转，如图 6-10 所示。

程序编写完成后，将变频器运行位设为 1 时变频器起动，且读取的状态反馈字中的运行位为 1 表示变频器为运行状态。

4）编写设定速度给定值的程序与编写逻辑命令字类似，只是 MSG 文件不同，且 MSG _ MODBUS 指令的相关参数设置也有所不同，Modbus 命令选择为“6”，存放数据的地址为“D3 _ laddr [1]”，将该地址文件中的数据写入到变频器寄存器中，而 Modbus 数据地址（变频器数据寄存器地址）为“8194”，如图 6-11 所示。

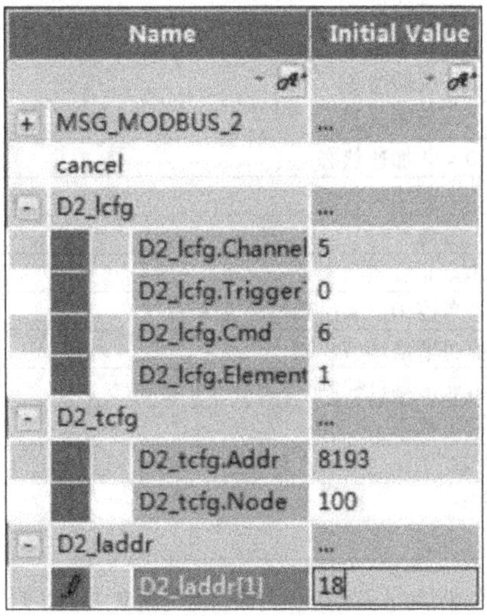

Name	Initial Value
+ MSG_MODBUS_2	...
cancel	
- D2_lcfg	...
D2_lcfg.Channel	5
D2_lcfg.Trigger	0
D2_lcfg.Cmd	6
D2_lcfg.Element	1
- D2_tcfg	...
D2_tcfg.Addr	8193
D2_tcfg.Node	100
- D2_laddr	...
D2_laddr[1]	18

图 6-10　控制变频器逻辑命令字的 MSG _ MODBUS 指令参数设置

Name	Initial Value
+ MSG_MODBUS_3	...
- D3_lcfg	...
D3_lcfg.Channel	5
D3_lcfg.Trigger	0
D3_lcfg.Cmd	6
D3_lcfg.Element	1
- D3_tcfg	...
D3_tcfg.Addr	8194
D3_tcfg.Node	100
- D3_laddr	...
D3_laddr[1]	500

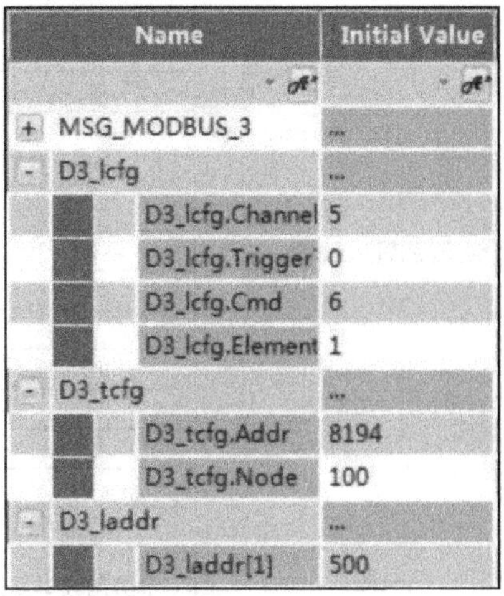

图 6-11　设定速度给定值的 MSG _ MODBUS 指令参数设置

5）变频器其他参数的修改与读取都可以用 MSG _ MODBUS 指令来实现，Modbus 寄存器地址定义见表 6-10。此时寄存器的地址就是相应的参数号码（注意偏移 1 位）。例如，要修改变频器参数 P043 ［Minimum Freq］］，则将寄存器地址设置为 P044。

表 6-10　Modbus 寄存器地址定义

寄存器地址(十进制)	相　应　位	说　　明
8193(逻辑命令字)	0	1 = 停止,0 = 不停止
	1	1 = 启动,0 = 不启动
	2	1 = 慢进,0 = 不慢进
	3	1 = 清除错误,0 = 不清楚错误
	5,4	00 = 无命令设置;01 = 正转设置;02 = 反转设置 11 = 无命令设置
	6,7	未使用
	9,8	00 = 无命令设置;01 = 使能加速度 1 10 = 使能加速度 2;11 = 保持所选加速度
	11,10	00 = 无命令设置;01 = 使能减速度 1 02 = 使能减速度 2;11 = 保持所选减速方式
	14,13,12	000 = 无命令设置
		001 = 频率源 = P038[Speed Source]
		010 = 频率源 = A069[Internal Freq]
		011 = 频率源 = 通信(地址 8193)
		100 = A070[Preset Freq 0]
		101 = A071[Preset Freq 1]
		110 = A071Preset Freq 2]
		111 = A073[Preset Freq 3]
	15	1 = MOP 减少,0 = 不减少
8194(速度给定值)	十进制频率输入值(注意:对于 PowerFlex4、4M&40,十进制数中包含 1 个已固定的小数点。例如输入十进制数 100 表示设置频率为 10.0Hz;对于 PowerFlex400,十进制数中包含 2 个已固定的小数点,例如输入十进制数 100 表示设置频率为 1.0Hz)	
8449(逻辑状态字)	0	1 = 准备好,0 = 未准备好
	1	1 = 运行状态,0 = 没有运行
	2	1 = 正转命令,0 = 反转命令
	3	1 = 正转状态,0 = 反转状态
	4	1 = 加速状态,0 = 非加速状态
	5	1 = 减速状态,0 = 非减速状态
	6	1 = 警告,0 = 无警告
	7	1 = 故障状态,0 = 非故障状态
	8	1 = 达到速度参考值,0 = 未达到速度参考值
	9	1 = 速度参考值由通信端口控制
	10	1 = 操作命令由通信端口控制
	11	1 = 参数处于锁定状态
	12	数字输入 1 状态
	13	数字输入 2 状态
	14,15	未使用
8452(速度反馈值)	十进制频率反馈值(注意:对于 PowerFlex4、4M&40,十进制数中包含 1 个已固定的小数点。例如输入十进制数 100 表示设置频率为 10.0Hz;对于 PowerFlex400、525,十进制数中包含 2 个已固定的小数点,例如输入十进制数 100 表示设置频率为 1.0Hz)	

注意，寄存器地址偏移量为1，例如：逻辑命令的寄存器地址是8192，而实际操作中就要设置为8193。

6.5　PanelView Component 应用

PanelView Component 人机界面解决方案的特点主要体现在它的设计与开发环境上。

1）直接通过浏览器 Microsoft Internet Explorer 7.0 或 Mozilla FireFox 连线。

2）无需在计算机上安装其它软件，在 CCW 软件中可以对触摸屏进行设计和开发。

3）特别方便于技术工程师进行现场诊断或修改，主要体现在：

- 所建即时显示；
- 在设计或组态时自动地配合 PanelView 固件；
- 不会再有软件不配的情况出现；
- 无需再有升级软件的烦恼。

在本节中，结合本章要设计的速度控制系统，介绍 PVC 600 的使用方法和设计步骤。PVC 600 的结构如图6-12 所示，它的端口说明见表6-11。

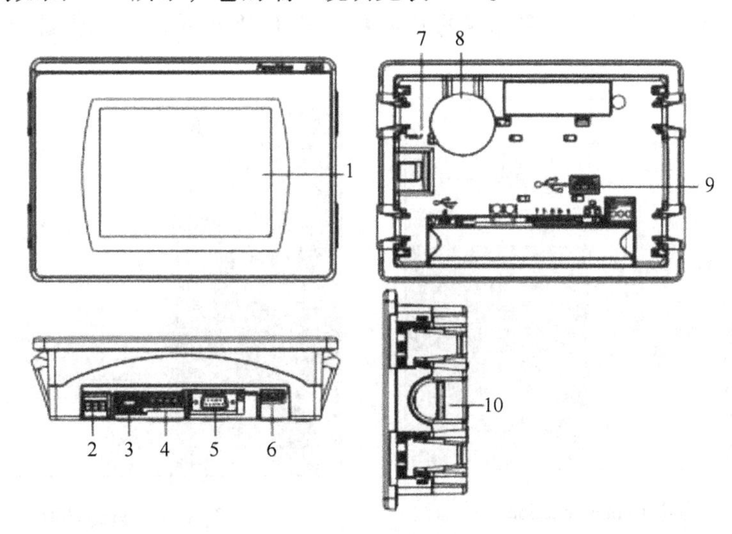

图6-12　PVC 600 的结构

表6-11　PVC 600 端口说明

序　号	描　述	序　号	描　述
1	触摸显示屏	6	USB 设备端口
2	24V 直流电源输入	7	状态诊断 LED 指示灯
3	以太网端口	8	可更换式实时时钟电池
4	RS-422 或 RS-485 端口	9	USB 主机端口
5	RS-232 串口	10	安全数字(SD)卡插槽

6.5.1　设置 PanelView Component 600 的 IP 地址

1）本项目中计算机与终端设备采用以太网通信，触摸屏开机时首先进行一系列的自检，然后显示初始界面，PVC 600 自检过程如图6-13 所示。

2）进入组态界面，此时根据需要选择适合的语言，如图6-14 所示。

图 6-13　PVC 600 自检过程

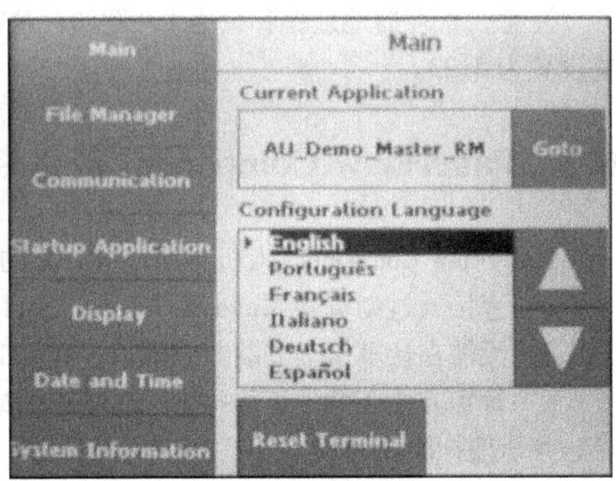

图 6-14　组态界面

3）点击“Communication”选项，选择“Ethernet Setting”，如图 6-15 所示。如果 DHCP 使能，PanelView Component 可自动获取 IP 地址，如图 6-16 所示。如果 DHCP 禁止，必须手动设置 IP 地址。下面介绍如何手动设置 IP 地址，点击“Set Static IP Address”设置 PVC 600 的 IP 地址，如图 6-17 所示，设置完成的静态 IP 如图 6-18 所示。注意保证与计算机的 IP 地址在同一网段内。

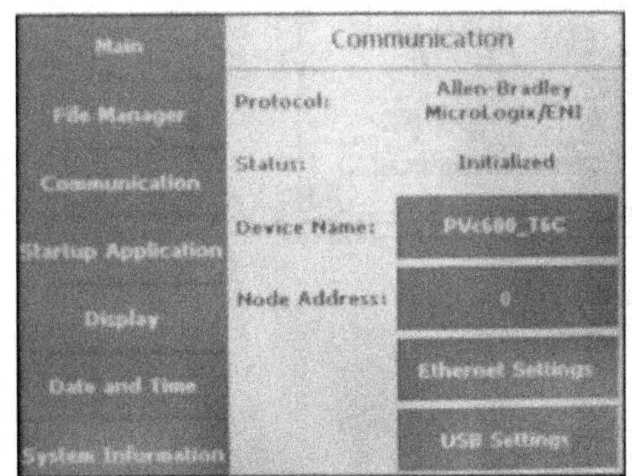

图 6-15　点击 Communication

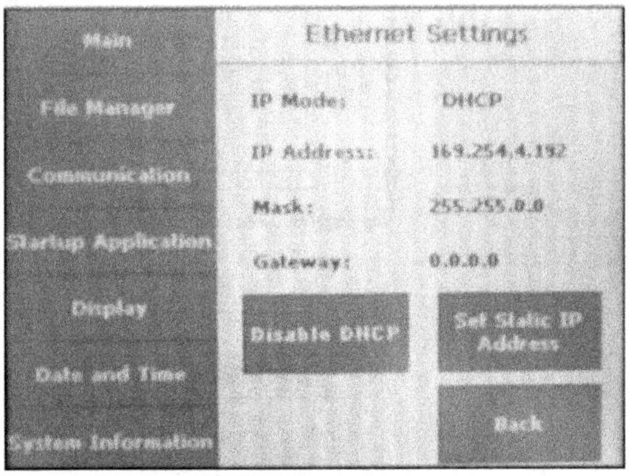

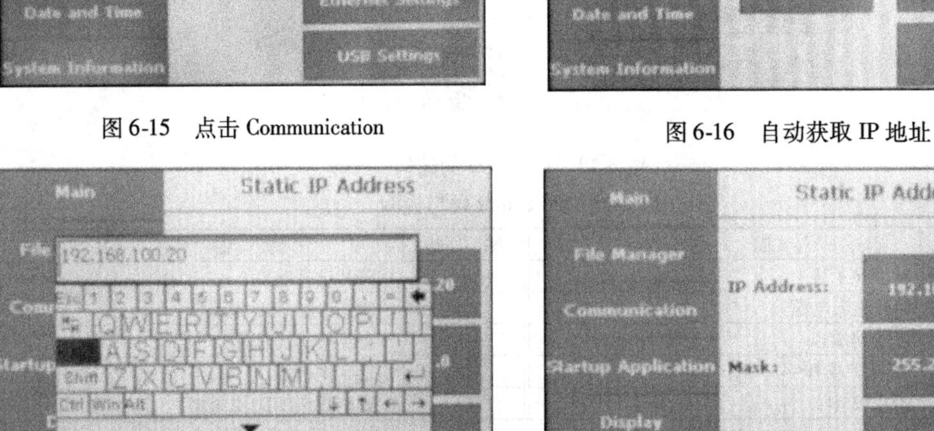

图 6-16　自动获取 IP 地址

图 6-17　设置静态 IP 地址

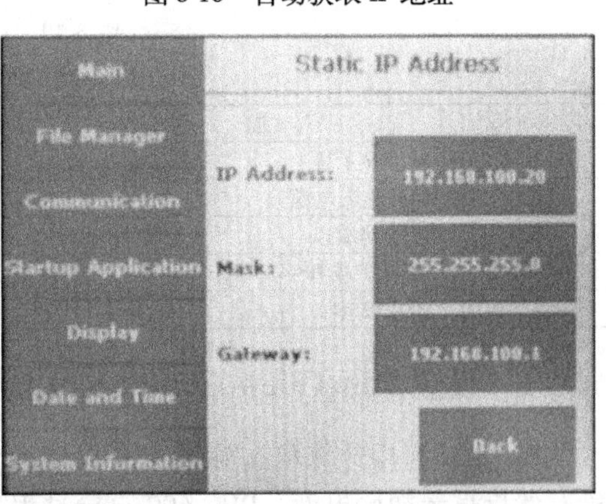

图 6-18　设置完成的静态 IP 地址

在 Microsoft Internet Explorer 7. 0 或者 Mozilla FireFox 浏览器中，输入 PVC 600 设置好的 IP 地址 192. 168. 100. 20，如图 6-19 所示，即能弹出 PanelView Component 界面。至此就完成了 PVC 600 与计算机的连接。

PanelView Explorer Startup - Windows Internet Explorer
http://192.168.100.20/

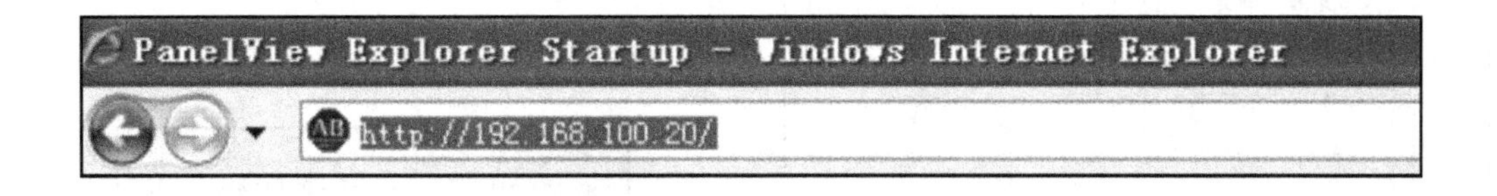

图 6-19　输入 IP 地址

6. 5. 2　创建应用项目

点击“创建 & 编辑”选项，进入画面编辑窗口。

1. 设置选项

点击“设置”选项，该选项的设置将对该项目中的所有画面产生作用，属于全局设置。它包括两部分，一部分是开发阶段界面设置，如图 6-20 所示；另一部分是运行阶段界面设置，如图 6-21 所示。

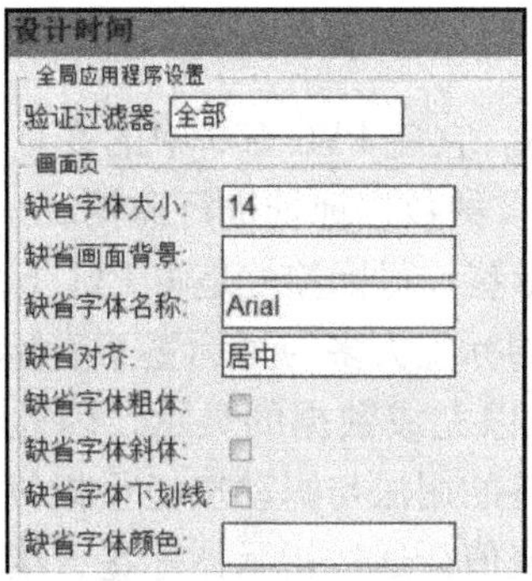
设计时间
全局应用程序设置
验证过滤器: 全部
画面页
缺省字体大小: 14
缺省画面背景:
缺省字体名称: Arial
缺省对齐: 居中
缺省字体粗体:
缺省字体斜体:
缺省字体下划线:
缺省字体颜色:

图 6-20　开发阶段界面设置

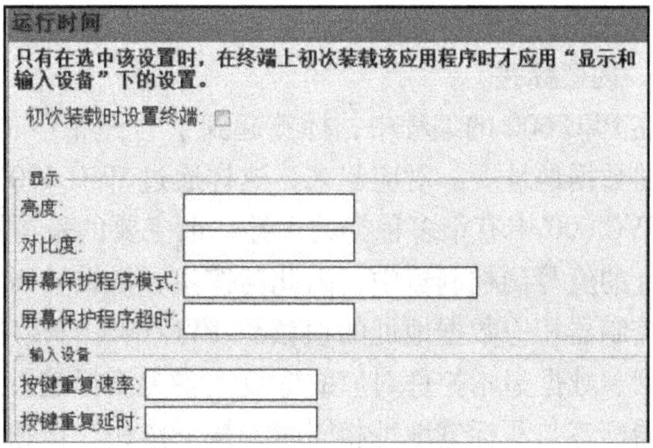
运行时间
只有在选中该设置时，在终端上初次装载该应用程序时才应用“显示和输入设备”下的设置。
初次装载时设置终端:
显示
亮度:
对比度:
屏幕保护程序模式:
屏幕保护程序超时:
输入设备
按键重复速率:
按键重复延时:

图 6-21　运行阶段界面设置

2. 通信设置

PVC600 提供了多种通信端口，可以通过 CIP（Common Industrial Protocol）、DF1 协议和 DH-485 协议进行通信。

首先介绍如何使 PanelView Component Terminal 与 Micro850 控制器通过以太网建立通信连接的步骤如下：

1）点击“通信”打开通信组态窗口。

2）选择“协议”下的以太网，在以太网后面的下拉框中包括很多厂家定义的以太网通信协议，在此选择 Allen-Bradley CIP，如图 6-22 所示。

3）在“控制器设置”选项中进行下面 3 个操作：接受默认的控制器名称或者手动输入控制器名称（PLC-1）；选择控制器类型为 Micro800；输入控制器的 IP 地址，如图 6-23 所示。

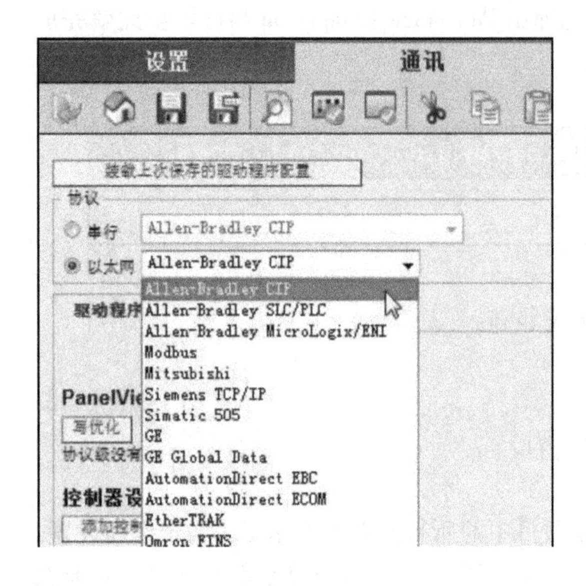

图 6-22　选择 Allen-Bradley CIP

图 6-23　控制器设置

3. 创建标签

在 PVC 600 的编程中，标签起到了“纽带”的关键作用。它使 PVC 600 中的变量和控制器的数据地址一一对应起来，这样通过 PVC 600 可以对 PLC 的数据地址进行监控。

PVC 600 中有很多种类的标签，最主要的是写标签和读标签。写标签就是将 PVC 600 相应变量的值写到控制器中，因此与按钮、数据输入控件对应的标签大多为写标签。读标签就是将控制器相应数据地址的值读到 PVC 600 的相应变量中，以完成数据的显示，因此与图形显示、数据显示控件对应的标签大多为读标签。指示器标签的用法与瞬动按钮很相似。当指示器标签与写标签地址相同时，按下按钮，按钮的状态改变值会通过指示器标签直接表示出来；当指示器标签与写标签地址不同时，按下按钮，按钮的状态改变值要从指示器标签的地址中读取。

PVC 600 的变量按照功能可分为外部变量、内存变量、系统变量和全局连接。外部变量和内存变量的数据来源不同，外部变量的数据来源是由外部设备提供的，如 PLC 或其他设备，内存变量的数据来源是由 PVC 600 提供的，与外部设备无关。系统变量是 PVC 600 提供的一些预定义的中间变量。每个系统变量均有明确的意义，可以提供现成的功能，系统变量由 PVC 600 自动创建，组态人员不能创建系统变量，但可使用由 PVC 600 创建的系统变量，系统变量以“$”开头，以区别于其他变量。

点击“标签”选项，进入创建标签界面，选中“外部”点击“添加标签”按钮添加标签，创建新的标签名，并选择数据类型、标签对应的地址及控制器，标签名称必须和速度控制系统实例中控制器的变量名称相对应如图 6-24 所示。如果只有一个控制器，那么“Controller”中默认为“PLC-1”，创建完成的标签如图 6-25 所示。

标签名称	数据类型	地址	控制器
TAG0001	布尔型	start0	PLC-1

图 6-24　添加标签地址

	标签名称	数据类型	地址	控制器
1	TAG0001	布尔型	Start0	PLC-1
2	TAG0002	布尔型	Stop0	PLC-1
3	TAG0003	布尔型	Forward	PLC-1
4	TAG0004	布尔型	Reward	PLC-1
5	TAG0005	布尔型	Start_flag	PLC-1
6	TAG0006	布尔型	Stop_flag	PLC-1
7	TAG0007	布尔型	Forward_flag	PLC-1
8	TAG0008	布尔型	Reward_flag	PLC-1
9	TAG0009	32 位整数	Freq	PLC-1

图 6-25　创建完成的标签

6.5.3　创建界面

PVC 600 中按钮分为四种类型：瞬动（Momentary）、保持（Maintained）、锁存（Latched）和多态（Multistate）。

1）瞬动按钮：按下时改变状态（断开或闭合），松开后返回到其初值。

2）保持按钮：按下时改变状态，松开后保持改变后的状态。

3）锁存按钮：按下后就将该位锁存为 1，若要对该位复位必须由握手位（Handshake Tag）解锁，握手位的设定在该按钮的属性中进行。

4）多态按钮：有 2 ~16 种状态。每次按下并松开后，它就变为下一状态。在到达最后一个状态之后，按钮回到初值。

触点类型：

1）常开触点（Normally Open Contacts）：逻辑值 0 为初值，按下后变为 1。

2）常闭触点（Normally Close Contacts）：逻辑值 1 为初值，按下后变为 0。

1. 创建控制界面

界面用于控制电动机转速，手动控制与自动控制的切换以及验证操作人员是否有权登录相应权限。

1）点击“1-Screen”，弹出 1-Screen 界面如图 6-26 所示，界面序号前有黑色的圆点表示运行时的初始界面。点击“添加”创建新的界面，重复上面的操作创建需要的界面。

2）点击“1-Screen”，创建电动机起动按钮，打开输入控件。输入控件含义见表 6-12。点击“瞬时按钮”，拽到界面合适的位置上，双击该按钮，设置按钮状态属性，如图 6-27 所示。然后点击右边属性窗口的“连接”选项设置按钮属性，在写标签窗口下拉框中选择 TAG0001（起动电动机）标签，如图 6-28 所示。在可见性标签窗口下拉框中选择 TAG0001（起动时可见）标签，如图 6-29 所示。

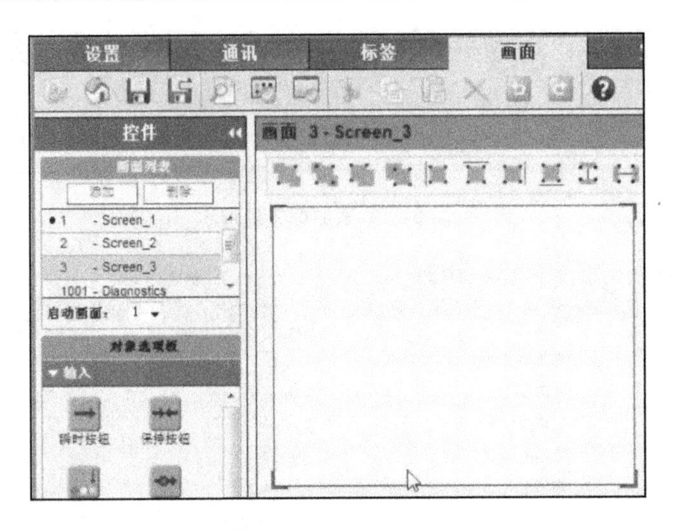

图 6-26　1-Screen 界面

表 6-12　输入控件含义

控件名称	含　义
瞬动按钮	按下时改变状态(断开或闭合),松开后返回到其初值
保持按钮	按下时改变状态,松开后保持改变后的状态
多态按钮	有 2～16 种状态。每次按下并松开后,它就变为下一状态。在到达最后一个状态之后,按钮回到初值
锁定按钮	按下后就将该位锁存为 1,若要对该位复位必须由握手位(Handshake Tag)解锁,握手位的设定在该按钮的属性中进行
数字输入	在触摸屏上点击该控件可输入数值
字符串输入	在触摸屏上点击该控件可输入字符串
数字增减	在触摸屏上点击该控件可以使输入的数值增大/减小
列表选择器	列表选择控件:此控件可实现从主列表跳转到各个分列表
键	向上、向下、回车按键
转至界面	跳转至某一特定界面
后退一个界面	返回至前一界面
前进一个界面	跳转至后一界面
界面选择器	此控件可实现从主画面跳转到各个分界面

属性

	数值	背景						
		颜色	填充样式	填充色	文本	文本颜色	字体 名称	字体 大小
1	0		背景色		Released		Arial	14
2	1		背景色		Pressed		Arial	14
3			背景色		Error		Arial	14

图 6-27　设置按钮状态

图 6-28　设置写标签

图 6-29　设置可见性标签

3）创建正转、反转和停止按钮，分别对应相应的标签 TAG0003、TAG0004 和 TAG0002。

4）添加文字注释，指示电动机的运行状态。打开“绘图工具”，如图 6-30 所示，点击“文本”，点击“外观”选项，在“文本”下输入名称“起动”，并设置字体如图 6-31 所示；将它的可见性标签对应 TAG0001。同样添加文本“停止”、“正转”和“反转”。将它们的可见性标签分别对应到 TAG0002、TAG0003 和 TAG0004。最后分别将起动文本与停止文本重合、正转文本和反转文本重合。值得一提的是，PVC 允许在文本中插入变量，包括日期、时间、数字量以及字符串。

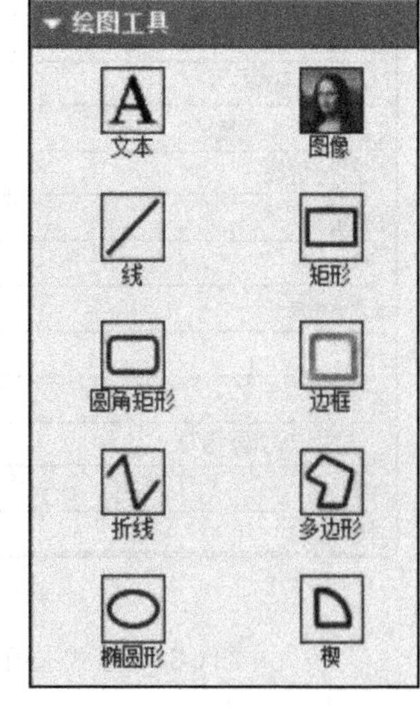

图 6-30　绘图工具控件

5）创建电动机速度的数值显示，打开“显示”，点击“数值显示”，拽到界面合适的位置上，点击右边窗口的“格式”选项，数字位数表示显示的数字的个数，小数位数表示小数点后的位数，如图 6-32 所示。点击“连接”选项，在读标签窗口下拉框中选择相应的标签。

6）创建电动机速度的数值输入，打开“输入”，点击“数值输入”，拽到界面合适的位置上，点击右边属性窗口的“外观”选项，将文本颜色设为黑色；点击右边属性窗口的“格式”选项，设定调速的范围为 -999999 ~ 999999，小数点是设定小数点的位置，固定位置表示设定固定的小数点位置，它固定几位是由小数位数中设置的数值决定的，数字域宽度选项定义了可以输入的数据宽度（数据的位数），如图 6-33 所示。点击“连接”选项，在写标签窗口下拉框中选择 TAG0009（设定电动机速度）标签，指示器标签选择 TAG0009，如图 6-34 所示。

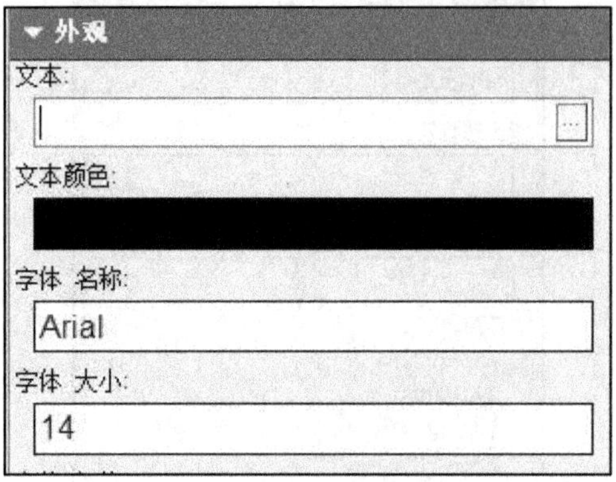

图 6-31　设置文本

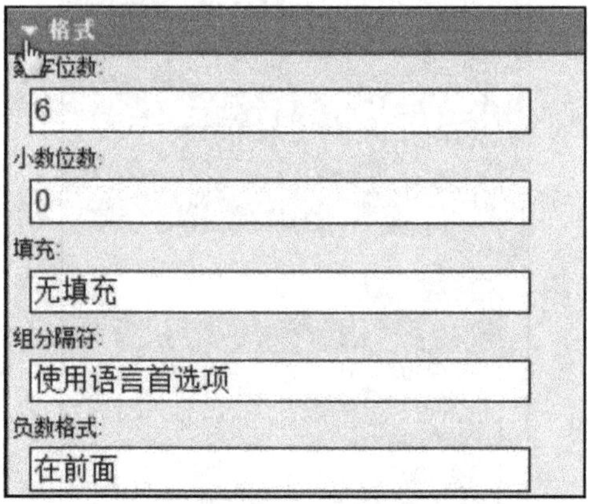

图 6-32　格式选项

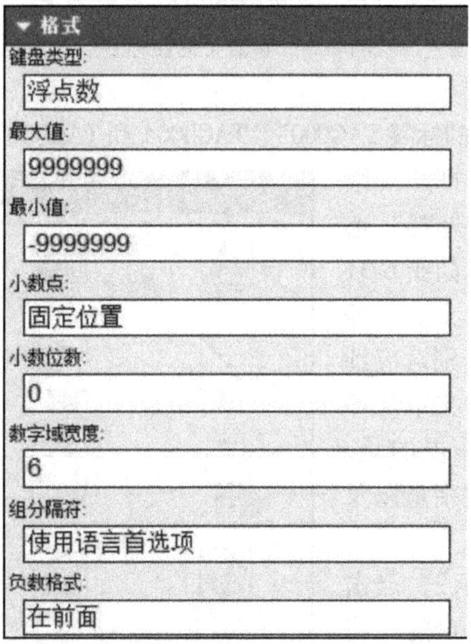

图 6-33　格式选项

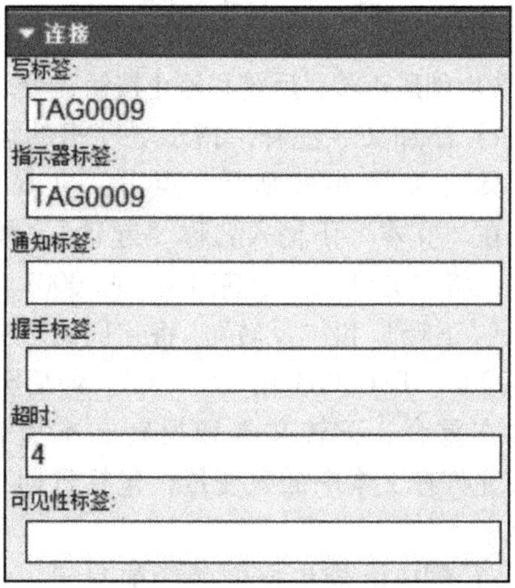

图 6-34　数值输入控件连接的设置

7）创建登录按钮和退出按钮，打开“进阶”，如图 6-35 所示，点击登录按钮，拽到界面合适的位置上，用同样的方法创建退出按钮。

8）创建屏幕跳转按钮，包括转至界面（跳转至某一特定屏幕）、后退一个界面（返回至前一屏幕）、前进一个界面（跳转至下一屏幕）和界面选择器（界面列表选择控件）4 个按钮。打开“输入”，选择“转至界面”，点击“外观”选项，在“文本”下输入要跳转屏幕的名称“主界面”，可对字体进行设置，如图 6-36 所示。点击“浏览”选项，选择要跳转的界面，如图 6-37 所示。

图 6-35　进阶选项

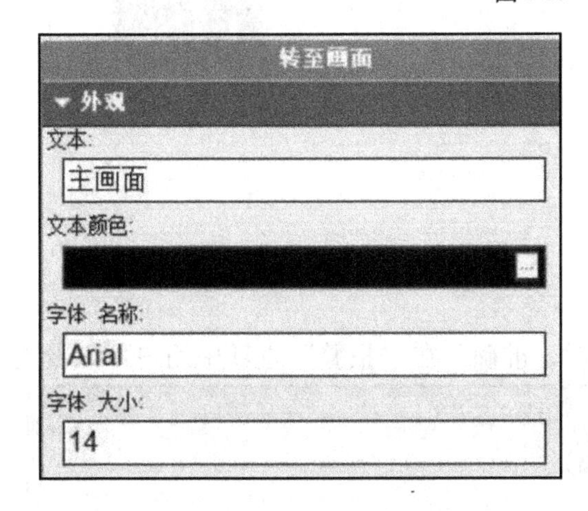

图 6-36　字体设置选项

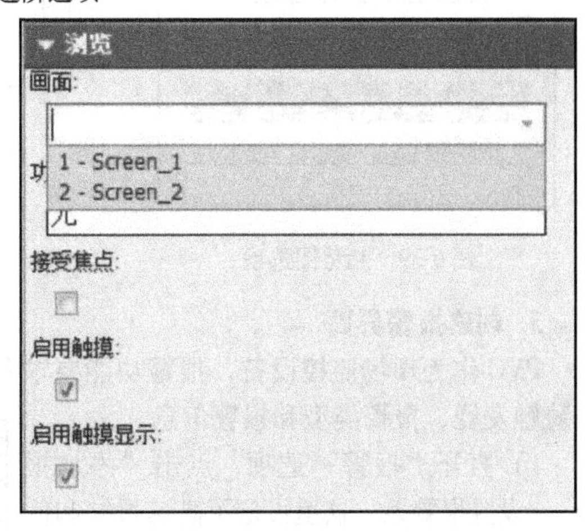

图 6-37　选择要跳转的画面

2. 创建趋势图界面

趋势图可以对数据的变化过程进行监视，有利于捕捉快速变化的数据，可以对采集的数据形成的曲线进行历史数据分析。本界面中的趋势图主要是采集电动机的转速，对电动机的转速进行监视，步骤如下：

1）创建一个界面，命名为“Trend”，创建趋势图监视当前电动机的速度。打开“显示”，点击“趋势”，双击进入记录笔组态界面，选择要进行监视的标签，这里选择给定频率标签，即 TAG0005，如图 6-38 所示，该界面可对曲线的属性进行设置，包括曲线颜色，选择实线或虚线以及曲线的宽度设置。

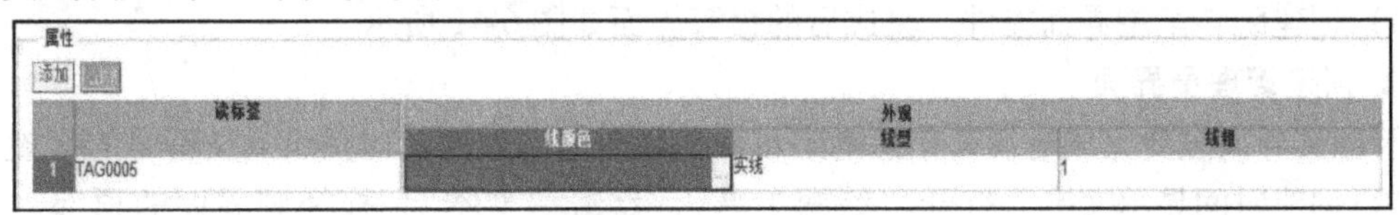

图 6-38　记录笔组态界面

2）点击右边窗口的“趋势”选项，设置的参数如图 6-39 所示。

3）创建跳转至主界面控件。完成后的趋势图界面如图 6-40 所示。

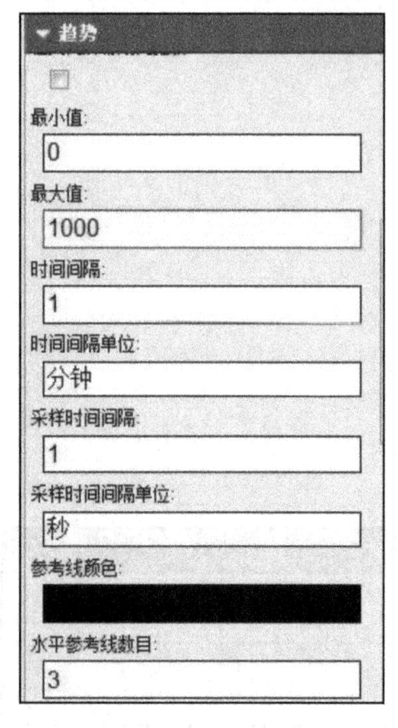

图 6-39　趋势图选项

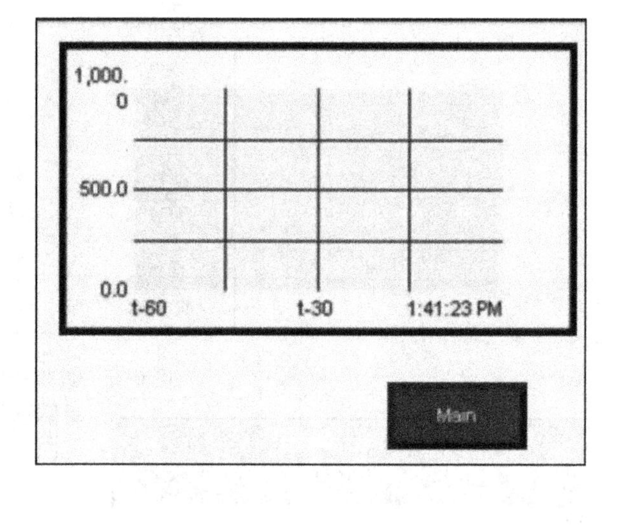

图 6-40　完成后的趋势图界面

3. 创建报警界面

PVC 作为现场监控设备，报警功能要求及时、准确。在“报警”选项中用户可以设置报警触发器、报警类型和报警信息。

1）打开“报警”选项，点击“添加报警”，设置报警条。这里设定了高速报警和低速报警。在“触发器”下选择报警触发的标签，点击“报警类型”，有数值型和状态位型两种报警方式，若选数值型报警，表示该值就是触发报警的数值，若选状态位型报警，该值的含义是一个偏移地址，本示例中选择数值型。“边沿检测”包括上升沿、下降沿、电平触发。在“信息”栏中，输入报警。

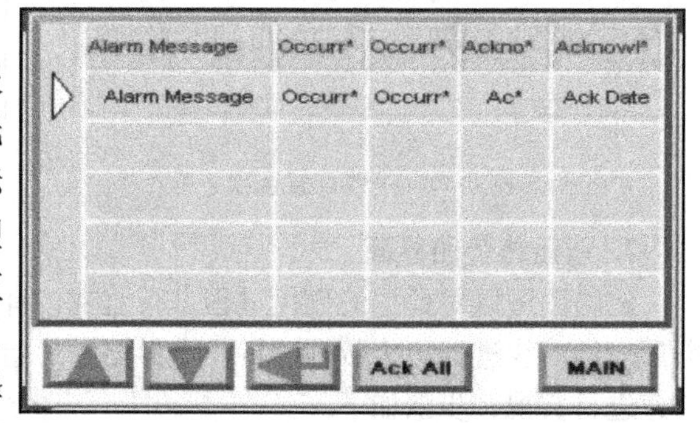

图 6-41　完成后的报警界面

2）打开“界面”窗口，创建报警列表。打开“进阶”，点击“报警列表”，接受默认设置即可。在报警列表下创建向上、向下、回车按键。

3）创建跳转至主界面控件。完成后的报警界面如图 6-41 所示。

4. 创建管理员界面

管理员界面主要完成对设备信息的显示，跳转至组态界面及对登录人员密码的设置。

1）创建时间显示文本。打开“绘图工具”，点击“文本”，拖拽到界面的顶部，双击它，点击“时间”，插入时间变量，如图 6-42 所示。然后进行同样的操作，创建日期显示文本，只需点击“日期”，插入日期变量，如图 6-43 所示。短日期格式定义缩写的日期显示，如 5/12/2010，长日期格式定义完整的日期格式，如 Wednesday，May，2010。利用同样的方法可以在文本中插入字符串变量以及离散量变量，这里不再赘述。

图 6-42　插入时间变量

图 6-43　插入日期变量

2）创建跳转至主界面控件，同样的操作可创建跳转至安全界面以及跳转至组态界面。

5. 创建安全界面

PVC 600 为用户提供安全机制属性设置，可以对操作权限进行分级，比如操作员对操作员站进行基本操作，不能对控制系统设定参数进行修改；而管理员可对工程师站的部分控制系统设定参数（非核心部分）进行修改，适时地调整工艺运行策略。

1）打开“安全”选项，创建用户。点击“添加用户”选项，如图 6-44 所示，添加用户名称 OPER、用户密码及确认密码，“密码”栏下包括重新设置和可修改，重新设置定义重新设置密码，密码可修改定义是否允许修改密码，打“✓”表示允许修改，否则表示禁止。“权限”定义权限，点击“添加权限”添加操作员权限和管理员权限，用户可以根据实际需要创建不同的权限，也可以删除不需要的权限，点击“删除权限”即可。用同样的方法创建用户 ADMIN，创建完成的用户界面如图 6-45 所示。

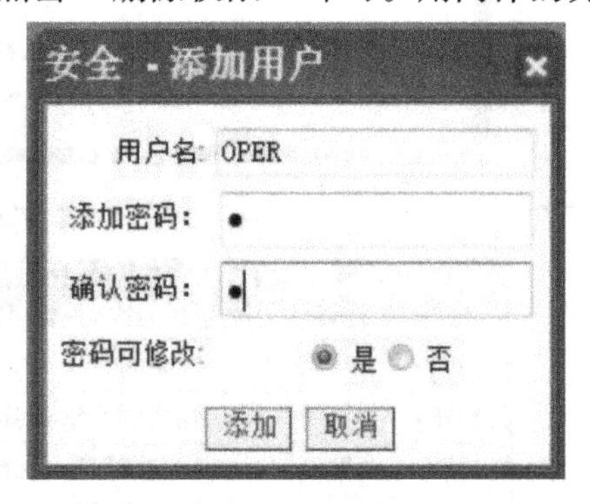

图 6-44　添加用户

2）创建安全界面，命名为“6-Security”。打开“进阶”，创建启动/禁止密码按钮，点击“启用/禁止安全”，双击，如图 6-46 所示。设置按钮状态属性，状态 1 为启动密码功能，状态 2 为禁止启动密码功能。创建重新设置密码按钮，该按钮适用于用户忘记密码的情况，可以通过该按钮在不知道原始密码的情况下重新设置密码，点击“重设密码”，接受默认的设置信息即可。创建改变密码按钮，点击“修改密码”，接受默认的设置信息即可。

用户	密码		权限
	重新设置	可修改	设计
所有用户*	...	☐	☐
OPER	...	☑	☑
ADMIN	...	☑	☐

图 6-45　创建完成的用户界面

	状态	背景						
		颜色	填充样式	填充色	文本	文本颜色	字体 名称	字体 大小
1	Enabled		背景色		Disable Security		Arial	14
2	Disabled		背景色		Enable Security		Arial	14

图 6-46　启动/禁止密码按钮状态设置

3）创建跳转至主界面控件，同样的操作可以创建跳转至管理员界面。完成后的安全界面如图 6-47 所示。

4）设置各个界面的权限，点击“Trend”，打开右边窗口的“界面”选项，在访问权限下拉框中选择权限为 OPERATOR。同样的操作可以把其他界面的访问权限设为 ADMINISTRATOR，用户可以根据现场需要对不同界面的权限进行不同的设置。

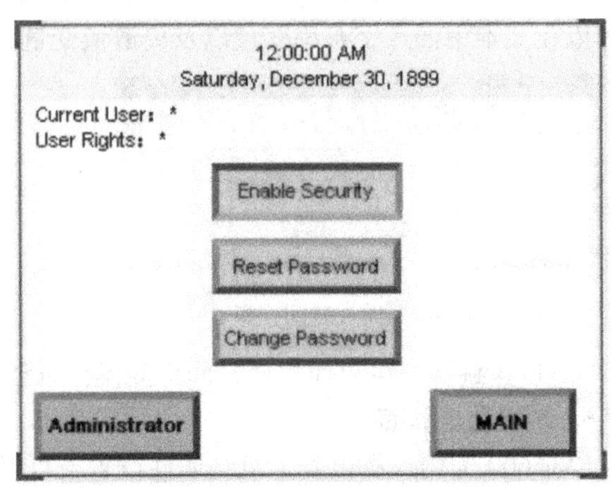

图 6-47　完成后的安全界面

5）确认项目。在运行一个项目之前，必须对该项目进行校验。通过校验可以检测出项目的错误和警告信息，用户可根据提示信息进行改正。在工具栏中点击“ ”，如果项目校验后无错误提示，校验结果窗口如图 6-48 所示；如果项目校验后检测到错误时，校验结果窗口如图 6-49 所示，该窗口可对错误和警告信息进行描述。

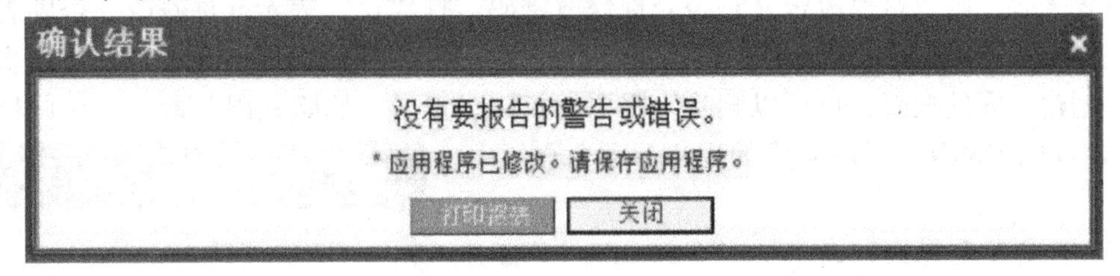

图 6-48　校验无错误窗口

确认结果

ID	类型	消息
4025	警告	在画面Screen_1上，对象 Key_4 和 NumericIncDec_2 重叠。
4025	警告	在画面Screen_1上，对象 Key_5 和 NumericIncDec_2 重叠。
4005	警告	如果操作员需要访问配置画面，则应用程序必须包含至少一个以上的“转至配置”按钮。
4004	错误	启动画面不能被设置安全保护。

* 应用程序已修改。请保存应用程序。

打印报表　关闭

图 6-49　校验发现错误窗口

除了通过浏览器直接进入触摸屏的内部的编辑界面对触摸屏进行编辑外还可以在 CCW 软件中直接对 PVC 600 进行设计开发。因为两者的步骤和界面大都类似，就只介绍两者不同之处。

在 CCW 软件中编写完程序后，可以直接在 CCW 软件右侧栏“Graphic Terminals”选择对应的触摸屏的型号。双击左侧功能树中的触摸屏图标，即可进入 PVC 600 的组态界面。

如同第一种方法对 PVC 600 进行通信设置并双击左侧功能树中的“Tags”进行标签链接。同样要求标签要和控制器中的变量对应，即单击“Address”中的 ...，并在弹出的“Global Variables”（全局变量）中选择相对应的变量名称，如图 6-50 所示。界面设置同第一种方法类似，此处不做介绍。

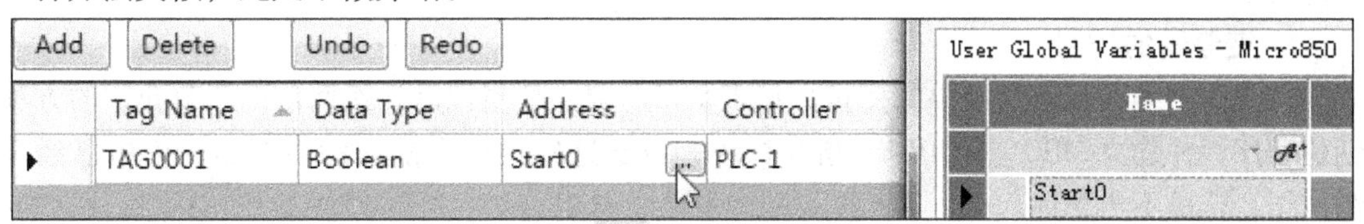

图 6-50　添加标签地址

“对于，CCW 7.0 来说这一过程变得更加方便。可以在 CCW 中直接对 PVC 600 进行组态，编译，下载。

即在 CCW 中屏的画面进行编辑之后，在左侧“功能树”的 PVC 600 处单击右键，选择“Download”，并输入对应的 IP 地址即可将编辑好的画面下载到触摸屏中。如图 6-51，6-52，6-53 所示。”

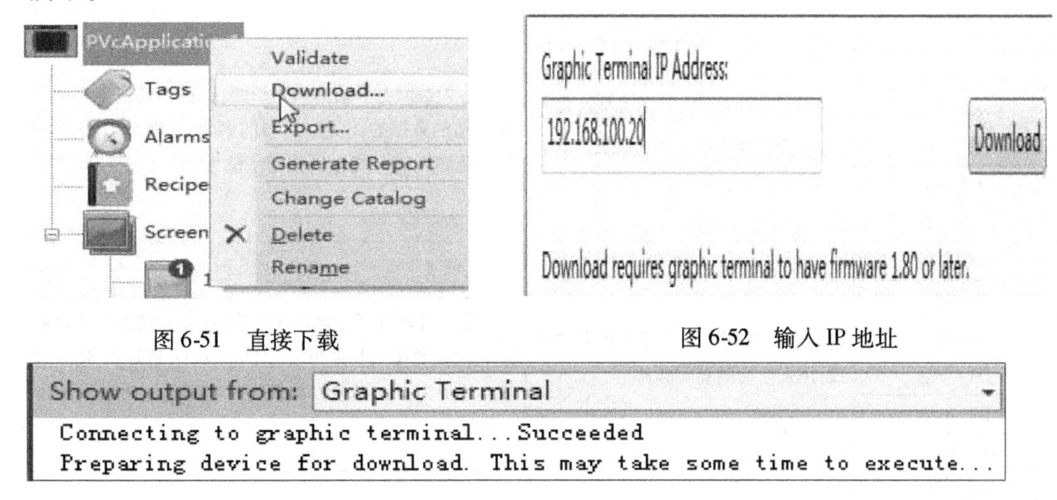

图 6-51　直接下载　　　图 6-52　输入 IP 地址

图 6-53　下载成功

6.6　速度控制系统设计

本章的第一节讲述了速度控制系统的硬件连接，本节主要讲述速度控制系统的设计。本系统通过触摸屏 PVC 600 来控制 Micro850 控制器向变频器 PowerFlex 525 发出指令，从而控制电动机的运行方式和运行速度。整个速度控制系统的设计主要包括以下两个部分：

1）变频器控制（DRIVE CTRL），它是整个程序设计最核心的部分。

2）PanelView Component 600 画面制作。

整个系统的设计思路为：在编写程序之前，首先要完成控制器、变频器和触摸屏之间在通信时所需要的设置，触摸屏 PVC 600 和控制器 Micro850 使用以太网进行 CIP 通信；控制器 Micro850 和变频器 PowerFlex 525 使用基于 RS-485 的 Modbus 协议通信。接着设计变频器的控制程序，主要通过 MSG 指令来控制电动机的运行方式和运行速度。然后设计屏幕画面。在设计屏幕画面的时候将添加的标签和控制程序中的控制变量和反馈变量对应起来，然后再把相关的按钮和文本与相应的标签关联，最终达到通过触摸屏来控制电动机的运行方式和运行速度的目的。

1. 变频器的控制

首先建立编写程序所需要的变量，见表6-13。建立变量以后，按照前面章节介绍的方法创建程序，并建立 MSG _ MODBUS 指令梯级，由于这些内容在前面的控制器通信中已经介绍过了，这里不再赘述。

表 6-13　速度控制系统程序变量列表

变　　量	作　　用	设　定　值
cancle1	MSG _ MODBUS _1 指令的各项参数,使变频器控制电动机正转	设置为控制器通信端口 5 工作,触发方式为 1,Modbus 指令为 6,读取数据的长度为 1,读取的 Modbus 首地址为 8193,变频器节点地址为 100,变频器控制字设为 18
error1		
errorID1		
D1 _ lcfg		
D1 _ tcfg		
D1 _ laddr		
cancle2	MSG _ MODBUS _2 指令的各项参数,使变频器控制电动机反转	设置为控制器通信端口 5 工作,触发方式为 0,Modbus 指令为 6,写的数据的长度为 1,写的 Modbus 地址为 8193,变频器节点地址为 100,变频器控制字设为 34
error2		
errorID2		
D2 _ lcfg		
D2 _ tcfg		
D2 _ laddr		
cancle3	MSG _ MODBUS _3 指令的各项参数,用来给变频器写频率	设置为控制器通信端口 5 工作,触发方式为 1,Modbus 指令为 6,写的数据的长度为 1,写的 Modbus 地址为 8194,变频器节点地址为 100,速度初始值为 0,起动后通过触摸屏设定
error3		
errorID3		
D3 _ lcfg		
D3 _ tcfg		
D3 _ laddr		
cancle4	MSG _ MODBUS _4 指令的各项参数,用来停止变频器	设置为控制器通信端口 5 工作,触发方式为 0,Modbus 指令为 6,写的数据的长度为 1,写的 Modbus 地址为 8193,变频器节点地址为 100,变频器控制字设为 1
error4		
errorID4		
D4 _ lcfg		
D4 _ tcfg		
D4 _ laddr		
Start0	起动变频器	初始值为 0
Stop0	停止变频器	初始值为 0
Forward	正转命令	初始值为 0
Rerward	反转命令	初始值为 0

系统的程序如图 6-54 所示，通过触摸屏上的相应按钮可以控制电动机的起动、停止，

正转和反转的切换。在程序最后两梯级的编写目的是为了将电动机的运行状态表示出来，以便于在屏幕画面设计时监控电动机的运行状态。

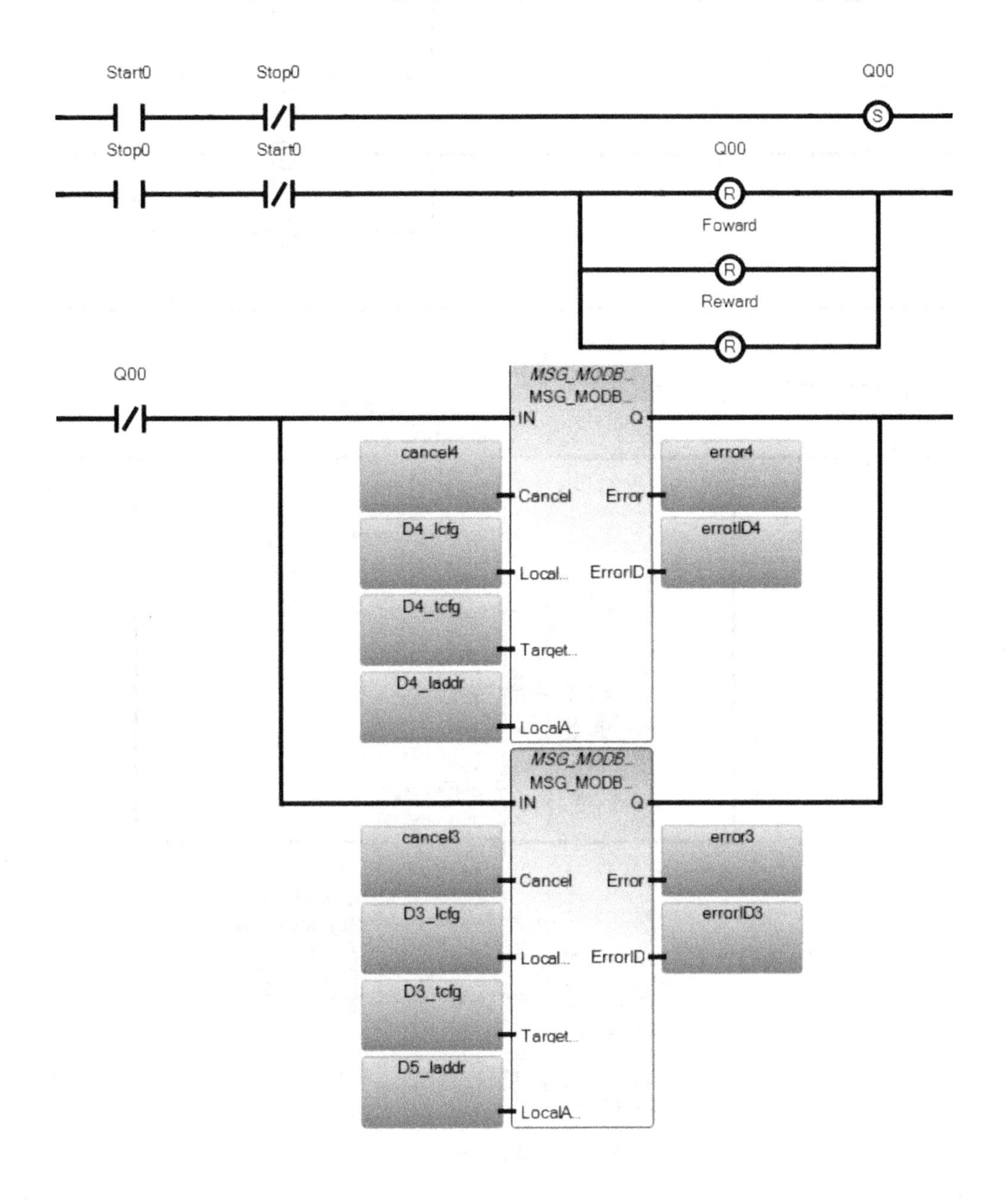

图 6-54　电动机控制程序

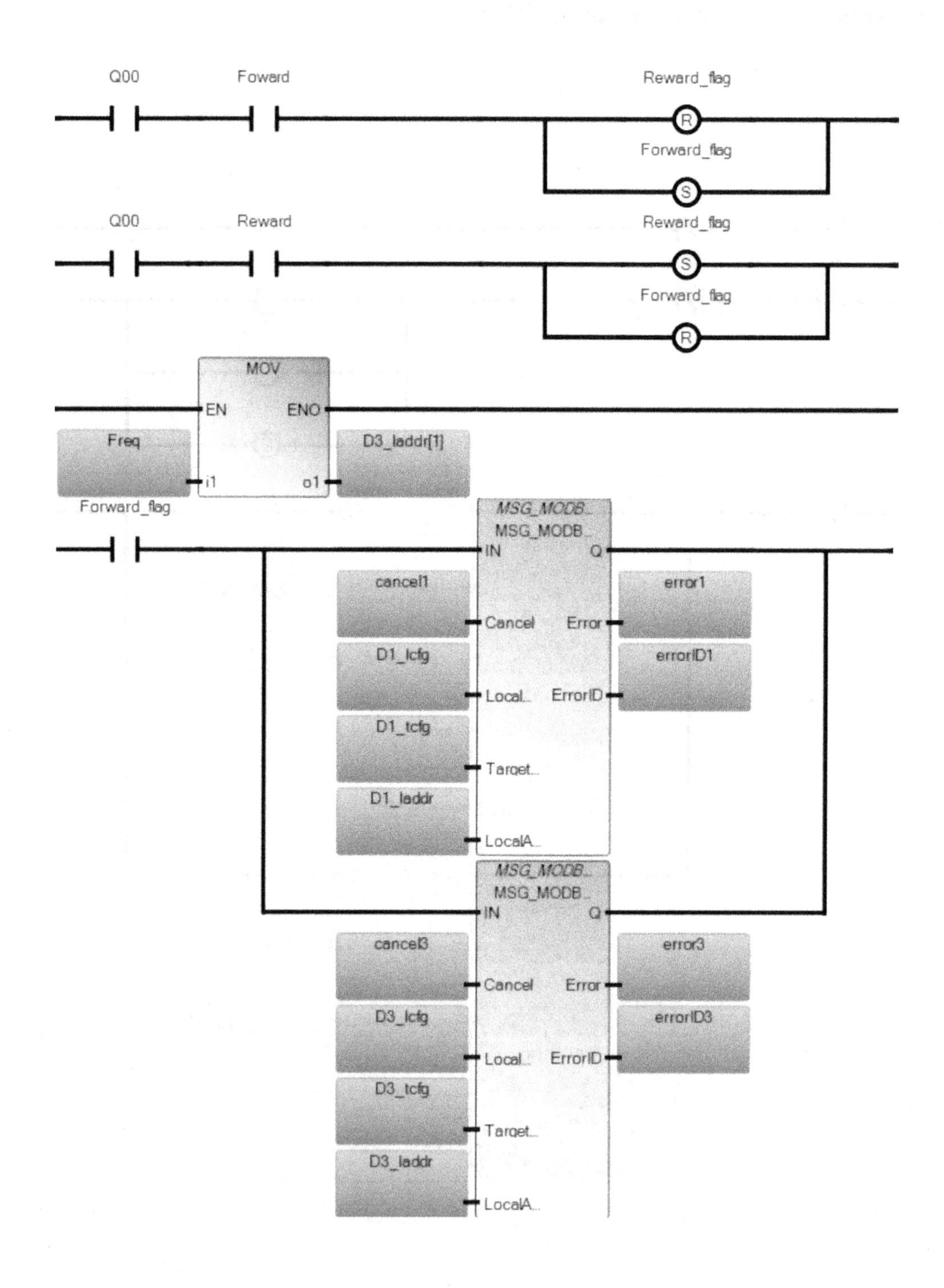

图 6-54　电动机控制程序（续一）

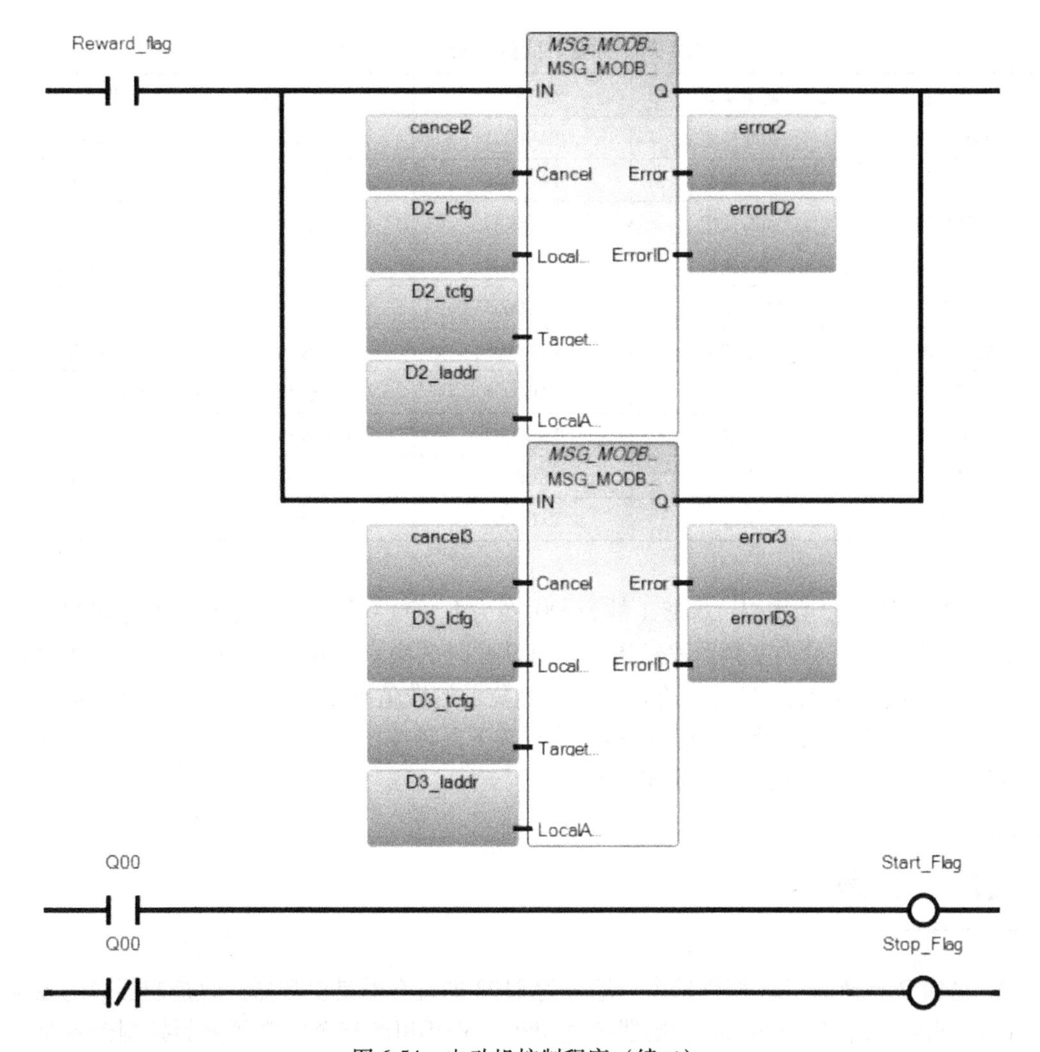

图 6-54　电动机控制程序（续二）

2. PVC 600 的设计

按照上一节的步骤创建完成的画面如图 6-55 所示，其中起动与停止、正转与反转重合在一起，电动机控制运行如图 6-56 所示。其中使用的按钮、变量和标签对应关系见表 6-14。

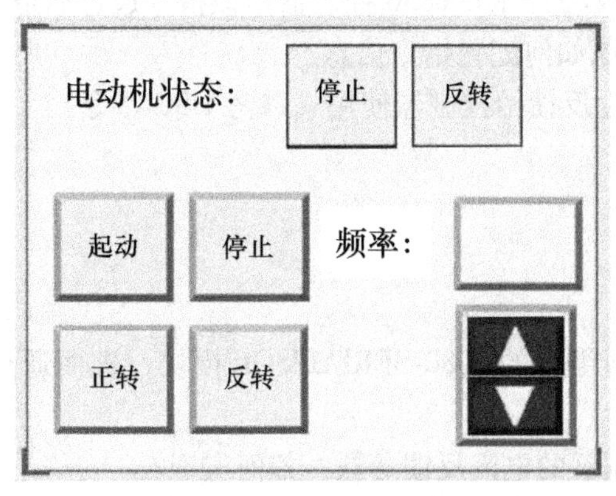

图 6-55　电动机控制界面

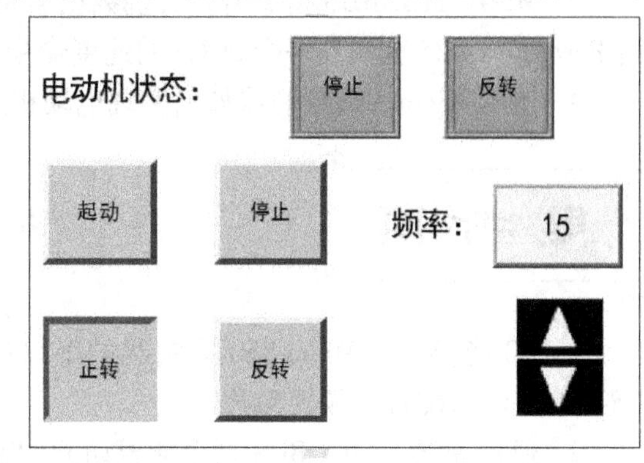

图 6-56　电动机运行界面

表 6-14　标签、变量、按钮对应关系

对象名称	对象类型	对应标签	对应标签类型	变　量
起动按钮	瞬时按钮	TAG0001	写标签	Start0
停止按钮	瞬时按钮	TAG0002	写标签	Stop0
正转按钮	瞬时按钮	TAG0003	写标签	Forward
反转按钮	瞬时按钮	TAG0004	写标签	Reward
频率显示	数值显示	TAG0005	读标签	Freq
频率增减	数字增减	TAG0005	写标签	Freq
正转状态	文本	TAG0006	可见性标签	Forward _ Flag
反转状态	文本	TAG0007	可见性标签	Reward _ Flag
起动状态	文本	TAG0008	可见性标签	Start _ Flag
停止状态	文本	TAG0009	可见性标签	Stop _ Flag

在屏幕上按下起动按钮，梯级 1 的 Start0 变为 1，Q0.0 被置 1。此时按下正转按钮，正转标志位被置 1，开始向变频器发送指令，但是此时的频率为 0，电动机不会转。通过电动机可以给出频率，实际给变频器的频率为屏上显示的数值乘以 0.01。电动机开始正转，屏上会显示出电动机正在运行，且为正转。此时按下反转按钮，电动机就会减速，然后开始反转；按下停止按钮，电动机就会停止转动。

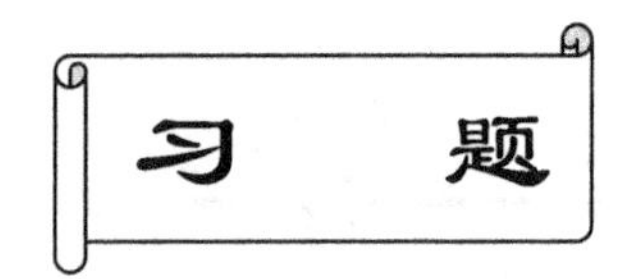

1. 已知 PowerFlex 525 变频器中，地址为 8192 的寄存器是变频器接收控制器给的控制命令的存放地址，请问 Micro 830 控制器通过 MSG _ MODBUS 指令给变频器写控制命令时，其地址位写 8192 是否正确？若不正确该如何填写地址？

2. PowerFlex 525 变频器中速度给定值寄存器地址是多少？状态逻辑字和速度反馈值的寄存器地址是多少？

3. MSG _ MODBUS 指令需要哪些数据类型的数据？Micro850 控制器用该指令通过通道 5 给 PowerFlex 525 变频器一个 30Hz 的速度命令，该如何配置指令信息？

4. 使用 Micro 850 控制器如何实现电动机速度反馈给控制器使用（参考 HSC 指令）？

1. PC 能否通过 Micro 850 控制器的串口访问组态的 2080-SERIALISOL 模块，进而通过 RS-485 通信口配置变频器参数？

2. 通过 MSG _ MODBUS 指令能否访问到变频器的电流反馈参数？如何实现？

第 7 章

位置控制系统

学习目标

- 了解位置控制系统的结构
- 了解 Kinetix 3 驱动器的结构及接线
- Kinetix 3 内置面板操作及 Ultraware 软件设置
- Kinetix 3 的通信设置及网络控制
- Kinetix 3PTO 功能块的设置及使用
- HSC 功能块的使用
- 设计位置控制系统

7.1 位置控制系统结构

以 Micro850 为核心的位置控制系统采用 PanelView Component 600 作为人机界面并通过网线连接到控制器中，用以太网与控制器进行通信，通过控制 K3（Kinetix 3）驱动器控制电动机运行。位置控制系统结构如图 7-1 所示。

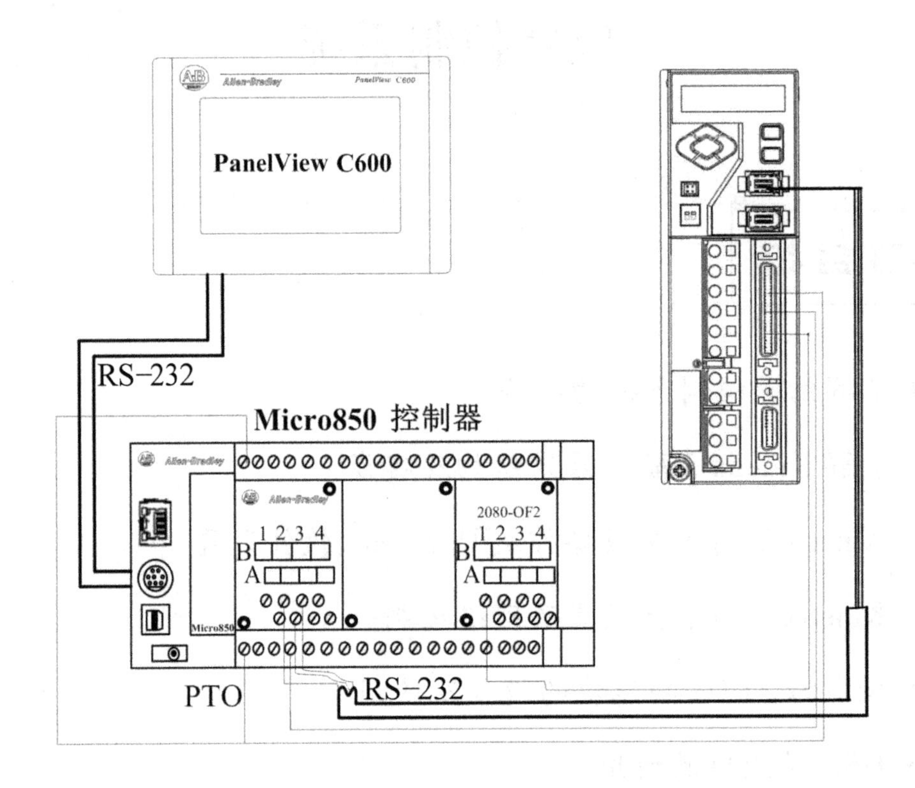

图 7-1 位置控制系统结构

控制器可以通过两种方式来控制 K3 驱动器：第一种是在 K3 驱动器的模式设置为 Follower（跟随）模式时，通过使用控制器的一个本地输出点（本次实验使用的是 O.00 口）利用控制器中的 PTO（Pulse Train Outputs）向驱动器中脉冲接收端口发送一定频率的脉冲，根据脉冲的频率和个数来精确定位电动机运动的位置；第二种方式是通过 Micro850 的嵌入式的串口通信模块 2080-SERIALISOL，此通信模块即支持 RS-485 通信协议也支持 RS-232 通信协议。本节将模块配置成 RS-232 通信口，并通过 Modbus RTU 协议或者 ASCII 协议配置 K3 驱动器系统参数，从而控制电动机的运行。

本章设计的位置控制系统中采用了 HSC（High-Speed Counter）高速计数器来测量 PTO 口发出的实际脉冲个数，作为控制系统的反馈信号（本次实验使用的是本地输入点 I.00），以此来实现位置的精确定位。

本次控制系统的单元组件见表 7-1。

表 7-1　位置控制系统单元组件

组件目录号	组件目录描述
2080-LC50-24QBB	Micro850;24V 直流电源,24V 数字输入(14 个),晶体管输出(10 个)
1761-CBL-PM02	电缆:连接 Micro850 的 RS-232 端口与触摸屏的 RS-232 端口
2071-AP1	Kinetix 3 驱动器,AC 230V,单相,1. 1A
TL-A120P-BJ32AA	伺服电动机,0. 086kW,最大 5000r/min
2711C-T6T	PanelView C600 触摸屏

7.2　Kinetix 3 伺服驱动器

Kinetix 3 系列伺服驱动器是罗克韦尔自动化公司为小型机器应用提供运动控制的解决方案。Kinetix 3 系列伺服驱动器可以为复杂程度不太高的应用提供相应级别的伺服控制。驱动器紧凑的设计，使它成为所需功率小于 1. 5kW，瞬时转矩在 12. 55N · m 以下的小型机器的理想选择。

Kinetix 3 驱动器功能包括在线振动抑制、先进的自整定和索引功能。此驱动器可通过 Modbus 或其数字量输入对 64 个预设位置进行索引定位，还可以使用 UltraWare 软件对 Kinetix 3进行组态。UltraWare 是一款可在因特网上下载的免费软件，它是 Kinetix 加速器工具包的一部分，用于加速诊断过程。它可以一次组态多个轴，还可以整理和设置参数，它还包含一个内置示波器，可以监视各种变量。

Kinetix 3 系列伺服驱动器的特点如下。

1. 合适的成本，恰当的功能

通过串行通信或数字量 I/O，最多对 64 点位置进行索引定位。

灵活的控制命令接口，可以通过数字量或模拟量 I/O、脉冲和 Modbus-RTU 控制驱动器。

2. 调试简单

包括两个驱动器在线时可以进行自动调节的自适应陷波滤波器，从而消除有害共振和抖动。

自动识别电动机和设置增益，简化了起动过程，有助于达到最佳效果。

3. 易于使用和维护

Modbus-RTU 串行通信可以实现在运行期间通过控制器或 HMI 更改驱动器参数的功能。

参数被归类，并赋予简明易懂的名字和默认值。

使用免费软件工具 UltraWare 对驱动器进行组态，并可以复制组态参数。

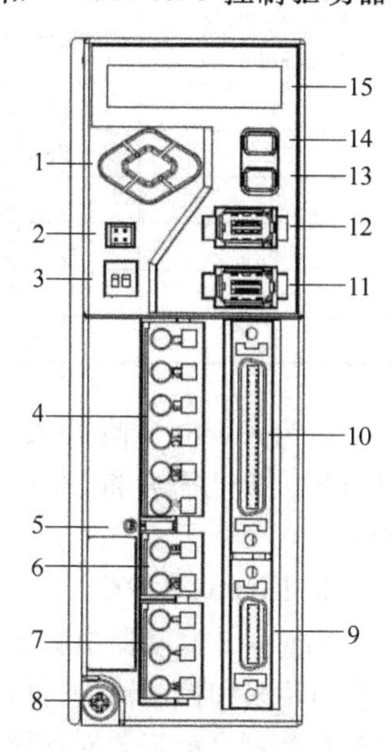

图 7-2　K3 驱动器的外观

7.2.1　Kinetix 3 驱动器硬件连线

本次实验选用的 Kinetix 3 系列伺服驱动器的具体型号是 2071-AP1，该驱动器的外观如图 7-2 所示。

依据上图的标号，该驱动器上的各个端口及功能见表 7-2。

表 7-2　驱动器端口及功能

项　目	说　明	项　目	说　明
1	左/右与上/下键	9	电动机反馈(MF)
2	模拟量输出(A. out)	10	输入/输出(I/O)
3	RS-485 通信终端开关	11	串行接口(Comm0B)(下)
4	输入电源(IPD)	12	串行接口(Comm0A)(上)
5	主电源指示灯	13	回车键
6	旁路电源(BC)	14	模式/设置键
7	电动机电源(MP)	15	7 段状态指示灯
8	接地接线片		

1. Kinetix 3 通信口硬件连线

本次实验中使用的通信口为上表中的 12 号串行接口（Comm0A），该口为 6 针的口，具体引脚分布如图 7-3 所示。

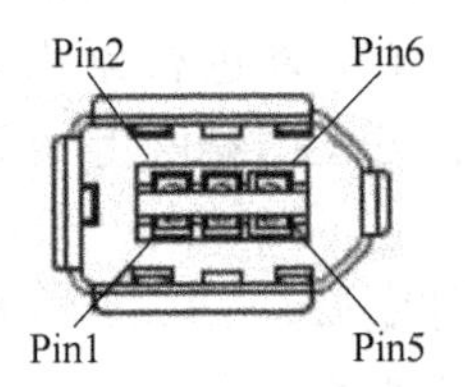

图 7-3　串行接口引脚分布

每个引脚的含义见表 7-3。

表 7-3　串行接口引脚含义

Comm0A 以及 Comm0B 引脚	2071-Axx(A 系列)		2071-Axx(B 系列)	
	说　明	信　号	说　明	信　号
1	RS-232 发送	XMT	RS-232 发送	XMT
2	RS-232 接收	RCV	RS-232 接收	RCV
3	保留	-	+5V DC	+5V DC
4	+5V 电源接地	GND	+5V 电源接地	GND
5	RS-485 +	DX +	RS-485 +	DX +
6	RS-485 -	DX -	RS-485 -	DX -

因为 Kinetix 3 使用 RS-232 与 Micro850 进行通信，因此需要用到六根引脚中的 1、2、4 号引脚，并且需要将 2080-SERIALISOR 通信模块接成 RS-232 通信。具体的接线如图 7-4 所示。

2. Kinetix 3 I/O（IOD）硬件连线

Kinetix 3 驱动器中除了有通信接口可以和外部设备进行通信，还提供了 50 个引脚的 I/O 接口用来和控制器进行信号传输。控制器可以通过该 I/O 接口实现对驱动器的控制，但是在进行控制之前需要对该驱动器进行参数配置，具体的配置方法将在后面进行介绍。I/O 接口引脚分布如图 7-5 所示。

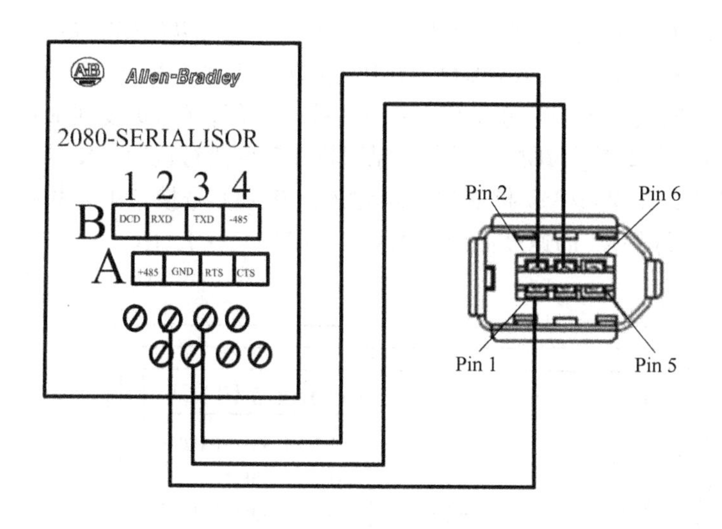

图 7-4　RS-232 通信接线

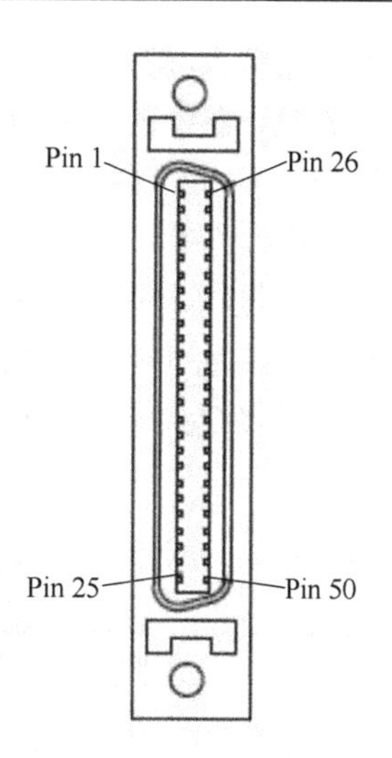

图 7-5　I/O 口引脚分布

表 7-4 中列出了 I/O 口各个引脚的含义。

表 7-4　I/O 接口引脚含义

引脚	说　明	信　号	引脚	说　明	信　号
1	24V 输入	+24V PWR	26	数字量输入 8	INPUT8
2	24V 输入	+24V PWR	27	数字量输入 9	INPUT9
3	数字量输入 1	INPUT1	28	数字量输入 10	INPUT10
4	数字量输入 2	INPUT2	29	缓冲编码器通道 A +	AM +
5	数字量输入 3	INPUT3	30	缓冲编码器通道 A –	AM –
6	数字量输入 4	INPUT4	31	缓冲编码器通道 B +	BM +
7	数字量输入 5	INPUT5	32	缓冲编码器通道 B –	BM –
8	数字量输入 6	INPUT6	33	缓冲编码器通道 Z +	IM +
9	数字量输入 7	INPUT7	34	缓冲编码器通道 Z –	IM –
10	急停	ESTOP	35	绝对编码器的串行数据	PS +
11	跟随输入 A +	PLUS +	36	绝对编码器的串行数据	PS –
12	跟随输入 A –	PLUS –	37	报警输出 1 数字量输出 4	Fault1/OUTPUT4
13	跟随输入 B +	SIGN +	38	报警输出 2 数字量输出 5	Fault2/OUTPUT5
14	跟随输入 B –	SIGN –	39	报警输出 3 数字量输出 6	Fault3/OUTPUT6
15	高频脉冲输入 A +	HF _ PULS +	40	报警输出数字量接地	FCOM/OUT COM
16	高频脉冲输入 A –	HF _ PULS –	41	数字量输出 1 +	OUTPUT1 +
17	编码器 z 脉冲	Z – PULS +	42	数字量输出 1 –	OUTPUT1 –
18	编码器 z 脉冲	Z – PULS –	43	数字量输出 2 +	OUTPUT2 +
19	速度命令输入 +	VCMD +	44	数字量输出 2 –	OUTPUT2 –
20	速度命令输入 –	VCMD –	45	伺服报警 +	FAULT +
21	电流命令输入 +	ICMD +	46	伺服报警 –	FAULT +
22	电流命令输入 –	ICMD –	47	数字量输出 3 +	OUTPUT3 +
23	高频脉冲输入 B +	HF _ SIGH +	48	数字量输出 3 –	OUTPUT3 –
24	高频脉冲输入 B –	HF _ SIGH –	49	用于 24V 脉冲的 O/C	24V _ PULS +
25	用于 24V 脉冲的 O/C	24V _ SIGN +	50	保留	–

数字量输入/输出可以直接接到 Micro850 的本地 I/O 点上，具体的功能可以依据需要对 Kinetix 3 驱动器中的相关参数进行配置。本例中，INPUT1 ~ INPUT5 直接接到了 Micro850 的本地输出点 0.00 ~ 0.06 上，其中，输出点 0.00 和 0.03 被 PTO 接口占用，0.00 接到 K3 的 24V _ PULS(+)上，0.03 接到 K3 的 24V _ SIGN(+)上，原因将在后面进行说明。K3 I/O 接口数字量输出接口 1 ~ 3 分别接到了 Micro850 控制器本地输入点 9 ~ 11 号接口上，Micro850 的模拟量（电压）输出点 1 接到了 K3 的速度命令输入接口 VCMD（ + ）上。

具体的接线如图 7-6 所示。

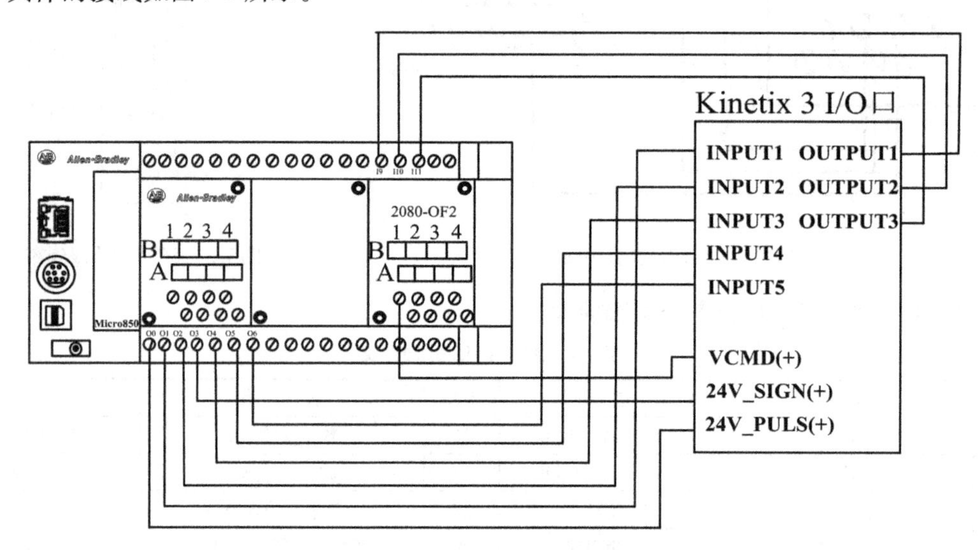

图 7-6 I/O 与 Micro850 接线图

7.2.2 Kinetix 3 驱动器参数配置

若想用外部 I/O 或者通信来控制 Kinetix 3 驱动器需要具备两个条件：首先是需要正确地完成硬件的接线；然后需要对 Kinetix 3 驱动器进行正确的参数配置。Kinetix 3 驱动器参数有三种配置方式，第一种为通过驱动器面板进行参数配置，第二种为使用 Ultraware 对驱动器进行配置，第三种为使用 Kinetix 3 上的通信口 Comm0A 或者 Comm0B，通过 Modbus RTU 对 Kinetix 3 进行参数配置。这里介绍前两种配置方式，第三种配置方式将在后面进行介绍。

在介绍参数配置之前，需要先了解 Kinetix 3 驱动器的几种工作模式。Kinetix 3 一共有 12 种（其中一种保留，供以后使用）工作模式，但归结起来需要掌握 5 种模式，这 5 种模式为 Follower（跟随）、Analog Velocity Input（模拟量速度输入）、Analog Current Input（模拟量电流输入）、Preset Velocity（预置速度）和 Indexing（索引）。

Follower（跟随）模式是使用 Micro850 的 PTO 高速脉冲口发送高速脉冲给 Kinetix 3 驱动器，使得电动机跟随脉冲运动，跟随速度与脉冲频率之间的具体的关系可以通过 PTO 口进行设置，这个将在之后的章节进行介绍。

Analog Velocity Input（模拟量速度输入）模式是使用外部输入电压，根据电压/转速比得到具体速度，从而控制电动机以特定的速度运动，其中电压/转速比可以进行设置。

Analog Current Input（模拟量电流输入）模式是使用外部输入电流，根据电流/电压比得到电压，再根据电压/转速比得到具体速度，其中电流/电压比可以设定。

Preset Velocity（预置速度）模式是预置 1 ~ 7 个设定好的速度，并配置驱动器 INPUT 口，然后通过硬件或者软件切换预置速度进行速度控制。

Indexing（索引）模式可以事先设置好 0 ~ 63 个速度值，然后根据需要对这些速度值进行排序。该模式启动后，驱动器将按顺序逐个执行事先设定好的速度值。

其他模式还有 SF、CF、CS、PF、PS、PC 模式，这些模式是上述 5 种模式的两两组合。举个例子，例如 SF 模式，即主运行模式为 Analog Velocity Input（模拟量速度输入）模式，当启动旁路模式后，会切换到 Follower（跟随）模式。其他模式类似。具体可以参考罗克韦尔自动化官方手册 2071-r m001，这里不再赘述。

1. Kinetix 3 驱动器面板参数设置

如果手边没有可以连接计算机的线，无法对驱动器进行参数配置，那么可以通过驱动器面板对驱动器进行参数配置。操作面板如图 7-7 所示。

其中，1 是 7 段数码管，2 为方向按钮，3 为模式/设定按键，4 为确认键。7 段状态指示灯可显示状态、参数、函数指令，并可提供驱动器监控功能。操作员可通过模式/设定以及确认键来存取驱动器的各项功能，而方向键（上下左右）可用来编辑驱动器的功能设定。这些按键可供操作员监控及变更驱动器的各个参数。表 7-5 概述了模式/设定、确认及方向键的功能。

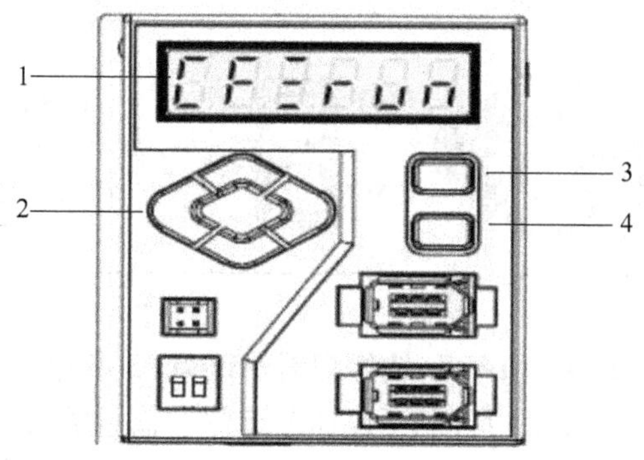

图 7-7　操作面板

表 7-5　面板操作按键功能

按　键	名称	功　能	范　例
	设定	将目前的设定值存储到内存中	按住【设定】键，直到显示屏闪烁
	模式	依序转换 4 个模式	1）按【模式】键，【状态】模式到【参数设定】模式 2）再次按下【模式】键，可前进到【监控】模式 3）再次按下【模式】键，可前进到【功能】模式 4）再次按下【模式】键，则会返回【状态】模式
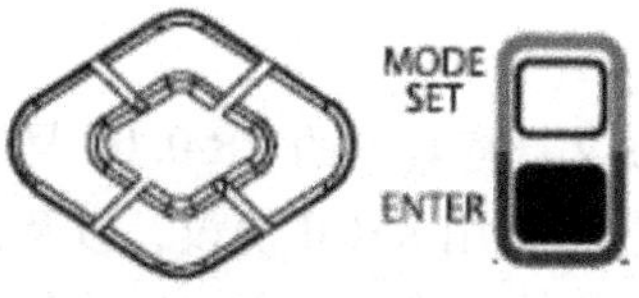	确认键	进入某个模式或者是参数设定寄存器中	从【状态】模式进入 Pr-0.00 的设定值： 1）按【模式】键可前进到初始参数显示（PR-0.00） 2）接着按下确认键，以进入 PR-0.00 寄存器中 3）设定完值后，按【设定】键存储该值
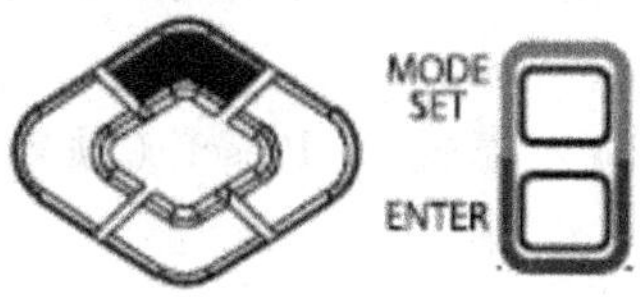	上	【状态】模式中的非功能键，使数值增加为较大数	在任何参数设定、监控或功能模式中： 按住【上】键可增加数值

（续）

按　键	名称	功　能	范　例
MODE SET ENTER	下	【状态】模式中的非功能键，使数值减小为较小数	在任何参数设定、监控或功能模式中：按住【下】键可减小数值
MODE SET ENTER	左	在状态模式下无效，将有效位数向左移动	在【参数设定】模式中： 1）按【左】键可以从参数的辅助字元往主要字元移动（PR-x. xX 至 PR-x. Xx） 2）再次按【左】键可移动至 PR-X. xx 数值
MODE SET ENTER	右	在状态模式下无效，将有效位数向右移动	在【参数设定】模式中： 1）按【右】键可以从参数的辅助字元往主要字元移动（PR-x. xX 至 PR-X. xx） 2）再次按【右】键可移动至 PR-x. Xx 数值

2. Ultraware 软件配置 Kinetix 3 参数

使用面板控制不仅比较麻烦，而且需要经常查看手册才能知道驱动器中每个参数的参数号，改动起来很费时，而且往往容易忽略掉其中的某个参数设置，从而影响系统运行。罗克韦尔自动化公司提供了 Ultraware 软件专门对 Kinetix 3 进行参数配置。该软件直观的操作界面使得 Kinetix 3 的参数配置起来非常简单。

Kinetix 3 驱动器上提供了 Comm0A 口，可以使用 2090-CCMPCDS-23AAxx 线，连接 Kinetix 3 驱动器跟计算机的 RS-232 串口，然后使用 Ultraware 对驱动器进行配置。连接线缆如图 7-8 所示。

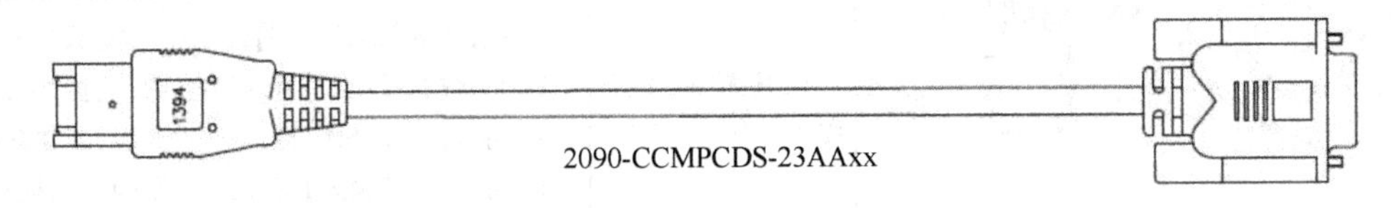

图 7-8　连接线缆

在驱动器上电后，首先需要使用面板设置 RS-232 的通信协议，将其中的 PR-0. 09 号参数设置为：波特率 56000bit/s，8 个数据位，无校验，1 个停止位，使用 ASCII 协议，以及使用 RS-232 通信。设置完这些信息后将电缆接上，打开 Ultraware 软件，建立新文档，软件会扫描线上的驱动器。扫描后可以看到如图 7-9 所示的目录树，点击“＋”，可以展开驱动器的模式配置。

模式配置（Mode Configuration）下方有 Analog（模拟量输入模式）、Preset（预置速度）、Follower（跟随）、Indexing（索引）模式的相关设置。

Motor（电动机）选项可以监控电动机的状态。

Tuning（微调）选项可以调节速度与位置调节器的增益，监控速度、位置及电流回路的状态。开启各对话框后，可在其中执行自动微调、手动位置微调、手动速度微调等指令。

Encoders（编码器）选项可以设置电动机的编码器。

Digital Inputs（数字量输入）可以设置驱动器各个数字量输入功能，例如可以设置 Input1 为电动机的起动按钮，Input2 为电动机的方向按钮，Input3 为电动机的停止按钮等。也可以监控各个数字量的输入情况。

Digital Outputs（数字量输出）可以设置驱动器各个数字量的输出功能。也可以监控各个数字量的输出情况。

Analog Outputs（模拟量输出）可以将电动机的速度折算成电压或者电流输出。可以设置其中的电压/转速比或者电流/转速比来控制电压/电流输出。

Ultraware 中一些选项的具体参数将在后面的实例中列出来。

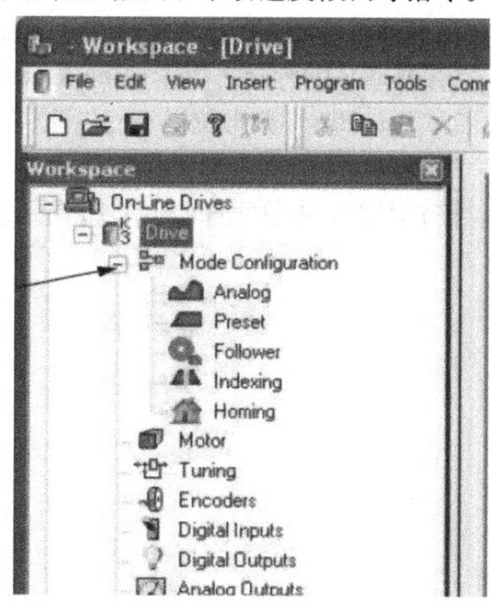

图 7-9　Ultraware 目录树

7.2.3　Kinetix 3 驱动器的 Modbus 网络通信

位置控制系统中控制器和 Kinetix 3 驱动器采用 RS-232 进行通信，RS-232 上可以使用 Modbus RTU 和 ACSII 两种协议。这里选择的是使用 Modbus RTU 进行通信。通信前需要设置好驱动器和控制器中的通信方式，使得它们之间的波特率、协议帧等通信参数相同。

在前几章中已经介绍过有关 Modbus 协议的信息，这里不再赘述。

1. Kinetix 3 的 Modbus 功能代码

Kinetix 3 的 Modbus 功能代码和命令见表 7-6。

表 7-6　Modbus 功能代码和命令

Modbus 功能代码(十进制)	命　　令	Modbus 功能代码(十进制)	命　　令
03	读保持型寄存器	06	写单个寄存器
04	读输入寄存器	16	写多个寄存器

需要注意的是：①寄存器地址偏移量为 1，例如：读 Kinetix 3 速度反馈的寄存器地址为 0，但是实际操作中就要设置为 1；②保持型寄存器是指驱动器中的参数寄存器，输入寄存器是指驱动器的状态寄存器。

2. Micro850 控制器通信参数设置

将嵌入式串口通信模块插到控制器的 1 槽上，进入 CCW 中，点击 Micro850，打开 Micro850 控制器的组态界面，选择对 1 槽上的串口通信模块进行组态，设置以下参数：

1）Driver（通信驱动类型）：Modbus RTU；

2）Baud Rate（通信波特率）：19200；

3）Parity（奇偶校验位）：None；

4）Modbus Role（在 Modbus 中的角色）：Master。

在 Protocol Control 一栏设置以下参数：

1）Media（介质）：RS-232 no handshake；

2）Data Bits（数据位）：8；

3）Stop Bits（停止位）：1。

控制器通信参数配置如图 7-10 所示。

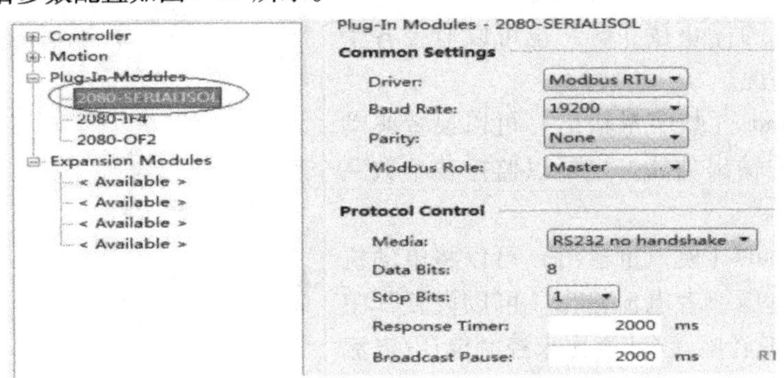

图 7-10　控制器通信参数配置

3. Kinetix 3 驱动器通信参数设置

打开 Ultraware，在目录树中双击 K3 Drive，如图 7-11 所示，进入 K3 配置界面，展开 Communications 界面，进行如图 7-12 所示的配置。

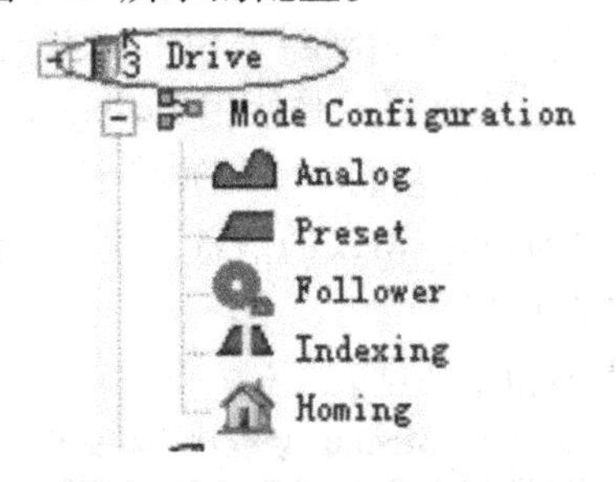

图 7-11　Drive 配置

Communications	
Drive Address	5
Baudrate	19200 bps
Frame Format	8 Data, No Parity, 1 Stop bit
Protocol	MODBUS-RTU
Communication Method	RS232
MODBUS Run Function Control	Enable
MODBUS Input Function Control	Enable

图 7-12　Kinetix 3 通信参数配置

配置完后将配置好的参数存入驱动器中。

4. Micro850 与 Kinetix 3 驱动器的通信程序

这里以 Kinetix 3 的预置速度（Preset Velocity）模式为例，说明如何使用 Modbus RTU 来

设置驱动器的参数以及控制驱动器。

1）通信模块接线，如图7-4所示。

2）使能Modbus控制。要使用Modbus进行控制，需要修改驱动器的参数列表，将Modbus控制使能。可以通过面板操作，设置Pr-0.32号参数或者通过Ultraware的communications选项，将MODBUS Run Function Control以及MODBUS Input Function Control设置为使能，来打开Modbus控制，Ultraware的设置如图7-12所示。

3）设置预置速度。在驱动器中先设置好2个预置速度，Preset Velocity1和Preset Velocity2，这里可以通过面板设置Pr-2.05和Pr-2.06号参数，也可以通过Ultraware直接设置，或者通过RS-232 Modbus RTU对参数Pr-2.05和Pr-2.06进行写值，两个参数对应的Modbus地址为207和208，编程的时候需要设置为208和209。这里通过Ultraware设置，Ultraware中点击目录树下的Preset选项，设置预置速度，如图7-13所示。

4）修改驱动器工作模式。为了使驱动器运行在预置速度模式下，需要将驱动器Pr-0.00号参数设置为7，即预置速度（Preset Velocity）模式。通过面板设置该参数，设置完参数后，驱动器不能马上生效，需要重新上电。

	Parameter	Value	Units
	Preset Velocity 1	100	RPM
	Preset Velocity 2	200	RPM

图7-13　预置速度设置

5）创建MSG指令相关变量。在完成参数设置后即可开始创建变量，由于需要起动/停止电动机以及读取电动机参数/状态信息，因此需要3个MSG指令。创建MSG _ MODBUS功能块，并分别创建功能块上所需要的变量，如图7-14所示。

+	MSG_MODBUS_1	MSG_MOI			...	Read/Write
	K3_Modbus_Start	BOOL				Read/Write
	K3_Cancel	BOOL				Read/Write
+	K3_LocalCfg	MODBUSLOC			...	Read/Write
+	K3_TargetCfg	MODBUSTAR			...	Read/Write
+	K3_LocalAddr	MODBUSLOC			...	Read/Write
	K3_Error	BOOL				Read/Write
	K3_ErrorID	UINT				Read/Write

图7-14　创建MSG功能块和所需变量

6）编写程序以及设置MSG指令参数。编写读取驱动器参数的程序以及控制电动机以预置速度运行的程序。如图7-15所示，第一个梯级中的MSG _ MODBUS _ 1功能块用于读取K3的参数设定值，当K3 _ Modbus _ Start指令由假变真一次，控制器就会读一次K3参数寄存器中的值。

梯级中的MSG _ MODBUS _ 2功能块用于向K3的控制寄存器中写入电动机运行使能值以及选择预置速度1的值，K3 _ Modbus _ Write指令用于启动MSG功能块。

梯级中的MSG _ MODBUS _ 3功能块发送电动机停止运行命令。

读取反馈速度以及写控制字如图7-15所示。

其中，MSG _ MODBUS _ 1功能块指令的相关参数设置如图7-16所示，MSG _ MODBUS _ 2功能块指令的相关参数设置如图7-17所示，参数说明见表7-7和表7-8。

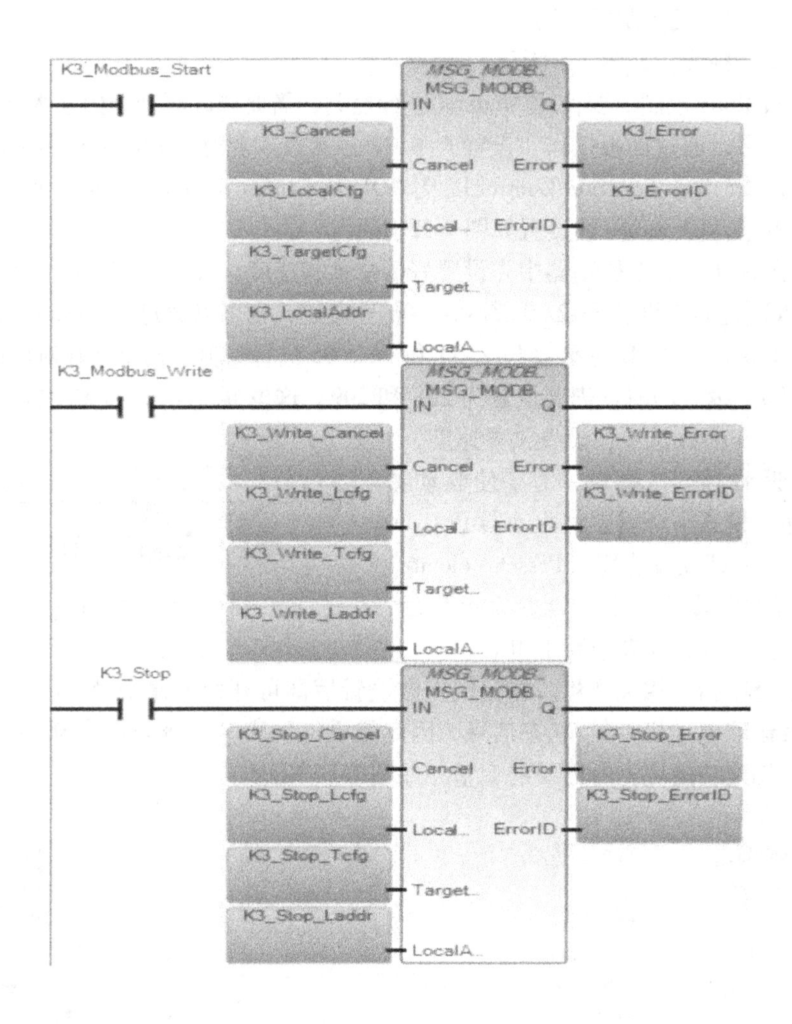

图 7-15　读取反馈速度以及写控制字

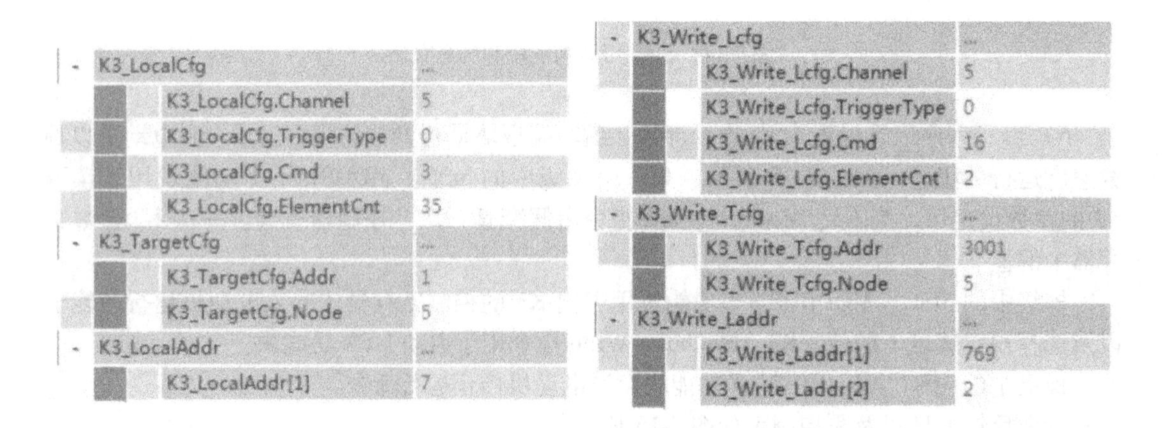

变量	值
- K3_LocalCfg	...
K3_LocalCfg.Channel	5
K3_LocalCfg.TriggerType	0
K3_LocalCfg.Cmd	3
K3_LocalCfg.ElementCnt	35
- K3_TargetCfg	...
K3_TargetCfg.Addr	1
K3_TargetCfg.Node	5
- K3_LocalAddr	...
K3_LocalAddr[1]	7

图 7-16　读取反馈速度参数设置

变量	值
- K3_Write_Lcfg	...
K3_Write_Lcfg.Channel	5
K3_Write_Lcfg.TriggerType	0
K3_Write_Lcfg.Cmd	16
K3_Write_Lcfg.ElementCnt	2
- K3_Write_Tcfg	...
K3_Write_Tcfg.Addr	3001
K3_Write_Tcfg.Node	5
- K3_Write_Laddr	...
K3_Write_Laddr[1]	769
K3_Write_Laddr[2]	2

图 7-17　电动机使能和方向设置

之所以需要写两个寄存器，是因为向第一个地址为3000（命令中应设置为3001）的寄存器中写入769命令，是为了使能驱动（Drive Enable），选择方向（Preset Direction）以及选择电动机以预置速度1（Preset Select1）起动。写第二个地址为3001（命令中应设置为3002）的寄存器是为了起动电动机（Motor Moving Enable）。

可以看到图7-16中K3 _ LocalAddr［1］的值为7，即现在处于预置速度模式。

表7-7　读取Kinetix 3参数的MSG指令参数说明

名　　称	作　　用	设　定　值
K3 _ Localcfg. Channel(通道)	选择通信端口	5
K3 _ Localcfg. Trigger Type(触发类型)	选择触发类型	0(上升沿触发)
K3 _ Localcfg. cmd(Modbus 命令)	选择信息功能	3(读保持型寄存器,即参数寄存器)
K3 _ Localcfg. ElementCnt(长度)	选择读取的数据个数	32
K3 _ TargetCfg. Addrs(Modbus 数据地址)(1-65535)	选择 K3 的数据寄存器地址	1(即 Pr-0.00 号参数开始的地址)
K3 _ TargetCfg. Node(从节点地址)	选择 K3 的节点地址	5(在图 7-12 中设定的驱动器地址)
K3 _ LocalAddr[1] ~ K3 _ LocalAddr[32](存放数据的地址)	分别存放从 Modbus 地址 1 ~ 32 中读取的数据	其中地址 1 中的数据读到 K3 _ LocalAddr[1]中,地址为 32 的数据读到 K3 _ LocalAddr[32]中

表7-8　控制Kinetix 3的MSG指令参数说明

名　　称	作　　用	设　定　值
K3 _ Write _ Lcfg. Channel(通道)	选择通信端口	5
K3 _ Write _ Lcfg. Trigger Type(触发类型)	选择触发类型	0(上升沿触发)
K3 _ Write _ Lcfg. cmd(Modbus 命令)	选择信息功能	16(写多个寄存器)
K3 _ Write _ Lcfg. ElementCnt(长度)	选择写的数据个数	2
K3 _ Write _ Tcfg. Addrs(Modbus 数据地址)(1 ~ 65535)	选择 K3 的数据寄存器地址	3001(该寄存器设置电机使能、方向控制等功能)
K3 _ Write _ Tcfg. Node(从节点地址)	选择 K3 的节点地址	5(在图 7-12 中设定的驱动器地址)
K3 _ Write _ Laddr[1] ~ K3 _ Write _ Laddr [2](要写的数据)	分别存放从 Modbus 地址 1 ~ 2 中读取的数据	其中 K3 _ Write _ Laddr[1]中的数据写到地址 3001 寄存器中,K3 _ Write _ Laddr[2]中的数据写到 3002 寄存器中

点击K3 _ Modbus _ Write命令后，电动机开始以Preset Velocity1的速度运动。这样就完成了使用Modbus RTU控制Kinetix 3驱动器的设置。通过写参数同样可以修改驱动器中的参

数值，但需要注意的是，在设置完参数后，需要写 1 到 Modbus 地址为 9999 的寄存器中，这样才能保存参数设置值。

7.3　PTO 功能块

Micro850 控制器支持高速脉冲输出（Pulse Train Outputs，PTO），PTO 功能块要经过一定的配置才能以指定的频率产生指定数量的脉冲。对于 PTO 具体的硬件接线方式见 3.2.1 节。

7.3.1　配置 PTO 通道

1）在 CCW 工程中，双击 Micro850，右键单击目录树“Motion”选项下的“New Axis”，点击“Add”，添加一个轴，如图 7-18 所示。

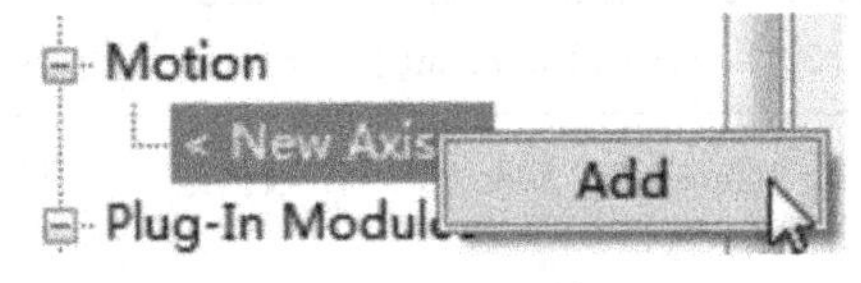

图 7-18　添加轴

添加完轴，给轴命名为“Axis1”，这样在全局标签界面下就可以看到“Axis1”的组态信息了，组态信息如图 7-19 所示。

名称	数据类型
+ _MOTION_DIAG	MOTION_DIAG
- Axis1	AXIS_REF
Axis1.ErrorFlag	BOOL
Axis1.AxisHomed	BOOL
Axis1.ConstVel	BOOL
Axis1.AccelFlag	BOOL
Axis1.DecelFlag	BOOL
Axis1.AxisState	USINT
Axis1.ErrorID	UINT
Axis1.ExtraData	UINT
Axis1.TargetPos	REAL
Axis1.CommandPos	REAL
Axis1.TargetVel	REAL
Axis1.CommandVel	REAL

图 7-19　全局变量中的轴组态信息

接下来需要对轴进行配置，点击“Axis1”进入配置界面，如图 7-20 所示。

2）配置“General”选项中的“PTO Channel”，“PTO Channel”是内部固定的，因为型号为 2080-LC50-24QBB 的控制器只支持两个轴，故“PTO Channel”只有 2 个选项，即“EM _0”和“EM _1”，对于支持三轴的有 3 个选项。选择“EM _0”，“EM _0”是将 O.00 口作为脉冲输出口，O.03 口作为方向输出口。“Drive Enable Output”即设置驱动使能口，这里设置的为 O.06 口，该口控制电动机驱动的使能。“Drive Ready Input”，即驱动就绪口，该口置 1 表示高速控制器驱动已经准备好接受脉冲，该口设置为 DI.09。

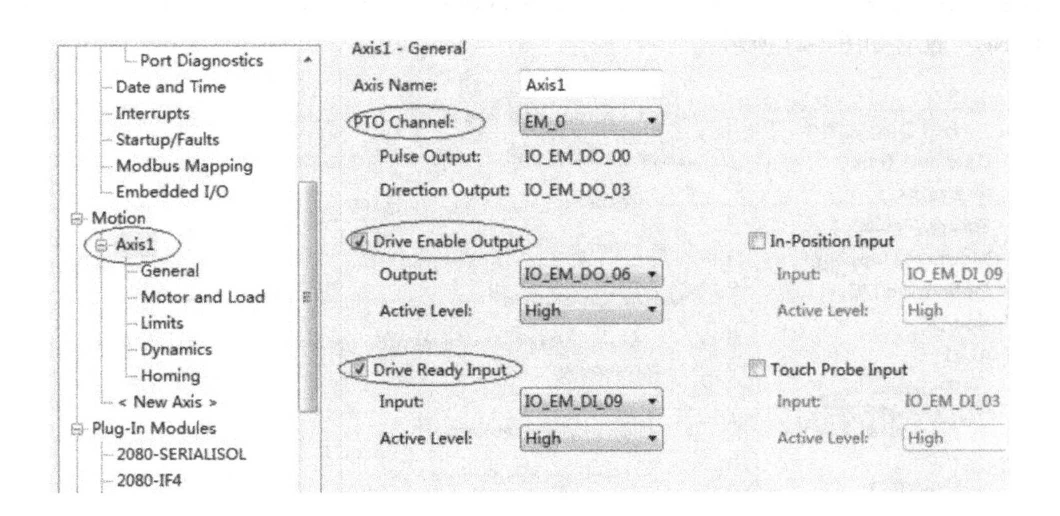

图7-20　PTO配置界面

值得注意的是：①这里“Drive Enable Output”驱动使能口除了要在控制器中配置成O. 06口以外，还需要通过面板设置Pr-0. 10号参数，需将其设置成为与控制器O. 06对应的端口；②“Drive Ready Input”的设置需要先通过面板设置Pr-0. 24号参数，将Output1-3设定为Ready，再将该输出接到控制器的DI. 09上。或通过Ultraware设置驱动器Output1-3，再将置成Ready信号的输出接到DI. 09上。Ultraware设置如图7-21所示。

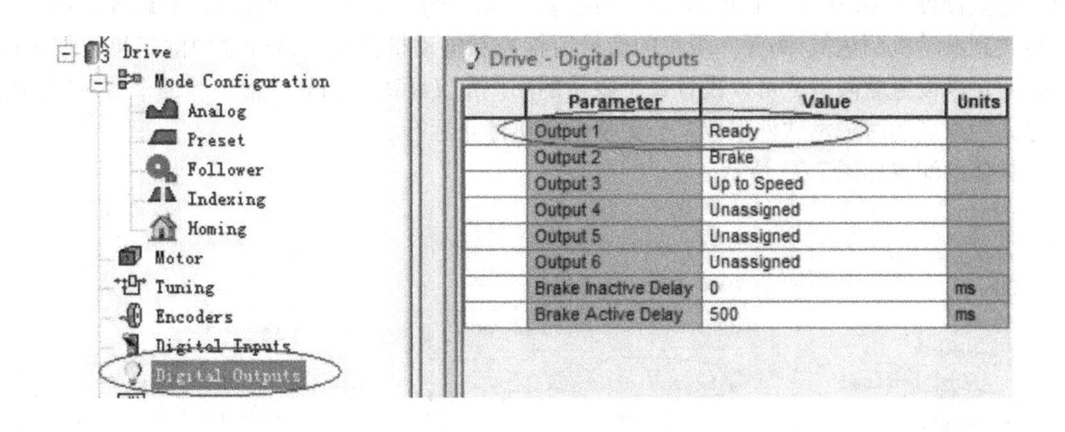

图7-21　使用Ultraware设置驱动器Output

3）配置“Motor and Load”选项，“User Defined Unit”的配置非常重要，因为这一配置直接决定了以后的速度和位置的具体值。这里定义的是mm，即在设定位置的时候，如果设定的1000，指的就是1000mm。“Motor Revolution”中设置脉冲对应的用户定义的距离。“Pulses per Revolution”指的是200个脉冲一个循环，“Travel per Revolution”指的是每个循环为多少用户定义单位，这里定义的是 mm，可以理解为每秒 200 个脉冲运动 1mm。“Motor and Load”配置如图 7-22 所示。

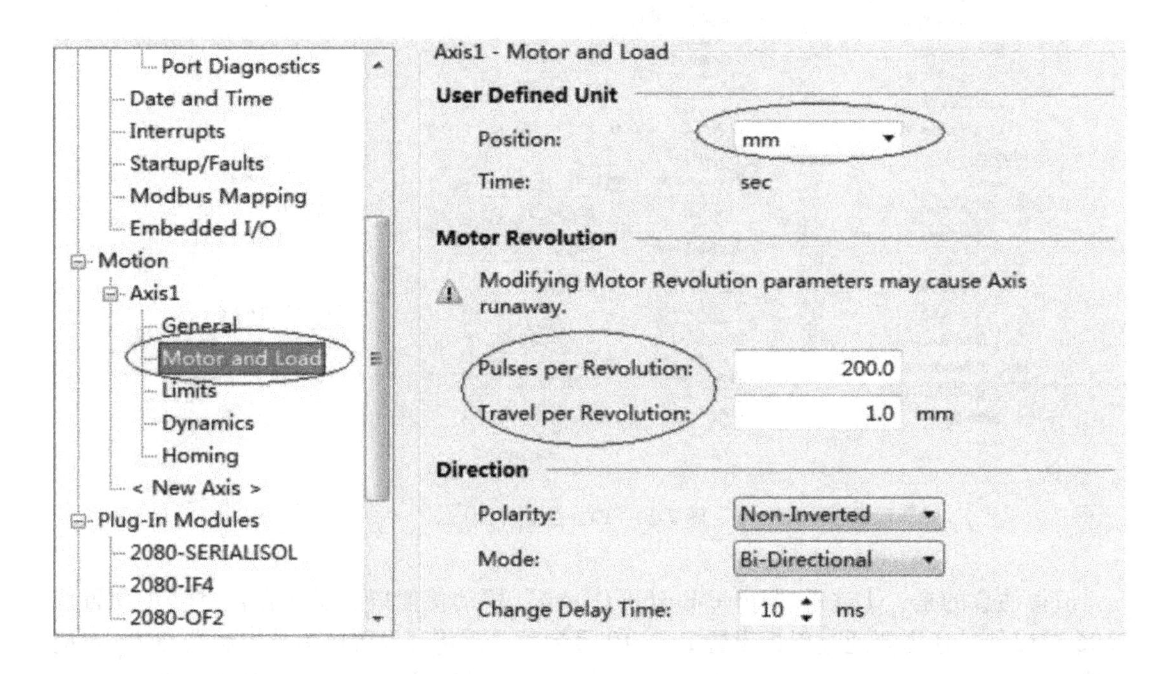

图 7-22 “Motor and Load”配置

4）配置“Limits”，选项中可以配置低硬限位和高硬限位，该限位信号可以用硬件给出，这里设置为 DI.00 口和 DI.01 口。当电动机到达设定位置时，硬件限位器触发，PTO 模块接收到电动机到达低/高硬件限位的信号后将控制电动机停止。该选项中除了可以设置硬限位还可以设置软限位，可以设置每个限位的用户定义距离，当软件检测脉冲个数对应的用户定义距离到达时触发软件限位，会促使电动机停止运行。

具体的配置如图 7-23 所示。

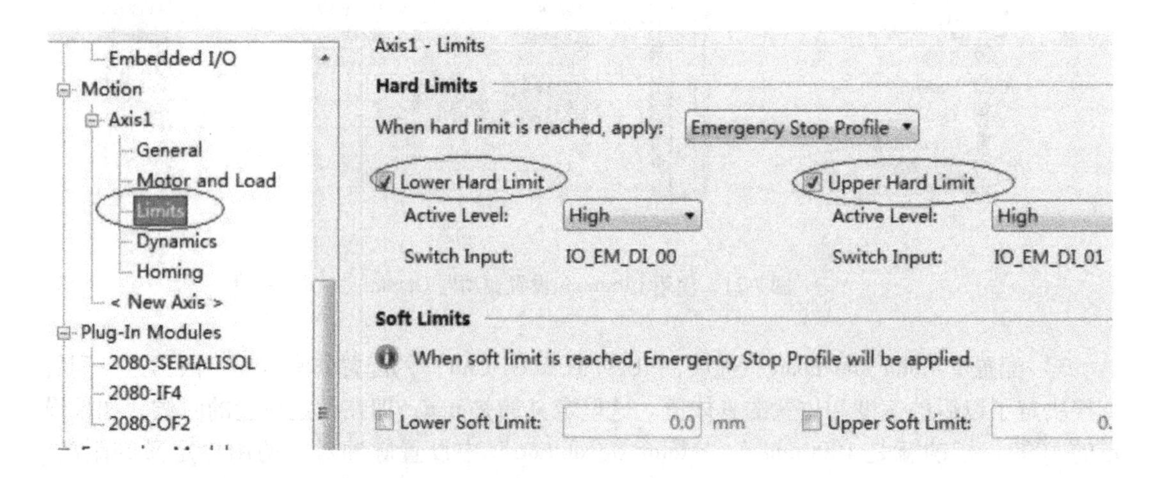

图 7-23 “Limits”配置

5）配置“Dynamics”，该选项中可以配置起动/停止速度、最大速度、加速度等，配置如图 7-24 所示。

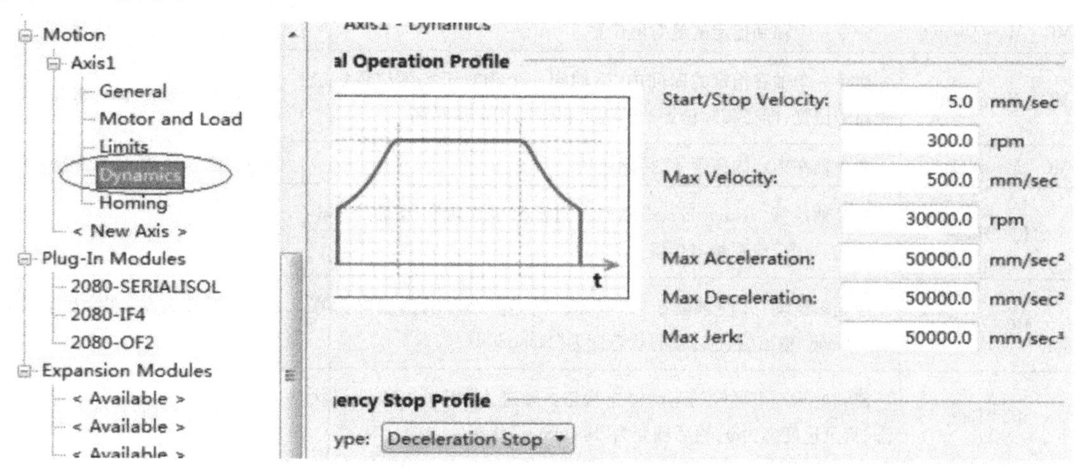

图 7-24　“Dynamics”配置

6）配置“Homing”，该选项中可以配置索引模式下的各个归零属性，比如归零方向、归零速度、归零加速度、归零偏移量等，配置如图 7-25 所示。

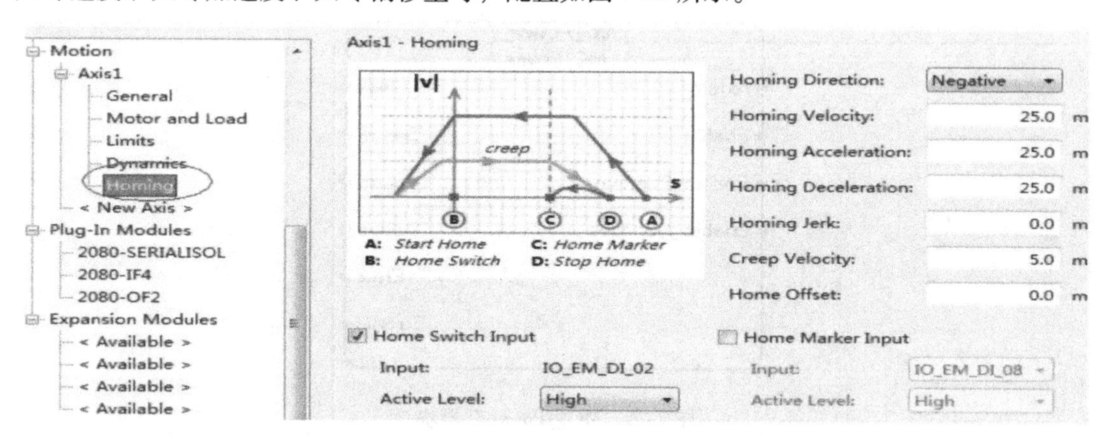

图 7-25　“Homing”配置

7.3.2　运动控制功能块

配置完 PTO 相关参数以后，可以使用运动控制功能块来控制 PTO 块的执行，运动控制功能块分为两类：一类是命令类功能块，主要用来对 PTO 相关参数进行监控和设置；另一类是动作方式类功能块，主要用来控制 PTO 口输出特定频率的脉冲以使得电动机到达指定位置。命令类功能块见表 7-9，动作方式类功能块见表 7-10。

表 7-9　命令类功能块

功能块名称	功能块名称	功能块名称	功能块名称
MC_Power	MC_ReadAxisError	MC_AbortTrigger	MC_WriteParameter
MC_Reset	MC_ReadParameter	MC_ReadStatus	MC_WriteBoolParameter
MC_TouchProbe	MC_ReadBoolParameter	MC_SetPosition	

表 7-10 动作方式类功能块

功能块名称	描 述	允许执行功能块的运动轴状态
MC _ MoveAbsolute	命令一个轴到指定的绝对值位置	停止,断续运动,连续运动
MC _ MoveRelative	命令一个轴在指定的时间内,运动到一个相对于实际位置指定距离的位置,即在实际位置的基础上再运动指定的距离	停止,断续运动,连续运动
MC _ MoveVelocity	命令轴在指定的速度下,持续运动	停止,断续运动,连续运动
MC _ Home	命令轴执行“search home”序列。当检测到参考信号时,“Position”输入用于设置绝对位置	停止
MC _ Stop	停止轴运动,并使轴处于“Stopping”状态。当轴的速度降为零后,“Done”输出位置 1,轴的状态变为“StandStill”	停止,断续运动,连续运动,回归原点
MC _ Halt	使轴处于一个可控的运动停止状态。轴进入“DiscreteMotion”状态,直至速度降为 0,然后轴变为“StandStill”状态	停止,断续运动,连续运动

运动控制块比较多，这里只对几个比较重要的功能块进行简单的介绍。

1. MC _ Power 功能块

功能块如图 7-26 所示，该功能块的作用是使能所要控制的轴的驱动（即 Drive Enable）。

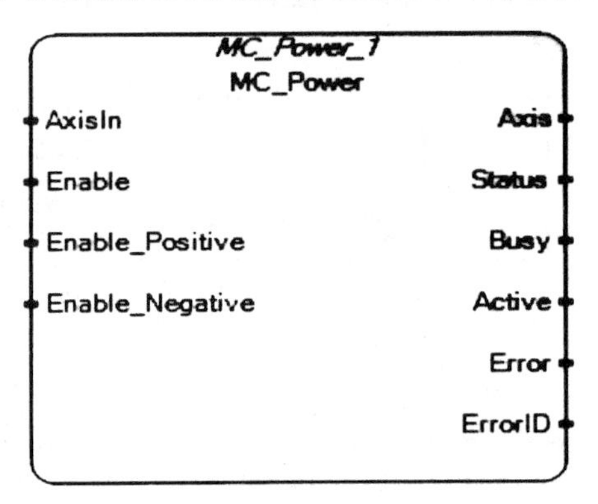

图 7-26 MC _ Power 功能块

因为在 PTO 配置时配置过驱动使能口为 O. 06 口，因此，当 MC _ Power 功能块使能时，O. 06 口会置 1，使得驱动使能。该模块各个参数见表 7-11。

表 7-11 MC _ Power 模块参数列表

参数名称	参数类型	数据类型	描 述
AxisIn	输入	AXIS _ REF	需要控制的轴的名称,这里为 Axis1
Enable	输入	BOOL	模块使能位,为 1 时开始执行模块
Enable _ Positive	输入	BOOL	运动方向使能,正转使能
Enable _ Negative	输入	BOOL	运动方向使能,反转使能
Axis	输出	AXIS _ REF	输入轴(Axis1)的状态
Status	输出	BOOL	模块运行状态,当成功使能驱动时置 1

（续）

参数名称	参数类型	数据类型	描　述
Busy	输出	BOOL	模块执行时该位置1
Active	输出	BOOL	置1时表示模块正控制着轴
Error	输出	BOOL	置1表示模块产生一个错误
ErrorID	输出	UINT	错误标号

2. MC _ MoveRelative 功能块

MC _ MoveRelative 功能块如图7-27所示，该功能块的作用是根据设定的距离和速度驱动电动机移动相应的距离，是相对运动模块，运动的位置是在电动机当前位置基础上继续运动指定的距离，区别于绝对运动模块（MC _ MoveAbsolute）。该模块具体参数见表7-12。

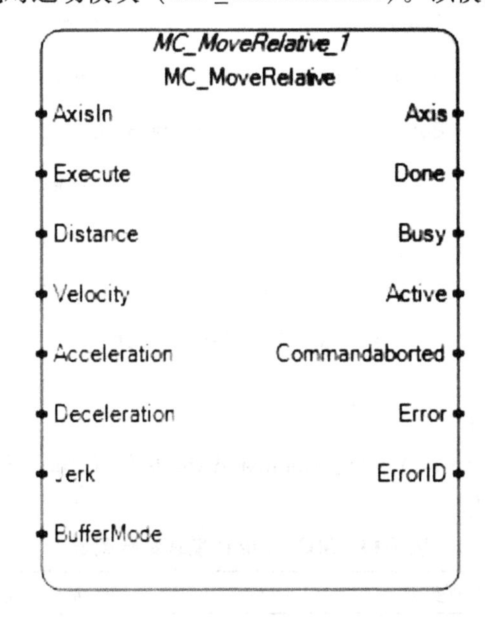

图7-27　MC _ MoveRelative 功能块

表7-12　MC _ MoveRelative 模块参数列表

参数名称	参数类型	数据类型	描　述
AxisIn	输入	AXIS _ REF	需要控制的轴的名称，这里为Axis1
Excute	输入	BOOL	模块使能位，为1时开始执行模块
Distance	输入	REAL	电动机要运动的相对距离，单位是用户定义的单位，这里为之前设置的mm
Velocity	输入	REAL	速度的最大值
Acceleration	输入	REAL	加速时，加速度最大值
Deceleration	输入	REAL	减速时，加速度最大值
Jerk	输入	REAL	加速度变化率最大值
BufferMode	输入	SINT	保留
Done	输出	BOOL	当指定的距离到达时该位置1表示距离已经到达
Commandaborted	输出	BOOL	因为该轴上别的命令的执行或者出现错误导致命令终止执行时，该位置1

由于功能块一些引脚的含义相同，如 Busy、Active、Error、ErrorID 等，下表中不再赘述。

3. MC _ Home 功能块

功能块如图 7-28 所示，该功能块的作用是在进行电动机绝对位置运动之前，先设定一个原点，以该点作为原点，绝对运动在该位置的基础上进行相对于原点的绝对运动。在运行 MC _ MoveAbsolute 命令之前，必须运行该模块。

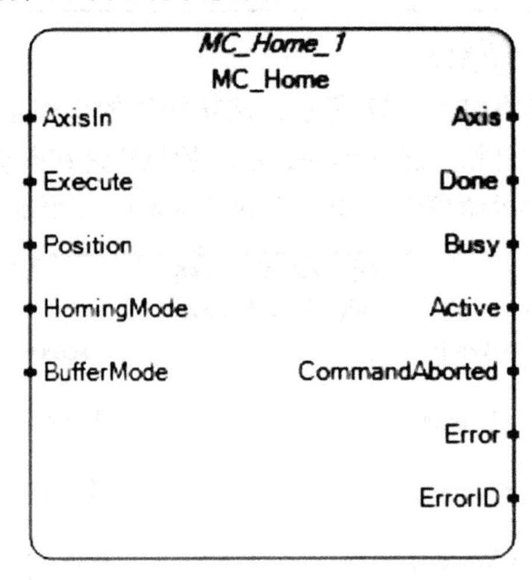

图 7-28　MC _ Home 功能块

该模块的参数见表 7-13。

由于 Excute、Done、Busy、Active、CommandAborted、Error、ErrorID 的含义与之前的模块相同，因此这里不再赘述。

表 7-13　MC _ Home 模块参数列表

参数名称	参数类型	数据类型	描　述
AxisIn	输入	AXIS _ REF	需要控制的轴的名称,这里为 Axis1
Position	输入	REAL	绝对位置的设定
HomingMode	输入	REAL	五种确定原点位置模式,每种确定原点的方式不同: 模式 0:通过寻找绝对原点位置的限位开关 模式 1:通过寻找低限位开关 模式 2:绝对原点位置加上偏移量 模式 3:低限位开关位置加上偏移量 模式 4:将电动机当前位置作为原点位置
BufferMode	输入	SINT	保留

4. MC _ MoveAbsolute 功能块

功能块如图 7-29 所示，该功能块的作用是控制电动机按照设定的速度、加速度进行绝对位置的移动。执行该功能块之前，需要先使用 MC _ Homing 模块确定原点的位置，才能使用该模块。表 7-14 中列出了该模块的参数。

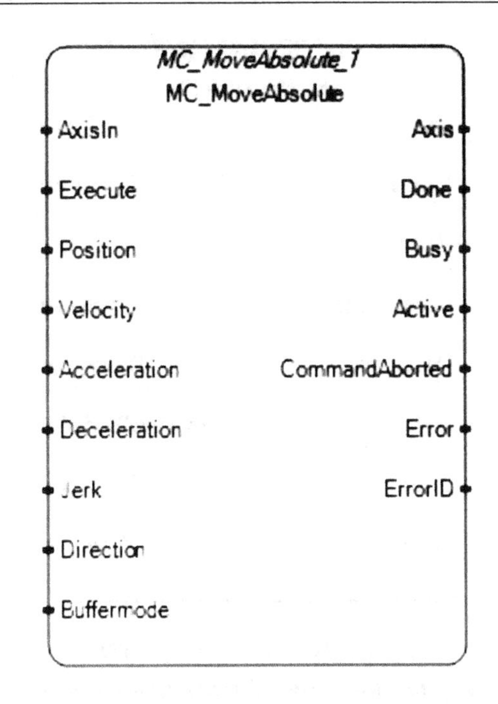

图 7-29　MC _ MoveAbsolute 功能块

表 7-14　MC _ MoveAbsolute 模块参数列表

参数名称	参数类型	数据类型	描　述
AxisIn	输入	AXIS _ REF	需要控制的轴的名称,这里为 Axis1
Excute	输入	BOOL	模块使能位,为 1 时开始执行模块
Position	输入	REAL	电动机要运动的绝对距离,单位是用户定义的单位,这里为之前设置的 mm
Velocity	输入	REAL	速度的最大值
Acceleration	输入	REAL	加速时,加速度最大值
Deceleration	输入	REAL	减速时,加速度最大值
Jerk	输入	REAL	加速度变化率最大值
Direction	输入	SINT	保留
BufferMode	输入	SINT	保留

5. MC _ MoveVelocity 功能块

功能块如图 7-30 所示，该功能块的作用是让电动机以指定的速度运行，因为没有限定运行位置，该电动机会一直运行下去，直到发出停止命令（用 MC _ Stop 或者 MC _ Halt 模块）。

表 7-15 中介绍了该模块的参数，重复的参数不再赘述。

6. MC _ Stop 功能块

功能块如图 7-31 所示，该功能块的作用是让电动机停止运转。
由于该功能块某些引脚的含义之前都介绍过，这里不再介绍了。

7. MC _ Reset 功能块

功能块如图 7-32 所示，该功能块的作用是重置轴的错误状态。
由于该功能块某些引脚的含义之前都介绍过，这里不再介绍了。

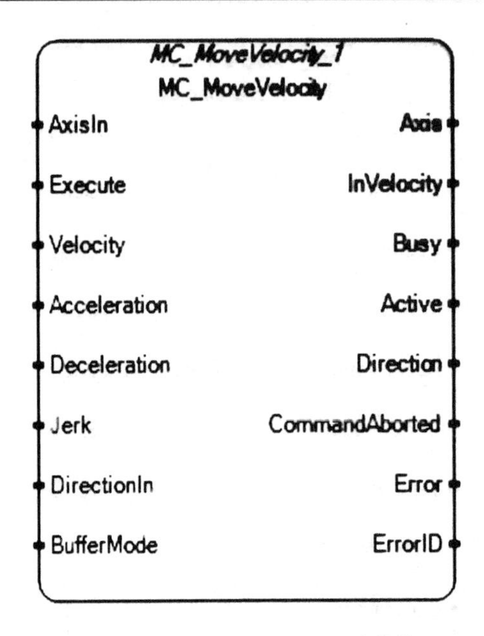

图 7-30 MC _ MoveVelocity 功能块

表 7-15 MC _ MoveVelocity 模块参数列表

参数名称	参数类型	数据类型	描　述
AxisIn	输入	AXIS _ REF	需要控制的轴的名称,这里为 Axis1
DirectionIn	输入	SINT	有 -1、0、1 3 个值,每个值含义不同: 1. 值 1,让电动机顺时针方向运行 2. 值 0,维持电动机当前方向 3. 值 -1,让电动机逆时针方向运行 值得注意的是,方向的改变只能在电动机正在运行或者 MC _ MoveVelocity 模块启动时才能修改
InVelocity	输入	BOOL	当 Velocity 中设定的最大速度达到时,该位置 1
BufferMode	输入	SINT	保留

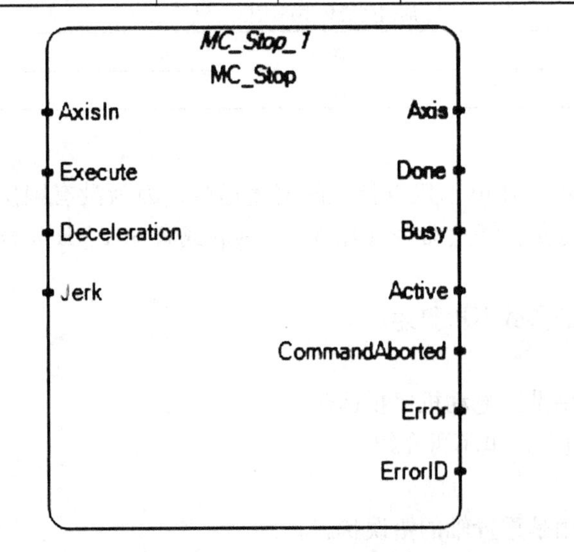

图 7-31 MC _ Stop 功能块

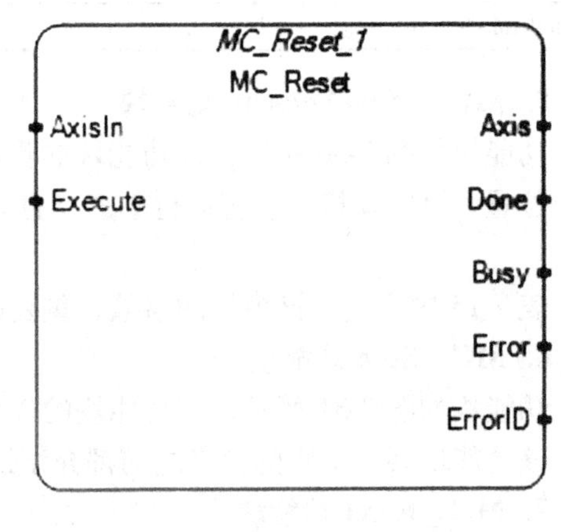

图 7-32 MC _ Reset 功能块

8. MC _ ReadStatus 功能块

MC _ ReadStatus 功能块如图 7-33 所示，该功能块的作用是查看轴的状态。

表 7-16 中列出了该模块的参数，重复的参数不再介绍。

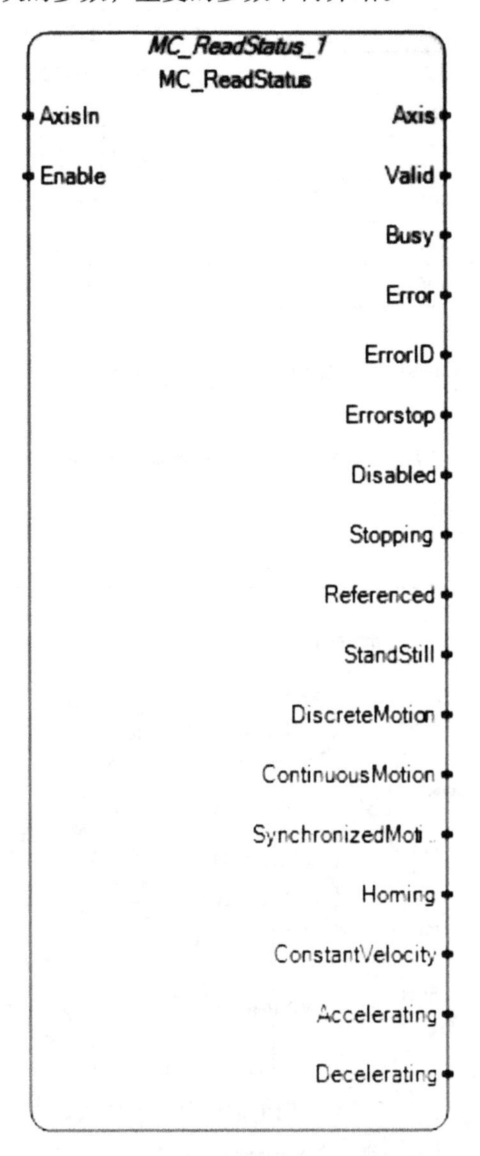

图 7-33 MC _ ReadStatus 功能块

表 7-16 MC _ ReadStatus 模块参数列表

参数名称	参数类型	数据类型	描 述
AxisIn	输入	AXIS _ REF	需要控制的轴的名称,这里为 Axis1
Valid	输出	BOOL	当输出有效时该位置 1
InVelocity	输出	BOOL	当 Velocity 中设定的最大速度达到时,该位置 1
Disabled	输出	BOOL	当轴不可用时,该位置 1
Stopping	输出	BOOL	当轴正在停止时该位置 1

（续）

参数名称	参数类型	数据类型	描　述
Referenced	输出	BOOL	当设定了绝对位置时该位置 1
DiscreteMotion	输出	BOOL	电动机处于不连续运动，例如点动时，该位置 1
ContinuousMotion	输出	BOOL	电动机连续运动时，该位置 1
SynchronizedMotion	输出	BOOL	该位一直置 0，Micro800 系列不支持
Homing	输出	BOOL	电动机返回原点时该位置 1
ConstantVelocity	输出	BOOL	电动机速度恒定时该位置 1
Accelerating	输出	BOOL	电动机加速时该位置 1
Decelerating	输出	BOOL	电动机减速时该位置 1

轴的运动状态是时刻变化的，状态间的切换如图 7-34 所示。

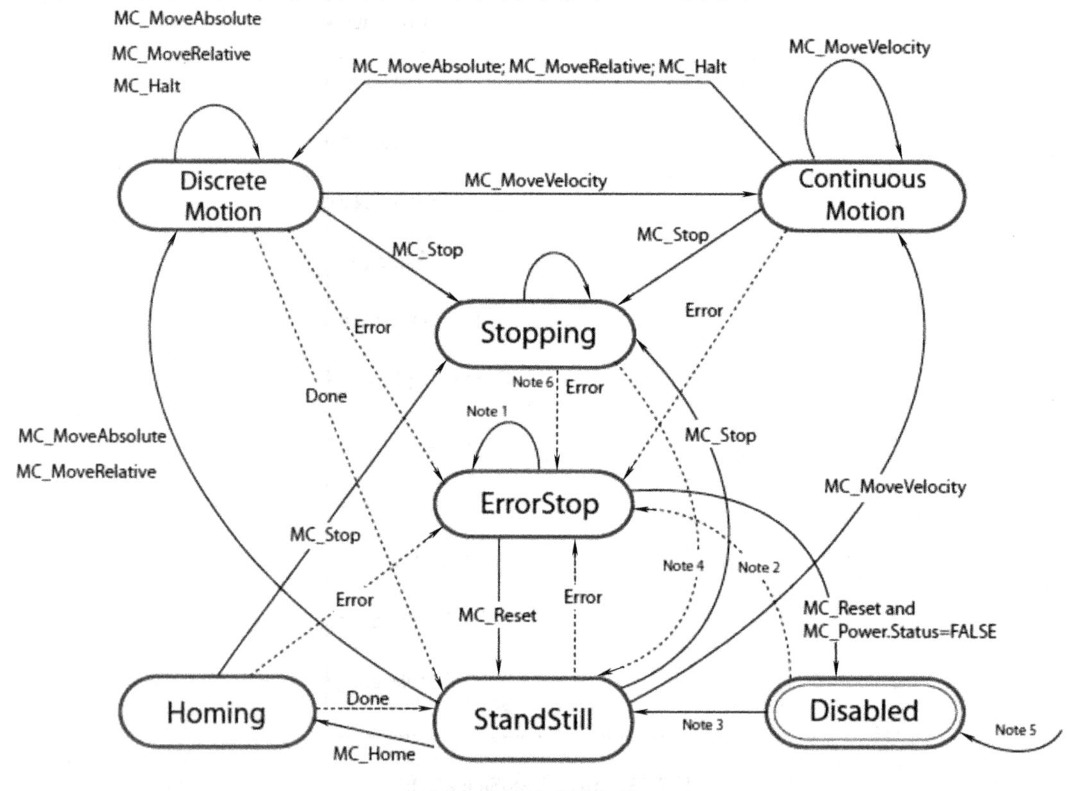

图 7-34　轴状态切换

针对轴状态切换图，有以下几点需要注意：

1）Note1：在错误停止（ErrorStop）和正在停止（Stopping）状态下，除了 MC _ Reset 外所有的功能块都能调用，即使是这些功能块都没有执行。MC _ Reset 块能够使电动机状态过渡到保持（Standstill）状态。如果当电动机正在停止（Stopping）状态时发生了一个错误，电动机状态将会过渡到因错误而停止（ErrorStop）状态。

2）Note2：Power. enable = TRUE 时，有一个错误发生时触发图中 Note2 的转换。

3）Note3：Power. enable = TRUE 时，没有错误发生时进行图中 Note3 的转换。

4）Note4：MC _ Stop. Done AND NOT MC _ Stop. Excute 条件满足，触发 Note4 转换。

5）Note5：当 MC _ Power 执行时，但是 Enable 引脚为 0 时，轴会进入不可用（Disabled）状态。

6）Note6：当电动机处于正在停止状态时产生了一个错误，将会发生 Note6 的转换。

7.3.3　运动控制功能块的使用

下面具体说明如何设置运动控制功能来控制 PTO 口输出特定频率的脉冲，以使得电动机到达指定位置。

在使用运动控制功能块之前，除了需要配置好 PTO 功能块以外，还需要将驱动器置于 Follower 模式下（使用面板将 Pr-0. 00 号参数设置为 1），即让驱动器跟随 PTO 口发送的脉冲来运动，因为脉冲个数和频率是可控的，脉冲个数、频率跟运动距离是对应的（在配置 PTO 口的时候设置的用户定义单位一处设置），这样便可以知道到达指定位置需要发送多少个脉冲，通过这种方式可以实现位置的精确控制。

在 CCW 中创建一个例程，例程中加入 MC _ Power、MC _ MoveRelative、MC _ MoveAbsolute、MC _ Homing、MC _ Reset、MC _ ReadStatus、MC _ MoveVelocity 等模块，创建好相应变量后，先启动 MC _ Power，使能 Enable 引脚，如图 7-35 所示。

此时 Status 位和 active 位同时置 1，控制器中 O0. 6（之前设置的使能位输出）置 1，表示电动机驱动已成功使能。然后设置 MC _ MoveRelative 模块，将位置设置为 1000mm，速度设置为每秒 50mm，并使能 MC _ MoveRelative 模块，Execute 置 1。可以看到 Busy 和 Active 位置 1，表示模块正在运行，如图 7-36 所示。

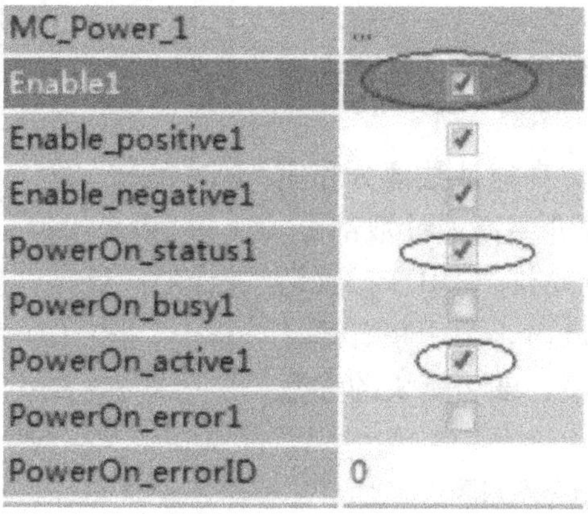

MC_Power_1	...
Enable1	✓
Enable_positive1	✓
Enable_negative1	✓
PowerOn_status1	✓
PowerOn_busy1	
PowerOn_active1	✓
PowerOn_error1	
PowerOn_errorID	0

图 7-35　MC _ Power 模块使能

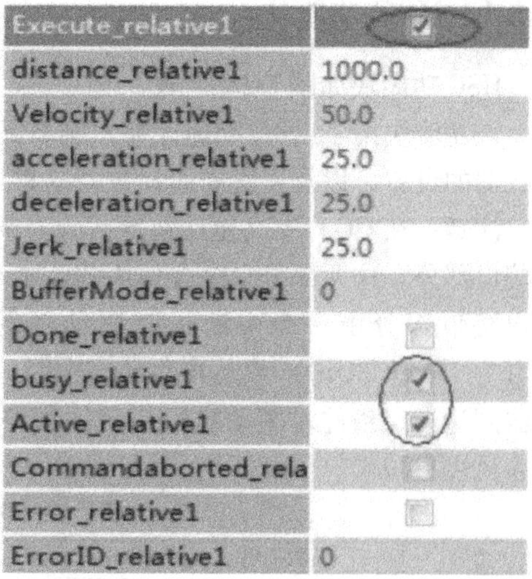

Execute_relative1	✓
distance_relative1	1000.0
Velocity_relative1	50.0
acceleration_relative1	25.0
deceleration_relative1	25.0
Jerk_relative1	25.0
BufferMode_relative1	0
Done_relative1	
busy_relative1	✓
Active_relative1	✓
Commandaborted_rela	
Error_relative1	
ErrorID_relative1	0

图 7-36　MC _ MoveRelative 模块使能

电动机处于运行的过程中，可以查看 Axis1 的状态，可以看到 CommandPos 一项在增加，增加到 1000 则电动机停止运行，这样便完成了 1000mm 的精确定位。查看 Axisl 的状态如图 7-37 所示。

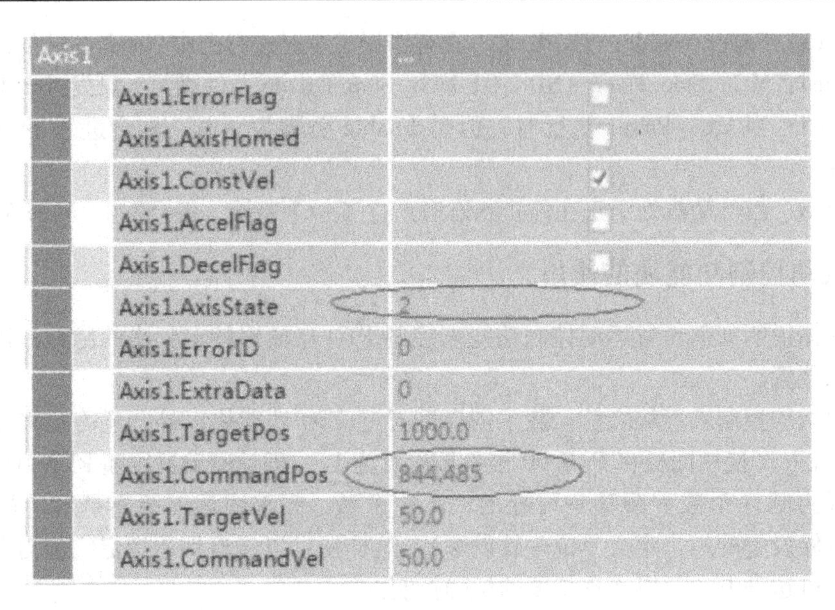

图 7-37　查看 Axis1 的状态

7.4　高速计数器 HSC 功能块

所有的 Micro830 和 Micro850 控制器都支持高速计数器（High-Speed Counter，HSC）功能，最多支持 6 个 HSC。高速计数器功能块包含两部分：一部分是位于控制器上的本地 I/O 端子，具体信息见 3.2.2 节；另一部分是 HSC 功能块指令，将在下文进行介绍。

7.4.1　HSC 功能块

HSC 功能块如图 7-38 所示。

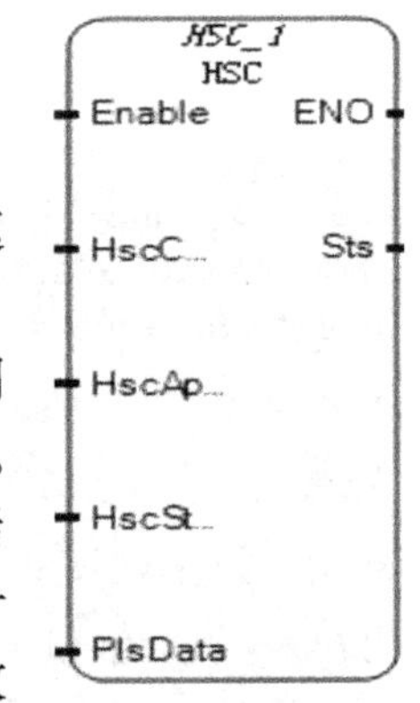

图 7-38　HSC 功能块

该功能块用于启/停高速计数，刷新高速计数器的状态，重载高速计数器的设置，以及重置高速计数器的累加值。

注意：在 CCW 中高速计数器被分为两个部分，高速计数部分和用户接口部分。这两部分是结合使用的。本小节主要介绍高速计数部分。用户接口部分由一个中断机制驱动（例如中断允许（UIE）、激活（UIF）、屏蔽（UID）或是自动允许中断（AutoStart）），用于在高速计数器到达设定条件时驱动执行指定的用户中断程序。该功能块的参数列表见表 7-17。

表 7-17　HSC 功能块参数列表

参数	参数类型	数据类型	描　述
HscCmd	Input	USINT	功能块执行、刷新等控制命令，见 HSC 命令参数
HSCAppData	Input	HSCAPP	HSC 应用配置，通常只需配置一次，见 HSC 应用数据结构
HSCStsInfo	Input	HSCSTS	HSC 动态状态。通常在 HSC 执行周期里该状态信息会持续更新，见 HSC 状态信息数据结构
PlsData	Input	PLS	可编程限位开关数据，用于设置 HSC 的附加高低及溢出设定值，见 PLS 数据类型
Sts	Output	UINT	HSC 功能块执行状态，见 HSC 状态值

HSC 命令参数（HscCmd）见表 7-18。

表 7-18　HSC 命令参数

HSC 命令	命令描述
0x00	保留，未使用
0x01	执行 HSC：运行 HSC（如果 HSC 处于空闲模式且梯级使能）；只更新 HSC 状态信息（如果 HSC 处于运行模式，且梯级使能）
0x02	停止 HSC，如果 HSC 处于运行模式，且梯级使能
0x03	上载或设置 HSC 应用数据配置信息（如果梯级使能）
0x04	重置 HSC 累加值（如果梯级使能）

说明："0x" 前缀表示十六进制数。

HSCAPP 数据类型（HSCAppData）见表 7-19。

表 7-19　HSCAPP 数据类型

参数	数据类型	描　述
PLSEnable	BOOL	使能或停止可编程限位开关
HscID	UINT	要驱动的 HSC 编号，见 HSC ID 定义
HSCMode	UINT	要使用的 HSC 计数模式，见 HSC 模式
Accumulator	DINT	设置计数器的计数初始值
HPSetting	DINT	高预设值
LPSetting	DINT	低预设值
OFSetting	DINT	溢出设置值
UFSetting	DINT	下溢设置值
OutputMask	UDINT	设置输出掩码
HPOutput	UDINT	高预设值的 32 位输出值
LPOutput	UDINT	低预设值的 32 位输出值

说明：OutputMask 指令的作用是屏蔽 HSC 输出的数据中的某几位，以获取期望的数据输出位。例如，对于 24 点的 Micro830，有 9 点本地（控制器自带）输出点用于输出数据，当不需输出第零位的数据时，可以把 OutputMask 中的第零位置 0 即可。这样即使输出数据上的第零位为 1，也不会输出。

HscID、HSCMode、HPSetting、LPSetting、OFSetting、UFSetting 6 个参数必须设置，否则将提示 HSC 配置信息错误。上溢值最大为 +2，147，483，647，下溢值最小为 -2，147，483，647，预设值大小须对应，即高预设值不能比上溢值大，低预设值不能比下溢值小。当 HSC 计数值达到上溢值时，会将计数值置为下溢值继续计数；达到下溢值时类似。

HSCApp Data 应用数据是 HSC 组态数据，它需要在启动 HSC 前组态完毕。在 HSC 计数期间，该数据不能改变，除非需要重载 HSC 组态信息（在 HscCmd 中写 03 命令）。但是，在 HSC 计数期间的 HSC 应用数据改变请求将被忽略。

HSC ID 定义见表 7-20。

表 7-20　HSC ID 定义

位	描　述
15 ~ 13	HSC 的模式类型:0x00——本地;0x01——扩展式(暂无);0x02——嵌入式
12 ~ 8	模块的插槽 ID:0x00——本地;0x01 - 0x1F——扩展式(暂无)模块的 ID;0x01 ~ 0x05——嵌入式模块的 ID
7 ~ 0	模块内部的 HSC ID:0x00 ~ 0x0F——本地;0x00 ~ 0x07——扩展式(暂无);0x00 ~ 0x07——嵌入式 注意:对于初始版本的 Connected Components Workbench 只支持 0x00 ~ 0x05 范围的 ID

使用说明：将表中各位上符合实际要使用的 HSC 的信息数据组合为一个无符号整数，写到 HSCAppData 的 HscID 位置上即可。例如，选择控制器自带的第一个 HSC 接口，即 15 ~13 位为 0，表示本地的 I/O；12 ~ 8 位为 0，表示本地的通道，非扩展或嵌入模块；7 ~ 0 位为 0，表示选择第 0 个 HSC，这样最终就在定义的 HSCAPP 类型的输入上的 HscID 位置上写入 0 即可。

HSC 模式（HSCMode）见表 7-21 所示。

表 7-21　HSC 模式

模式	功　能
0	递增计数
1	有外部“重置”和“保持”控制信号的递增计数
2	双向计数,并带有“外部方向”控制信号
3	有“重置”和“保持”,且带“外部方向”控制信号的双向计数
4	两输入计数(一个加法计数输入信号,一个减法计数输入信号)
5	有“重置”和“保持”控制信号的两输入计数
6	正交计数(编码形式,有 A、B 两相脉冲)
7	有“重置”和“保持”控制信号的正交计数
8	Quad X4 计数器
9	有“重置”和“保持”控制信号的 Quad X4 计数器

注意：HSC3、HSC4 和 HSC5 只支持 0、2、4、6 和 8 模式。HSC0、HSC1 和 HSC2 支持所有模式。

HSCSTS 数据类型（HSCStsInfo）见表 7-22。它可以显示 HSC 的各种状态，大多是只读数据。其中的一些标志可以用于逻辑编程。

表 7-22　HSCSTS 数据类型

参数	数据类型	描　述
CountEnable	BOOL	使能或停止 HSC 计数
ErrorDetected	BOOL	非零表示检测到错误
CountUpFlag	BOOL	递增计数标志
CountDwnFlag	BOOL	递减计数标志
Mode1Done	BOOL	HSC 是 1(1A)模式或 2(1B)模式,且累加值递增计数至 HP 的值
OVF	BOOL	检测到上溢

（续）

参数	数据类型	描　　述
UNF	BOOL	检测到下溢
CountDir	BOOL	1:递增计数,0:递减计数
HPReached	BOOL	达到高预设值
LPReached	BOOL	达到低预设值
OFCauseInter	BOOL	上溢导致 HSC 中断
UFCauseInter	BOOL	下溢导致 HSC 中断
HPCauseInter	BOOL	达到高预设值,导致 HSC 中断
LPCauseInter	BOOL	达到低预设值,导致 HSC 中断
PlsPosition	UINT	可编程限位开关的位置
ErrorCode	UINT	错误代码,见 HSC 错误代码
Accumulator	DINT	读取累加器实际值
HP	DINT	最新的高预设值设定,可能由 PLS 功能更新
LP	DINT	最新的低预设值设定,可能由 PLS 功能更新
HPOutput	UDINT	最新高预设输出值设定,可能由 PLS 功能更新
LPOutput	UDINT	最新低预设输出值设定,可能由 PLS 功能更新

关于 HSC 状态信息数据结构（HSCSTS）的说明如下。

在 HSC 执行的周期里，HSC 功能块在“0x01”（HscCmd）命令下，状态将会持续更新。

在 HSC 执行的周期里，如果发生错误，错误检测标志将会打开，不同的错误情况对应着如下的错误代码，见表 7-23。

表 7-23　HSC 错误代码

错误代码位	HSC 计数时错误代码	错误描述
15 ~ 8(高字节)	0 ~ 255	高字节非零表示 HSC 错误由 PLS 数据设置导致; 高字节的数值表示触发错误 PLS 数据中数组编号
7 ~ 0(低字节)	0x00	无错误
	0x01	无效 HSC 计数模式
	0x02	无效高预设值
	0x03	无效上溢
	0x04	无效下溢
	0x05	无 PLS 数据

PLS 数据结构（PlsData）

可编程限位开关（PLS）数据是一组数组，每组数组包括高低预设值以及上下溢出值。PLS 功能是 HSC 操作模式的附加设置。当允许该模式操作时（PLSEnable 选通），每次达到一个预设值时，预设和输出数据将通过用户提供的数据更新（即 PLS 数据中下一组数组的设定值）。所以，当需要对同一个 HSC 使用不同的设定值时，可以通过提供一个包含将要使用的数据的 PLS 数据结构实现。PLS 数据结构是一个大小可变的数组。注意：一个 PLS 数据体的数组个数不能大于 255。当 PLS 没有使能时，PLS 数据结构可以不用定义。PLS 数据结构元素作用表见表 7-24。

HSC 状态值（Sts 上对应的输出）见表 7-25。

表 7-24　PLS 数据结构元素作用表

命令元素	数据类型	元素描述
字 0～1	DINT	高预设值设置
字 2～3	DINT	低预设值设置
字 4～5	UDINT	高位输出预设值
字 6～7	UDINT	低位输出预设值

表 7-25　HSC 状态值

HSC 状态值	状态描述
0x00	无动作（没有使能）
0x01	HSC 功能块执行成功
0x02	HSC 命令无效
0x03	HSC ID 超过有效范围
0x04	HSC 配置错误

在使用 HSC 计数时，注意设置滤波参数，否则 HSC 将无法正常计数。该参数在硬件信息中，使用的是 HSC0，其输入编号是 input0～1。设置滤波参数如图 7-39 所示。

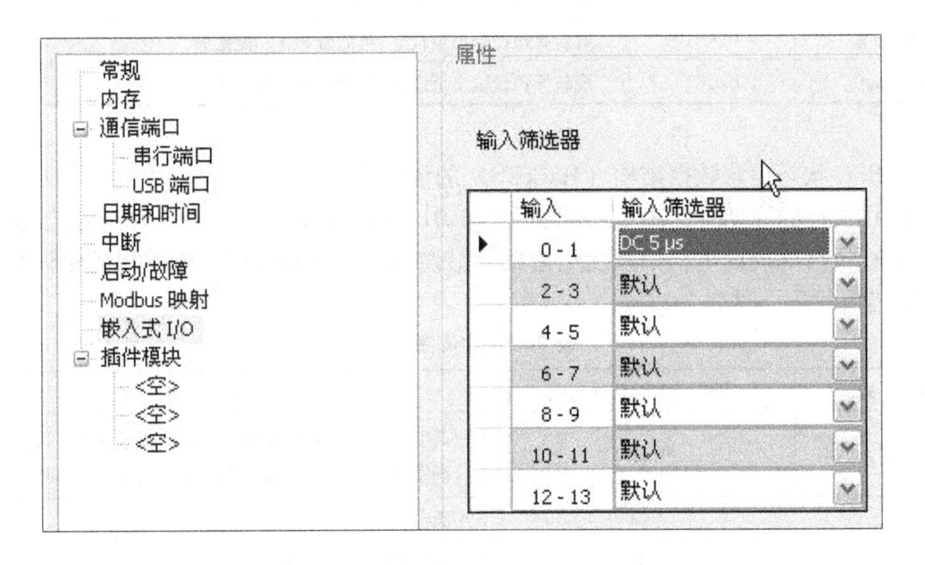

图 7-39　设置滤波参数

高数计数器一般用于计数达到要求后触发中断，进而处理用户自定义的中断程序。中断的设置在硬件信息中的 Interrupts 中能找到，如图 7-40 所示。

图 7-40 中，选择的是 HSC 类型的用户中断，触发该中断的是 HSC0，将要执行的中断程序是 HSCa（用户自定义）。该对话框中还看到“自动开始”参数，当它被置为真时，只要控制器进入任何“运行”或“测试”模式，HSC 类型的用户中断将自动执行。该位的设置将作为程序的一部分被存储起来。“Mask for IV”表示当该位置假（0）时，程序将不执行检测到的上溢中断命令，该位可以由用户程序设置，且它的值在整个上电周期内将会保持住。类似的“IN 的掩码”、“IH 的掩码”和“IL 的掩码”分别表示屏蔽下溢中断、高设置值中断和低设置值中断。

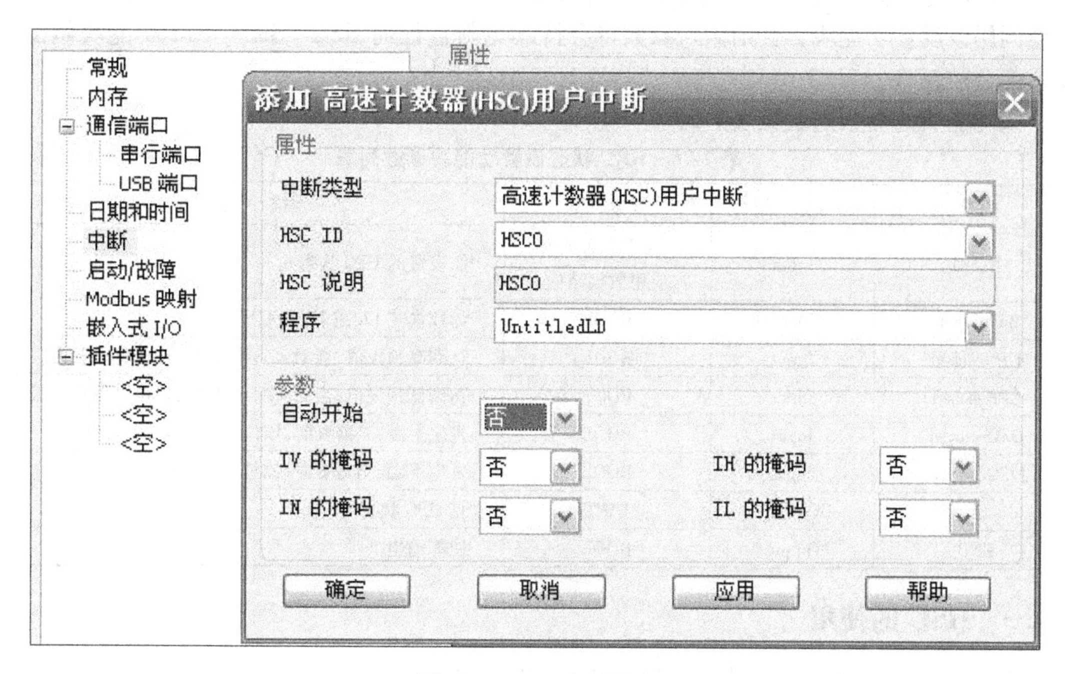

图 7-40　HSC 中断设置

7.4.2　HSC 状态设置

HSC 状态设置功能块如图 7-41 所示。

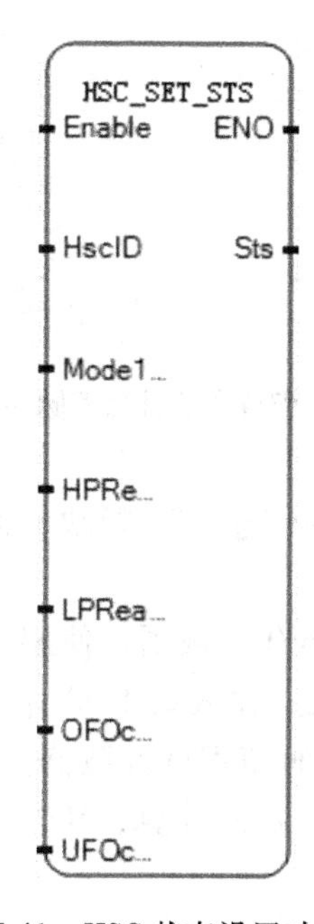

图 7-41　HSC 状态设置功能块

HSC 状态设置功能块用于改变 HSC 计数状态。注意：当 HSC 功能块不计数时（停止）才能调用该设置功能块，否则输入参数将会持续更新且任何 HSC _ SET _ STS 功能块做出的设置都会被忽略。

该功能块的参数列表见表 7-26。

表 7-26　HSC 状态设置功能块参数列表

参数	参数类型	数据类型	描　述
HscID	Input	UINT 见 HSC 应用数据结构	欲设置的 HSC 状态
Mode1Done	Input	BOOL	计数模式 1A 或 1B 已完成
HPReached	Input	BOOL	达到高预设值，当 HSC 不计数时，该位可重置为假
LPReached	Input	BOOL	达到低预设值，当 HSC 不计数时，该位可重置为假
OFOccurred	Input	BOOL	发生上溢，当需要时，该位可置为假
UFOccurred	Input	BOOL	发生下溢，当需要时，该位可置为假
Sts	Output	UINT	见 HSC 状态值
ENO	Output	BOOL	使能输出

7.4.3　HSC 的使用

下面具体介绍 HSC 功能块的配置步骤和使用方法。

1. 硬件连线

将 PTO 口脉冲输出口 O.00 直接接到 HSC 的 I.00 口上，使用 HSC 计数 PTO 口的脉冲个数，硬件接完以后需要对数字量输入 I.00 口进行配置方能计数到高速脉冲个数。打开 CCW，双击 Micro850 图标，点击 Embedded I/O 口，将输入 0－1 号口选为 5μs，如图 7-42 所示。

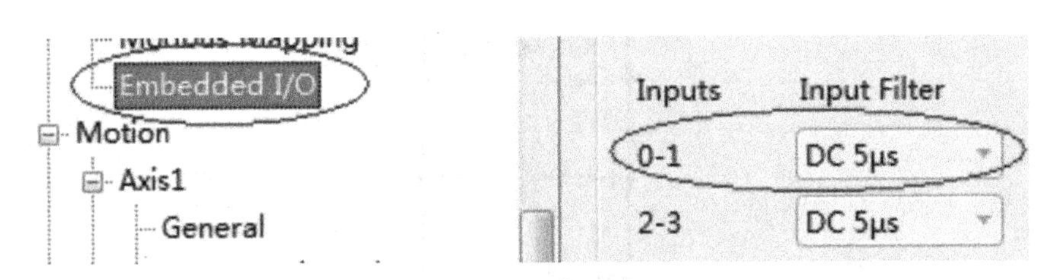

图 7-42　配置高速计数器脉冲输入口

2. 创建 HSC 模块

在 CCW 中建立一个例程，例程中创建 HSC 模块，创建相应的变量，并设置初始值，如图 7-43 所示。

其中 HscID 选择 0，表示选择 HSC0 计数器，使用 Micro850 的嵌入式输入口 0-3，Hsc-Mode 设置为 2，选择模式 2a，即嵌入式输入口 I.00 作为增/减计数器，I.01 作为方向选择位，I.01 置 1 时使用加计数器，置 0 时使用减计数器。HPSetting 设置为 100000，表示计数 100000 个脉冲，如果以每 200 个脉冲 1mm 计算，500mm 刚好达到 HPSetting 的值，即移动 500mm 的距离。

3. 启动 HSC 模块计数脉冲个数

利用上一节中编写的 Kinetix 3 的程序，使用 MC _ MoveRelative 模块，使电动机运行

1000mm。运行电动机后，HSC状态位如图7-44所示。

HSC_AppData	...
HSC_AppData.PlsEnable	✓
HSC_AppData.HscID	0
HSC_AppData.HscMode	2
HSC_AppData.Accumulator	0
HSC_AppData.HPSetting	100000
HSC_AppData.LPSetting	-100000
HSC_AppData.OFSetting	200000
HSC_AppData.UFSetting	-200000
HSC_AppData.OutputMask	1
HSC_AppData.HPOutput	0
HSC_AppData.LPOutput	0

图7-43　配置HSC脉冲输入口

HSC_StsInfo.HPReached	✓
HSC_StsInfo.LPReached	
HSC_StsInfo.OFCauseInter	
HSC_StsInfo.UFCauseInter	
HSC_StsInfo.HPCauseInter	
HSC_StsInfo.LPCauseInter	
HSC_StsInfo.PlsPosition	0
HSC_StsInfo.ErrorCode	0
HSC_StsInfo.Accumulator	112212
HSC_StsInfo.HP	100000
HSC_StsInfo.LP	-100000
HSC_StsInfo.HPOutput	0
HSC_StsInfo.LPOutput	0

图7-44　HSC状态位

可以看到脉冲计数开始，Accumulator计数器开始计数，当超过100000个脉冲时，HP-Reached引脚置1，表示电动机到达高限位开关，在实际应用中可以以此信号作为电动机停止信号，让电动机停止运行。

7.5　位置控制系统设计

7.5.1　位置控制系统程序设计

以一个简单的位置控制系统为例，该系统的控制要求如图7-45所示。

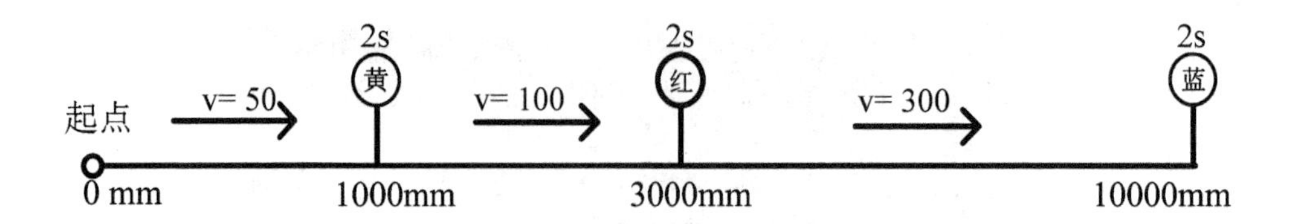

图 7-45　位置控制要求

要求电动机从起点开始运动，以 50mm/s 的运动速度，运动至 1000mm 处，停留 2s 后，该处黄灯亮起。电动机继续以 100mm/s 的运动速度，运动至 3000mm 处，停留 2s 后，该处红灯亮起。之后电动机以 300mm/s 的运动速度运动到 10000mm 的位置，停留 2s 后，蓝灯亮起。其中定位的位置误差不超过 1mm。

控制系统程序如图 7-46 所示。

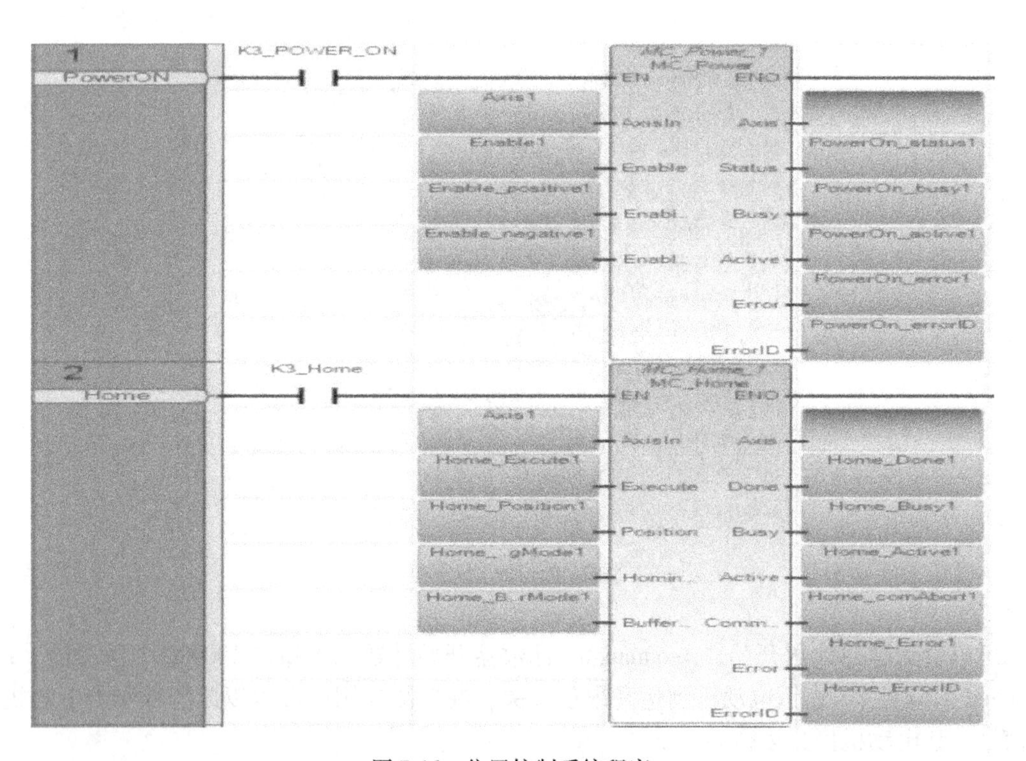

图 7-46　位置控制系统程序

程序中使用了 PTO 模块的 MC _ Power、MC _ Home、MC _ MoveAbsolute 功能块，在使用 MC _ MoveAbsolute 之前需要给 Kinetix 3 模块驱动使能，需要用到 MC _ Power 模块，并需要用 MC _ Home 模块设置原点，故需要用到 MC _ Home 模块设置原点，接下来可以使用 MC _ MoveAbsolute 模块来控制电动机运动，如图 7-47 所示。

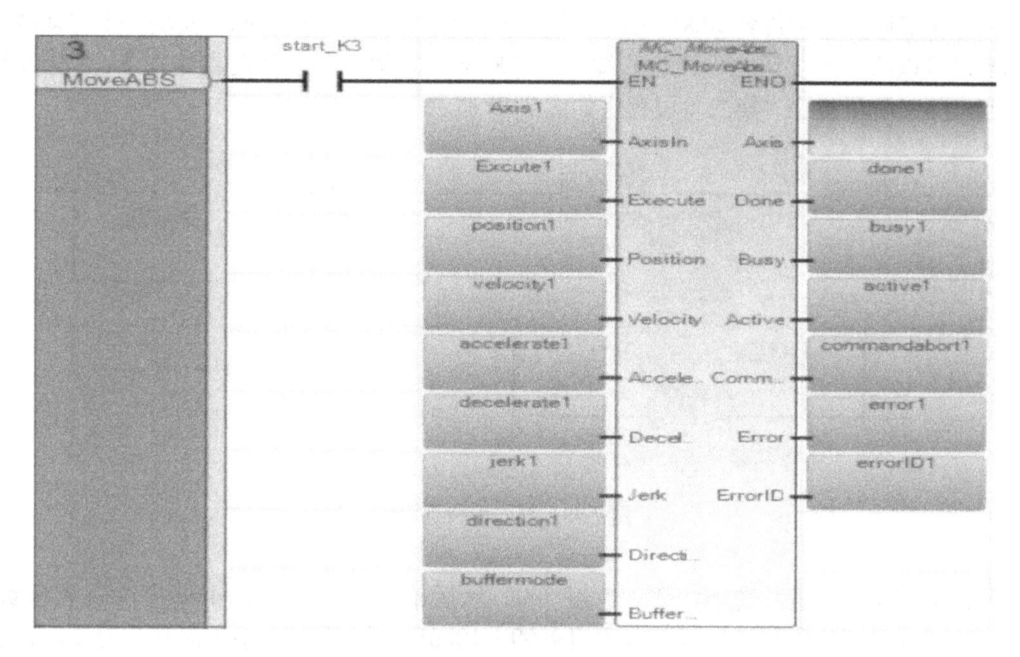

图 7-47　MC _ MoveAbsolute 模块

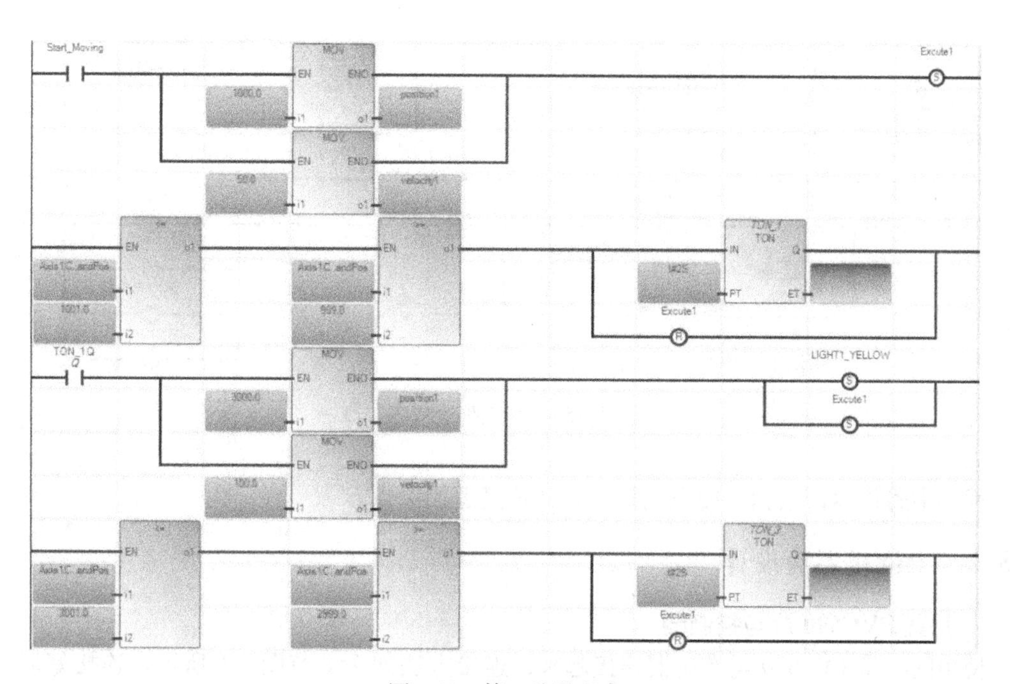

图 7-48　第一阶段程序

程序第一阶段设置位置 1000 和速度 50，然后给 MC _ MoveAbsolute 模块一个起动命令，起动电动机以给定速度运行，当达到 999 ~ 1001mm 之间时起动定时器定时 2s 后亮黄灯，并且起动第二阶段程序。

第一阶段程序如图 7-48 所示。

程序第二阶段设置位置 3000 和速度 100，然后给 MC _ MoveAbsolute 模块一个起动命令，起动电动机以给定速度运行，当达到 2999 ~ 3001mm 之间时起动定时器定时 2s 后亮红灯，并且起动第三阶段程序。第二阶段程序如图 7-49 所示。

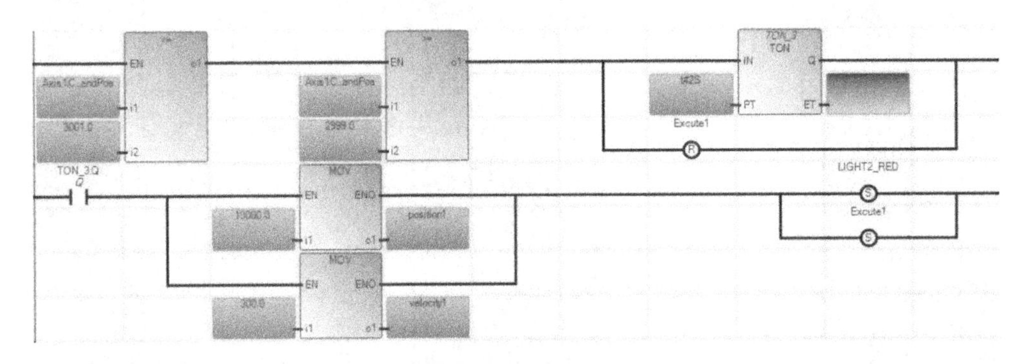

图 7-49　第二阶段程序

程序第三阶段设置位置 10000 和速度 300，然后给 MC _ MoveAbsolute 模块一个起动命令，起动电动机以给定速度运行，当达到 9999 ~ 10001mm 之间时起动定时器定时 2s 后亮蓝灯。第三阶段程序如图 7-50 所示。

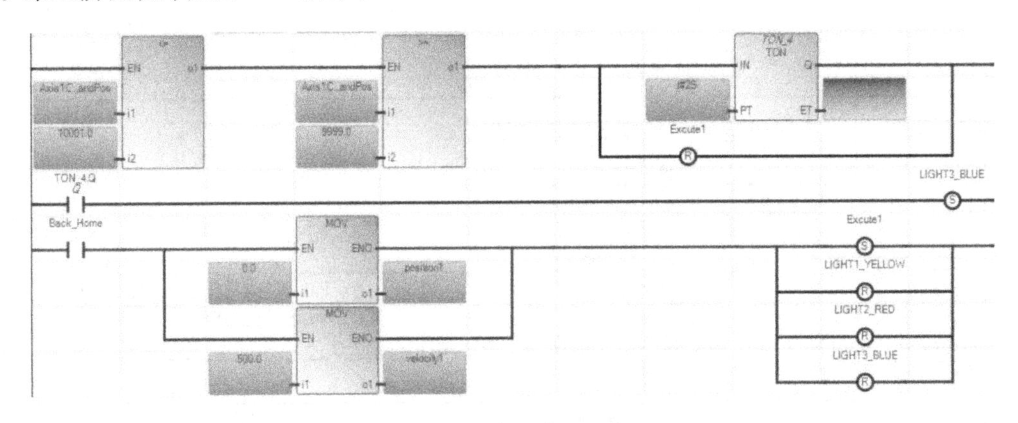

图 7-50　第三阶段程序

程序中另设返回按钮，使电动机以 500 速度返回原点。

7.5.2　上位机界面设计

1. 配置 PVC600 屏与控制器

使用网线将 PVC600 与控制器连接起来，连接方法如 7.1 节图 7-1 所示。连接好后，在 PVC600 界面中设置通信地址为 192.168.1.22。设置完可以在网页上输入 192.168.1.22 进入 PVC600 的配置界面。

2. 配置 PVC600 通信

在 PVC600 配置界面中点击创建，创建一个新的 PVC 应用程序，如图 7-51 所示。

在配置界面下点击“编辑”，进入编辑界面。

进入通信设置界面，选择通信协议为以太网 Allen-Bradley CIP，添加控制器为 Micro800 系列，输入控制器 IP 地址。PVC 通信配置界面如图 7-52 所示。

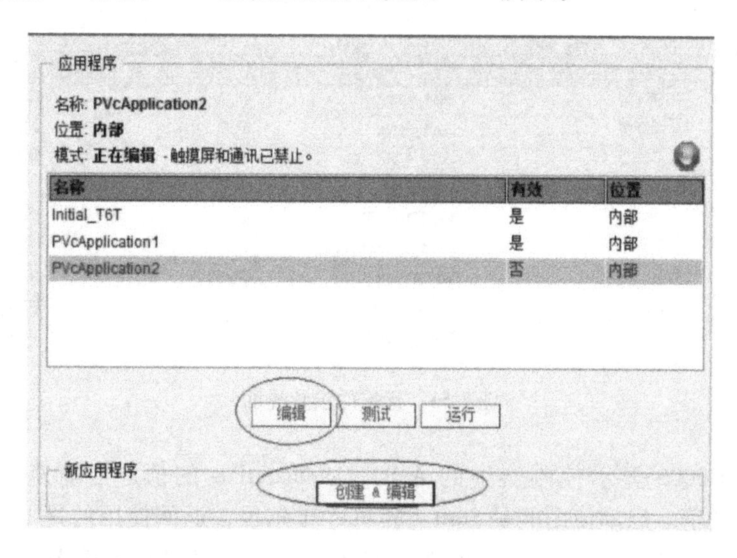

图 7-51　PVC 配置界面

图 7-52　PVC 通信配置界面

3. 配置 PVC 标签

标签的设置界面如图 7-53 所示。

4. 界面编辑

编辑界面如图 7-54 所示，图中黄、红、蓝灯分别用 3、4、5 号标签做了标记，当前位

外部　存储器　系统　全局连接

添加标签　删除标签

	标签名称	数据类型	地址	控制器	描述
1	TAG0001	布尔型	Start_Moving	PLC-1	启动
2	TAG0002	布尔型	Back_Home	PLC-1	回原点
3	TAG0003	布尔型	LIGHT1_YELLOW	PLC-1	黄灯
4	TAG0004	布尔型	LIGHT2_RED	PLC-1	红灯
5	TAG0005	布尔型	LIGHT3_BLUE	PLC-1	蓝灯
6	TAG0006	32 位整数	Axis1.CommandPos	PLC-1	当前位置
7	TAG0007	32 位整数	Axis1.CommandVel	PLC-1	当前速度
8	TAG0008	布尔型	PowerOn_enable	PLC-1	驱动使能
9	TAG0009	布尔型	Home_Execute	PLC-1	原点设置

图 7-53　标签的设置界面

置使用的是 TAG0006 显示控制器中的 Axis1. CommandPos 的值，当前速度显示的是 Axis. CommandVel 的值。启动使用的是 Start _ Moving 布尔量，返回使用的是 Back _ Home 布尔量。使能按钮控制 MC _ Power 模块的 Enable 位，原点按钮控制 MC _ Home 模块的 Excute 位。

5. 运行界面

在 PVC 配置界面点击“运行”，开始运行界面，如图 7-54 所示，点击启动按钮后，可以看到当前位置和当前速度开始实时变化，到达 1000mm 位置 2s 后，黄灯亮，到达 3000mm 位置 2s 后，红灯亮，到达 10000mm 位置 2s 后蓝灯亮。至此一个简单的位置控制系统设计完毕。

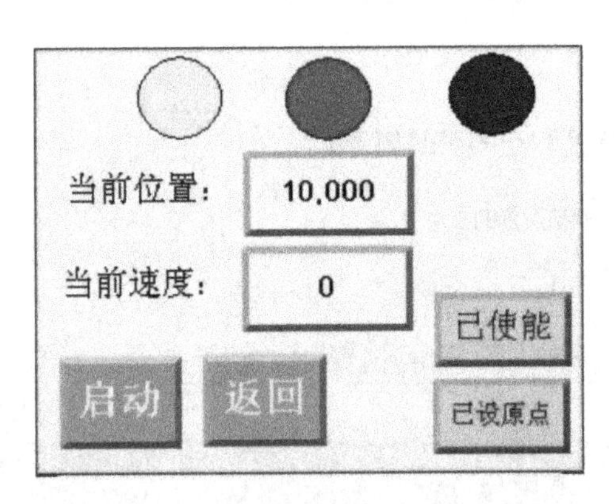

图 7-54　编辑界面

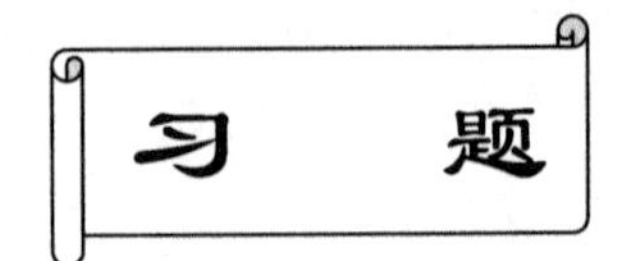

1. 简述 Micro800 控制器中 PTO 功能的用途。
2. 简述 HSC 的组态方法。
3. Kinetix 3 伺服驱动器的控制方式有哪些？

1. 控制器能否使用 RS-232 ASCII 访问和修改 Kinetix 3 的参数值以及通过 RS-232 ASCII 控制 Kinetix 3 实现对电动机的控制？如何实现？

2. 自己设计一个实验，使用 Kinetix 3 的模拟量速度输入模式控制电动机。

第 8 章

温度控制系统

学习目标

- 了解温度控制系统的结构
- 模拟量信号的工程单位标定
- 模拟量模块的组态
- PID 的手动调节和自整定方法

8.1　温度控制系统结构

以 Micro850 控制器为核心的温度控制系统的结构如图 8-1 所示。

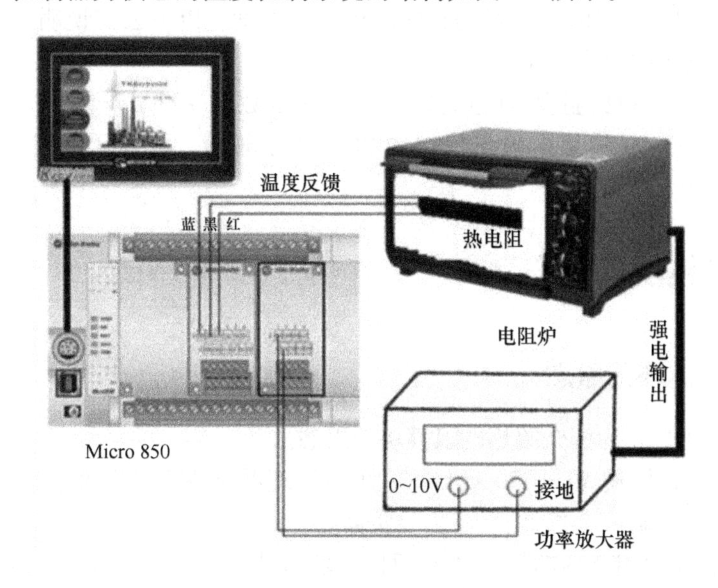

图 8-1　温度控制系统结构

温度控制单元的工作原理为：Micro850 控制器能控制模拟量输出模块输出 DC 0～10V 电压，并经功率放大器转化为 AC 0～220V 电压，用于驱动电阻炉进行加热。电阻炉的温度则由热电阻采集反馈回 Micro850 控制器中，利用 PID 功能块控制模拟量输出模块输出的电压大小，从而控制电阻炉温度的升高。系统原理图如图 8-2 所示。

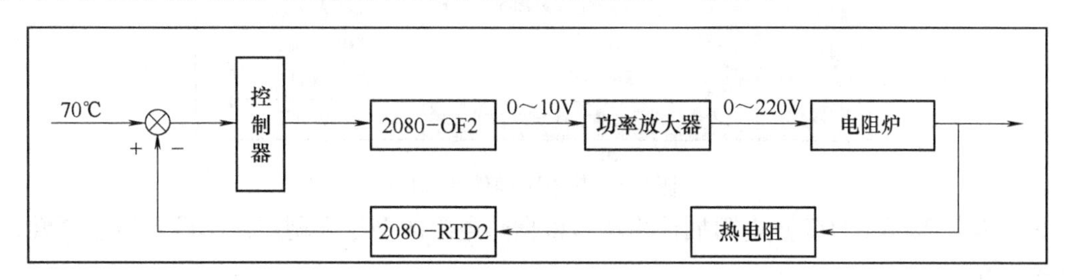

图 8-2　系统原理图

热电阻模块和模拟量输出模块的选型、接线详见 2.3 节。

关于热电阻模块和模拟量输出模块的工程单位标定，本节以 2080-RTD2 和 2080-OF2 为例进行说明。

2080-OF2 模块可以通过 CCW 的转化获得实际电压。因为 2080-OF2 是积分式模拟量输出模块，其输入的数据范围为 0～65535，所以要将其转化成 0～10V 电压就需要用如下公式进行转化。

$$\frac{\text{\_IO\_P3\_AO\_00 中的数据}}{65535} \times 10\text{V} = \text{所得电压值}$$

例：_IO_P3_AO_00 模拟量输出模块中的数据为 20000，则实际输出电压值由上述公式可得：20000/65535 * 10 = 3.05V。

2080-RTD2 模块可以通过 CCW 的转化获得实际温度。以下公式说明了一体化编程组态软件如何通过温度数据得出摄氏温度值。

摄氏温度 = (_IO_P2_AI_00 中的数据 - 2700)/10

例：_IO_P2_AI_00 模拟量输出模块中的数据为 3000，则实际温度由上述公式可得：(3000 - 2700) /10 = 30℃。

8.2 模拟量模块的组态

8.2.1 热电阻模块的组态

本节以 2080-RTD2 为例介绍热电阻模块的组态。

1）启动 CCW，打开 Micro850 项目。在项目管理器窗格中，右键单击 Micro850 并选择“打开”(Open) 将显示“控制器属性”页面。

2）右键单击想要组态的功能性插件插槽，然后选择 2080-RTD2 功能性插件，如图 8-3 所示。

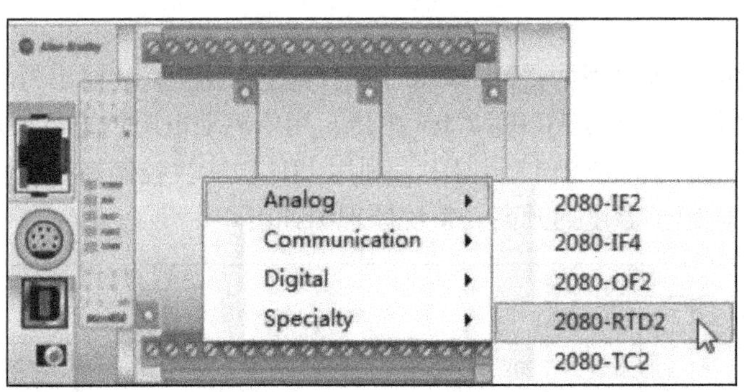

图 8-3 热电阻插件的选择

3）单击 2080-RTD2 热电阻插件模块，根据热电阻的型号和刷新速率设置组态属性，如图 8-4 所示。

4）当模块处于运行模式且传感器与功能性插件相连时，全局变量字段_IO_P2_AI_00 和_IO_P2_AI_01 将依据测量值显示相应的温度数据，如图 8-5 所示。

8.2.2 模拟量输出模块的组态

本节以 2080-OF2 为例介绍模拟量输出模块的组态。

1）如 8.2.1 节 2080-RTD2 组态一样，打开“控制器属性”界面。

2）右键单击想要组态的功能性插件插槽，然后选择 2080-OF2 功能性插件，如图 8-6 所示。

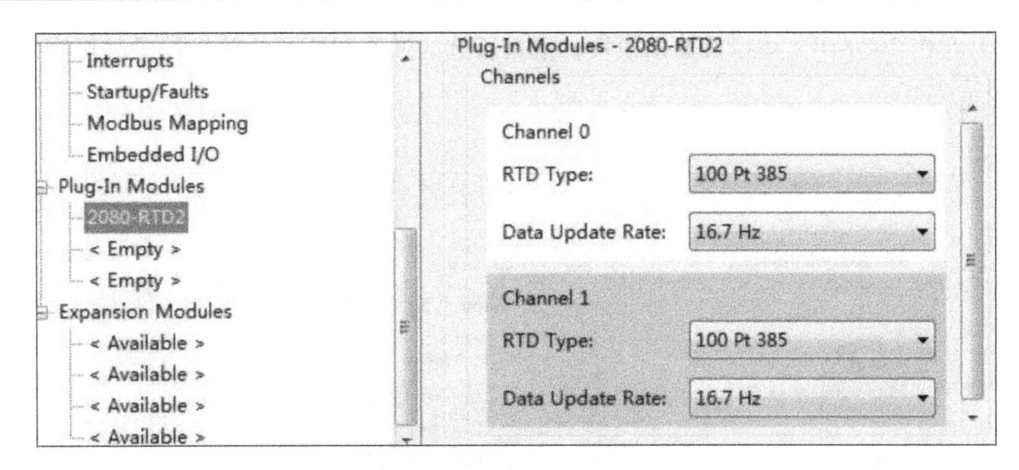

图 8-4　2080-RTD2 参数设置

名称	数据类型
_SYSVA_RESNAME	STRING
_SYSVA_SCANCNT	DINT
_SYSVA_TCYCYCTIME	TIME
_SYSVA_TCYCURRENT	TIME
_SYSVA_TCYMAXIMUM	TIME
_SYSVA_TCYOVERFLOW	DINT
_SYSVA_RESMODE	SINT
_SYSVA_CCEXEC	BOOL
_SYSVA_REMOTE	BOOL
_SYSVA_SUSPEND_ID	UINT
_SYSVA_TCYWDG	UDINT
_SYSVA_MAJ_ERR_HALT	BOOL
_SYSVA_ABORT_CYCLE	BOOL
_IO_P2_AI_00	UINT
_IO_P2_AI_01	UINT
_IO_P2_AI_02	UINT
_IO_P2_AI_03	UINT
_IO_P2_AI_04	UINT

图 8-5　模拟量输入

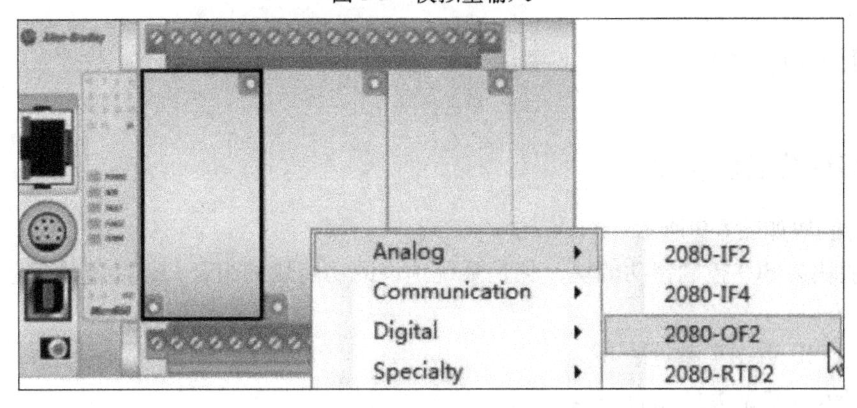

图 8-6　模拟量输出模块的选择

3）单击 2080-OF2 模拟量输出模块，根据所选的通道和所需的输出设置其组态属性，如图 8-7 所示。

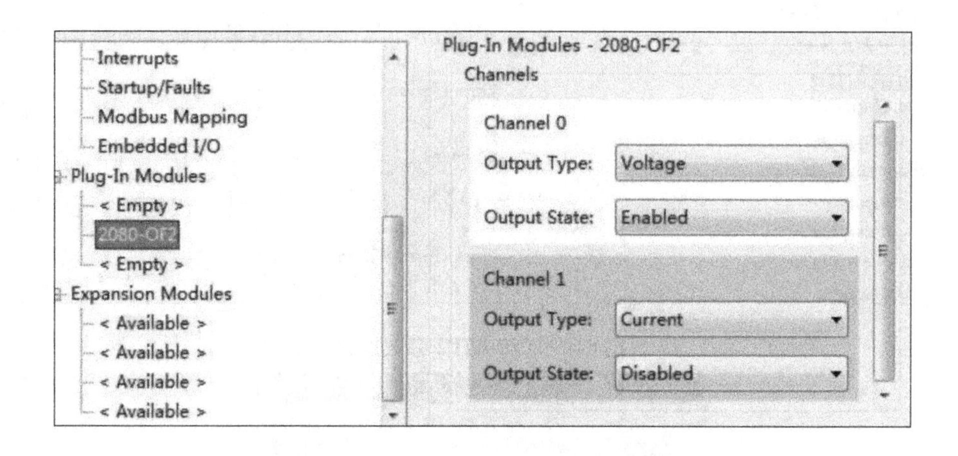

图 8-7　模拟量输出模块参数的设定

4）当模块处于运行模式且传感器与功能性插件相连时，全局变量字段_IO_P3_AO_00 和_IO_P3_AO_01 将输出给定的模拟量，如图 8-8 所示。

_SYSVA_REMOTE	BOOL
_SYSVA_SUSPEND_ID	UINT
_SYSVA_TCYWDG	UDINT
_SYSVA_MAJ_ERR_HALT	BOOL
_SYSVA_ABORT_CYCLE	BOOL
_IO_P3_AO_00	UINT
_IO_P3_AO_01	UINT

图 8-8　模拟量输出

8.3　PID 功能块

8.3.1　PID 功能块参数

PID 功能块如图 8-9 所示。

该功能块为 PID 控制器功能块，它是系统预设的功能块的组合，该功能块的参数列表见表 8-1。

GAIN _ PID 数据类型见表 8-2。

AT _ Param 数据类型见表 8-3。

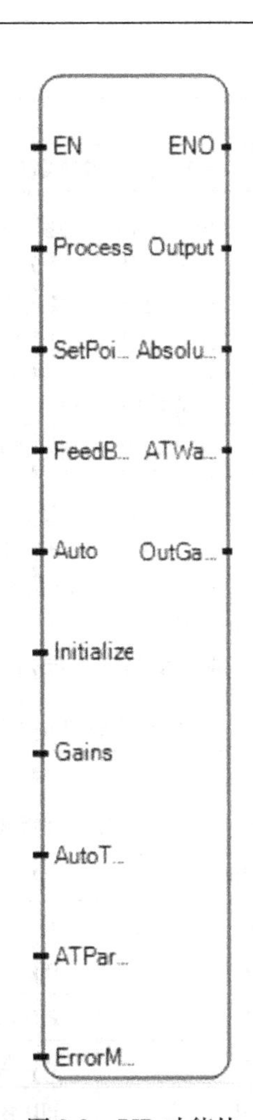

图 8-9　PID 功能块

表 8-1　PID 功能块参数列表

参数	参数类型	数据类型	描　述
Process	Input	REAL	过程值,从过程输出中测量
SetPoint	Input	REAL	设定值
FeedBack	Input	REAL	反馈信号,控制变量作用于过程后的值,反馈可以作为 IPIDCONTROLLER 的输出
Auto	Input	BOOL	PID 的操作模式:真:控制器处于正常模式;假:微分部分将被忽略,且控制器输出将被强制在控制限制的范围内跟踪反馈值。并且允许控制器在没有超过输出限制的条件下跳转到自动调节模式
Initialize	Input	BOOL	初始化。该变量的一个跳变(真变为假或假变为真)将会使控制器在该循环周期中剔除一切比例增益(即初始化)。同时也初始化自动调节(AutoTune)队列
Gains	Input	GAIN_PID	IPIDController 的 PID 增益,见 GAIN_PID 数据类型
AutoTune	Input	BOOL	当值为真且 Auto 和 Initialize 为假时,开始执行自动调节阵列

（续）

参数	参数类型	数据类型	描　　述
ATParameters	Input	AT_Param	自动调节的参数配置，见 AT_Param 数据类型
ErrorMode	Input	DINT	用于处理错误的模式： 0——无错误记录文件(ErrLog file) 1——在错误记录文件中记录级别 1 的错误信息 2——在错误记录文件中记录级别 1 和级别 2 的错误信息
Output	Output	REAL	控制器的输出值
AbsoluteError	Output	REAL	绝对误差(过程值-设定值)
ATWarnings	Output	DINT	自动调节队列的警告： 0——没有自动调节；1——处于自动调节模式；2——已完成自动调节；-1——ERROR 1：控制器的“Auto”信号为真，没有自动调节的可能，请将其置为假；-2——ERROR 2 ：自动调节错误，ATDynaSet 到期(即自动调节的等待时间到)
OutGains	Output	GAIN_PID	自动调节(AutoTune)后计算出的增益

表 8-2　GAIN _ PID 数据类型

参数	数据类型	描　　述
DirectActing	BOOL	动作类型：真：正向操作；假：反向操作
ProportionalGain	REAL	PID 比例增益(≥0.0001)
TimeIntegral	REAL	PID 积分时间(≥0.0001)
TimeDerivative	REAL	PID 微分时间(>0.0)
DerivativeGain	REAL	PID 微分增益(>0.0)

表 8-3　AT _ Param 数据类型

参数	数据类型	描　　述
Load	REAL	下载自动调节的参数。它是启动 AutoTune 时的输出值
Deviation	REAL	自动调节偏差。这是用于度量自动调节噪声带的标准偏差(噪声带 =3 * Deviation)
Step	REAL	自动调节的步长，必须大于噪声带的值且小于下载(Load)的 1/2
ATDynamSet	REAL	放弃自动调节前的等待时间(单位为秒)
ATReset	BOOL	决定输出值在自动调节阵列后是否重置为 0。真：自动调节后，重置 IPIDCONTROLLER 输出为 0；假：输出下载值(Load)

8.3.2　手动调节 PID 的参数设定

人为输入的 PID 参数对系统进行调节时，“process” 就是从热电阻中采集回来的实际温度值，而 “setpoint” 就是人为设定的目标值。因为是手动 PID 调节 “auto” 设为 TRUE 选择正常模式，而 “initialize” 设为 FALSE，“autotune” 设为 FALSE，即不启动自动调节序列，如图 8-10 所示。

auto	BOOL			TRUE
autotune	BOOL			FALSE
intialize	BOOL			FALSE

图 8-10　PID 参数设定

根据之前学的 PID 参数整定法，在“gains”中输入合理的 P、I、D 参数。由于实验环境复杂，扰动变量无法精确获得，所以本书使用“试凑法”来手动整定 PID 参数。

先整定比例部分，将比例系数由小变大，观察系统的响应，直到得到反应快、超调小的响应效果。

如果在比例调节的基础上系统的静差不能满足设计要求，则加入积分环节。先将比例系数缩小至原来的 80%，再将积分时间常数由大到小改变。让系统在保持良好的动态性能的前提下，消除静差。

若使用比例积分调节器消除了静差，但动态过程反复调整仍不能满意，则可加入微分环节，构成比例积分微分调节器。微分时间常数由 0 逐渐增大，同时相应地改变比例系数和积分时间常数，不断试凑，直到取得满意的控制效果。

经过实验得出 Proportional Gain：800，Time Integral：500 是较理想的参数。

8.3.3　PID 的自整定

如果要运行一个 AutoTune 序列，“ATParameters”输入必须先完成初始设置。“Gain”和“DirectActing”参数必须设定，且“DerivativeGain”也要设置（典型地为 0.1）。

操作前应确保：

1）系统性能必须稳定。

2）IPIDCONTROLLER 的“auto”输入设为 FALSE。

3）设置“AT _ Param”，Load 中的值即为 IPIDCONTROLLER 模块的输出值，而 Load 中的值必须大于 Step 的 2 倍。如果 ATRest 为 TRUE，自动调节后，重置 IPIDCONTROLLER，即 IPIDCONTROLLER 输出为 0；如果 ATRest 为 FALSE，程序运行后输出 Load 值，如图 8-11 所示。

atparameters	AT_PARAM			...
atparameters.Load	REAL			15000.0
atparameters.Deviation	REAL			0.3
atparameters.Step	REAL			7000.0
atparameters.ATDynaSet	REAL			4000.0
atparameters.ATReset	BOOL			

图 8-11　AT _ Param 参数设定

“gains”和“outgains”中的 DirectActing、ProportionalGain、DerivativeGain（典型为 0.1）参数需设定，如图 8-12 所示。

gains	GAIN_PID			...
gains.DirectActing	BOOL			TRUE
gains.ProportionalGain	REAL			500.0
gains.TimeIntegral	REAL			100.0
gains.TimeDerivative	REAL			
gains.DerivativeGain	REAL			0.1
outgians	GAIN_PID			...
outgians.DirectActing	BOOL			TRUE
outgians.ProportionalGain	REAL			500.0
outgians.TimeIntegral	REAL			
outgians.TimeDerivative	REAL			
outgians.DerivativeGain	REAL			0.1

图 8-12 “Gains” 和 “Outgains” 参数设定

执行以下步骤完成自整定：

1）将 “Autotune” 输入设为 TRUE，启动自动调节序列。

2）将 “initialize” 输入设为 TRUE。

3）将 “initialize” 输入更改为 FALSE，完成 initialize 的初始化。

4）开始自动调节。atwarnings 为 “1” 表示系统处于自动调节状态，如图 8-13 所示。

5）等待直到 “atwarning” 输出值变为 “2”，即自动调节结束，如图 8-14 所示。

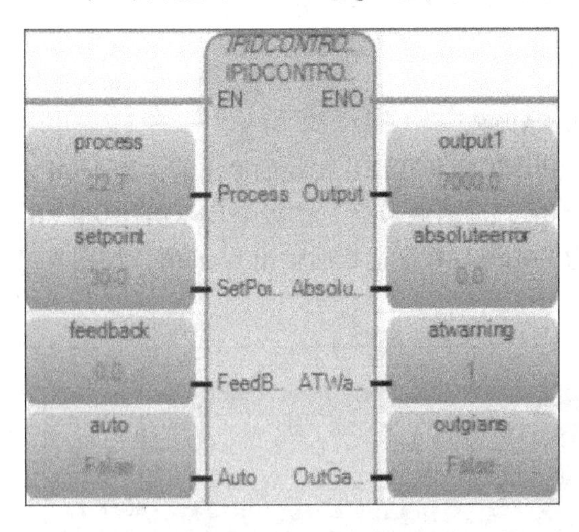

图 8-13 自动调节

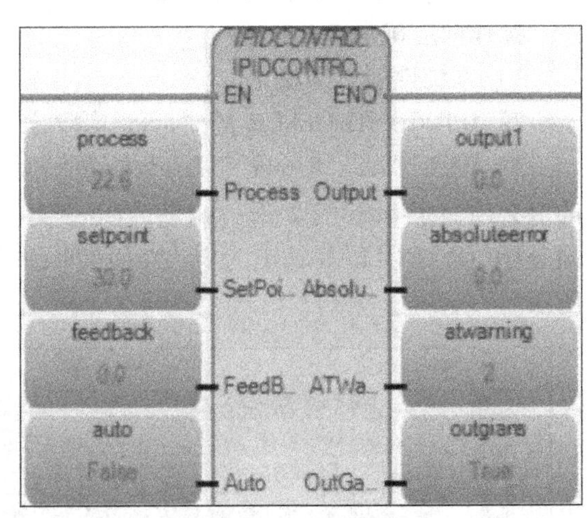

图 8-14 自动调节结束

6）双击 “outgains” 即可得到整定后的值，如图 8-15 所示。

为了完成调试，需要一些基于过程和需要的微调。当设置 “TimeDerivative” 为 0.0 时，IPIDCONTROLLER 强制 “DerivativeGain” 为 1.0，此时变成一个 PI 控制器。

-	outgians					■	GAIN_PID	
			outgians.	✓	N/A		BOOL	TRUE
			outgians.	0.0	N/A		REAL	500.0
			outgians.	743.218	N/A		REAL	
			outgians.	284.877	N/A		REAL	
			outgians.	0.1	N/A		REAL	0.1

图 8-15　PID 自整定的返回值

1. 若从_ IO _ P2 _ AI _ 00 中采集回来的数据是 3200，那么电阻炉中实际的温度是多少？
2. 如果功率放大器的接收端只能接收 DC0 ~ 5V 电压怎么办？
3. 手动整定 PID 参数时，除了本文中介绍的试凑法外还有什么方法？其优缺点是什么？

1. 将试凑法获得的 PID 参数与自整定得到的 PID 参数进行对比，说说其中的差别。
2. 自己设计一个温度控制系统。

第9章

Micro800控制器的网络通信

学习目标

- 掌握与Logix控制器之间的通信方法
- 掌握如何通过ASCII连接计算机
- 掌握设置Modbus TCP从站的方法
- 掌握Micro850的OPC通信方式

9.1　Micro800 控制器的网络结构

Micro800 系列 PLC 主要用于经济型单机控制，结构和功能相对简单，因此其网络结构也不复杂。Micro800 控制器支持 RS-232 和 RS-485 通信，此外，还自带与计算机通信的 USB 接口。

Micro800 系列 PLC 嵌入式的通信模块支持的串行端口协议有 Modbus RTU Master and Slave，ASCII 通信及 CIPSerial。Modbus 是一种半双工，主从通信协议，允许主设备最多与 247 个从设备进行通信。ASCII 可以使 Micro800 控制器连接到其他 ASCII 设备，如条形码阅读器、磅秤、串行打印机或其他智能设备。

Micro850 系列 PLC 支持基本 EtherNet/IP 端口，可以接入 EtherNet 网络中，与其他通信设备进行通信。该通信口支持的以太网协议有：EtherNet/IP、Modbus/TCP、DHCP Client。

此外，Micro830 和 Micro850 还支持以下协议：Modbus/TCP Server、CIP Symbolic Server。

系统硬件接线图如图 9-1 所示。

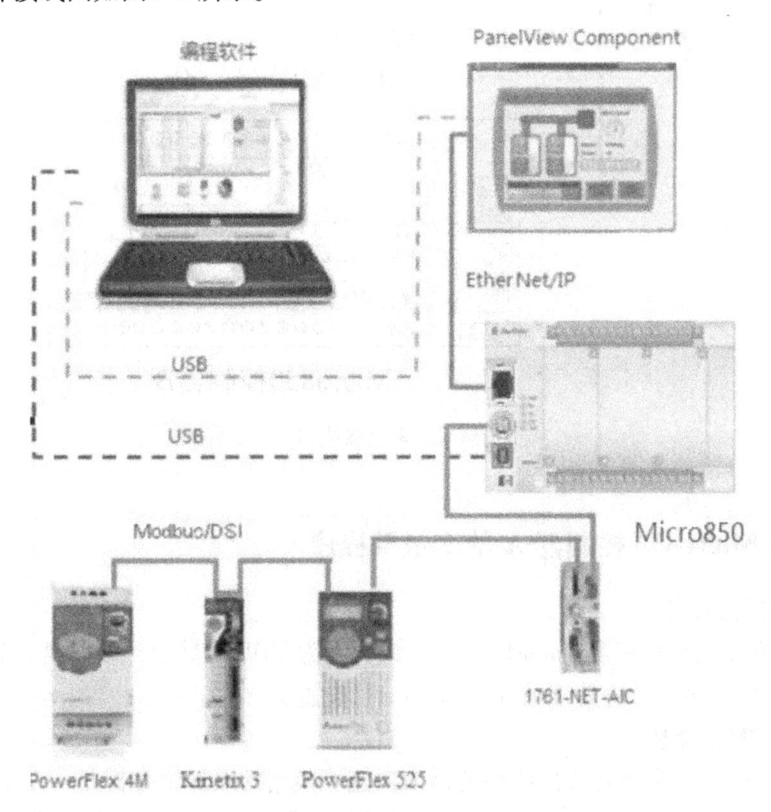

图 9-1　系统硬件接线图

9.2　Micro850 控制器之间的通信

Micro850 控制器之间的通信采用 Micro850 自带的嵌入式以太网接口，两个 Micro850 控制器均接到工业以太网交换机上，控制器通过 MSG _ CIPSYMBOLIC 指令将数据发送到另一个控制器的全局变量标签中。设发送方控制器为 A，A 的 IP 地址为 192. 168. 1. 11，接收方控制器为 B，IP 地址为 192. 168. 1. 60。系统接线如图 9-2 所示。

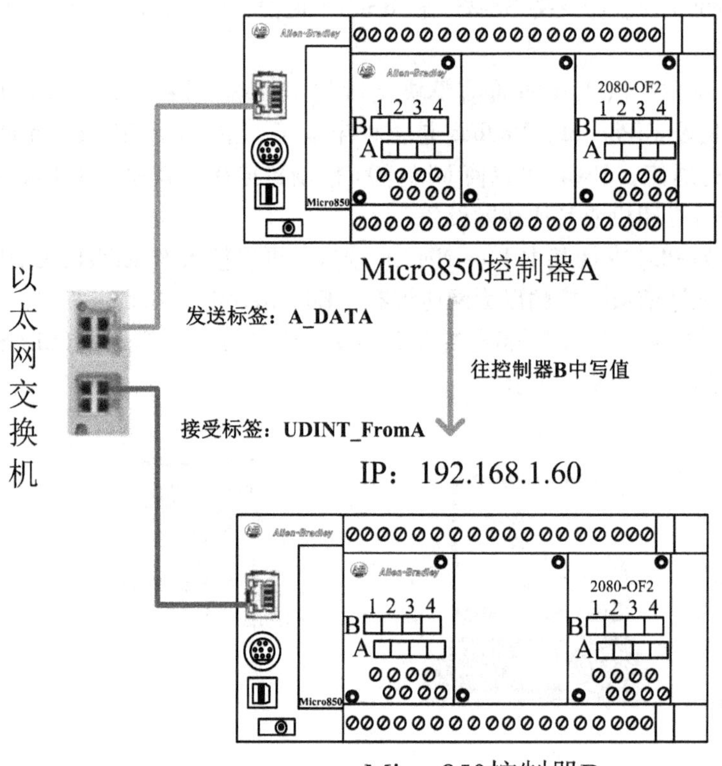

图 9-2　系统接线图

9. 2. 1　创建 Micro850 控制器 A 的变量及程序

1. 创建发送方变量

创建发送方发送数据变量 ValueToWrite，该变量为 UDINT 类型。再创建一个拥有 4 个元素的一维数组 A _ DATA，将其维数（Dimension）设置为［1. . . 4］。

2. 添加 COP 功能块

MSG _ SYMBOLIC 指令是按位传输的，该功能块使用的发送寄存器是一个 USINT 类型的数组，USINT 为 8 位，如果想传输一个 32 位的数据，如 UDINT，那么需要先将 UDINT 的数据分成 4 个 8 位的 USINT 数据，因此，需要使用到 COP 功能块，将要写到控制器 B 中的 32 位数据（这里为 ValueToWrite）存放到一个有 4 个元素的一维数组（这里为 A _ DATA）中，再将该数组通过 MSG 指令发送出去。

添加一个 UINT 类型的变量 COPsts，将其维数（Dimension）设置为［1. . . 1］。该变量用来表示 COP 功能块的状态。

添加一个 COP 功能块，创建其相应的变量并设置初始值，如图 9-3 所示。

该功能块的作用是将 ValueToWrite 的值以二进制流的方式存放到 A _ DATA 数组中，即 A _ DATA［1］存储 ValueToWrite 写成二进制流的前 8 位，A _ DATA［4］存储 ValueToWrite 数据的最后 8 位。

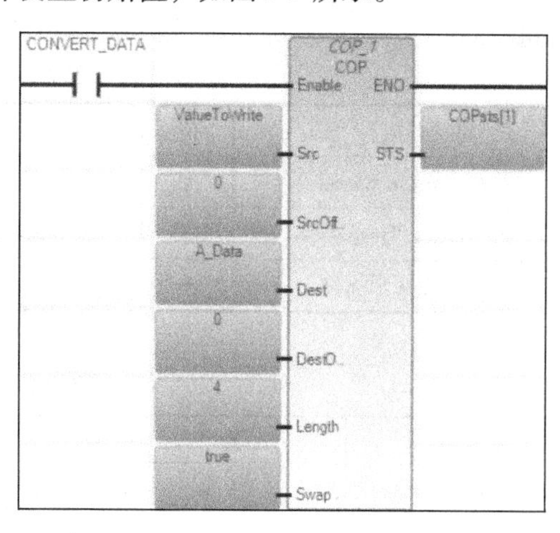

图 9-3　COP 功能块变量及初始值设置

3. 创建等值功能块

如图 9-4 所示添加一个比较指令和一个线圈。如果数据类型转换成功，则 COPsts［1］置 1，WriteValue 也会置 1，表示可以使用 MSG 指令发送该数据。

4. 创建 MSG _ SYMBOLIC 功能块

在梯形图中添加一个 MSG _ CIPSYMBOLIC 功能块并创建该结构体相应的变量。添加 CtrlCfg 变量、SymCfg 变量和 A _ TarCfg 变量并赋初始值，如图 9-5 所示。

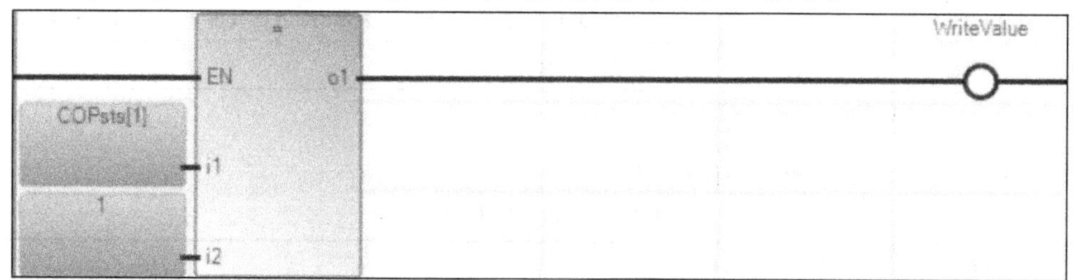

图 9-4　创建等值功能块

A_CtrlCfg	CIPCONTROL	...
A_CtrlCfg.Cancel	BOOL	
A_CtrlCfg.TriggerType	UDINT	300
A_CtrlCfg.StrMode	USINT	
A_symCfg	CIPSYMBOLIC	...
A_symCfg.Service	USINT	1
A_symCfg.Symbol	STRING	'UDINT_FromA'
A_symCfg.Count	UINT	
A_symCfg.DataType	USINT	200
A_symCfg.Offset	USINT	

A_TarCfg	CIPTARGETCF	...
A_TarCfg.Path	STRING	'4,192.168.1.60
A_TarCfg.CipConnMode	USINT	1
A_TarCfg.UcmmTimeout	UDINT	0
A_TarCfg.ConnMsgTimeout	UDINT	0
A_TarCfg.ConnClose	BOOL	

图 9-5　变量及参数设置

各个变量的含义见表 9-1、表 9-2。这里需要注意的是，A _ TarCfg 变量需要添加在全局变量中。

表 9-1　CtrlCfg 变量

参数	值	描　述
A _ CtrlCfg. Cancel	无	取消该功能块的执行
A _ CtrlCfg. TriggerType	300	该项设置 MSG 指令多久触发一次，单位为 ms，这里为 300ms
A _ Ctrlcfg. StrMode	无	保留

表 9-2　SymCfg 变量

参数	值	描　述
A _ SymCfg. Service	1	该模块的功能位，0 为读数据，1 为写数据
A _ SymCfg. Symbol	'UDINT _ FromA'	从目标控制器哪个标签中读数据/往目标控制器哪个标签中写数据。这里表示将数据写到目标控制器中名为 UDINT _ FromA 的标签中
A _ SymCfg. Count	无	读/写的变量个数，有效值为 1～490，这里为 0 将会自动表示为 1
A _ SymCfg. DataType	200	读/写的标签数据类型，200 表示 UDINT，其他类型可以查看帮助
A _ SymCfg. Offset	无	保留以后使用

添加 TargetCfg 变量并赋初始值，见表 9-3。

表 9-3　TargetCfg 变量

参数	值	描　述
A _ TarCfg. Path	'4,192.168.1.60'	到达目标器件的路径，这里控制器 A 需要先通过该控制器上的 Port4（Micro850 嵌入式以太网口），因此先是 4，再通过 192.168.1.60 找到目标控制器，因此格式设置为'4,192.168.1.60'
A _ TarCfg. CIPConnMode	1	CIP 连接模式位，该位置 1 表示优先选择 CIP 连接
A _ TarCfg. UcmmTimeout	0	未建立连接的响应时间
A _ TarCfg. ConnMsgTimeout	0	建立连接的响应时间
A _ TarCfg. ConnClose	无	连接关闭模式，置 1 为信息发送完毕则关闭连接，置 0 为信息发送完毕不关闭连接

创建的 MSG 功能块如图 9-6 所示。

9.2.2　在 Micro850 控制器 B 中创建变量及设置

1. 设置目标控制器的 IP 地址

依照图 9-7 所示的内容设置控制器 B 的 IP 地址。

2. 创建 Micro850 控制器 B 的接收全局变量

在控制器 B 的全局变量中创建 UDINT _ FromA，数据类型为 UDINT。

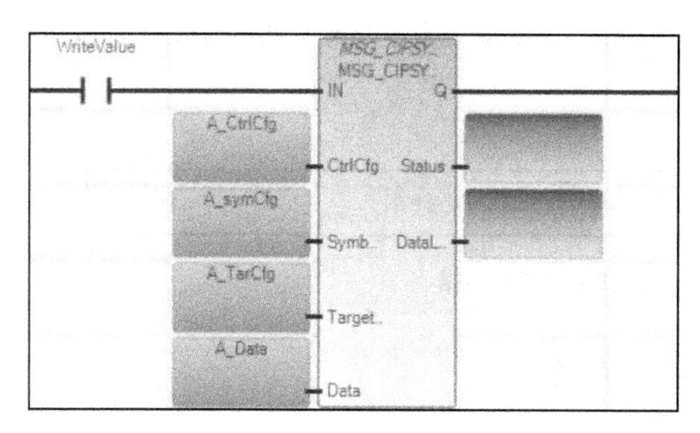

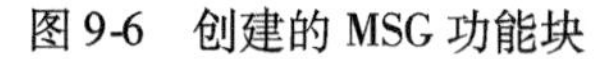
图 9-6　创建的 MSG 功能块

Internet Protocol (IP) Settings

Obtain IP address automatically using DHCP

Configure IP address and settings

IP Address: 192 . 168 . 1 . 60

Subnet Mask: 255 . 255 . 255 . 0

Gateway Address: 192 . 168 . 1 . 1

图 9-7　设置控制器 B 的 IP 地址

9.2.3　查看测试结果

将控制器 A、B 程序编译、下载和调试。对于控制器 A，将 ValueToWrite 值设置为 987654321，激活 CONWERT _ DATA 变量后，程序运行如图 9-8 所示。可以看到 A _ Data [1] 的值为 177，A _ DATA [2] 的值为 104，A _ DATA [3] 的值为 222，A _ DATA [4] 的值为 58，将这些数字组合起来就是 987654321 的二进制数。

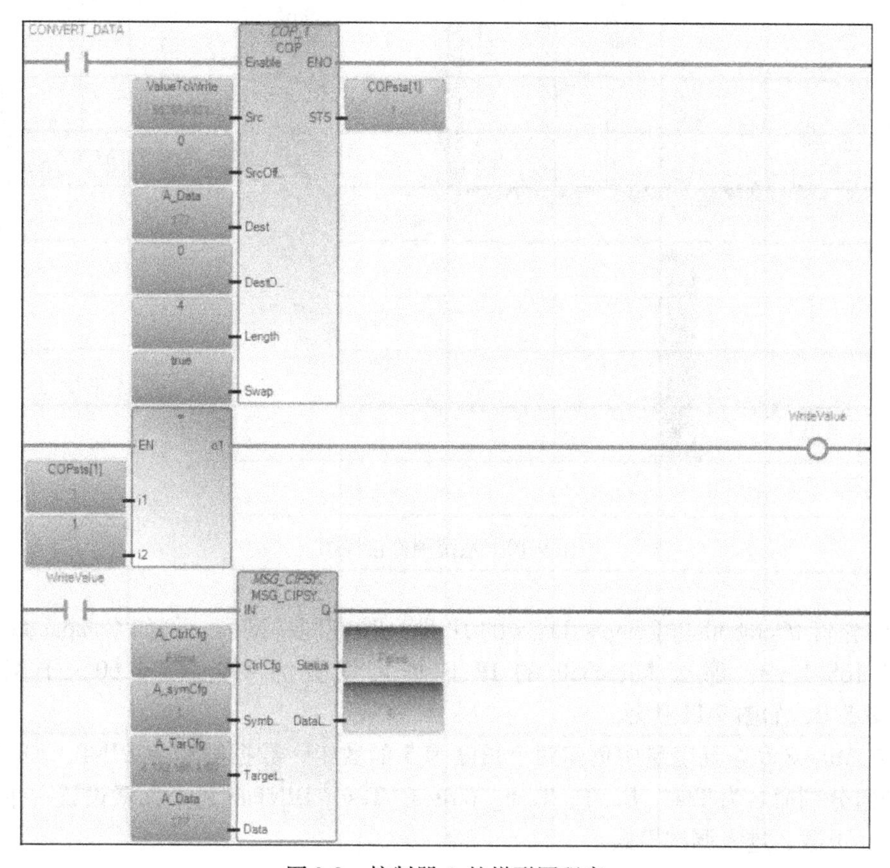

图 9-8　控制器 A 的梯形图程序

查看控制器 B 中的全局变量 UDINT _ FromA，可以看到数据变为了 987654321，如图 9-9 所示。

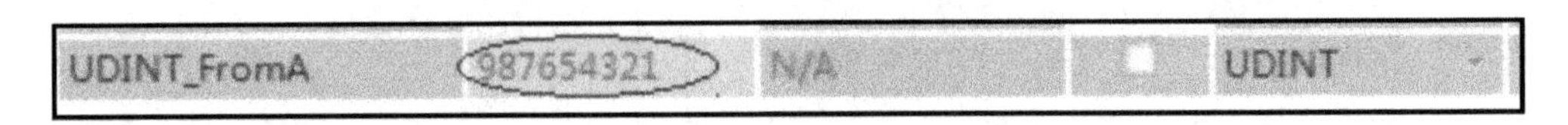

图 9-9　控制器 B 接收到的数据

9.3　Micro850 和 Logix 控制器之间的通信

9.3.1　创建全局变量

1）CompactLogix L36ERM 可以通过 EIP 的 MSG 指令与 Micro850 通信，硬件接线如图 9-10 所示。

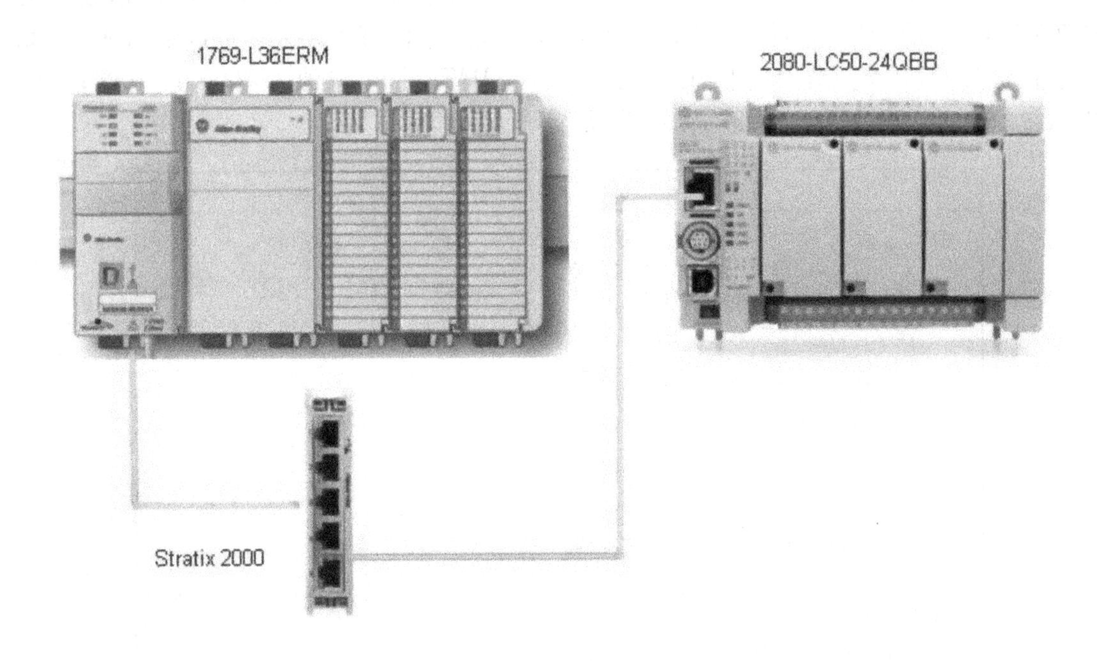

图 9-10　系统硬件接线图

2）首先将 Micro850 与 CompactLogix 的 IP 地址设在同一网段。例如 CompactLogix IP 地址为 192.168.1.99，那么 Micro850 的 IP 地址可设置为 192.168.1.60，子网掩码为 255.255.255.0，如图 9-11 所示。

3）在 Micro850 全局变量中创建两个长度为 5 的数组，数据类型为 DINT，如图 9-12 所示，两数组分别命名为 Test _ DINT、Test _ Writes。Test _ DINT 的每个元素设置一个初始值，然后编译，下载，进入调试模式。

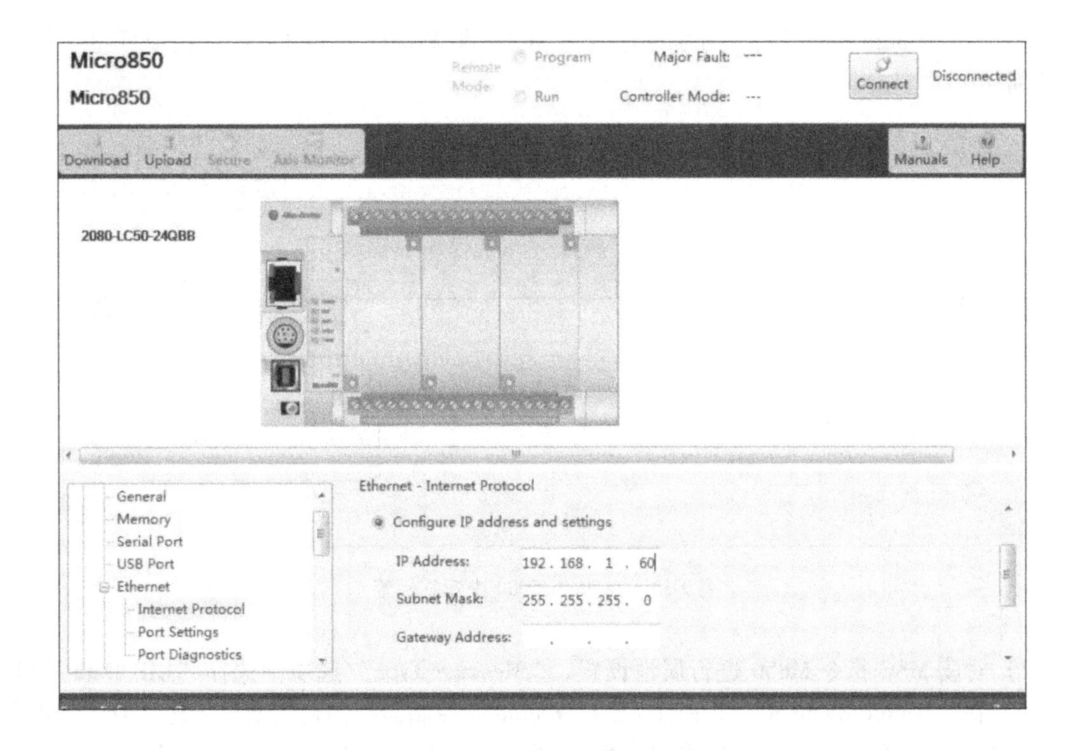

图 9-11　设置 IP 地址

Test_DINT	...	DINT	[0..4]
Test_DINT[0]	1	DINT	
Test_DINT[1]	2	DINT	
Test_DINT[2]	3	DINT	
Test_DINT[3]	4	DINT	
Test_DINT[4]	5	DINT	
Test_Write	...	DINT	[0..4]
Test_Write[0]	0	DINT	
Test_Write[1]	0	DINT	
Test_Write[2]	0	DINT	
Test_Write[3]	0	DINT	
Test_Write[4]	0	DINT	

图 9-12　建立所需要的变量

9.3.2 Studio5000 中的设置

1）打开 Studio5000 软件，分别创建名为 M850 和 M850 _ write 的 MSG 指令标签，如图 9-13 所示。

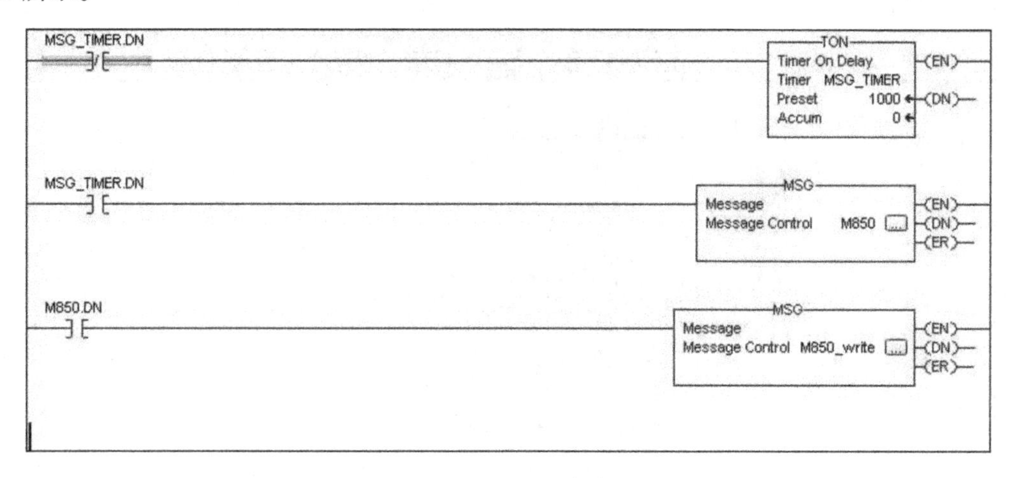

图 9-13 在 Studio5000 中建立标签

2）对读 MSG 指令 M850 进行属性设置，“Message Type” 选项中选择 “CIP Data Table Read”，在 “Source Element” 项中输入已在 Micro850 控制器中创建的变量名称 “Test _ DINT [0]”，“Number Of Eleement” 项设置为 5。然后点击 “NEW TACT” 按键在 “Destination Element” 中新建变量 “DINT _ array _ Read”，如图 9-14 所示。

Configuration* | Communication | Tag

Message Type: CIP Data Table Read

Source Element: Test_DINT[0]

Number Of Elements: 5

Destination Element: DINT_array_Read

New Tag...

图 9-14 变量创建及属性设置

3）点击 “Communication” 选项卡，设置路径 “2. 192. 168. 1. 60”，如图 9-15 所示。

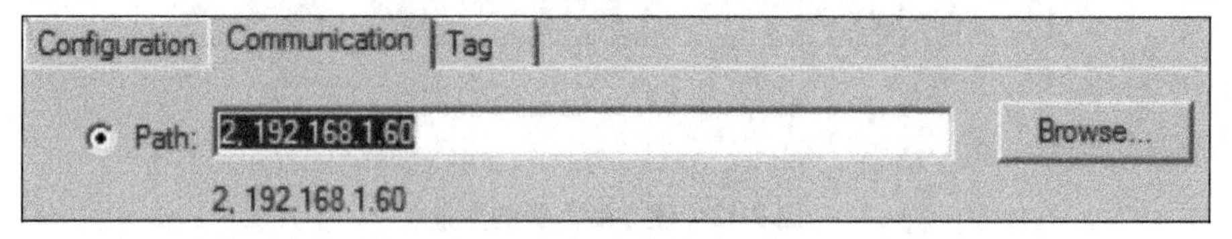

图 9-15 路径设置

4）对写 MSG 指令 M850 _ writes 进行选项配置，在 “Message Type” 中选择 “CIP Data

Table Write”，然后点击“NEW TAG”按键，在 Source Element 中创建“DINT _ array _ Write”变量，并指定元素的数量为 5，在“Destination Element”中输入在 Micro850 中设置好的变量“Test _ Writes [0]”，如图 9-16 所示。

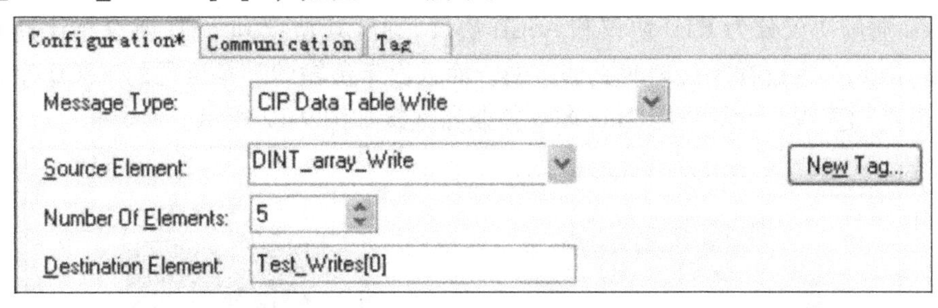

图 9-16　M850 _ writes 属性配置

5）编译，下载，展开标签“DINT _ array _ Read”后可看到由 Micro850 控制器中数组“Test _ DINT”传送过来的数据，在标签“DINT _ array _ Write”中输入数值就可发送到 Micro850 控制器的数组“Test _ Writes”变量中，如图 9-17、图 9-18 所示。

− DINT_array_Read	{. . .}	Decimal	DINT[5]
+ DINT_array_Read[0]	1	Decimal	DINT
+ DINT_array_Read[1]	2	Decimal	DINT
+ DINT_array_Read[2]	3	Decimal	DINT
+ DINT_array_Read[3]	4	Decimal	DINT
+ DINT_array_Read[4]	5	Decimal	DINT
− DINT_array_Write	{. . .}	Decimal	DINT[5]
+ DINT_array_Write[0]	6	Decimal	DINT
+ DINT_array_Write[1]	7	Decimal	DINT
+ DINT_array_Write[2]	8	Decimal	DINT
+ DINT_array_Write[3]	9	Decimal	DINT
+ DINT_array_Write[4]	10	Decimal	DINT

图 9-17　Studio5000 中的控制器标签

Test_DINT	...	DINT	[0..4]
Test_DINT[0]	1	DINT	
Test_DINT[1]	2	DINT	
Test_DINT[2]	3	DINT	
Test_DINT[3]	4	DINT	
Test_DINT[4]	5	DINT	
Test_Write	...	DINT	[0..4]
Test_Write[0]	6	DINT	
Test_Write[1]	7	DINT	
Test_Write[2]	8	DINT	
Test_Write[3]	9	DINT	
Test_Write[4]	10	DINT	

图 9-18　Micro850 控制器中的标签值

9.4 Micro850 控制器通过 ASCII 连接 PC

Modbus 通信协议分为 RTU 协议和 ASCII 协议，ASCII 协议和 RTU 协议相比拥有开始和结束标记，因此在进行程序处理时更加方便，而且由于传输的都是可见的 ASCII 字符，所以进行调试时更加直观，计算机与 Micro850 控制器连接如图 9-19 所示。

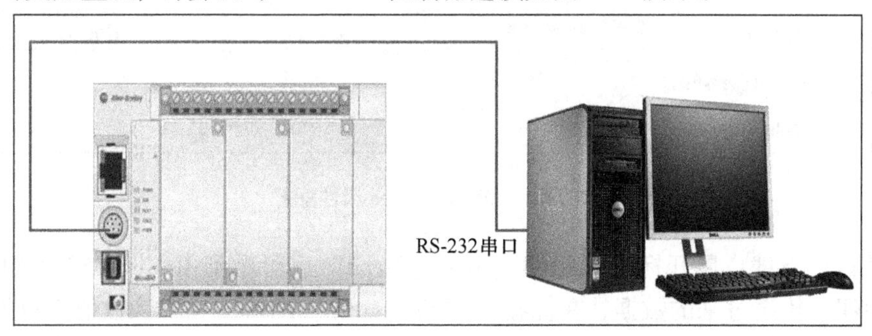

图 9-19　计算机与 Micro850 控制器连接

9.4.1 ABL 功能块设置

1）如图 9-20 所示，拖入一个功能块，然后从指令块中选择 ABL 功能块。ABL 指令计数在缓冲区中的字符，并包括第一个终止符。

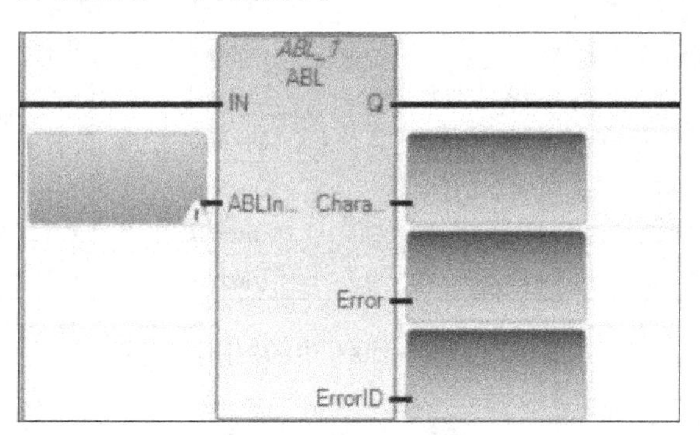

图 9-20　ABL 功能块选择

2）双击 ABLInput 输入脚，创建数据类型为 ABLACB 的新变量，并命名为“ABL _ Input”，如图 9-21 所示。

3）在创建变量“ABL _ Input”时，可依据图 9-22 进行通道设置。由于使用嵌入式串口，所以分配通道 2 作为通信端口，如图 9-23 所示。

4）现在，进入 Micro850 的属性窗口设置通信协议，选择“Serial Port”（串行端口），ASCII 作为驱动程序，波特率设为 9600，如图 9-24 所示。

5）要使用的 ABL 功能模块，以读取的最后一个字符为止，并包括第一个回车（Enter 键）。因此，将第一个终止符设置为 0x0D，第二终止符设置为 0xFF，如图 9-25 所示。

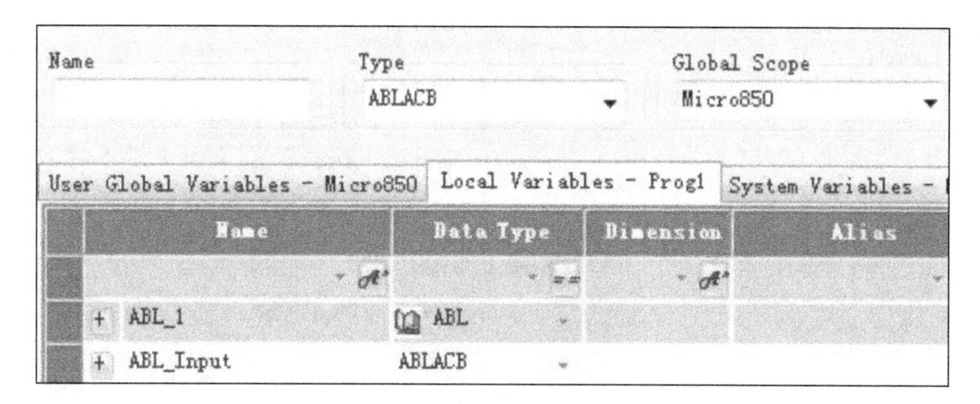

图 9-21　创建“ABL _ Input”变量

ABLACB Data Type

The following table describes the ABLACB data type:

Parameter	Data Type	Description
Channel	UINT	Serial port number: • 2 for the embedded serial port, or • 5-9 for serial port plug-ins installed in slots 1 through 5: 5 for slot 1 6 for slot 2 7 for slot 3 8 for slot 4 9 for slot 5
TriggerType	USINT	Represents one of the following: • 0: Msg Triggered Once (when IN goes from False to True) • 1: Msg triggered continuously when IN is True • Other value: Reserved
Cancel	BOOL	When this input is set to TRUE, this function block does not execute.

图 9-22　ABLACB 数据类型设置

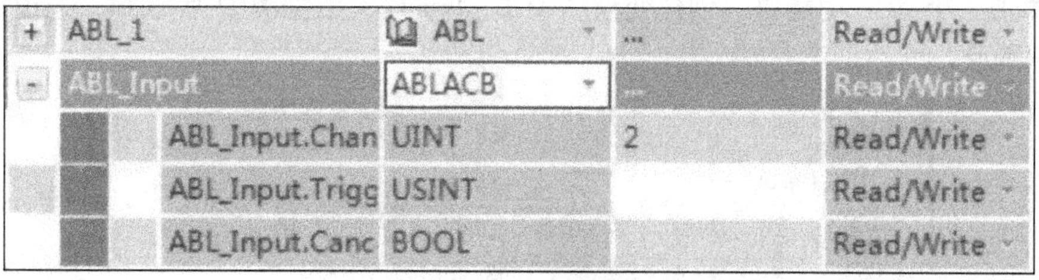

+	ABL_1	ABL	...	Read/Write
-	ABL_Input	ABLACB	...	Read/Write
	ABL_Input.Chan	UINT	2	Read/Write
	ABL_Input.Trigg	USINT		Read/Write
	ABL_Input.Canc	BOOL		Read/Write

图 9-23　通道设置

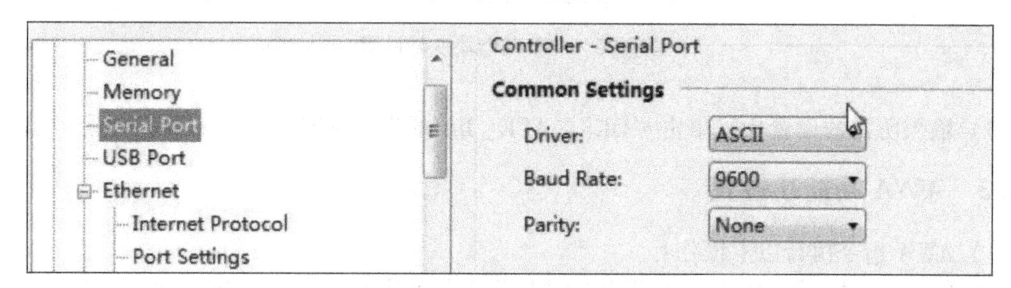

图 9-24　属性窗口设置

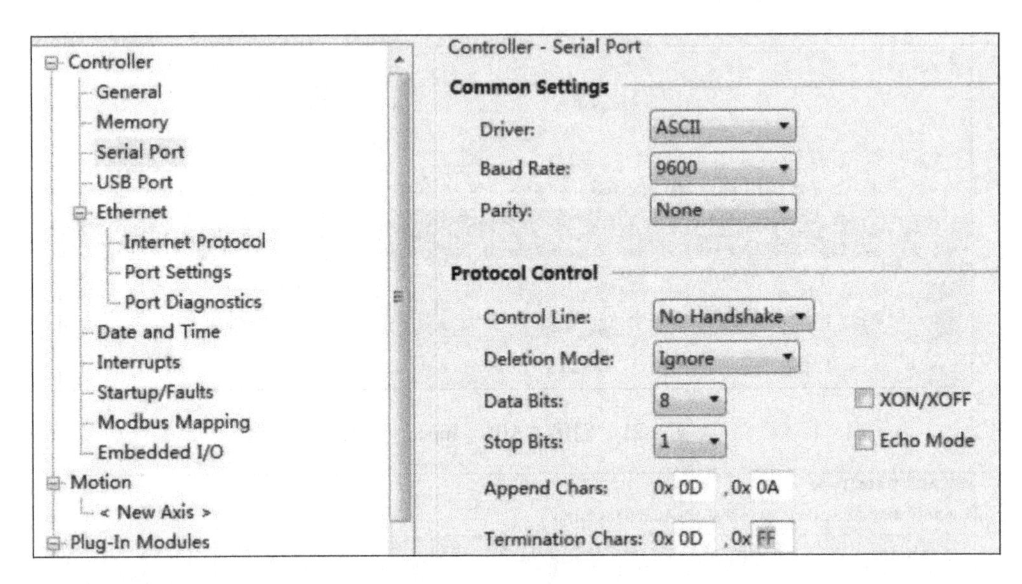

图 9-25　ABL 功能块终止符设置

- 如果 ASCII 设备配置为 XON/XOFF 流量控制，选择 XON/XOFF 复选框。
- 如果 ASCII 设备是 CRT 或预先配置为半双工传输，选择回波模式复选框。

9.4.2　ACL 功能块设置

1）使用 ABL 功能块后，要使用一个 ACL 功能块以清除缓冲区。注意：ACL 指令立即执行以下一项或两项：

- 清除字符的缓冲区，并清除读取指令队列 ASCII。
- 清除写指令的 ASCII 队列。

2）添加一个 ACL 功能块，创建变量“ACL _ Input”，数据类型为 ACLI，通道设置为 2，如图 9-26 所示。

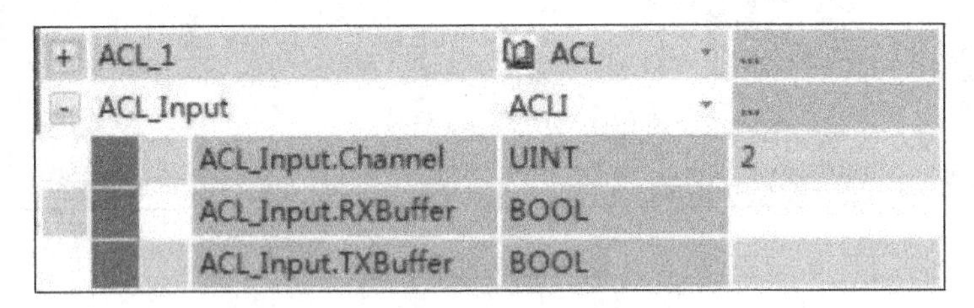

+	ACL_1	ACL	...
-	ACL_Input	ACLI	...
	ACL_Input.Channel	UINT	2
	ACL_Input.RXBuffer	BOOL	
	ACL_Input.TXBuffer	BOOL	

图 9-26　ACL 功能块变量设置

3）输入所需的设置后，单击“OK”。ACL _ InPut 功能块创建如图 9-27 所示。

9.4.3　AWA 功能块设置

1）AWA 指令执行以下操作：

- 源变量通过串行端口给连接设备发送指定数量的字符（AWA _ Input 长度）。
- 增加了字符的结尾（追加一个或两个在控制器属性窗口中定义的字符）。

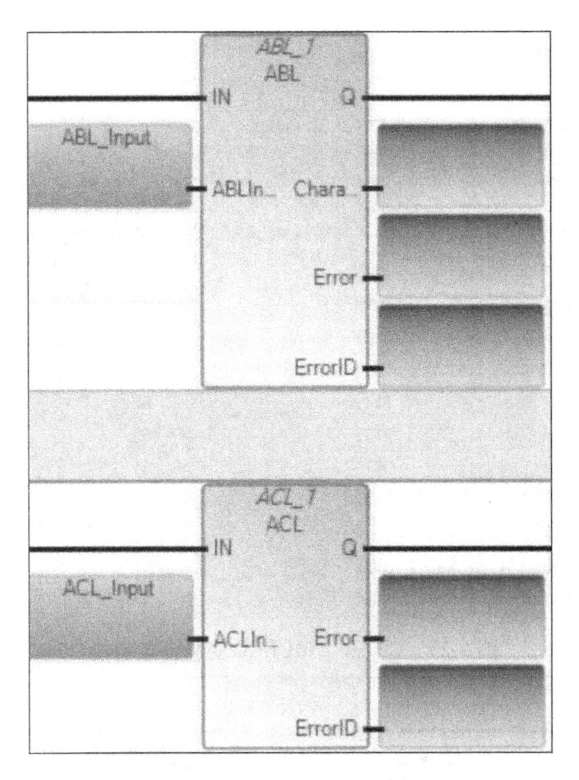

图 9-27　ACL _ Input 功能块创建

2）插入 AWA 功能块，对于此块，创建数据类型分别为“AWAAWT”和“ASCIILOCADDR”的变量，分别命名为“AWA _ Input”、“CHAR _ SOURCE”。

3）展开“AWA _ Input”变量，设置通道及要发送字符的数量，如图 9-28 所示。

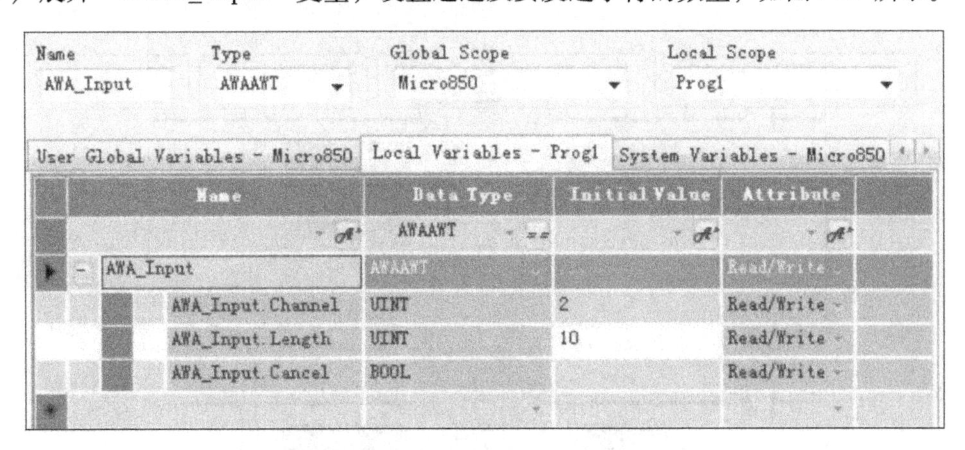

图 9-28　AWA 功能块通道及字符数量设置

4）展开“CHAR _ SOURCE”变量，输入要显示的 ASCII 字符。如要显示数字 0 ~ 9 ，则按照如图 9-29 所示设置初值。

5）添加常开触点避免功能块直接触发，如图 9-30 所示。

Name	Type	Global Scope	Local Scope
CHAR_SOURCE	ASCIILOCAD	Micro850	Progl

User Global Variables - Micro850 | Local Variables - Progl | System Variables - Micro850

Name	Data Type	Initial Value
	ASCIILOCADDR	
CHAR_SOURCE	ASCIILOCADDR	
CHAR_SOURCE[1]	BYTE	48
CHAR_SOURCE[2]	BYTE	49
CHAR_SOURCE[3]	BYTE	50
CHAR_SOURCE[4]	BYTE	51
CHAR_SOURCE[5]	BYTE	52
CHAR_SOURCE[6]	BYTE	53
CHAR_SOURCE[7]	BYTE	54
CHAR_SOURCE[8]	BYTE	55
CHAR_SOURCE[9]	BYTE	56
CHAR_SOURCE[10]	BYTE	57
CHAR_SOURCE[11]	BYTE	

图 9-29　CHAR _ SOURCE 变量设置初值

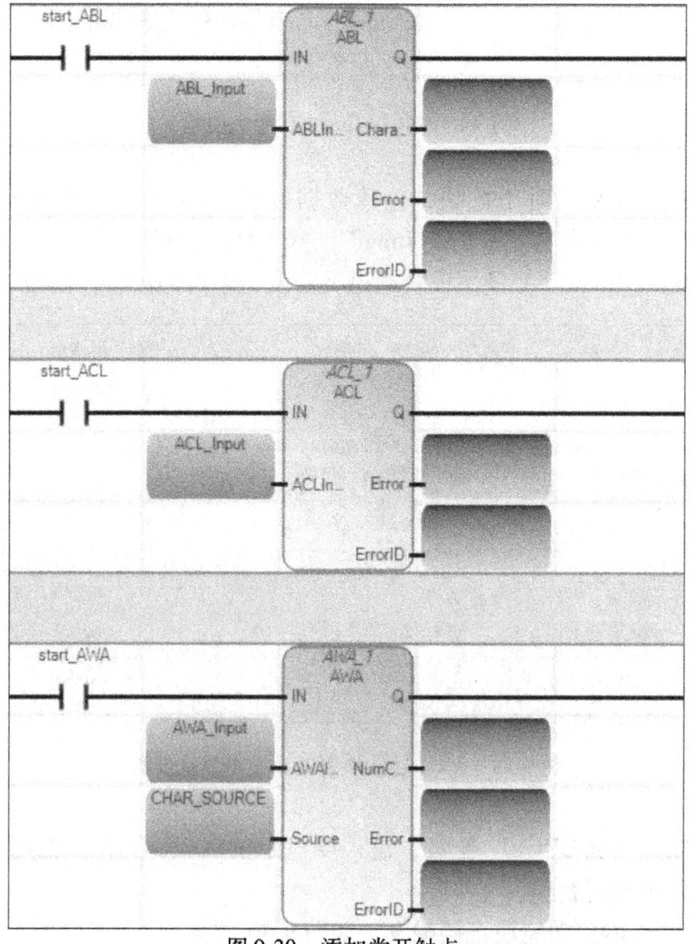

图 9-30　添加常开触点

6）给 AWA 功能块设置一个附加字符，可根据图 9-31 进行设置。

To append	Then
One character	· In the Append Character 1 text box, type the hexadecimal ASCII code for the first character. · In the Append Character 2 text box, type 0xFF
Two characters	In the Append Character 1 and 2 text boxes, type the hexadecimal ASCII code for each character.

图 9-31　ASCII 属性

如选择附加字符“a”，则输入“0x61”来表示字符并以“0xFF”结束附加，如图 9-32 所示。

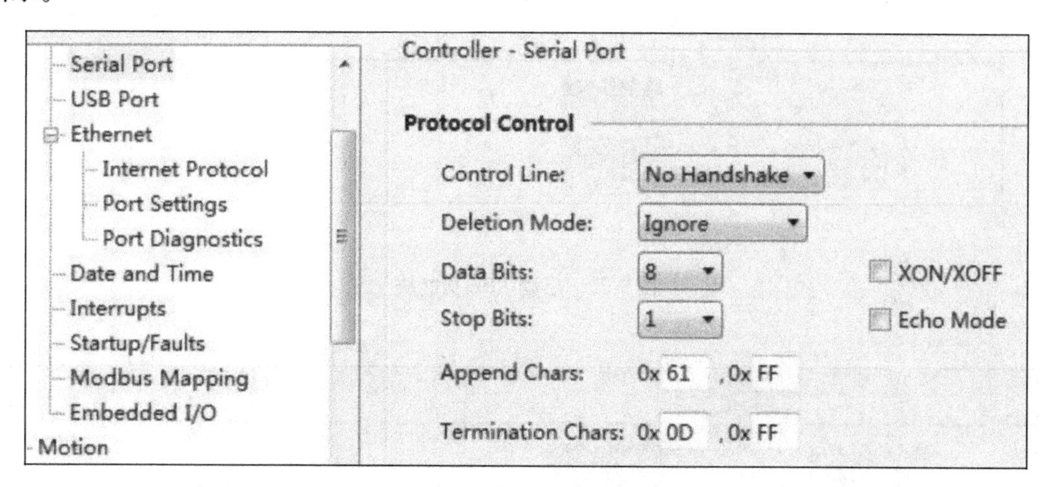

图 9-32　AWA 功能块字符设置

7）将程序编译，下载并进入调试模式，将开关 start _ ABL 置 1，激活 ABL 功能块，字符数将显示为 0 ，如图 9-33 所示。

9. 4. 4　字符输入

1）从 Hyper Terminal（超级终端）输入一些字符，字符计数此时应有更新，ABL 功能块的字符显示值应与超级终端输入字符的数量一样（ABL 功能块是以回车键作为终止字符，因此，输入了回车字符后字符数才会显示）。

例如：在超级终端输入“Micro800”然后按下回车键，这样字符计数值将是 9，如图 9-34 所示。

2）现在使用 ACL 功能块来清除缓冲区。确保开关 start _ ABL 没有触发，然后将 ACL _ Input. RXBuffer 置 1，选中 start _ ACL 激活 ACL 的功能块，然后取消 start _ ACL 以清除缓冲区。如果再次连通 ABL 功能块，会看到字符计数变为 0，如图 9-35 所示。

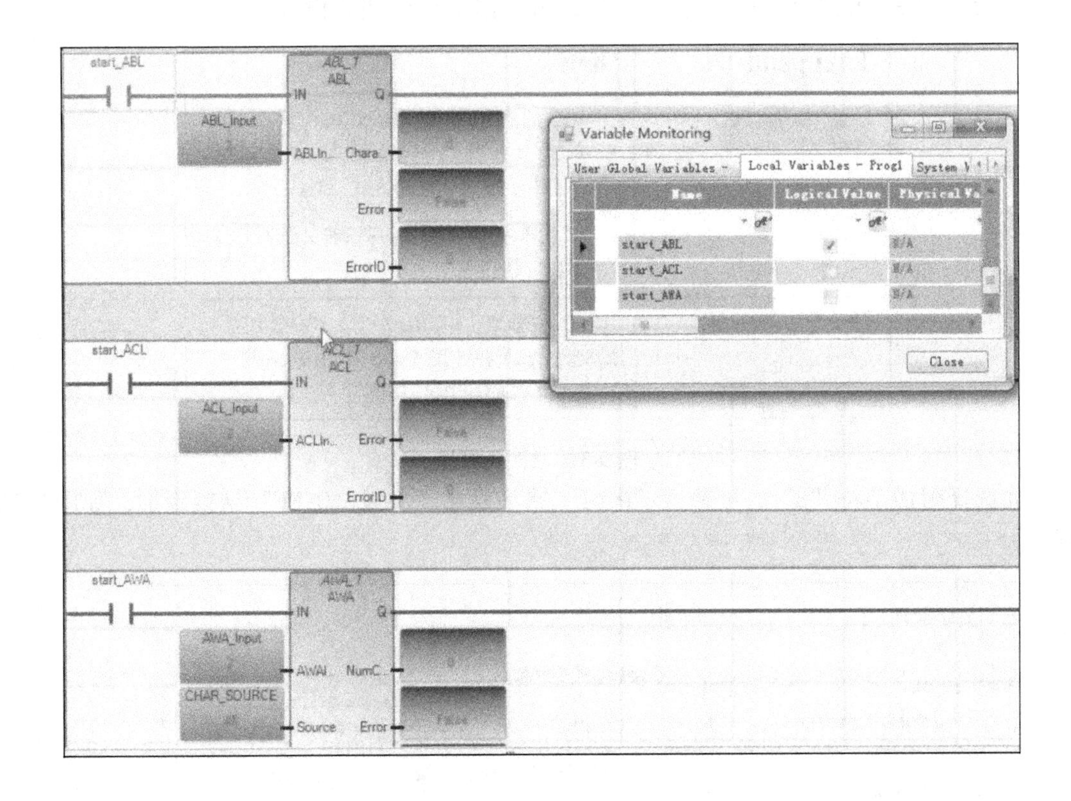

图 9-33　启动 ABL 功能块

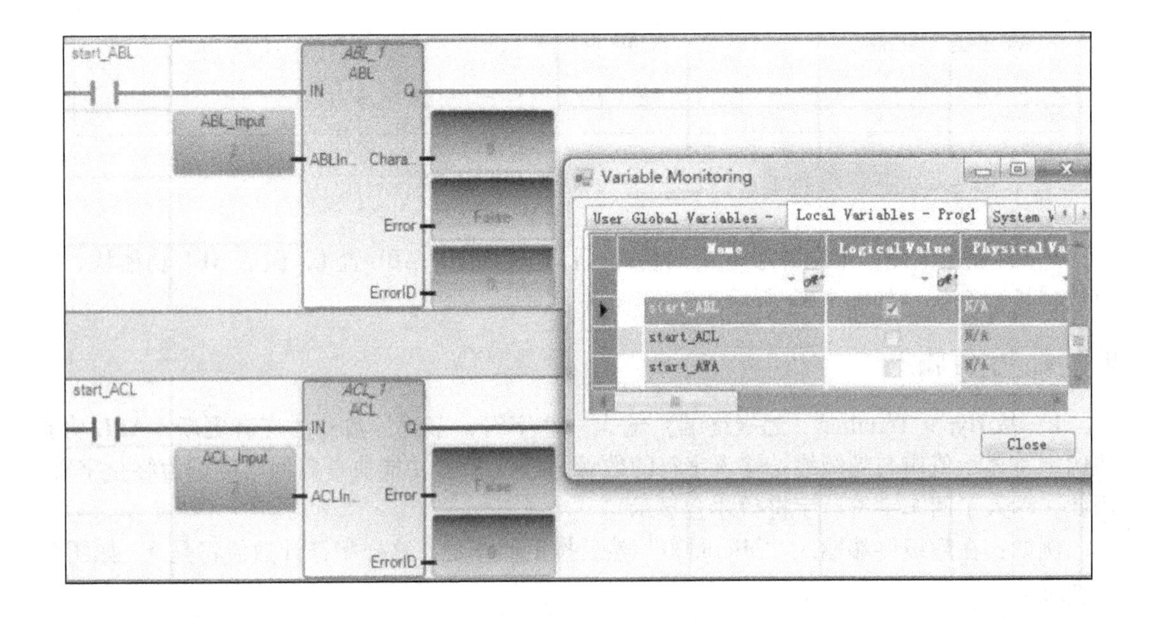

图 9-34　从超级终端输入字符

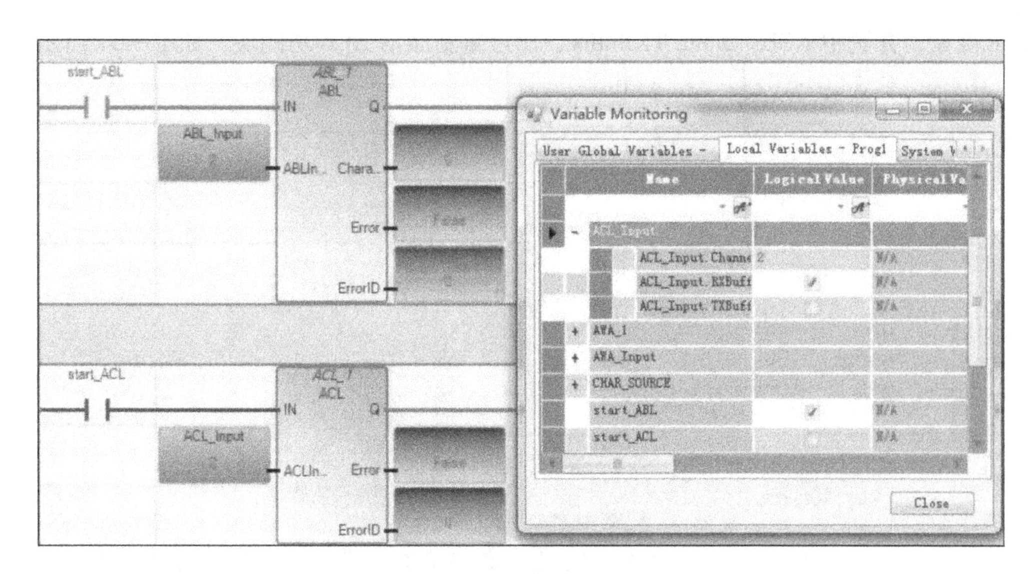

图 9-35　ACL 功能块的应用

3）现在要使用 AWA 功能块将字符发送到超级终端，将开关 start _ AWA 置 1 会发现 NumChar 显示值为 11（这是由于发送 char 0-9 并加上了一个终止字符）。梯形图和超级终端显示如图 9-36 所示。

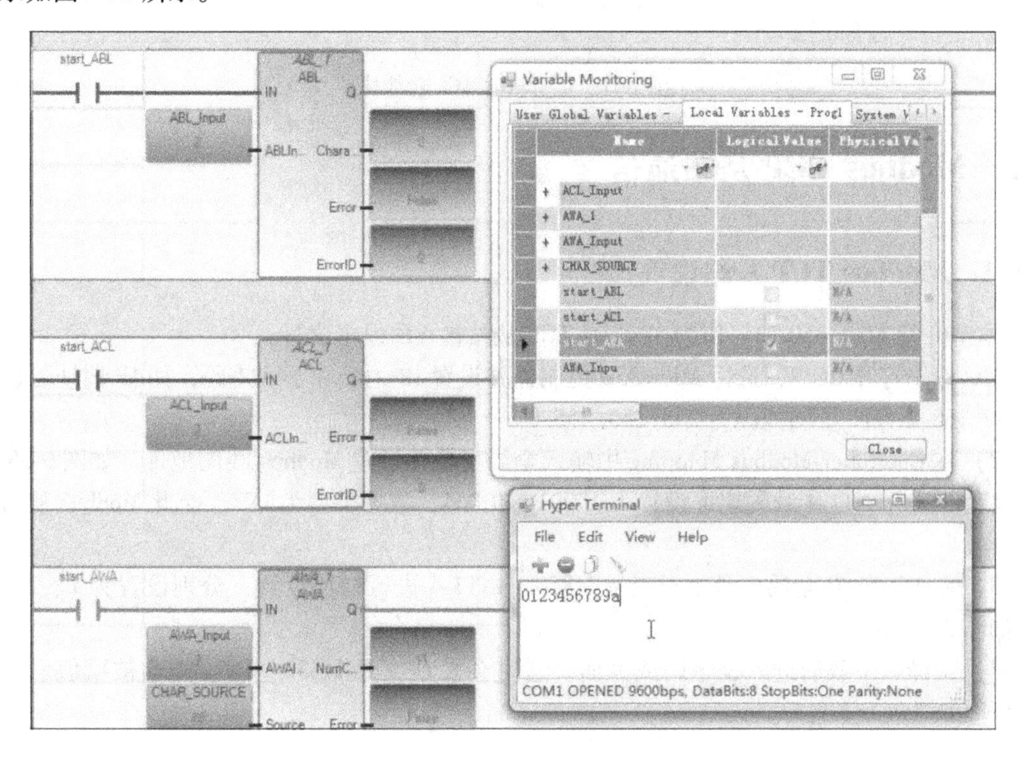

图 9-36　AWA 功能块的应用

4）如果需要使用 ABL 功能块重新计数，必须清除缓冲区。要做到这一点，需展开 ACL

_ Input 变量，并选中 ACL _ Input. TXBuffer，然后重新激活 ACL 功能块，如图 9-37 所示。

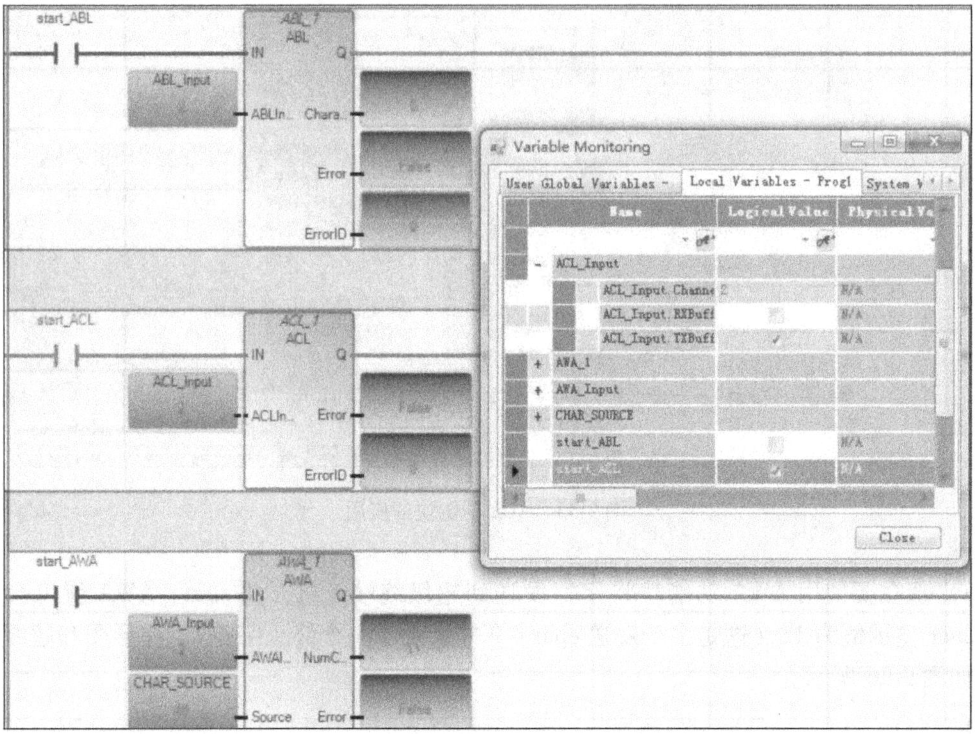

图 9-37　重新激活 ACL 功能块

9.5　Modbus TCP 从站通信

9.5.1　Modbus TCP 从站设置

本节介绍 Micro850 如何作为 Modbus TCP 从站被 VB 程序读写。

1）首先打开 CCW，选择 Micro850 控制器并设置 IP 地址和子网掩码，如 IP 地址可设置为 192. 168. 1. 66，子网掩码为 255. 255. 255. 0。

2）在 Controller-Modbus Mapping 中输入全局变量并设置 Modbus 线圈地址。如图 9-38 所示，将 M850 _ INT1-4 线圈地址设置为 40001 ~ 40004，数据类型为 INT，至此 Modbus 从站设置完毕。

3）在 Micro850 全局变量中对变量 M850 _ INT1-4 进行初值设置，分别设置为 1、2、3、4，如图 9-39 所示。

4）编译、下载后进入程序调试界面，这时会发现变量 M850 _ INT1-4 均被赋值，如图 9-40 所示。

9.5.2　VB 编写 Modbus TCP 主站代码

1）启动 Visual Basic，新建一个标准 EXE 项目，如图 9-41 所示。

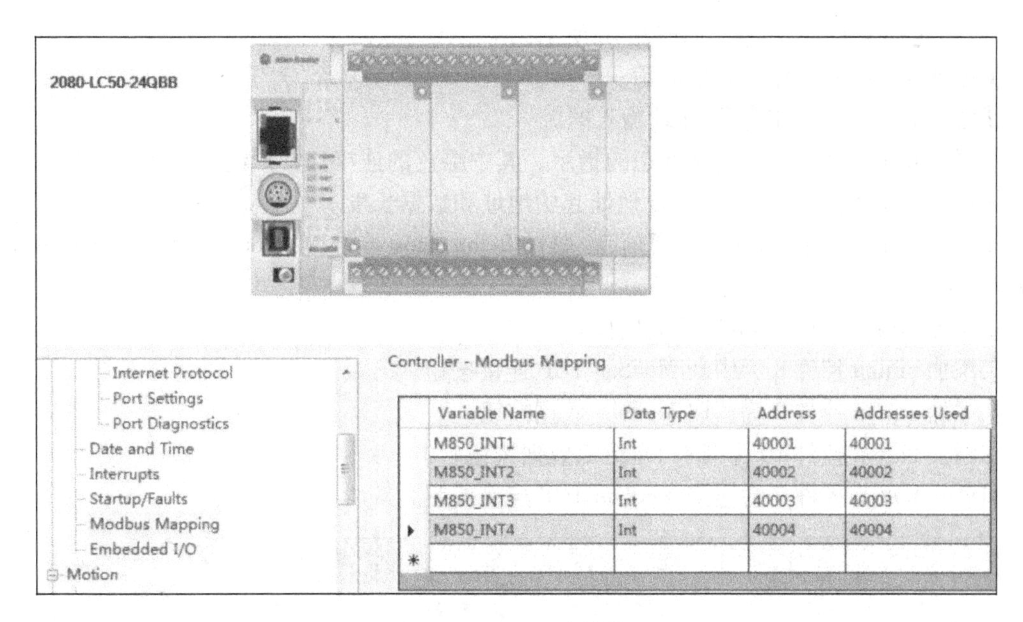

Variable Name	Data Type	Address	Addresses Used
M850_INT1	Int	40001	40001
M850_INT2	Int	40002	40002
M850_INT3	Int	40003	40003
M850_INT4	Int	40004	40004

图 9-38　Modbus 从站设置

M850_INT1	INT	1
M850_INT2	INT	2
M850_INT3	INT	3
M850_INT4	INT	4

图 9-39　变量赋初值

M850_INT1	1	N/A		INT
M850_INT2	2	N/A		INT
M850_INT3	3	N/A		INT
M850_INT4	4	N/A		INT

图 9-40　变量已被赋值

图 9-41　创建新的 EXE 项目

2）新建一个 Form 程序，如图 9-42 所示。

①添加 text 控件 1 作为数据显示。

②添加 text 控件 2 作为 IP 地址输入框。

③添加 text 控件 3 作为连接状态的指示，其中绿色的连接正常，红色为连接故障。

④添加 text 控件 4 作为 Modbus 地址起始地址和数据长度。

⑤添加 winsock 控件 5（TCP 通信），属性 RemoteHost = “192. 168. 1. 66”，属性 RemotePort = “502”。

⑥添加 timer 控件 6 为间隔轮询时间。

⑦添加 button 控件 8 为中断 Modbus TCP 连接按钮。

⑧添加 button 控件 9 为读取 Modbus 数据按钮。

⑨添加 button 控件 10 为回写 Modbus 数据按钮。

⑩添加 button 控件 7 为连接 Modbus TCP 连接按钮。

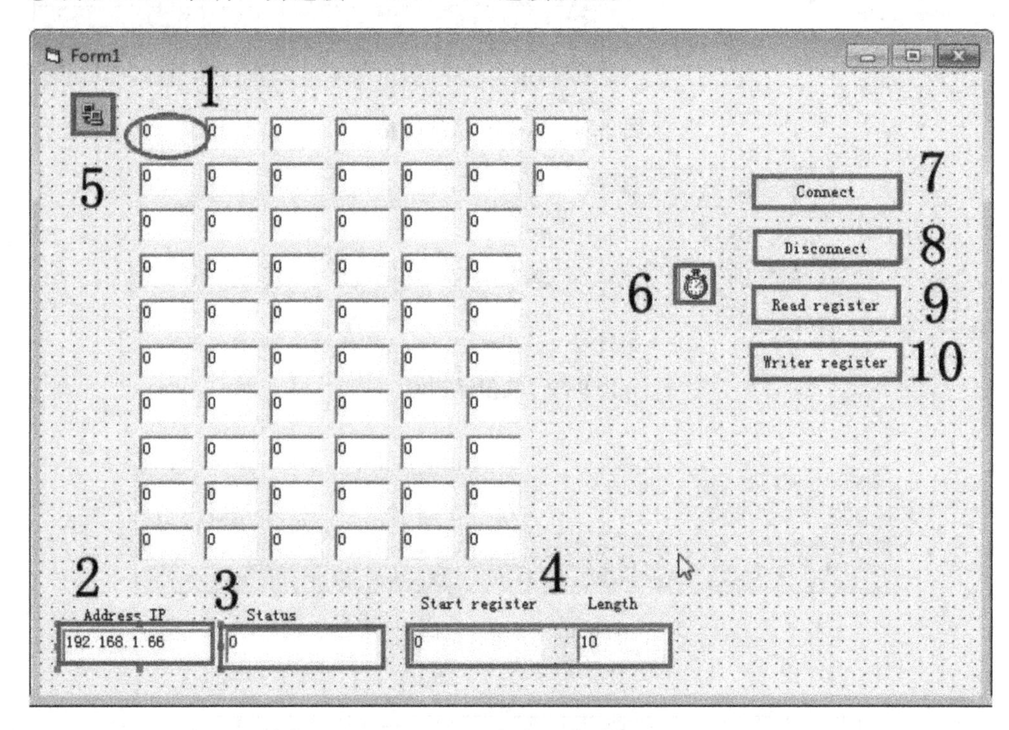

图 9-42　新建一个 Form 程序

3）点击右键进入代码页面，具体代码如下。

```
Dim MbusQuery(11) As Byte'声明 Modbus 请求指令位
Public MbusResponse As String'声明 Modbus 回应标识
Dim MbusByteArray(255) As Byte'声明 Modbus 字节数组 255 个
Public MbusRead As Boolean'声明 Modbus 读标志
Public MbusWrite As Boolean'声明 Modbus 写标志
Dim ModbusTimeOut As Integer'声明 Modbus 连接超时
Dim ModbusWait As Boolean'声明 Modbus 等待标志
```

```
Private Sub Command1 _ Click( ) ‘创建 connect 按钮的点击事件
Dim StartTime‘声明一个内部启动时间的标志
If( Winsock1. State < > sckClosed) Then‘判断 Modbus TCP 连接是否成功
   Winsock1. Close‘如果 modbus TCP 连接成功将关闭连接
End If
Winsock1. RemoteHost = Text1. Text‘设置 Modbus TCP 的 IP 地址为 text1 的内容
Winsock1. Connect‘连接 Modbus TCP client
StartTime = Timer‘设置轮询时间间隔
Do While( ( Timer < StartTime + 2) And( Winsock1. State < >7) ) ‘等待连接超时时间或者通
信中断
DoEvents
Loop
If( Winsock1. State =7) Then‘如果 Modbus TCP 通信连接正常
   Text5. Text = " Connected" ‘让连接状态栏显示连接字符
   Text5. BackColor = &HFF00&‘并且让连接状态栏的颜色显示为绿色
Else
   Text5. Text = " Can ' t connect to" + Text1. Text‘否则显示不能连接
   Text5. BackColor = &HFF   ‘状态栏颜色值置为红色
End If
End Sub

Private Sub Command2 _ Click( )  ‘点击中断 button 事件
If( Winsock1. State < > sckClosed) Then  ‘判断 Modbus TCP 连接有没有中断
Winsock1. Close  ‘关闭 Modbus TCP 通信
End If
Do While( Winsock1. State < > sckClosed)  ‘等待 Modbus TCP 关闭
DoEvents
Loop
Text5. Text = " Disconnected"  ‘状态栏显示连接中断
Text5. BackColor = &HFF  ‘状态栏颜色设置为红色
End Sub

Private Sub Command3 _ Click( )  ‘点击读线圈 button 的事件
Dim StartLow As Byte  ‘设置起始低位
Dim StartHigh As Byte  ‘设置起始高位
Dim LengthLow As Byte          ‘设置长度低位
Dim LengthHigh As Byte         ‘设置长度高位
If( Winsock1. State =7) Then  ‘判断 Modbus TCP 通信连接正常
StartLow = Val( Text2. Text) Mod 256  ‘将起始 text 框内数值和 256 求模然后赋值给起始
```

低位

```
StartHigh = Val( Text2. Text) \256   '将起始 text 框内数值除 256 然后赋值给起始高位
LengthLow = Val( Text3. Text) Mod 256   '将长度 text 框内数值和 256 求模然后赋值给起始低位
LengthHigh = Val( Text3. Text) \256   '将起始 text 框内数值除 256 然后赋值给起始高位
'设置 modbus TCP 主站的通信协议帧
MbusQuery(0) =0
MbusQuery(1) =0
MbusQuery(2) =0
MbusQuery(3) =0
MbusQuery(4) =0
MbusQuery(5) =6
MbusQuery(6) =1
MbusQuery(7) =3
MbusQuery(8) = StartHigh
MbusQuery(9) = StartLow
MbusQuery(10) = LengthHigh
MbusQuery(11) = LengthLow
MbusRead = True
MbusWrite = False
'MbusQuery = Chr(0) + Chr(0) + Chr(0) + Chr(0) + Chr(0) + Chr(6) + Chr(1) + Chr(3) + Chr( StartHigh) + Chr( StartLow) + Chr( LengtHigh) + Chr( LengthLow)
Winsock1. SendData MbusQuery   '把设置好的通信数据帧,发送给 Modbus TCP 从站
ModbusWait = True              '设置 Modbus 轮询是否等待
ModbusTimeOut =0               '设置 Modbus 超时为 0
Timer1. Enabled = True         '启动 timer 计时器
Else
MsgBox( "Device not connected via TCP/IP")   '提示信息为设备不能连接
End If
End Sub

Private Sub Command4 _ Click( )   '写线圈数值 button 事件
Dim MbusWriteCommand As String    'modbus 写命令
Dim StartLow As Byte              '设置启动低位
Dim StartHigh As Byte             '设置启动高位
Dim ByteLow As Byte               '设置字节低位
Dim ByteHigh As Byte              '设置字节高位
Dim i As Integer                  '设置循环变量
If( Winsock1. State =7) Then      '判断 Modbus TCP 通信是否正常
```

```
StartLow = Val(Text2.Text) Mod 256 '将起始text框内数值和256求模然后赋值给起始低位
StartHigh = Val(Text2.Text) \256  '将起始text框内数值除256然后赋值给起始高位
LengthLow = Val(Text3.Text) Mod 256  '将长度text框内数值和256求模然后赋值给起始低位
LengthHigh = Val(Text3.Text) \256  '将起始text框内数值除256然后赋值给起始高位
MbusWriteQuery = Chr(0) + Chr(0) + Chr(0) + Chr(0) + Chr(0) + Chr(7 + 2 * Val(Text3.Text)) + Chr(1) + Chr(16) + Chr(StartHigh) + Chr(StartLow) + Chr(0) + Chr(Val(Text3.Text)) + Chr(2 * Val(Text3.Text))  '设置Modbus TCP写数值通信帧
For i =0 To Val(Text3.Text) -1  '循环计算crc校验数值并写入通信数据帧
ByteLow = Val(Text4(i).Text) Mod 256
ByteHigh = Val(Text4(i).Text) \256
MbusWriteQuery = MbusWriteQuery + Chr(ByteHigh) + Chr(ByteLow)
Next i
MbusRead = False
MbusWrite = True
Winsock1.SendData MbusWriteQuery  '发送Modbus TCP写指令
ModbusWait = True  '设置Modbus等待标志
ModbusTimeOut =0  '设置超时时间为0
Timer1.Enabled = True  '启动timer计时器
Else
MsgBox("Device not connected via TCP/IP")  '提示不能连接Modbus TCP从站
End If
End Sub

Private Sub Timer1_Timer()  'timer计时器启动事件
ModbusTimeOut = ModbusTimeOut +1  '累加Modbus超时时间
If ModbusTimeOut >2 Then  '判断Modbus超时大于2个周期
ModbusWait = False  'Modbus等待标志为0
ModbusTimeOut =0  '清除Modbus超时累计
Text5.Text = "Modbus Time Out"  '状态栏显示Modbus超时
Text5.BackColor = &HFF  '设置状态栏的颜色为红色
Timer1.Enabled = False  '设置timer计时器停止
End If
End Sub
Private Sub Winsock1_DataArrival(ByVal datalength As Long)  'Modbus TCP接受事件
Dim b As Byte
Dim j As Byte
For i =1 To datalength
```

```
        Winsock1. GetData b  ‘接受 TCP 端口收到的 Modbus TCP 信息
        MbusByteArray(i) = b  ‘接受的数据放入 byte 数组
    Next
    j = 0
    If MbusRead Then  ‘判断是否为读指令接受数据帧
            For i = 10 To MbusByteArray(9) + 9 Step 2  ‘循环分解 Modbus TCP 从站返回来的数据帧
            Text4(j). Text = Str((MbusByteArray(i) * 256) + MbusByteArray(i + 1))
            j = j + 1
            Next i
    Text5. Text = "Registers read"  ‘状态栏写入线圈读字符
    Text5. BackColor = &HFF00&  ‘状态栏设置为绿色
    For l = j To 61  ‘没有数据的 text 数据框将被用*****替代
    Text4(l). Text = "*****"
    Next l
    ModbusWait = False  ‘设置 Modbus 等待标志
    ModbusTimeOut = 0  ‘设置 Modbus 超时为 0
    Timer1. Enabled = False  ‘设置 timer 计时器启动
    End If
    If MbusWrite Then  ‘判断如果是写指令返回通信帧
    If (MbusByteArray(8) = 16) And (MbusByteArray(12) = Val(Text3. Text)) Then
    Text5. Text = "Registers written"  ‘状态栏写入线圈写入字符
    Text5. BackColor = &HFF00&  ‘设置状态栏颜色为绿色
    ModbusWait = False  ‘设置 Modbus 等待标志
    ModbusTimeOut = 0  ‘设置 Modbus 通信超时为 0
    Timer1. Enabled = False  ‘设置 timer 计时器停止
    Else
    Text5. Text = "Error writting registers"  ‘状态栏写入写线圈错误字符
    Text5. BackColor = &HFF  ‘设置状态栏颜色为红色
    End If
    End If
    End Sub
```

4）运行这个开发好的程序，然后点击“Connect”按钮，这时状态文本框出现“Connected”，表示连接成功，如图 9-43 所示。

5）点击“Read Registers”按钮会发现前 4 个文本框出现数值 1、2、3、4，这表明 VB 可以通过 Modbus TCP 协议对 Micro850 中的变量进行读取，如图 9-44 所示。

同理如果使用通用组态软件也可以通过 Modbus TCP 协议读取和写入 Micro 850 中的变量。

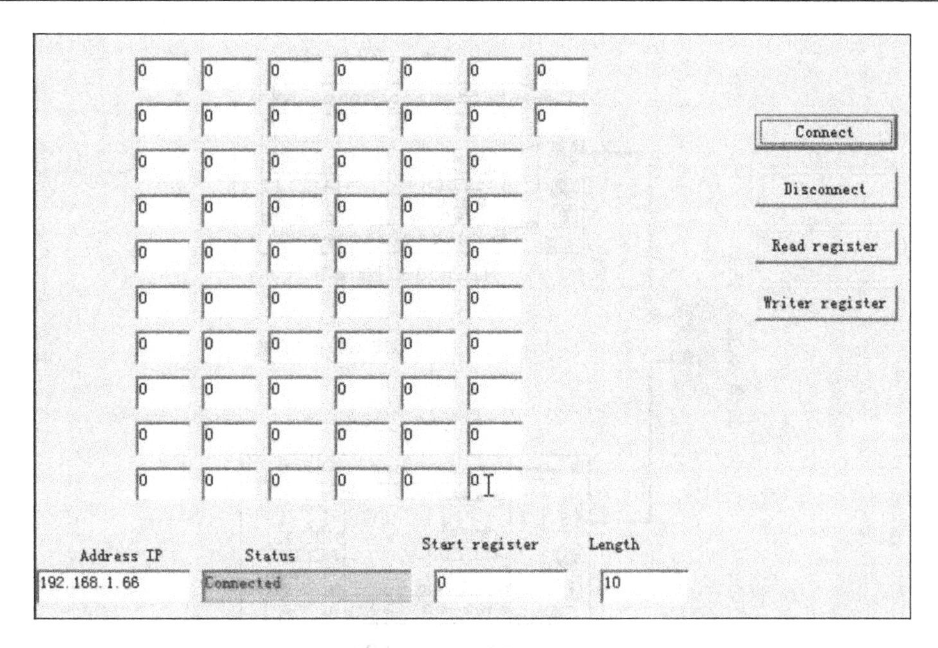

图 9-43　程序连接

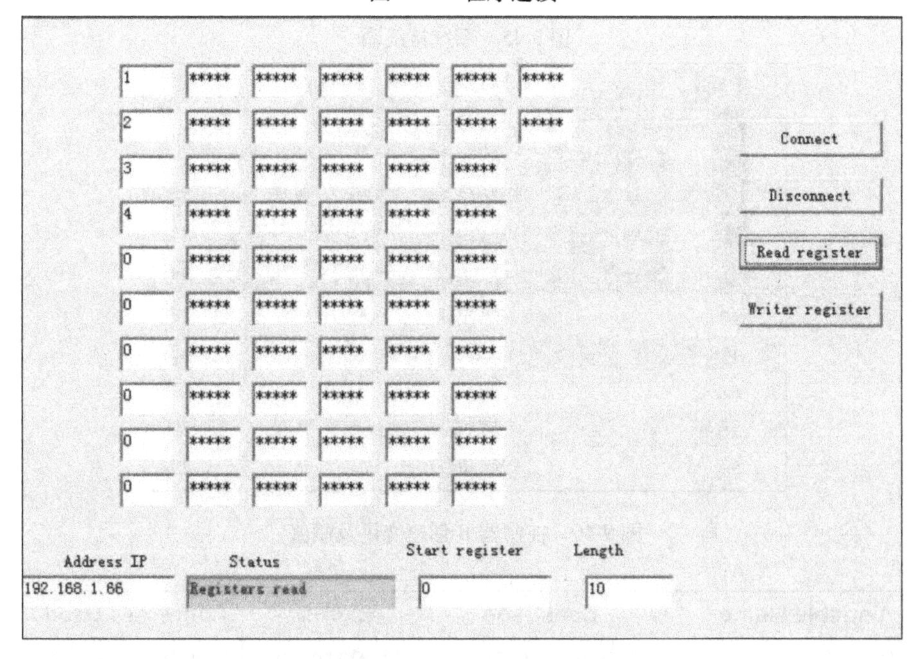

图 9-44　读取 Micro850 中的变量

9.5.3　Micro850 控制器间通过 Modbus TCP 的通信

本书讲述 Micro850 控制器之间通过 Modbus TCP 进行通信，其中将通信过程中作为主站的控制器设为 A，将作为从站的控制器设为 B，两者 IP 分别设为 192.168.1.50、192.168.1.40，通信过程采用 MSG_MODBUS2 功能块进行数据传输，接线如图 9-45 所示。

1）设置控制器 B。创建全局变量并赋初值，如图 9-46 所示。按图 9-47 所示进行地址映射，然后编译下载即可。

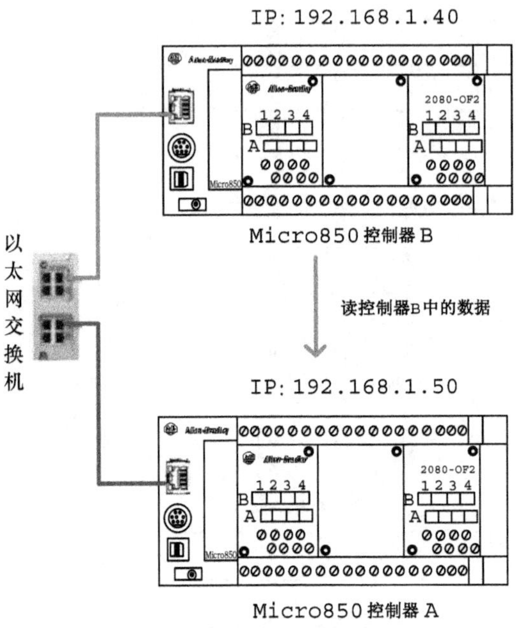

图 9-45　系统接线图

	Data	WORD	[1..5]	...
	Data[1]	WORD		1
	Data[2]	WORD		4
	Data[3]	WORD		32
	Data[4]	WORD		41
	Data[5]	WORD		54
aa		WORD		12
ab		WORD		45
ac		WORD		67
ad		WORD		89
ae		WORD		234

图 9-46　控制器 B 创建变量及赋值

Variable Name	Data Type	Address	Addresses Used
Data	Word[1..5]	400010	400010 - 400014
aa	Word	400015	400015
ab	Word	400016	400016
ac	Word	400017	400017
ad	Word	400018	400018
ae	Word	400019	400019

图 9-47　地址映射

2）设置控制器 A。在梯形图中添加一个 MSG_MOBUS2 功能块并创建该结构体相应的变量并赋初始值，如图 9-48、图 9-49 所示。

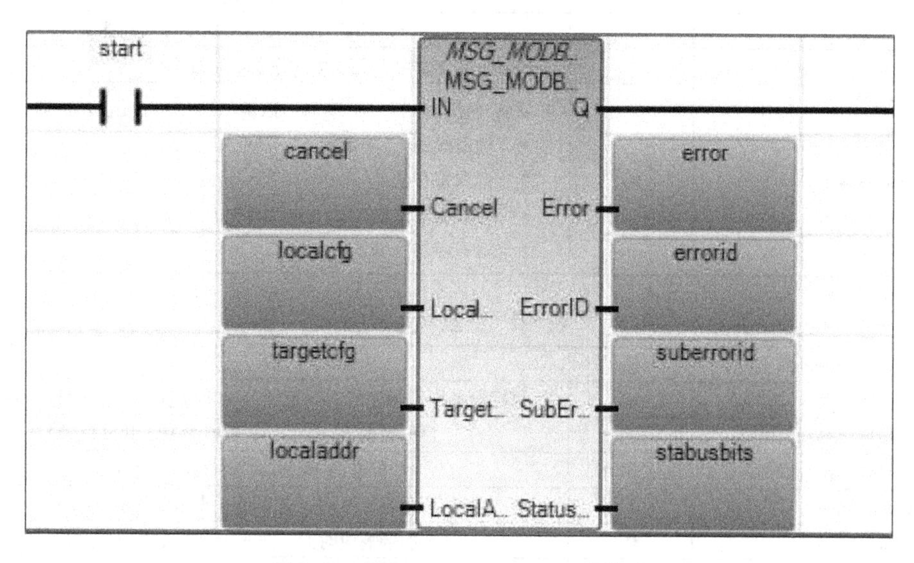

图 9-48　添加 MSG_MODBUS2 功能块

- localcfg	MODBUS2LO ▾	...
localcfg.Channe	UINT	4
localcfg.Trigger	UDINT	0
localcfg.Cmd	USINT	3
localcfg.Elemen	UINT	10
- targetcfg	MODBUS2TA ▾	...
targetcfg.Addr	UDINT	10
- targetcfg.Node	MODBUS2NODI	...
targetcf	USINT	192
targetcf	USINT	168
targetcf	USINT	1
targetcf	USINT	40
targetcfg.Port	UINT	502
targetcfg.UnitI	USINT	0
targetcfg.MsgT	UDINT	0
targetcfg.Conn	UDINT	0
targetcfg.Conn	BOOL	0

图 9-49　功能块参数设置

各个参数的含义见表 9-4、表 9-5。

表 9-4　变量 localcfg

参　数	值	描　述
localcfg. Channel	4	Micro850 嵌入式以太网端口
localcfg. TriggerType	0	当“IN”由 0 变 1 时触发一次功能块
localcfg. Cmd	3	Modbus 指令设为 3 表示读保持型寄存器数据，其他类型可查看帮助
localcfg. ElementCnt	10	读取（或写入）字（或位）数量的限制，这里表示读取 10 个字 ● 读取线圈/开关量输入　2000 位 ● 读取寄存器　125 个字 ● 对线圈写操作　1968 位 ● 对寄存器写操作　123 个字

表 9-5　变量 targetcfg

参　数	值	描　述
targetcfg. Addr	10	目标设备中数据变量起始地址（如本实验中起始地址为 400010）
targetcfg. NodeAddress	无	目标设备 IP 地址（本实验为 192. 168. 1. 40）
targetcfg. Port	502	标准的 Modbus/Tcp 端口号为 502
targetcfg. Msg Timeout	0	消息超时时间，这里设 0 表示默认值 3000ms
targetcfg. ConnTimeout	0	TCP 连接响应时间，这里设 0 表示默认值 3000ms
targetcfg. ConnClose	0	0 消息传送完毕不关闭连接（默认）1 消息传送完毕关闭连接

3）查看测试结果。将控制器 A 程序编译、下载后，闭合 start 开关，此时在变量 localaddr 中会发现控制器 B 中数据已被读取上来，如图 9-50 所示。

localaddr	...
localaddr[1]	1
localaddr[2]	4
localaddr[3]	32
localaddr[4]	41
localaddr[5]	54
localaddr[6]	12
localaddr[7]	45
localaddr[8]	67
localaddr[9]	89
localaddr[10]	234

图 9-50　测试结果

9.6　Micro850 控制器的 OPC 通信

9.6.1　Micro850 的 OPC Server 设置

1）给 Micro850 设置一个 IP 地址，如 IP 地址可设置为 192. 168. 1. 11，子网掩码设置为 255. 255. 255. 0。

2）测试 OPC 功能，首先要在 Micro850 中设置测试变量，作为 OPC 可以转移 BOOL、SINT、INT、DINT 和 REAL 的基本数据类型。如图 9-51 所示，创建以下全局变量：M850 _ BOOL、M850 _ INT、M850 _ DINT 和 M850 _ REAL，变量创建完成后编译、下载。注意，只有全局变量可以通过 CIP 实现 Micro850 控制器通信。

M850_INT	INT	Read/Write
M850_BOOL	BOOL	Read/Write
M850_DINT	DINT	Read/Write
M850_REAL	REAL	Read/Write

图 9-51　在 Micro850 中创建全局变量

3）启动 RSLinx 软件，通过“DDE / OPC → Topic Configuration”选择 Micro850（192. 168. 1. 11），然后单击“New”按钮创建一个新的 NEW _ Topic，并命名为“zzz”，如图 9-52 所示。注意：RSLinx OEM 版本以上才支持 OPCS. Server 功能。

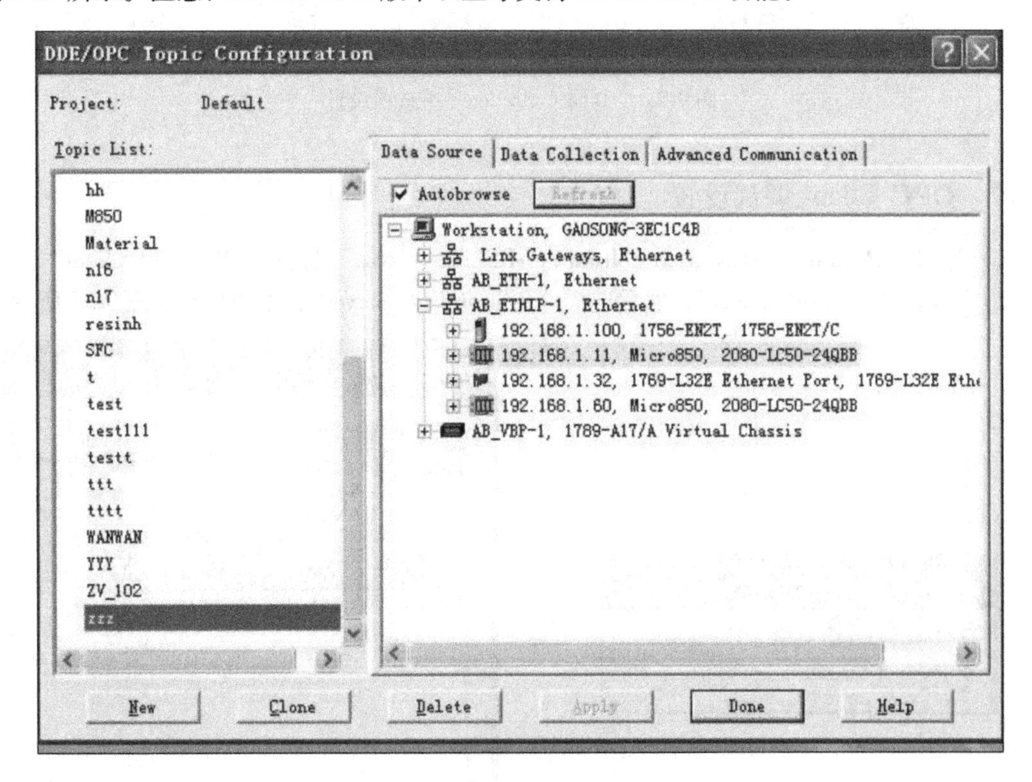

图 9-52　创建一个新的 NEW _ Topic

4）在“Data Collection”选项中将“Processor Type”设置为 Logix5000，点击“Apply”完成更新后结束设置，如图 9-53 所示。

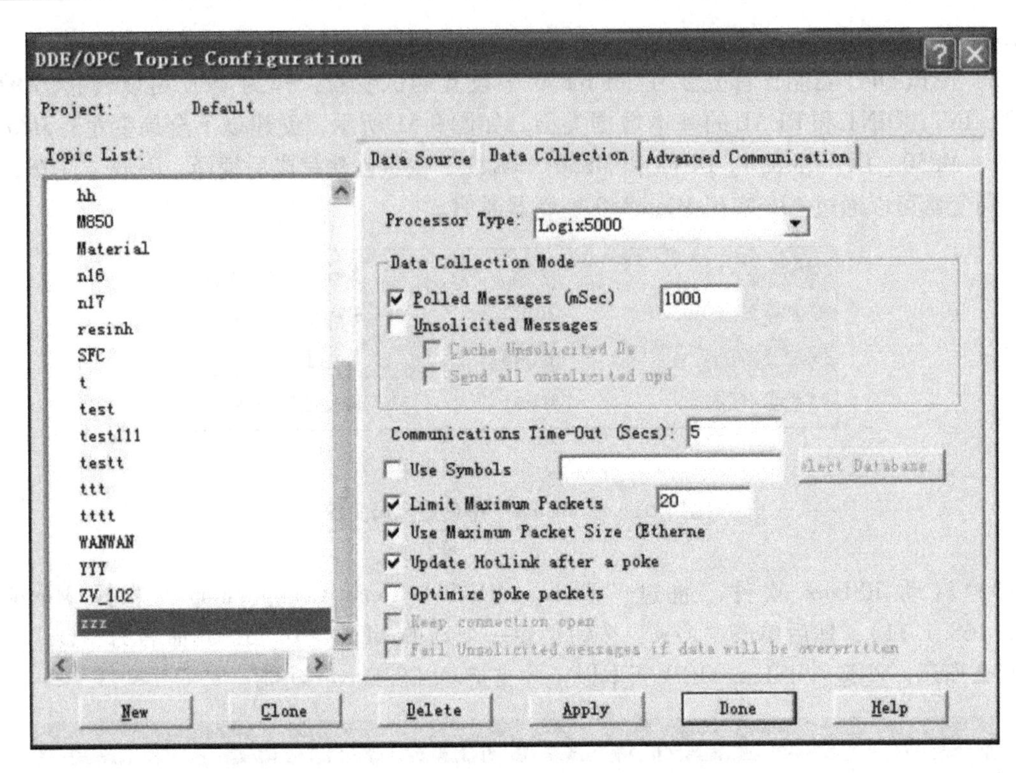

图 9-53 “Data Collection”中选项设置

9.6.2 OPC Client 调试设置

1）通过“Programs →Rockwell Software →RSLinx→Tools”打开“OPC Test Client”。

2）单击“Server→Connect”，然后选择“RSLinx OPC Server”，如图 9-54、图 9-55 所示。

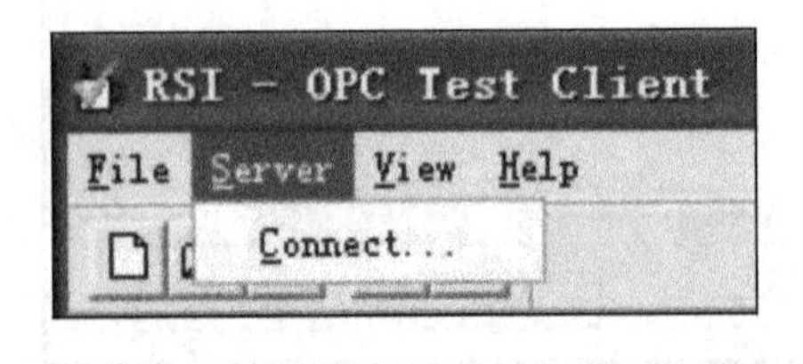

图 9-54 运行 OPC Test Client

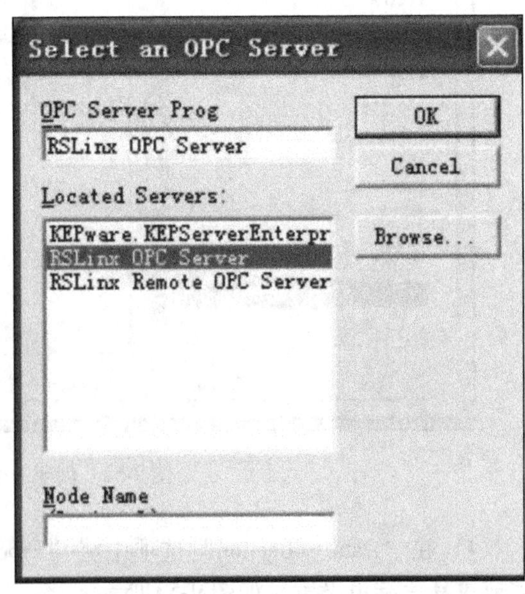

图 9-55 选择“RSLinx OPC Server”

3）依次点击“Group →Add New Group”，然后在“Group Name”中输入“Test”并点击“OK”结束，如图 9-56 所示。

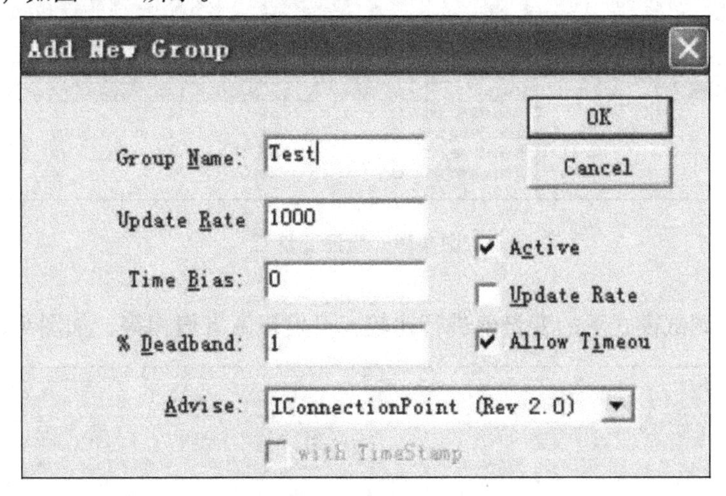

图 9-56　添加一个新组

4）单击“Item →Add New OPC Item”，然后在“Item Name”中输入项目名称“［zzz］M850 _ INT”，如图 9-57 所示。

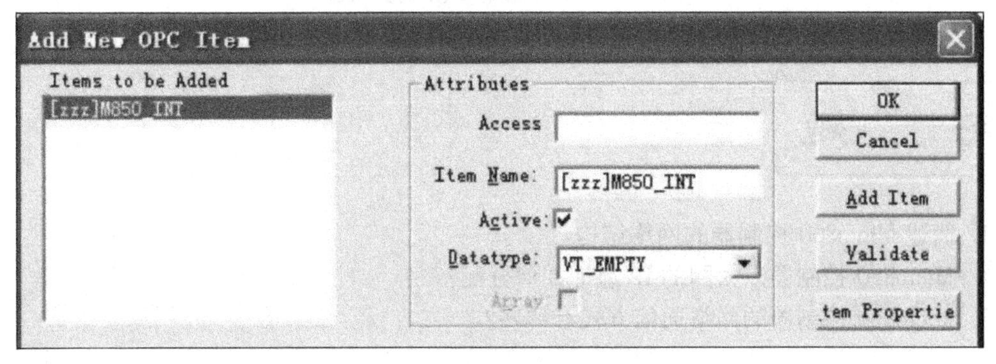

图 9-57　添加新的项目

5）点击“Add Item”按钮依次加入其余变量：“［zzz］M850 _ DINT、［zzz］M850 _ REAL、［zzz］M850 _ BOOL”，如图 9-58 所示。

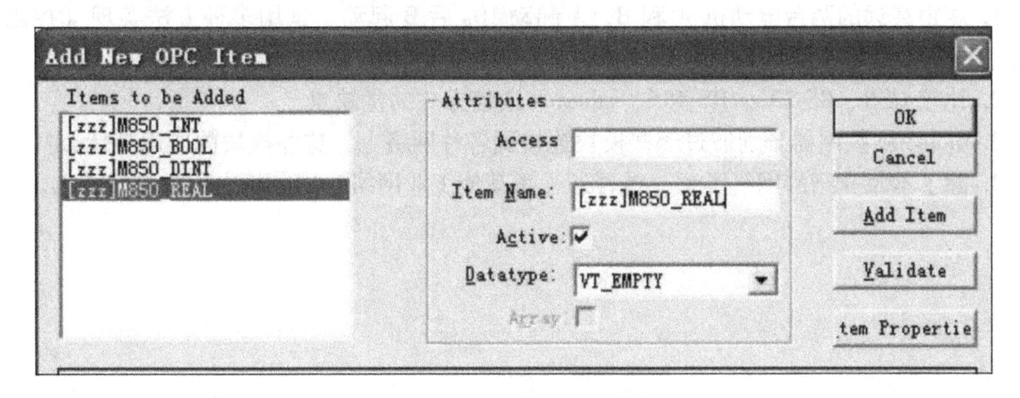

图 9-58　添加变量

6）变量添加完成后点击“OK”，界面显示验证变量，如图 9-59 所示。

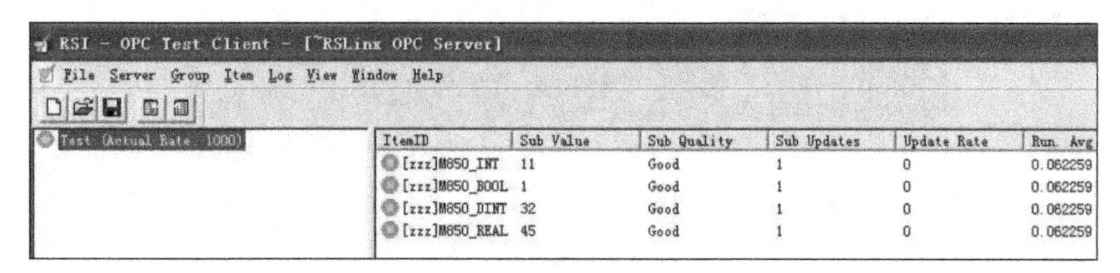

ItemID	Sub Value	Sub Quality	Sub Updates	Update Rate	Run. Avg
[zzz]M850_INT	11	Good	1	0	0.062259
[zzz]M850_BOOL	1	Good	1	0	0.062259
[zzz]M850_DINT	32	Good	1	0	0.062259
[zzz]M850_REAL	45	Good	1	0	0.062259

图 9-59　验证变量

7）与 CCW 调试模式下的变量值进行比较，可发现两者值相等，如图 9-60 所示。

M850_INT	11	N/A	INT
M850_DINT	32	N/A	DINT
M850_BOOL	✓	N/A	BOOL
M850_REAL	45.0	N/A	REAL

图 9-60　CCW 调试模式下的变量值

1. 简述 Micro800 控制器的网络结构。
2. Micro850 控制器以太网的 IP 地址如何分配？
3. Micro850 控制器的网络通信方式有哪些？

1. 相距甚远的两台电动机 A 和 B，A 起动 10s 后 B 起动，试用多种方法实现（控制器数量、网络类型均不限）。
2. 比较 USB、RS-232、RS-485、Ethernet 通信方式的优缺点。
3. Micro800 控制器分别通过哪些模块连接到各种网络上？这些模块的作用是什么？
4. 除了本章介绍的网络类型，是否还了解其他工业网络？试分析它们各自的特点。

第 10 章

PowerFlex 525 变频器的以太网通信

学习目标

- 了解 PowerFlex 525 变频器的产品选型
- 掌握 PowerFlex 525 变频器的 I/O 端子接线
- 掌握 PowerFlex 525 变频器的集成式键盘操作
- 掌握 Micro850 与变频器之间的以太网通信

10.1 PowerFlex 525 交流变频器

PowerFlex 525 是罗克韦尔公司新一代交流变频器产品。它将各种电动机控制选项、通信、节能和标准安全特性组合在一个高性价比变频器中，适用于从单机到简单系统集成的多种系统的各类应用。它设计新颖，功能丰富，具有以下特性：

- 功率额定值涵盖 0.4～22kW/0.5～30Hp（380/480V 时）；满足全球各地不同的电压等级（100～600V）。
- 模块化设计采用创新的可拆卸控制模块，允许安装和配置同步完成，显著提高生产率。
- EtherNet/IP 嵌入式端口支持无缝集成到 Logix 环境和 EtherNet/IP 网络。
- 选配的双端口 EtherNet/IP 卡提供更多的连接选项，包括设备级环网（DLR）功能。
- 使用简明直观的软件简化编程，借助标准 USB 接口加快变频器配置速度。
- 动态 LCD 人机接口模块（HMI）支持多国语言，并提供描述性 QuickView™滚动文本功能。
- 提供针对具体应用（例如传送带、搅拌机、泵机、风机等应用项目）的参数组，使用 AppView™工具更快地启动、运行变频器。
- 使用 CustomView™工具定义自己的参数组。
- 通过节能模式、能源监视功能和永磁电动机控制降低能源成本。
- 使用嵌入式安全断开扭矩功能帮助保护人员安全。
- 可承受高达 50℃（122℉）的环境温度；具备电流降额特性和控制模块风扇套件，工作温度最高可达 70℃（158℉）。
- 电动机控制范围广，包括压频比、无传感器矢量控制、闭环速度矢量控制和永磁电动机控制。
- 在同等功率条件下提供非常紧凑的外形尺寸。

10.1.1 PowerFlex 525 变频器的产品选型

产品目录号说明如图 10-1 所示，PowerFlex 525 产品选型见表 10-1。

表 10-1 PowerFlex 525 产品选型表

变频器额定值						PowerFlex 525	
输入电压	标准负载/ND		重载/HD		输出电流	目录号	框架尺寸
	HP	kW	HP	kW			
50/60 Hz 100～120.10 无滤波器	0.5	0.4	0.5	0.4	2.5A	25B-V2P5N104	A
	1	0.75	1	0.75	4.8A	25B-V4P8N104	B
	1.5	1.1	1.5	1.1	6.0A	25B-V6P0N104	B
200～240V.10 无滤波器	0.5	0.4	0.5	0.4	2.5A	25B-A2P5N104	A
	1	0.75	1	0.75	4.8A	25B-A4P8N104	A
	2	1.5	2	1.5	8.0A	25B-A8P0N104	B
	3	2.2	3	2.2	11.0A	25B-A011N104	B

（续）

变频器额定值						PowerFlex 525	
输入电压	标准负载/ND		重载/HD		输出电流	目录号	框架尺寸
	HP	kW	HP	kW			
200 ~240V. 30 EMC 滤波器	0.5	0.4	0.5	0.4	2.5A	25B-A2P5N114	A
	1	0.75	1	0.75	4.8A	25B-A4P8N114	A
	2	1.5	2	1.5	8.0A	25B-A8P0N114	B
	3	2.2	3	2.2	11.0A	25B-A011N114	B
200 ~240V. 30 无滤波器	0.5	0.4	0.5	0.4	2.5A	25B-B2P5N104	A
	1	0.75	1	0.75	5.0A	25B-B5P0N104	A
	2	1.5	2	1.5	8.0A	25B-B8P0N104	A
	3	2.2	3	2.2	11.0A	25B-B011N104	A
	5	4	5	4	17.5A	25B-B017N104	B
	7.5	5.5	7.5	5.5	24.0A	25B-B024N104	C
	10	7.5	10	7.5	32.2A	25B-B032N104	D
	15	11	15	11	48.3A	25B-B048N104	E
	20	15	15	11	62.1A	25B-B062N104	E
380 ~480V. 30 无滤波器	0.5	0.4	0.5	0.4	1.4A	25B-D1P4N104	A
	1	0.75	1	0.75	2.3A	25B-D2P3N104	A
	2	1.5	2	1.5	4.0 A	25B-D4P0N104	A
	3	2.2	3	2.2	6.0 A	25B-D6P0N104	A
	5	4	5	4	10.5 A	25B-D010N104	B
	7.5	5.5	7.5	5.5	13.0A	25B-D013N104	C
	10	7.5	10	7.5	17.0A	25B-D017N104	C
	15	11	15	11	24A	25B-D024N104	D
	20	15	15	11	30A	25B-D030N104	D
	25	18.5	20	15	37A	25B-D037N114*	E
	30	22	25	18.5	43 A	25B-D043N114*	E
380 ~480V. 30 EMC 滤波器	0.5	0.4	0.5	0.4	1.4A	25B-D1P4N114	A
	1	0.75	1	0.75	2.3A	25B-D2P3N114	A
	2	1.5	2	1.5	4.0A	25B-D4P0N114	A
	3	2.2	3	2.2	6.0A	25B-D6P0N114	A
	5	4	5	4	10.5A	25B-D010N114	B
	7.5	5.5	7.5	5.5	13.0A	25B-D013N114	C
	10	7.5	10	7.5	17.0A	25B-D017N114	C
	15	11	15	11	24A	25B-D024N114	D
	20	15	15	11	30 A	25B-D030N114	D
	25	18.5	20	15	37A	25B-D037N114	E
	30	22	25	18.5	43A	25B-D043N114	E
525 ~600V. 30 无滤波器	0.5	0.4	0.5	0.4	0.9A	25B-E0P9N104	A
	1	0.75	1	0.75	1.7A	25B-E1P7N104	A
	2	1.5	2	1.5	3.0A	25B-E3P0N104	A
	3	2.2	3	2.2	4.2A	25B-E4P2N104	A
	5	4	5	4	6.6A	25B-E6P6N104	B
	7.5	5.5	7.5	5.5	9.9A	25B-E9P9N104	C
	10	7.5	10	7.5	12.0A	25B-E012N104	C

（续）

变频器额定值						PowerFlex 525	
输入电压	标准负载/ND		重载/HD		输出电流	目录号	框架尺寸
	HP	kW	HP	kW			
525～600V. 30 无滤波器	15	11	15	11	19. 0A	25B-E019N104	D
	20	15	15	11	22. 0A	25B-E022N104	D
	25	18. 5	20	15	27. 0A	25B-E027N104	E
	30	22	25	18. 5	32. 0A	25B-E032N104	E

1-3	4	5	6-8	9	10	11	12	13	14
25B	–	B	2P3	N	1	1	4	–	–
Drive	Dash	Voltage Rating	Rating	Enclosure	Reserved	Emission Class	Reserved	Dash	Dash

Code	Type
25A	PowerFlex 523
25B	PowerFlex 525

Code	Voltage	Phase
V	120V AC	1
A	240V AC	1
B	240V AC	3
D	480V AC	3
E	600V AC	3

Code	Enclosure
N	IP20 NEMA / Open

Code	Interface Module
1	Standard

Code	EMC Filter
0	No Filter
1	Filter

Code	Braking
4	Standard

Output Current @ 1 Phase, 100...120V Input						
Code	Amps	Frame	ND		HD	
			HP	kW	HP	kW
1P6(1)	1.6	A	0.25	0.2	0.25	0.2
2P5	2.5	A	0.5	0.4	0.5	0.4
4P8	4.8	B	1.0	0.75	1.0	0.75
6P0	6.0	B	1.5	1.1	1.5	1.1

Output Current @ 1 Phase, 200...240V Input						
Code	Amps	Frame	ND		HD	
			HP	kW	HP	kW
1P6(1)	1.6	A	0.25	0.2	0.25	0.2
2P5	2.5	A	0.5	0.4	0.5	0.4
4P8	4.8	A	1.0	0.75	1.0	0.75
8P0	8.0	B	2.0	1.5	2.0	1.5
011	11.0	B	3.0	2.2	3.0	2.2

Output Current @ 3Phase, 200...240V Input						
Code	Amps	Frame	ND		HD	
			HP	kW	HP	kW
1P6(1)	1.6	A	0.25	0.2	0.25	0.2
2P5	2.5	A	0.5	0.4	0.5	0.4
5P0	5.0	A	1.0	0.75	1.0	0.75
8P0	8.0	A	2.0	1.5	2.0	1.5
011	11.0	A	3.0	2.2	3.0	2.2
017	17.5	B	5.0	4.0	5.0	4.0
024	24.0	C	7.5	5.5	7.5	5.5
032	32.2	D	10.0	7.5	10.0	7.5
048(2)	48.3	E	15.0	11.0	15.0	11.0
062(2)(3)	62.1	E	20.0	15.0	15.0	11.0

Output Current @ 3 Phase, 380...480V Input						
Code	Amps	Frame	ND		HD	
			HP	kW	HP	kW
1P4	1.4	A	0.5	0.4	0.5	0.4
2P3	2.3	A	1.0	0.75	1.0	0.75
4P0	4.0	A	2.0	1.5	2.0	1.5
6P0	6.0	A	3.0	2.2	3.0	2.2
010	10.5	B	5.0	4.0	5.0	4.0
013	13.0	C	7.5	5.5	7.5	5.5
017	17.0	C	10.0	7.5	10.0	7.5
024	24.0	D	15.0	11.0	15.0	11.0
030(2)(3)	30.0	D	20.0	15.0	15.0	11.0
037(2)(3)	37.0	E	25.0	18.5	20.0	15.0
043(2)(3)	43.0	E	30.0	22.0	25.0	18.5

Output Current @ 3 Phase, 525...600V Input						
Code	Amps	Frame	ND		HD	
			HP	kW	HP	kW
0P9	0.9	A	0.5	0.4	0.5	0.4
1P7	1.7	A	1.0	0.75	1.0	0.75
3P0	3.0	A	2.0	1.5	2.0	1.5
4P2	4.2	A	3.0	2.2	3.0	2.2
6P6	6.6	B	5.0	4.0	5.0	4.0
9P9	9.9	C	7.5	5.5	7.5	5.5
012	12.0	C	10.0	7.5	10.0	7.5
019	19.0	D	15.0	11.0	15.0	11.0
022(2)(3)	22.0	D	20.0	15.0	15.0	11.0
027(2)(3)	27.0	E	25.0	18.5	20.0	15.0
032(2)(3)	32.0	E	30.0	22.0	25.0	18.5

(1) This rating is only available for PowerFlex 523 drives.
(2) This rating is only available for PowerFlex 525 drives.
(3) Normal and Heavy Duty ratings are available for drives above 15 HP / 11 kW.

图 10-1 PowerFlex 525 产品目录号说明

10.1.2　PowerFlex 525 变频器的硬件接线

PowerFlex 525 变频器的控制端子接线方式如图 10-2 所示，各端子说明见表 10-2。

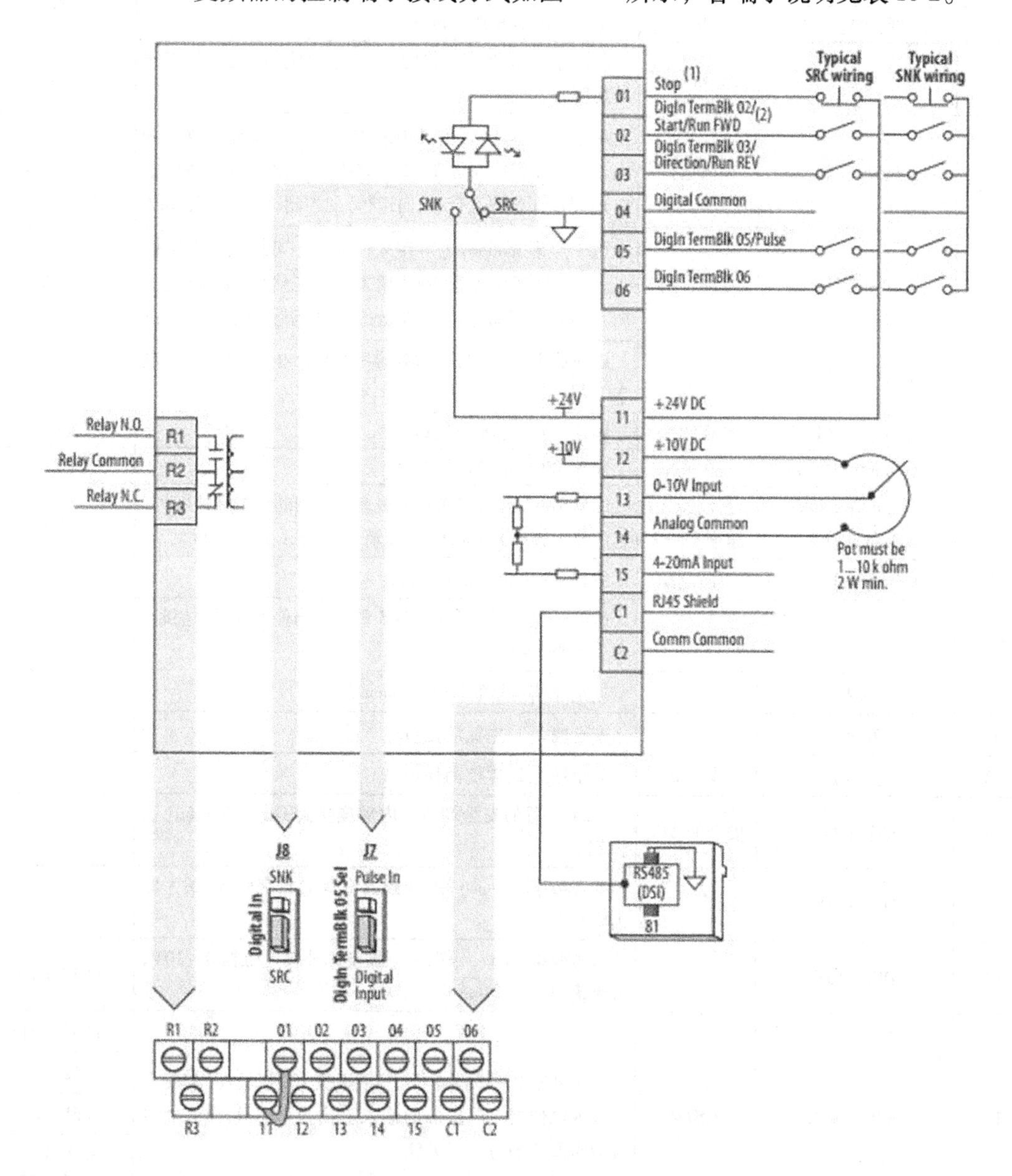

图 10-2　PowerFlex 525 变频器控制端子接线图

表 10-2　PowerFlex 525 变频器控制 I/O 端子

序号	信 号 名 称	默认值	说　　明	相关参数
R1	常开继电器 1	故障	输出继电器的常开触点	t076
R2	常开继电器 1 公共端	故障	输出继电器的公共端	

（续）

序号	信号名称	默认值	说　　明	相关参数
R5	常开继电器 2 公共端	电动机运行	输出继电器的公共端	t081
R6	常闭继电器 2	电动机运行	输出继电器的常闭触点	
1	停止	滑坡停止	三线停止，但是当它作为所有输入的停止模式时，不能被禁用	P045
2	起动/正转	正向运行	用于启动 motion，也可用来作为一个可编程的数字输入。它可以通过编程 T062 用来作为三线（开始/停止方向）或两线（正向运行/反向运行）的控制。电流消耗 6mA	P045、P046
3	方向/反转	反向运行	用于启动 motion，也可用来作为一个可编程的数字输入。它可以通过编程 T063 用来作为三线（开始/停止方向）或两线（正向运行/反向运行）的控制。电流消耗 6mA	t063
4	数字量公共端		返回数字 I/O。与驱动器的其他部分电气隔离（包括数字 I/O）	
5	DigIn TermBlk 05	预存频率	编程 T065，电流消耗 6mA	t065
6	DigIn TermBlk 06	预存频率	编程 T066，电流消耗 6mA	t066
7	DigIn TermBlk 07/脉冲输入	启动源 2 + 速度参考 2	编程 T067，作为参考输入或速度反馈的一个脉冲序列，它的最大频率为 100Hz，电流消耗为 6mA	t067
8	DigIn TermBlk 08	正向点动	编程 T068、电流消耗 6mA	t068
C1	C1		此端子连接到屏蔽的 RJ-45 端口。当使用外部通信时，减少噪声干扰	
C2	C2		这是通信信号的信号 common 端	
S1	安全 1	安全 1	安全输入 1，电流消耗 6mA	
S2	安全 2	安全 2	安全输入 2，电流消耗 6mA	—
S +	安全 +24V	安全的 24V	+24 电源的安全端口。内部连接到 DC +24V 端（引脚 11）	
11	DC +24V		参考数字 common 端，变频器电源的数字输入，最大输出电流 100mA	
12	DC +10V		参考模拟 common 端，变频器电源外接电位器 0 ~ 10V，最大输出电流 15mA	P047、P049
13	±10V 输入	未激活	对于外部 0 ~ 10V（单极性）或正负 10（双极性）的输入电源或电位器。电压源的输入阻抗为 100kΩ，允许的电位器阻值范围为 1 ~ 10kΩ	P047、P049 t062、t063 t065、t066 t093、A459 A471
14	模拟量公共端		返回的模拟 I/O，从驱动器的其余部分隔离出来的电气（连同模拟 I/O）	
15	4 ~ 20mA 输入	未激活	外部输入电源 4 ~ 20mA，输入阻抗 250Ω	P047、P049 t062、t063 t065、t066 A459、A471

（续）

序号	信 号 名 称	默认值	说　明	相关参数
16	模拟量输出	输入频率 0～10	默认的模拟输出为 0～10V，通过更改输出跳线改变模拟输出电流 0～20mA。编程 T088，最大模拟值可以缩放 T089。最大载重 4～20mA = 525Ω（10.5V）0～10V = 1kΩ（10 毫安电阻）	t088、t089
17	光电耦合输出 1	电动机运行	编程 T069，每个光电输出额定 30V 直流 50mA（非感性）	t069、t070
18	光电耦合输出 2	频率	编程 T072，每个光电输出额定 30V 直流 50mA（非感性）	t072、t073 t075
19	光电耦合公共端		光耦输出（1 和 2）的发射端连接到光耦的 commom 端	

在电动机起动前，用户必须检查控制端子接线。

1）检查并确认所有输入都连接到正确的端子且很安全。

2）检查并确认所有的数字量控制电源是 24V。

3）检查并确认灌入（SNK）/拉出（SRC）DIP 开关被设置与用户控制接线方式相匹配。

注意：默认状态 DIP 开关为拉出（SRC）状态。I/O 端子 01（停止）和 11（DC +24V）短接以允许从键盘启动。如果控制接线方式改为灌入（SNK），该短接线必须从 I/O 端子 01 和 11 间去掉，并安装到 I/O 端子 01 和 04 之间。

10.1.3　PowerFlex 525 集成式键盘操作

PowerFlex 525 集成式键盘的外观如图 10-3 所示，菜单说明见表 10-3，各 LED 和按键指示见表 10-4、表 10-5。

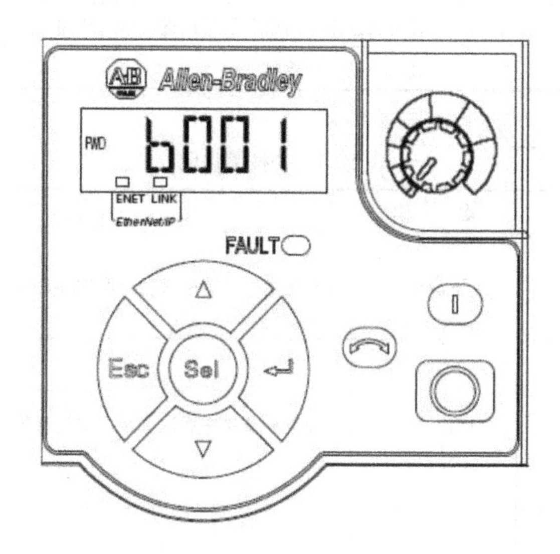

图 10-3　PowerFlex 525 内置键盘外观

表 10-3　菜单说明

菜　单	说　明	菜　单	说　明
b	基础显示组 包括通常要查看的变频器运行状况	A	高级编程组 包括剩余的可编程功能
P	基础程序组 包括大多数常用的可编程功能	N	网络组 包括通信卡使用时的网络功能
t	端子模块组 包括可编程端子功能	M	修改组 包括其他组中默认值被修改的功能
C	通信组 包括可编程通信功能	f	默认和诊断组 包括特殊故障情况的代码 只有当故障发生时才显示
L	逻辑组 包括可编程逻辑功能	G	AppView 和 Custom View 组 包括从其他组中为具体应用组织的功能
d	高级显示组 包括变频器的运行情况	b	基础显示组 包括通常要查看的变频器运行状况

表 10-4　各指示灯说明

显　示	显示状态	说　明
ENET	不亮	设备无网络连接
	稳定	设备已连接上网络并且驱动由以太网控制
	闪烁	设备已连接上网络但是以太网没有控制驱动
LINK	不亮	设备没连接到网络
	稳定	设备已连接上网络但是没有信息传递
	闪烁	设备已连接上网络并且正在进行信息传递
FAULT	红色闪烁	表明驱动出现故障

表 10-5　各按键说明

按　键	名　称	说　明
△ ▽	上下箭头	在组内和参数中滚动。增加/减少闪烁的数字值
Esc	退出	在编程菜单中后退一步。取消参数值的改变并退出编程模式
Sel	选定	在编程菜单中进一步。在查看参数值时,可选择参数数字

（续）

按　键	名　称	说　明
	进入	在编程菜单中进一步。保存改变后的参数值
	反转	用于反转变频器方向。默认值为激活
	起动	用于起动变频器。默认值为激活
	停止	用于停止变频器或清除故障。该键一直激活
	电位计	用于控制变频器的转速。默认值为激活

熟悉内置键盘各部分含义后，通过表 10-6 了解如何查看和编辑变频器的参数。

表 10-6　查看和编辑变频器参数

步　骤	按　键	显示实例
1. 当上电时,上一个用户选择的基本显示组参数号以闪烁的字符简单地显示出来。然后,默认显示该参数的当前值(例子是变频器停止时,b001[输出频率]的值)		FWD 0.00 HERTZ
2. 按下 ESC,显示上电时,基本显示组的参数号,并且该参数号将会闪烁	Esc	FWD b001
3. 按下 ESC,进入参数组列表。参数组字母将会闪烁	Esc	FWD b001
4. 按向上或向下,去浏览组列表(b、P、t、C、L、d、A、f 和 Gx)	△ or ▽	FWD P031
5. 按 Enter 或 Sel 进入一个组。上一次浏览的该组参数的右端数字将闪烁	or Sel	FWD P031

（续）

步　骤	按　键	显示实例
6. 按向上或向下浏览参数列表	△ or ▽	P031
7. 按 Enter 键查看参数值，或者按 Esc 返回到参数列表		230 VOLTS
8. 按 Enter 或 Sel 进入编辑模式编辑该值。右端数字将闪烁，并且在 LCD 显示屏上将亮起 Program	or Sel	230 VOLTS PROGRAM
9. 按向上或向下改变参数值	△ or ▽	229 VOLTS PROGRAM
10. 如果需要，按 Sel，从一个数字到另一个数字或者从一位到另一位。你可以改变的数字或位将会闪烁	Sel	229 VOLTS PROGRAM
11. 按 Esc，取消更改并且退出编辑模式。或者，按 Enter 保存更改并退出编辑模式。该数字将停止闪烁，并且在 LCD 显示屏上的 Program 将关闭	Esc or	230 VOLTS 229 VOLTS
12. 按 Esc 键返回到参数列表。继续按 Esc 返回到编辑菜单。如果按 Esc 键不改变显示，那么 b001［输出频率］会显示出来。按 Enter 或 Sel 再次进入组列表	Esc	P031

10.2　以太网通信的实现

PowerFlex 525 变频器提供了 EtherNet/IP 端口，可以支持 EtherNet 网络控制结构。本文以 Micro850 控制器为例介绍控制器与 PowerFlex 525 变频器的以太网通信。

Micro850 控制器要通过 EtherNet/IP 控制 PowerFlex 525 变频器，首先要对 PowerFlex 525 变频器组建 Ethernet 网络。具体步骤如下：

1）PowerFlex 525 变频器提供了一与计算机连接的 USB 端口，用于更新驱动固件或上传/下载配置参数，因此先将变频器 USB 端口及计算机串口通过 USB 线连接。连接成功后计算机出现可移动磁盘（I:），双击进入会发现磁盘内有“GUIDE. PDF”和“PF52XUSB. EXE”两个文件。其中“GUIDE. PDF”文件包含相关产品文档及软件下载链接，“PF52XUSB. EXE”用于固件刷新或上传/下载组态参数。

2）打开 Connected Components Workbench（简称 CCW）软件，如图 10-4“Drive”中选择“PowerFlex 525”进行组态，双击组态图标即进入如图 10-5 所示界面，在该界面可对变频器进行参数设置、连接、下载等一系列操作。

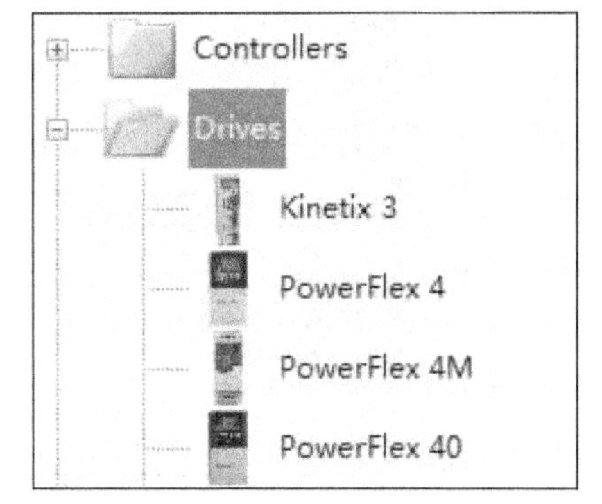

图 10-4　CCW 中组态变频器

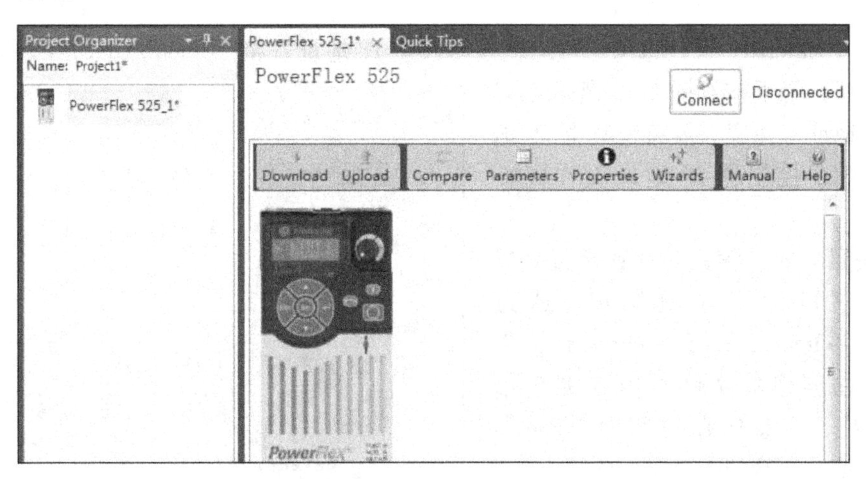

图 10-5　变频器组态界面

3）点击“Wizards”（向导）选项会弹出图 10-6 所示对话框，选择“PowerFlex 525 Startup Wizard”（PowerFlex 525 启动向导），点击“Select”（选择）即可进入图 10-7 所示界面。在启动向导界面中按照其向导步骤可对变频器进行各种参数设置，参数设置要符合实际要求。

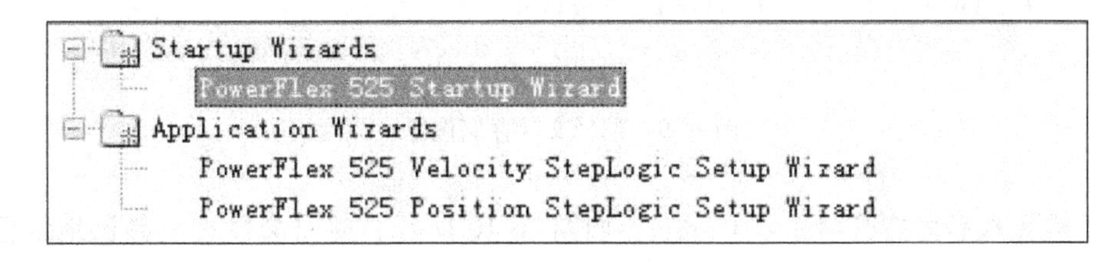

图 10-6　选择启动向导

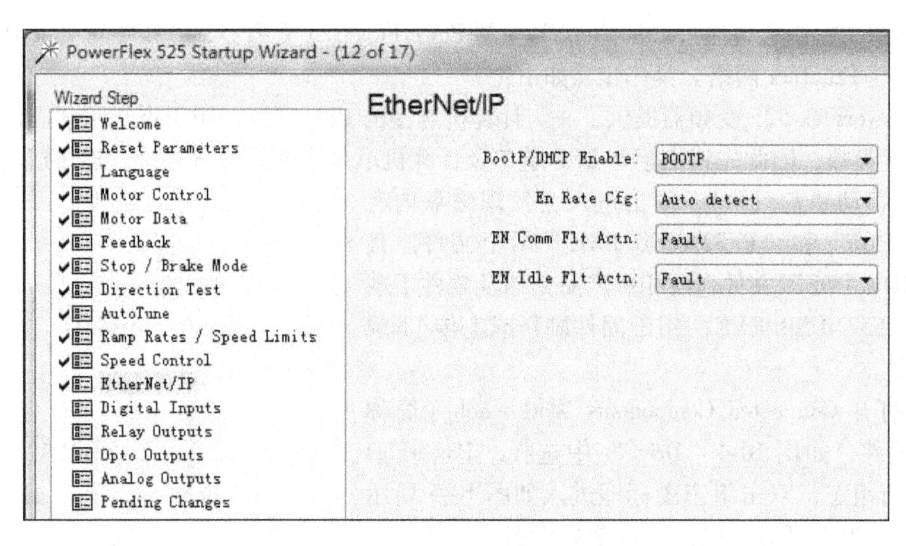

图 10-7　变频器参数设置界面

4）在“EtherNet/IP”选项中可对变频器设置 IP 地址，将“BootP/DHCP Enable”设为“Parameters”，然后按照图 10-8 所示设置变频器 IP 地址，注意，要将变频器 IP 地址与 Micro850 控制器 IP 地址设在同一网段。

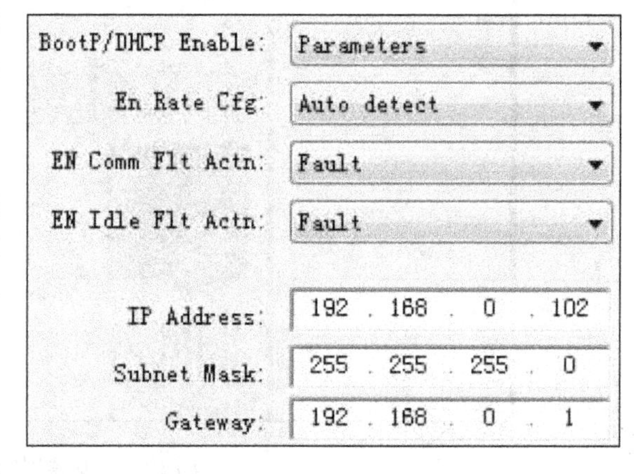

图 10-8　设置变频器 IP 地址

5）按照向导步骤将各参数设置完成后，点击“Finish”按键结束，通过“Properties→Import/Export→Export”，将文件保存在创建的文件夹内并命名如“PowerFlex”，注意保存类型为“PowerFlex 520 Series USB Files（*.pf5）”。

6）双击打开 I 盘中的“PF52XUSB.EXE”文件，点击“Download”后，如图 10-9 所示依次设定文件位置及选择文件，点击“Next”，最后点击“Download”即可。

图 10-9　选择文件存储位置

7）下载完成后可打开 RSlinx Classic，如图 10-10 所示，此时会发现变频器地址已设置完成。

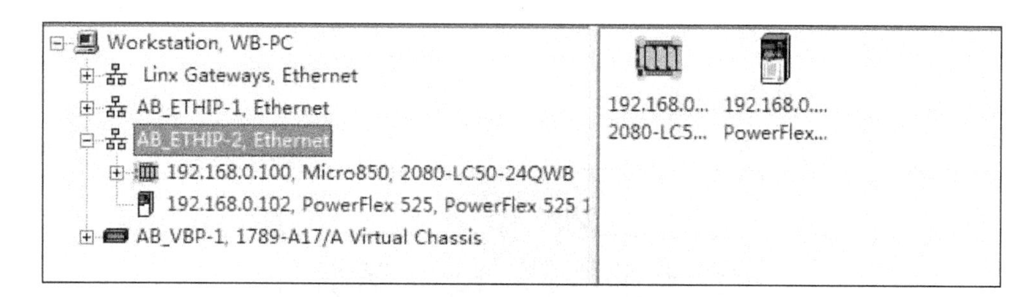

图 10-10　变频器 IP 地址下载成功

完成以上步骤后，将 Micro850 控制器 IP 地址与变频器 IP 地址设为同一网段，通过以太网线把 Micro850 控制器与 PowerFlex 525 变频器连接，然后通过编写控制程序达到控制目的。注意，当通过 USB 线给变频器下载 IP 地址后，如果再对变频器进行参数配置或更改 IP 地址均可以直接利用以太网下载，即点击“Wizards”按照向导进行参数设置，设置完成后点击“Download”会弹出图 10-11 所示界面，选择 PowerFlex 525 变频器后即可下载。

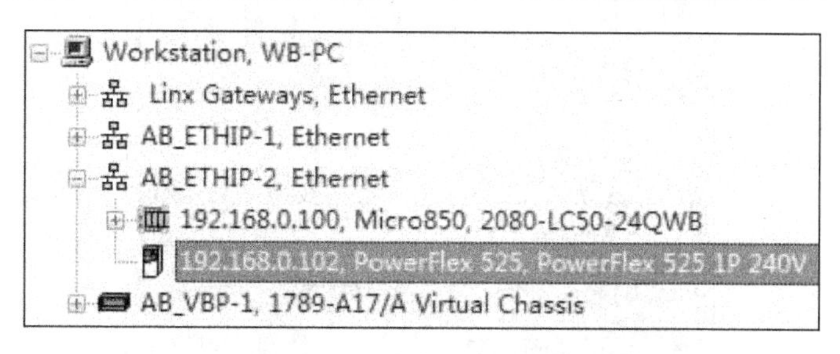

图 10-11　通过以太网给变频器下载参数

为了便于实现 PowerFlex 525 的以太网网络通信，罗克韦尔自动化提供了一个标准化的用户自定义功能块指令，如图 10-12 所示，用户可以简单的实现 Micro850 控制器对 PowerFlex 525 变频器的以太网控制，功能块的参数见表 10-7。

表 10-7　自定义功能块的参数

参数名称	数据类型	作　用
IPAddress	STRING	要控制的 PowerFlex 525 变频器的 IP 地址，比如 192. 168. 1. 103
UpdateRate	UDINT	循环触发时间，为 0 表示默认值 500ms
Start	BOOL	1-开始
Stop	BOOL	1-停止
SetFwd	BOOL	1-正转
SetRev	BOOL	1-正转
SpeedRef	REAL	速度参考值，单位为 Hz
CmdFwd	BOOL	1-当前方向为正转
CmdRev	BOOL	1-当前方向为反转
AccelTime1	Real	加速时间，单位为 s
DecelTime1	Real	减速时间，单位为 s
Ready	BOOL	PowerFlex 525 已经就绪
Active	UDINT	PowerFlex 525 已经被激活
FBError	BOOL	PowerFlex 525 出错
FaultCode	DINT	PowerFlex 525 错误代码
Feedback	REAL	反馈速度

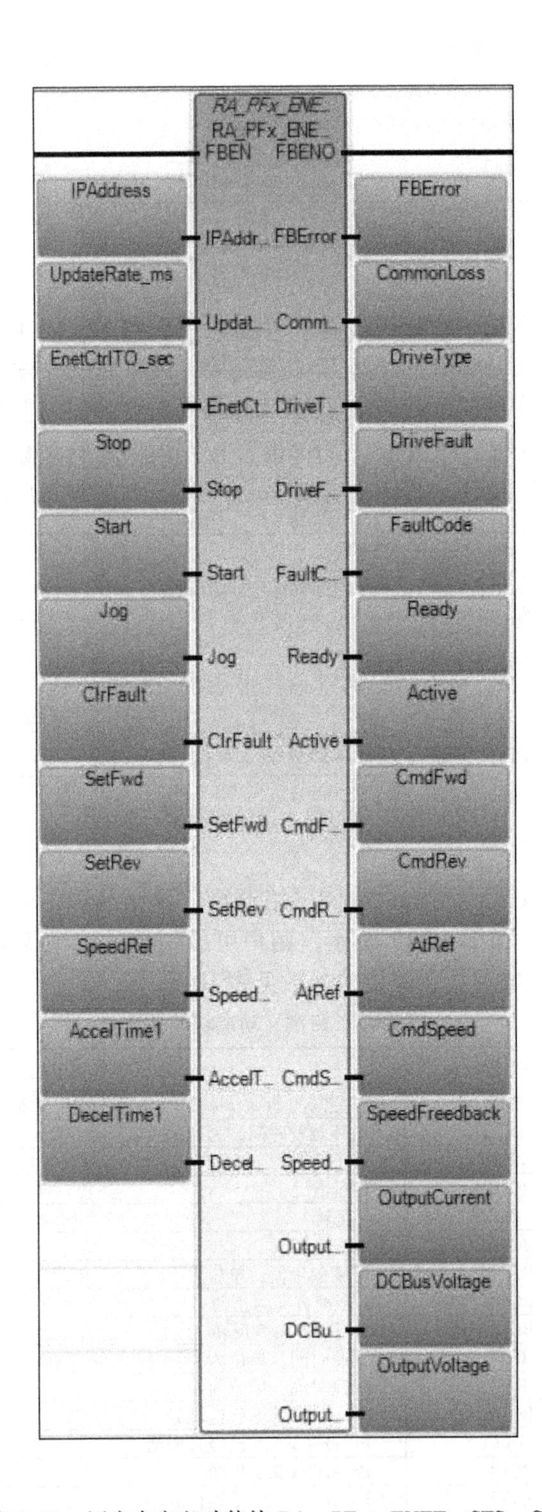

图 10-12　用户自定义功能块 RA_ PFx_ ENET_ STS_ CMD

在梯级中添加该功能块，如图 10-13 所示。通过该指令块就能实现 Micro850 控制器对 PowerFlex 525 变频器的控制。

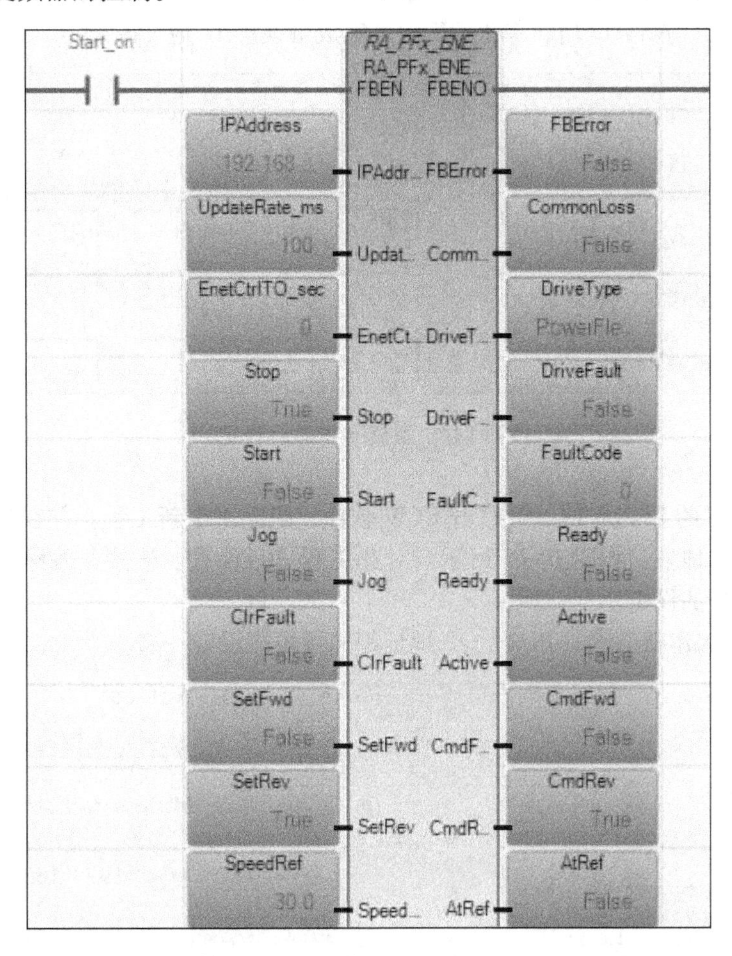

图 10-13　使用自定义功能块 RA_PFx_ENET_STS_CMD

10.3　Micro850 控制器与触摸屏的通信

Micro800 系列控制器功能强大，可与多种触摸屏通信，如信捷、威纶通、红狮等，本节以第三方威纶触摸屏 TK 8070 iH 为例讲解其与 Micro850 之间的通信。此型号的威纶触摸屏支持以太网通信、RS-485 串口通信、RS-232 串口通信，本节主要讲解其中的以太网通信和 RS-485 串口通信。

10.3.1　触摸屏与 Micro850 控制器通过以太网通信

PLC 与触摸屏的以太网通信可以分成 IP 地址设定、对应标签地址映射两个部分。

IP 地址设定又分为触摸屏的 IP 地址设定；PLC 的 IP 地址设定；计算机的 IP 地址设定。

1）设定触摸屏的 IP 地址时，在触摸屏的右下角，单击“向左箭头”图标，就会弹出隐藏在底部的任务栏，这样单击系统按钮（左数第一个按钮），就会弹出一个需要输入密码的对话框，输入正确的密码后，会自动进入系统设定界面，即可设定触摸屏的 IP 地址（默认的密码是 111111），修改 IP 后，单击 OK 即可完成触摸屏 IP 地址的设定，如图 10-14 所示。

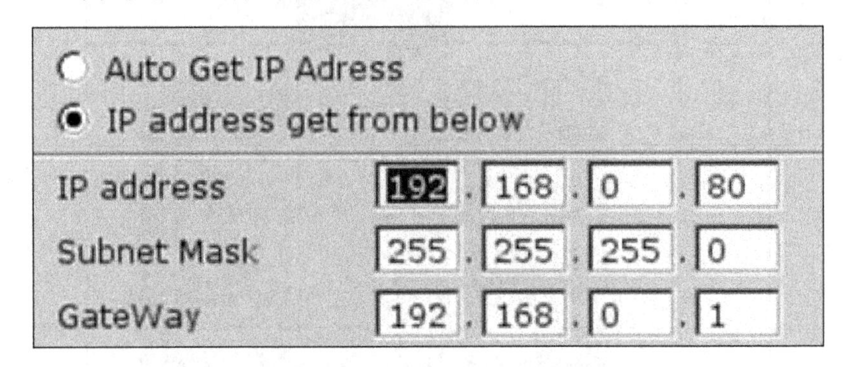

图 10-14　触摸屏 IP 地址设定

2）设定 PLC 的 IP 地址时，先打开 CCW 软件，建立一个新工程。并在其组态界面下手动设定 PLC 的 IP 地址，如图 10-15 所示。对此工程进行保存、连接、编译，下载即可完成对 PLC 的 IP 地址的设定。

注意：每次创建新工程时 PLC 的 IP 地址都需要再次设定一遍。

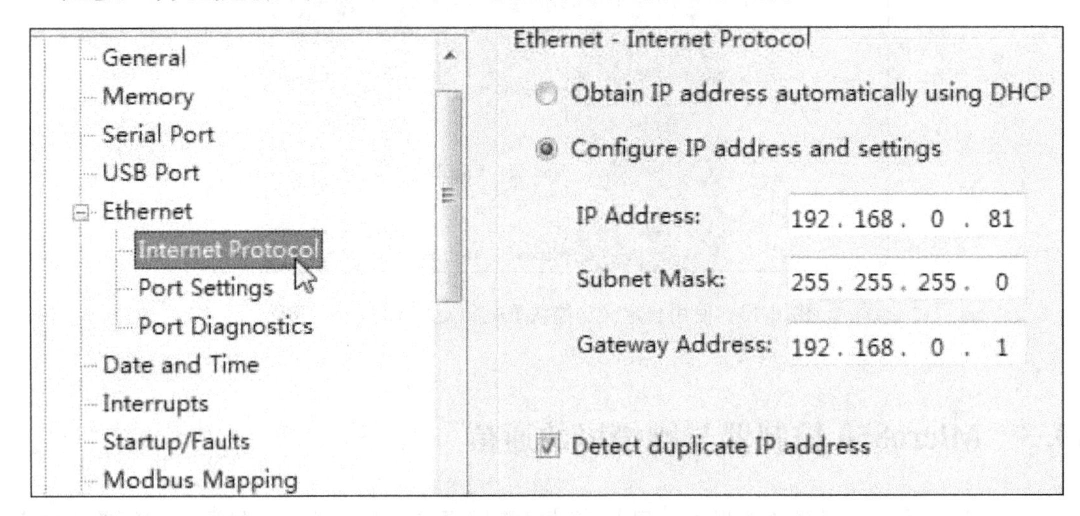

图 10-15　PLC 的 IP 地址设定

3）设定计算机的 IP 地址时，需要将自动获取 IP 地址改成手动获取 IP，并将计算机、PLC 与触摸屏的 IP 地址设在同一网段内。

对应标签地址映射就是分别在触摸屏和 PLC 中建立相应的标签，并将其地址进行映射。在触摸屏中建立标签可以按照以下步骤。

①打开 EB8000 Project Manager（触摸屏的画面编辑软件），并创建新文件。

②根据所使用的威纶屏型号选择对应 HMI 机型及显示模式，点击确认后进入“系统参数设置”界面，如型号为“TK6070iH/TK8070iH（800x480）”，显示模式为“水平”。

③在“系统参数设置”界面，点击“新增”就可以进入设备属性界面，其参数设置如图 10-16 所示。红圈中的 IP 地址是上面设定好的 PLC 的 IP 地址。

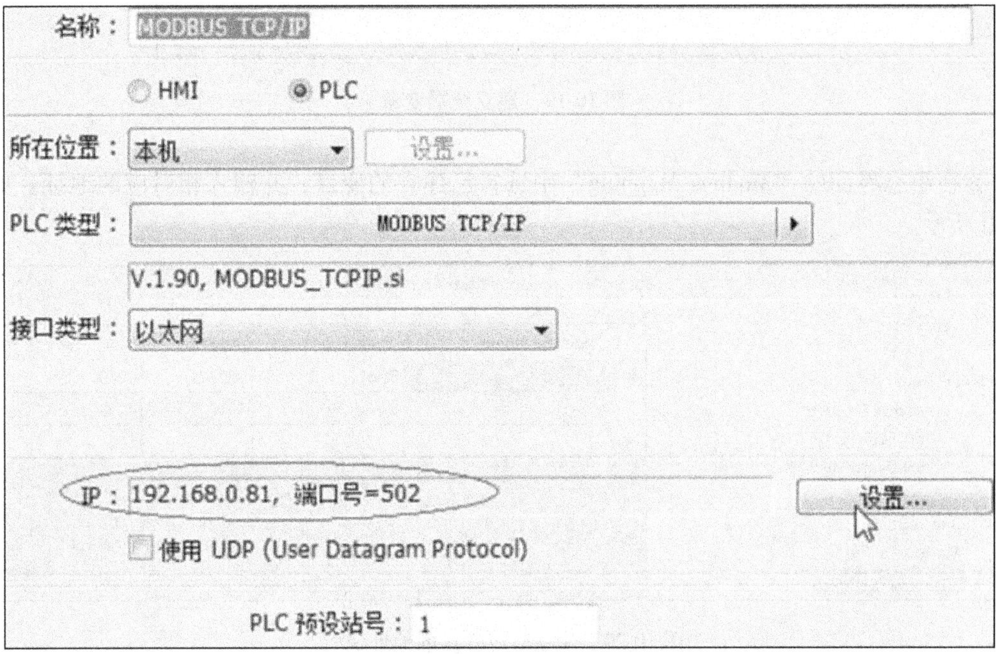

名称：MODBUS TCP/IP
HMI
PLC
所在位置：本机
设置...
PLC 类型：MODBUS TCP/IP
V.1.90, MODBUS_TCPIP.si
接口类型：以太网
IP：192.168.0.81，端口号=502
设置...
使用 UDP (User Datagram Protocol)
PLC 预设站号：1

图 10-16 设备属性参数

④通信参数设置完毕后就可以编辑画面了。

触摸屏可以传输位、字、实数等多种类型的数据。下面介绍一下位数据与字数据的传输。对于“位数据”的传输来说。在“工具栏”中选择“位状态切换开关”并如图 10-17 写好地址。

读取地址
PLC 名称：MODBUS TCP/IP
设置...
地址：0x
1

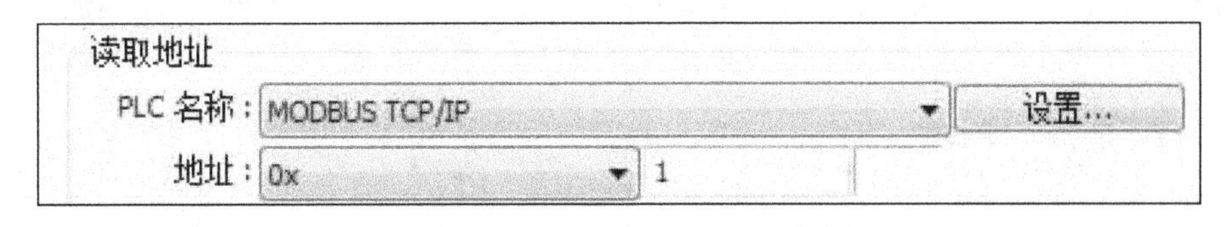

图 10-17 位状态切换开关的设定

对于“字数据”的传输来说。在“工具栏”中选择“数值”，并如图 10-18 写好地址。

读取地址
PLC 名称：MODBUS TCP/IP
设置...
地址：4x
1

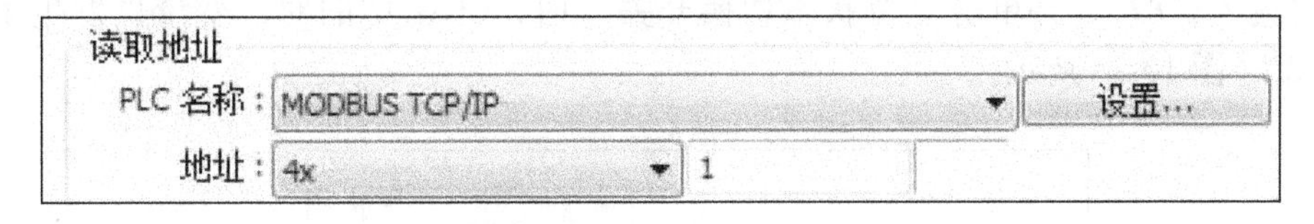

图 10-18 字数据元件的设定

4）触摸屏中的元件设好地址后，就要在 PLC 中建立相对应的地址，步骤如下。

①在“全局变量”表中建立相同数据类型的变量，如图 10-19 所示。

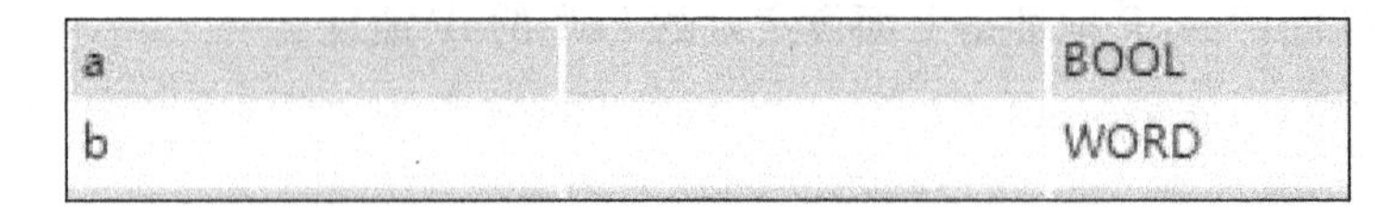

a		BOOL
b		WORD

图 10-19　建立全局变量

②在组态界面的“Modbus Mapping”中选择已建立的变量，并输入相对应的地址。如图 10-20 所示。

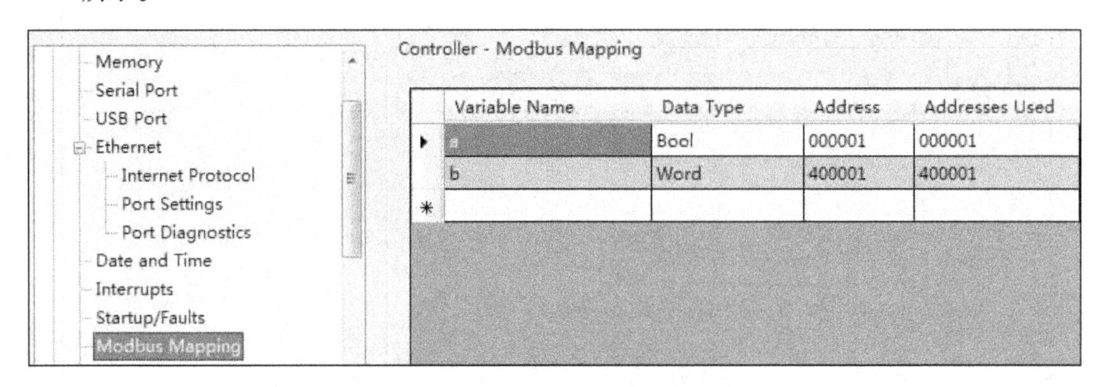

图 10-20　建立对应变量的地址映射

③保存、连接、编译、下载，完成 PLC 的对应地址设定。

在 EB8000 Project Manager 中，进行保存、编译，然后在“工具”中选择“下载”，即可完成对触摸屏画面的编辑。下载时在红圈中输入的是触摸屏的 IP 地址，如图 10-21 所示。

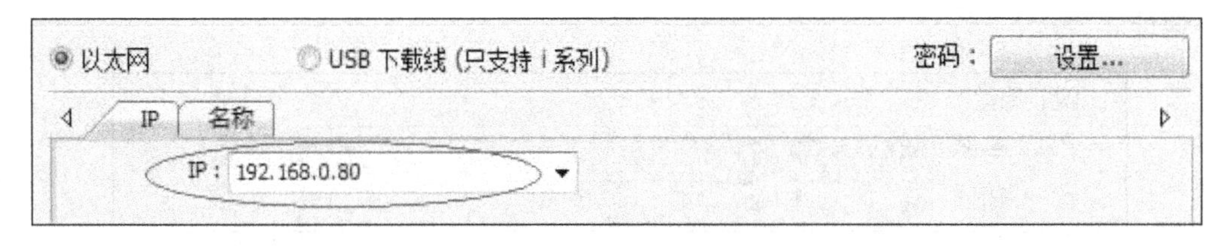

图 10-21　触摸屏的下载

此时将 CCW 转到调试状态，就可以监测触摸屏与 PLC 的通信了。当在触摸屏中的“数值”元件输入“87”，并单击“位状态切换开关”时，CCW 中的对应变量也发生了变化，如图 10-22，图 10-23 所示。

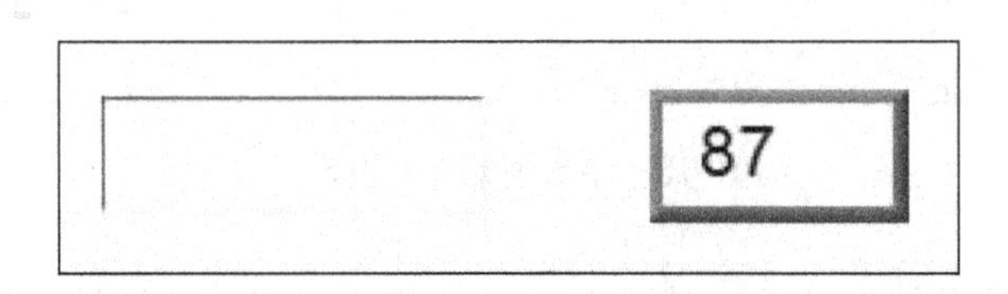

图 10-22　触摸屏的输入

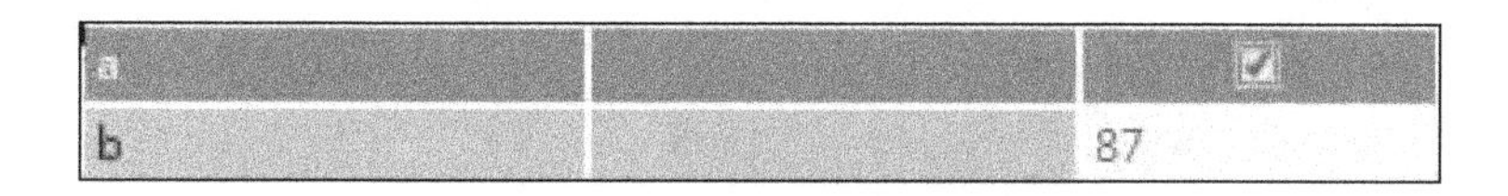

图 10-23　全局变量的改变

10.3.2　触摸屏与 Micro850 控制器通过 RS-485 通信

触摸屏与 PLC 通过串口通信的过程与通过以太网通信类似，这里只对其做简单的介绍。

1）用串口数据线将 PLC 与触摸屏连接起来，完成硬件连接。

2）按照以下步骤，在 EB8000 Project Manager（触摸屏的画面编辑软件）中进行参数设置。

①打开 EB8000 Project Manager 软件，并创建新文件。选择对应 HMI 机型及显示模式，点击确认后进入“系统参数设置”界面。

②在“系统参数设置”界面，点击“新增”就可以进入设备属性界面，其参数设置如图 10-24 所示。

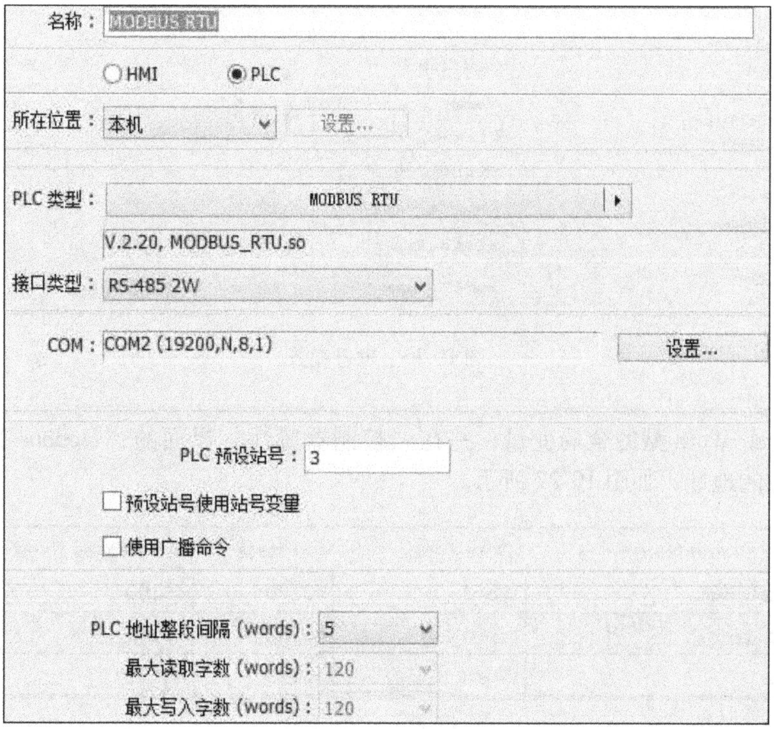

图 10-24　设备属性参数

③通信参数设置完毕后就可以编辑界面了。

例：单击工具栏中的数值输入模块，输入“PLC 的名称”与“地址”，如图 10-25 所示。

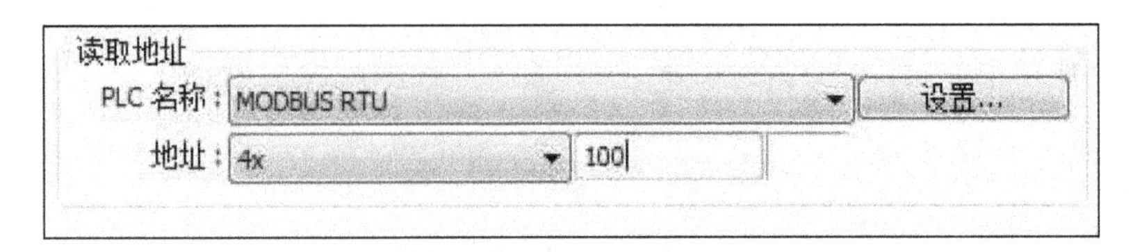

图 10-25　模拟量输入模块地址

④保存、编译、下载，即可完成触摸屏的参数设置。

3）按以下步骤在 CCW 中进行参数设置。

①进入 Micro850 的“控制器属性”界面，在“Serial Port”中设置合适的串口参数，如图 10-26 所示。

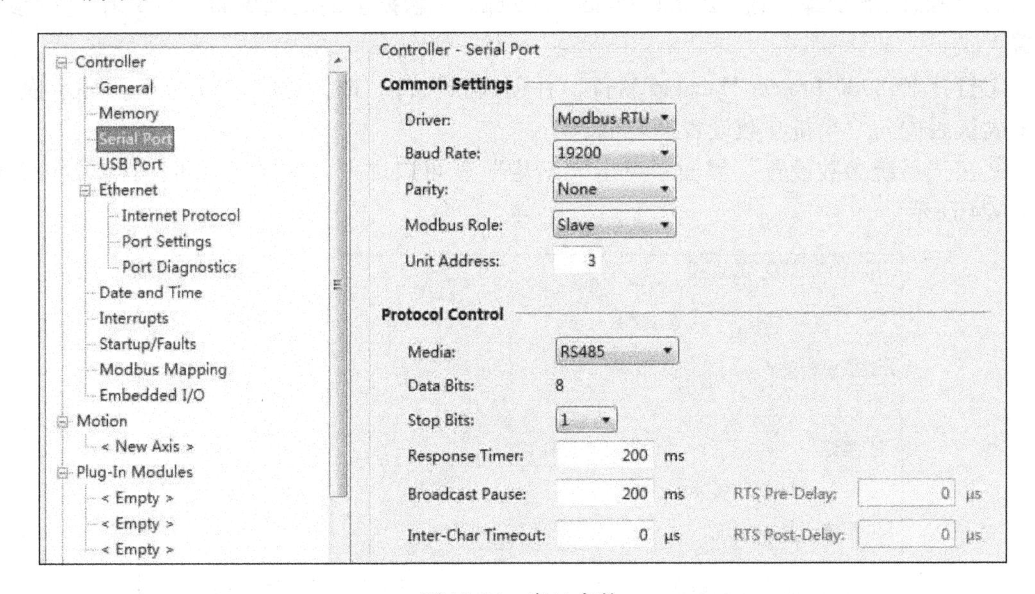

图 10-26　串口参数

②建立 3 个 Word 型的全局变量，并在“控制器属性”界面的“Modbus Maping”选项中，填好对应的地址，如图 10-27 所示。

Variable Name	Data Type	Address	Addresses Used
setpoint	Word	40100	40100
pocess	Word	40140	40140
a	Word	40110	40110

图 10-27　PLC 的变量地址

例：在 EB8000 Project Manager 中定义的一个标签的地址为“4X 100”，那么 CCW 中对应的变量的地址为“40100”。

③编译、下载，即可完成 PLC 的参数设定。

④运行 CCW 软件即可利用计算机检测 Micro850 与触摸屏之间的通信。

例：如果在触摸屏中的数据输入模块中输入数字，对应的全局变量就会有相应的数字变化，如图 10-28 和图 10-29 所示。

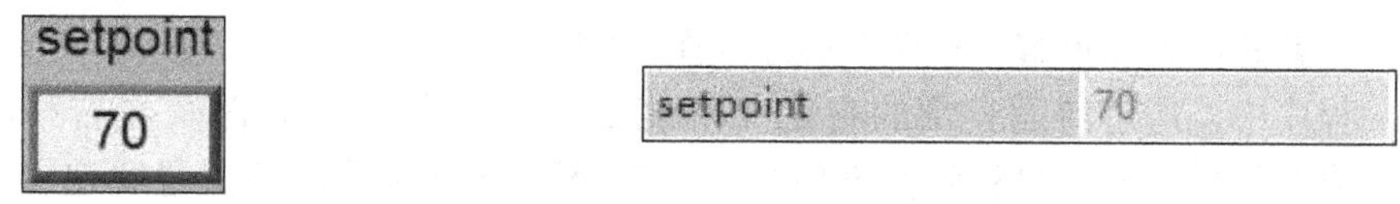

图 10-28　触摸屏中输入数字　　　图 10-29　全局变量中的数据改变

10.4　PowerFlex 525 以太网通信应用示例

10.4.1　应用示例要求

本节以“百米冲刺”为例介绍 Micro850 控制器、PowerFlex 525 变频器及威纶屏三者之间的以太网通信。如图 10-30 所示，在电动机带动下指针可以沿着转轴左右移动，并且速度可调，“百米冲刺”即要求指针从起点（0cm）开始运动，要求以最短时间冲过终点（25cm）并最终停下，其中要求变频器输出最大频率为 50Hz，加速及减速时间不得小于 3s，在屏界面上要显示出指针实时位置，运行速度及最终通过终点时的时间。注意，可以通过编码器对指针位置进行确定。

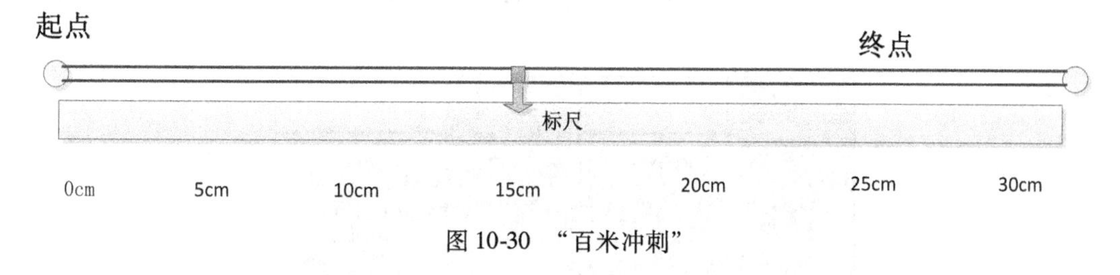

图 10-30　“百米冲刺”

系统通过触摸屏 TK 8070 iH 来控制 Micro850 控制器向变频器 PowerFlex 525 发出指令，从而控制电动机的运行方式和运行速度。整个控制系统的设计主要包括以下两个部分：

（1）变频器控制（DRIVE CTRL），它是整个程序设计最核心的部分。

（2）触摸屏界面制作。

在编写程序之前，首先要完成控制器、变频器和触摸屏之间在通信时所需要的设置，变频器、触摸屏 TK 8070 iH 和控制器 Micro850 使用以太网进行通信。接着设计变频器的控制程序，控制电动机的运行方式和运行速度。然后设计屏幕界面。在屏幕界面设计的时候将触摸屏地址和控制程序中的变量地址对应起来，最终达到通过触摸屏来控制电动机的运行方式和运行速度的目的。

10.4.2　系统组态与编程

1）按照 10.2 节所述对变频器进行组态设置，首先根据模型所用电动机铭牌数据将电动机额定电压、额定电流、极对数等一系列参数进行设置，其次由于题目要求需要将变频器最大频率设为 50Hz，加减速时间设为 3s，最后对变频器 IP 地址进行设置如设为 192.168.0.106，设置完成后下载即可。

2）将 Micro850 控制器的 IP 地址设与变频器设在同一网段内，可按图 10-31 所示进行设置。设置完成后即可编写程序，程序如图 10-32 所示。

程序中，通过前面介绍的自定义功能块可以控制指针起停及左右移动，此外用到了 HSC 高速计数模块，量程转换模块，两者配合可以对指针进行位置确定，两模块的使用方法前面已有介绍。程序中名为 hsc_enable 的开关断开时，HSC 及量程转换模块不工作，此时可以通过点动控制指针使其移动到初始位置（0cm）处完成“百米冲刺”初始准备。此外程序中，变量“Local_Now”代表指针当前位置，“Local_End”代表终点位置（25cm），t4 为到达终点时冲刺所用时间。

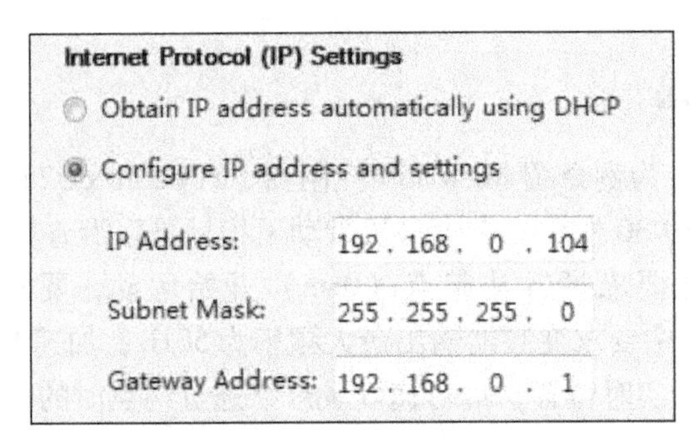

图 10-31　Micro850 控制器 IP 设置

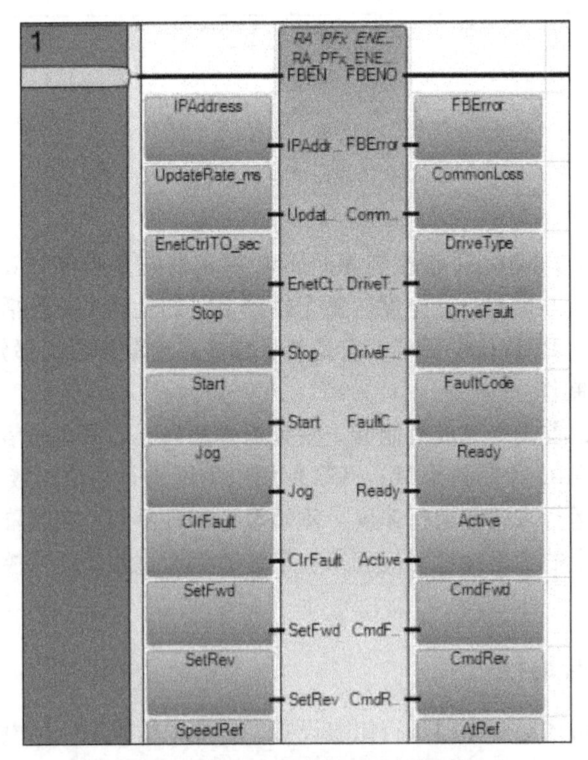

图 10-32　“百米冲刺”控制程序

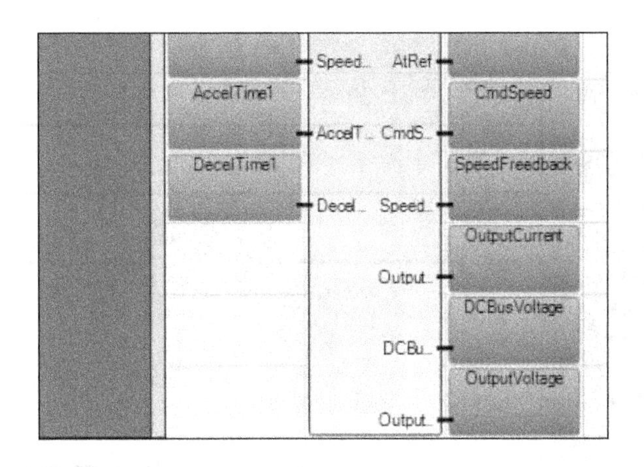

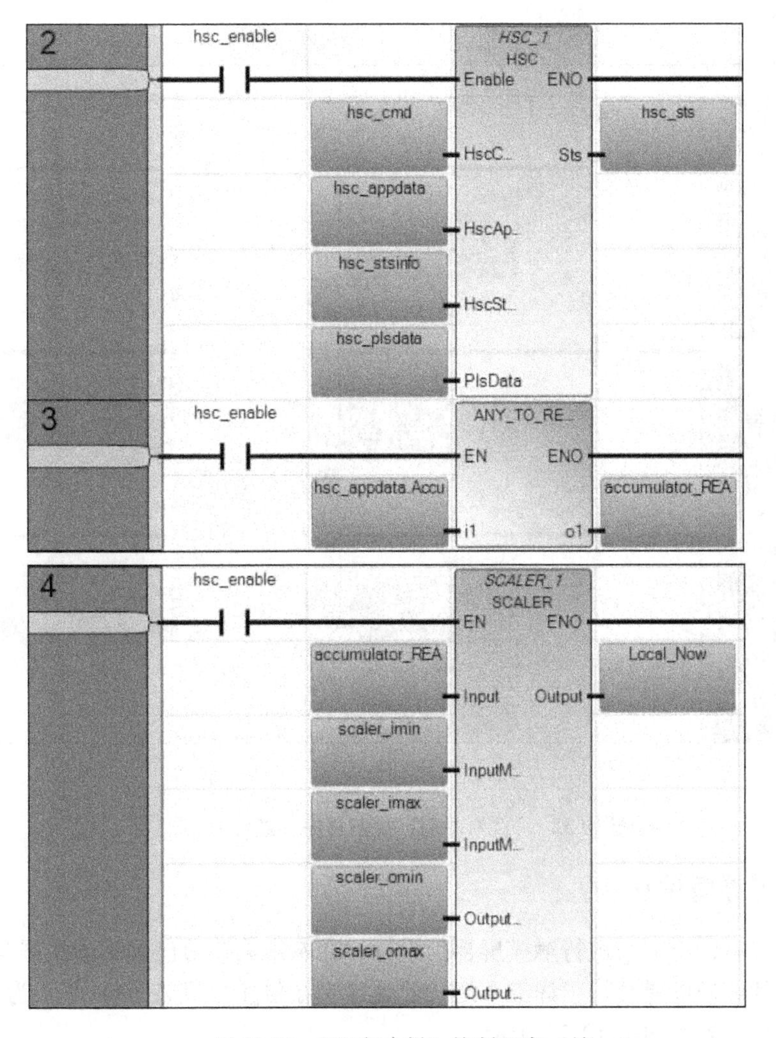

图 10-32　“百米冲刺”控制程序（续一）

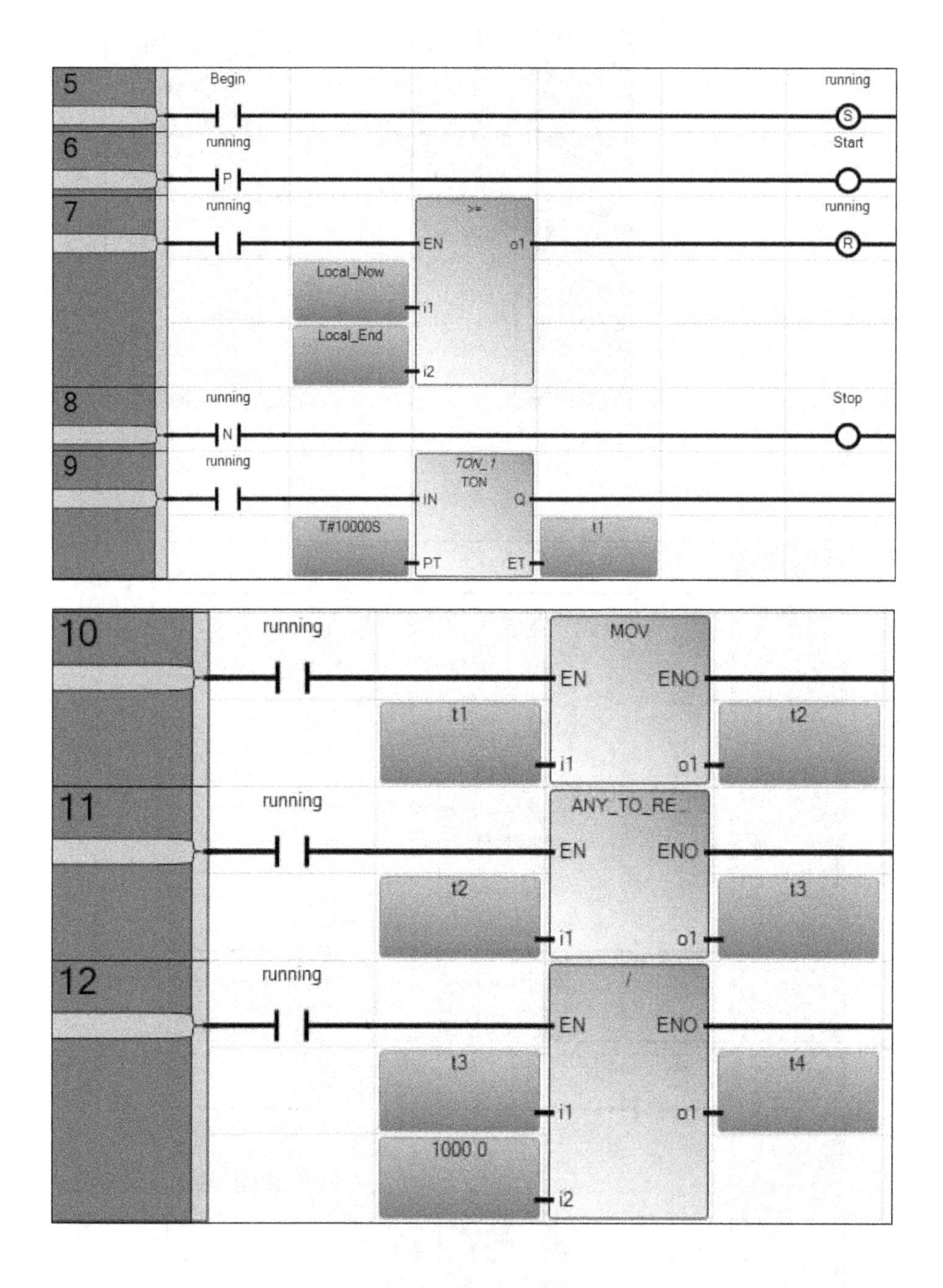

图 10-32 “百米冲刺”控制程序（续二）

10.4.3 触摸屏界面设计

程序编写完成后，接下来进行触摸屏界面设计，在本章第 2 节已经对威纶屏与 Micro850 控制器通信及元件地址设置进行了详细介绍，此处就不在赘述。见表 10-8 所示为界面按钮、程序变量对应关系，界面如图 10-33 所示。

表 10-8　按钮、变量对应表

对象名称	对象类型	变量	数据类型
启动按钮	瞬动型	Start	BOOL
停止按钮	瞬动型	Stop	BOOL
正转按钮	瞬动型	SetFwd	BOOL
反转按钮	瞬动型	SetRev	BOOL
开始按钮	瞬动型	Begin	BOOL
频率显示	数值显示	SpeedFreedback	REAL
终点	文本	Local_End	REAL
当前位置	文本	Local_Now	REAL
跑步时间	文本	t4	REAL
返回	功能键		

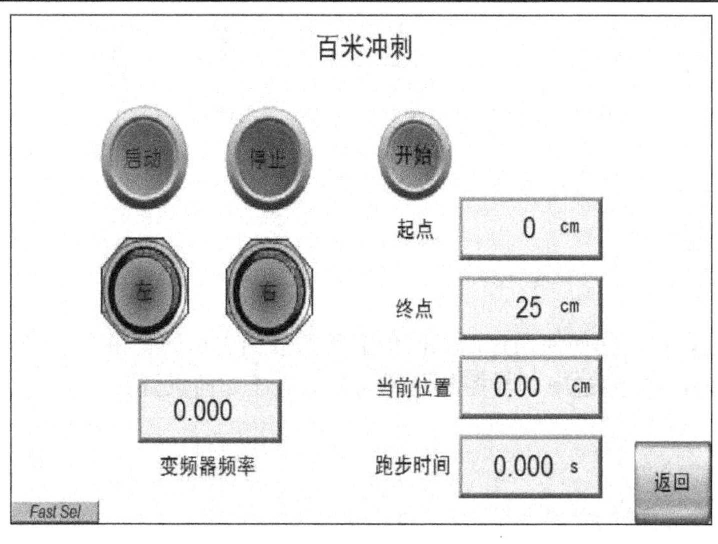

图 10-33　“百米冲刺”控制界面

按下“开始”按钮、“当前位置”及“跑步时间”数值会随指针移动不断变化，当指针通过终点位置时，“跑步时间”将停止计数不再变化，最终指针逐渐停止，如图 10-34 所示。

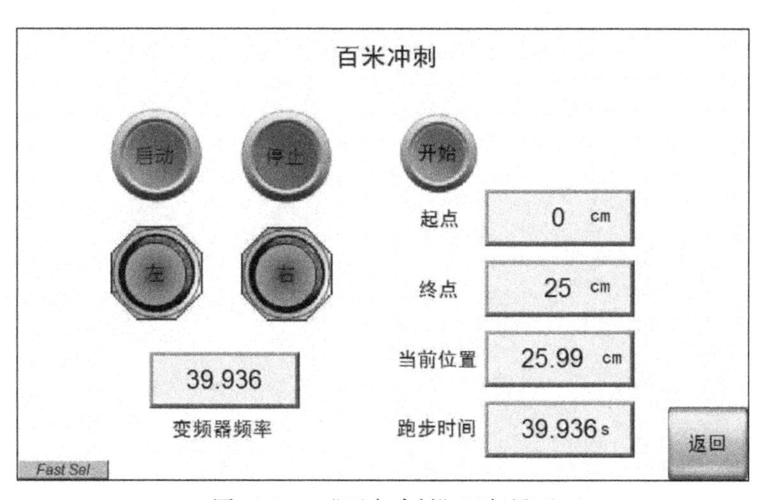

图 10-34　“百米冲刺”运行界面

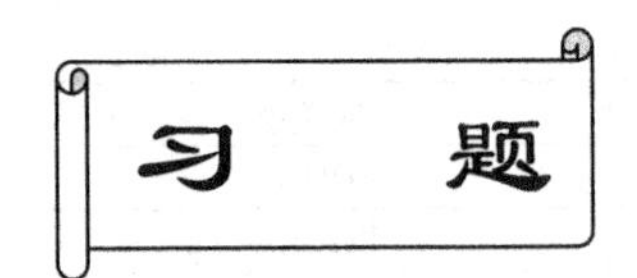

1. 在对“百米冲刺”理解的基础上进行“折返跑”编程。设计要求：指针由起始位置（5cm）处启动，在15cm处反向移动直到10cm处，然后指针反向移动到终点20cm处，最后返回起始位置，在每个折返点处误差不得大于1mm，并记录全程时间。

2. “跨栏跑”设计要求：如下图所示要求，指针从起始位置到终点位置过程中，在经过5cm、10cm、15cm、20cm处具有相应的速度，并记录全程时间。

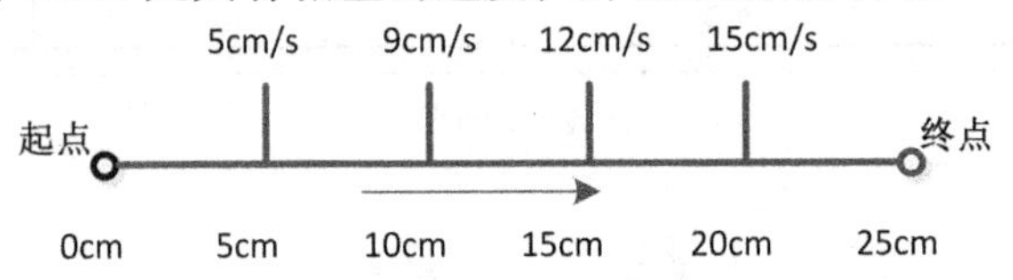

1. 触摸屏与PLC之间如何通过以太网传输实数数据类型的变量？
2. 触摸屏是否可以通过串口与控制器通信？参数该如何设置？

第 11 章

PowerFlex 4M 变频器的集成

学习目标

- 了解 PowerFlex 4M 变频器的选型
- 掌握 PowerFlex 4M 变频器的 I/O 端子接线
- 掌握 PowerFlex 4M 变频器集成式键盘操作
- 掌握 PowerFlex 4M 的 Modbus 网络通信

11.1 PowerFlex 4M 的功能

Micro850 控制器通过 Modbus 网络对 PowerFlex 4M 变频器进行远程操作，控制变频器的启动、停止和方向，监视速度和故障等，以节省成本的方式满足小型速度控制系统的要求。有助于在提供应用所需功能的同时，减少控制系统的费用。Micro850 控制器与 PowerFlex 4M 组成的系统结构如图 11-1 所示。

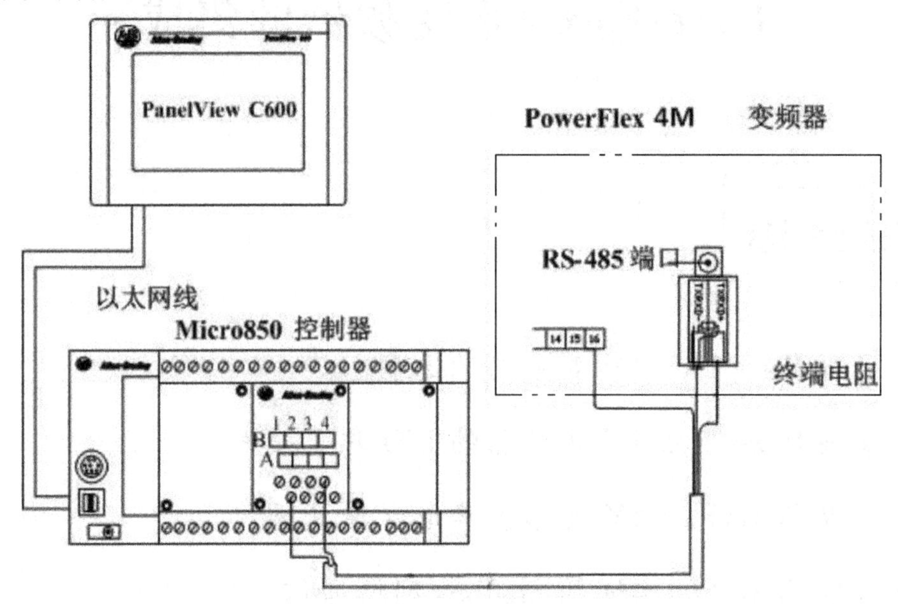

图 11-1　Micro850 控制器与 PowerFlex 4M 组成的系统结构

11.1.1 PowerFlex 4M 交流变频器

PowerFlex 4M 交流变频器是 PowerFlex 变频器系列中最小的一款变频器，它在其紧凑的、节省空间的设计中为用户提供了强大的电动机速度控制功能。它具有使用灵活、馈通式接线和编程简单等特点，是为满足全球 OEM 和终端用户对于灵活性、节省空间和使用方便的要求而设计的理想的元器件级速度控制器。

PowerFlex 4M 交流变频器有三种框架类型（A、B 和 C），可以提供的额定功率为 0.2 ~ 11 kW，电压等级包括 120V、240V 和 480V。具体特点如下：

（1）可以选择使用 DIN 导轨安装和面板安装，安装灵活。

（2）简易的起动和运行。

1）集成面板可以提供本地电位计和控制键操作直接控制电动机的起动和运行；

2）数字键盘支持一个 4 位数字显示和 10 个附加的 LED 指示灯，可以直观地显示变频器的状态和信息；

3）10 个最常用的参数被分为一组以便快速、简便的进行操作。

（3）网络灵活

1）集成 RS-485 通信，支持多分支网络结构；

2）使用串行通信转换模块可以连接到任何支持 DF1 协议的控制器端口上；

3）采用 DriveExplorer 和 DriveExecutive 软件编程、监视和控制变频器；

4）集成可选用的通信卡，可以提高设备的性能。

（4）优化性能

1）可拆卸的 MOV 接地，用于不接地供电系统时，可以提供简便操作和无故障运行；

2）预充电继电器可抑制浪涌电流；

3）集成的制动晶体管可用于所有额定等级的变频器，使用简单、低成本的制动电阻；

4）可提供动态制动能力；

5）可设定 DIP 开关使接线更灵活；

6）可设置 24V 直流灌入型或拉出型控制，控制接线灵活；

7）提供强大的过载保护能力：150% 的过载可持续 60s，200% 的过载可以持续 3s；

8）PWM 频率可调节至 10kHz，保证了静音运行；

9）V/f 控制性能优良；

10）变频器可自动进行 IR 补偿和滑差补偿；

11）整个速度范围内提供卓越的速度控制和高水平的力矩控制，即使在负载增加时也能增强速度调节效果。

11.1.2　PowerFlex 4M 变频器选型

PowerFlex 4M 产品目录号说明如图 11-2 所示。

22F	–	D	018	N	1	0	4	AA
a		b	c	d	e	f	g	h

a 变频器

代码	类型
20F	PowerFlex4M

b 额定电压

代码	电压	相数
V	交流 120V	1
A	交流 240V	1
B	交流 240V	3
D	交流 480V	3

C1 额定值 100-120V，单相输入

代码	电流(A)	kW
1P6	1.6	0.2
2P5	2.5	0.4
4P5	4.5	0.75
6P0	6	1.1

C2 额定值 200-240V，单相输入

代码	电流(A)	kW
1P6	1.6	0.2
2P5	2.5	0.4
4P2	4.2	0.75
8P0	8	1.5
011	11	2.2

C3 额定值 200-240V，三相输入

代码	电流(A)	kW
1P6	1.6	0.2
2P5	2.5	0.4
4P2	4.2	0.75
8P0	8	1.5
012	12	2.2
017	17.5	3.7
025	25	5.5
033	33	7.5

C4 额定值 380-480V，三相输入

代码	电流(A)	kW
1P5	1.5	0.4
2P5	2.5	0.75
4P2	4.2	1.5
6P0	6	2.2
8P7	8.7	3.7
013	13	5.5
018	18	7.5
024	24	11

d 机壳

代码	机壳
N	面板式安装 - IP 20 (NEMA 开放式类型)

e HIM

代码	HIM 版本
1	固定式嵌入面板

f 辐射等级

代码	EMC 滤波器
0	无
1	有

g 版本

代码	描述
3	无制动单元
4	标准内置

h 可选项

代码	描述
AA 至 ZZ	保留

图 11-2　PowerFlex 4M 产品目录号说明

PowerFlex 4M 产品选型见表 11-1、表 11-2、表 11-3、表 11-4。

表 11-1　120V 交流，单相变频器(50/60Hz)

变频器额定值				IP20，NEMA/UL 开放式
kW	HP	输出电流 A	框架规格	cat. No.
0.2	0.25	1.6	A	22F-V1P6N103
0.4	0.5	2.5	A	22F-V2P5N103
0.75	1	4.5	B	22F-V4P5N103
1.1	1.5	6	B	22F-V6P0N103

表 11-2　240V 交流，单相变频器(50/60Hz)

变频器额定值				IP20，NEMA/UL 开放式	内置 S 型 EMC 滤波器
kW	HP	输出电流 A	框架规格	cat. No.	cat. No.
0.2	0.25	1.6	A	22F-A1P6N103	22F-A1P6N113
0.4	0.5	2.5	A	22F-A2P5N103	22F-A2P5N113
0.75	1	4.2	A	22F-A4P2N103	22F-A4P2N113
1.5	2	8	B	22F-A8P0N103	22F-A8P0N113
2.2	3	11	B	22F-A011N103	22F-A011N113

注：该滤波器适用于 A 类环境下最长 5m 电缆或 B 类环境下 1m 电缆长度。

表 11-3　240V 交流，三相变频器(50/60Hz)

变频器额定值				IP20，NEMA/UL 开放式
kW	HP	输出电流 A	框架规格	cat. No.
0.2	0.25	1.6	A	22F-B1P6N103
0.4	0.5	2.5	A	22F-B2P5N103
0.75	1	4.2	A	22F-B4P2N103
1.5	2	6	A	22F-B8P0N103
2.2	3	12	B	22F-B012N103
3.7	5	17.5	B	22F-B017N103
内置制动单元				
5.5	7.5	25	C	22F-B025N104
7.5	10	33	C	22F-B033N104

表 11-4　480V 交流，三相变频器(50/60Hz，无滤波)

变频器额定值				IP20，NEMA/UL 开放式	内置 S 型 EMC 滤波器
kW	HP	输出电流 A	框架规格	cat. No.	cat. No.
0.4	0.5	1.5	A	22F-D1P5N103	22F-D1P5N113
0.75	1	2.5	A	22F-D2P5N103	22F-D2P5N113
1.5	2	4.2	B	22F-D4P2N103	22F-D4P2N113
2.2	3	6	B	22F-D6P0N103	22F-D6P0N113
3.7	5	6.7	B	22F-D8P7N103	22F-D8P7N113
内置制动单元					
5.5	7.5	13	C	22F-D013N104	22F-D013N114
7.5	10	18	C	22F-D018N104	22F-D018N114
11	15	24	C	22F-D024N104	22F-D024N114

注：该滤波器适用于 A 类环境下最长 10m 电缆。

11.1.3　PowerFlex 4M 的 I/O 端子接线

PowerFlex 4M 变频器的控制端子接线方式如图 11-3 所示。

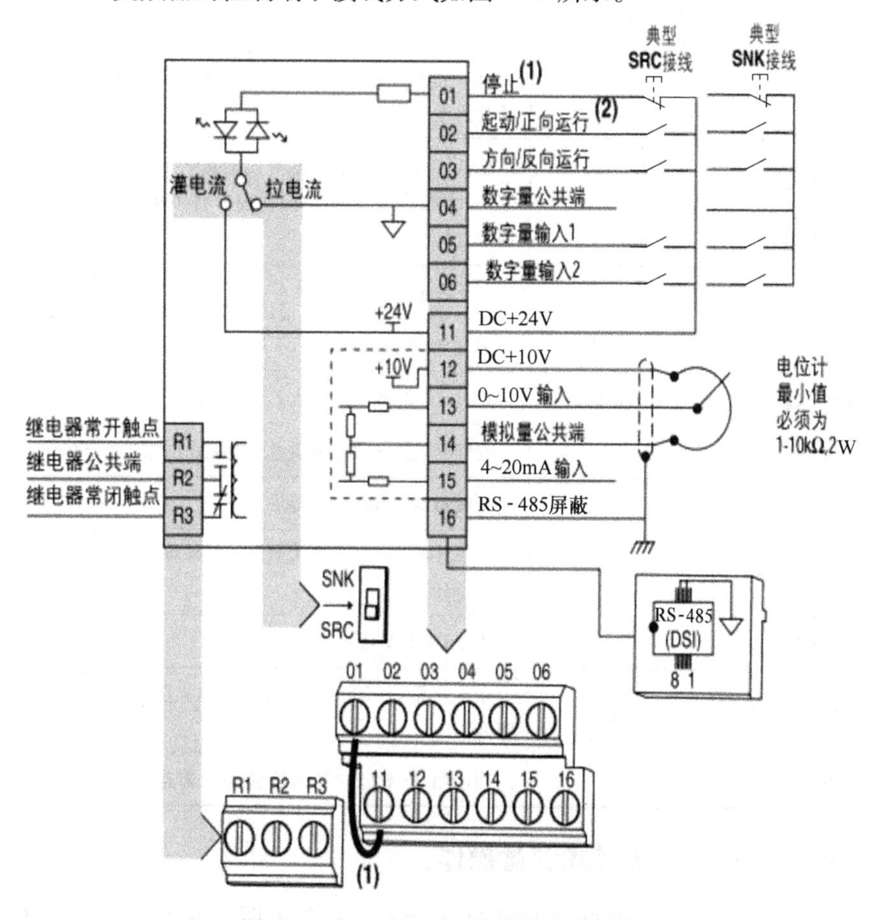

图 11-3　PowerFlex 4M 控制端子接线图

在电动机起动前，用户必须检查控制端子接线：

(1)检查并确认所有输入连接是否正确；

(2)检查并确认所有的数字量控制电源是 24V；

(3)检查并确认灌入(SNK)/拉出(SRC)DIP 开关设置是否正确。

注意：默认状态 DIP 开关为拉出(SRC)状态。I/O 端子 01(停止)和 11(DC +24V)短接以允许从键盘起动。如果控制接线方式改为灌入(SNK)，该短接线必须从 I/O 端子 01 和 11 间去掉，并安装到 I/O 端子 01 和 04 之间。各端子说明见表 11-5。

表 11-5　PowerFlex 4M 控制 I/O 端子

序号	信号名称	默认值	说明	相关参数
R1	常开继电器	故障	输出继电器常开点	A055
R2	继电器公共端	—	输出继电器公共端	
R3	常闭继电器	故障	输出继电器常闭触点	A055

（续）

序号	信号名称	默认值	说明	相关参数
灌入/拉出 DIP 开关		拉电流(SRC)	通过 DIP 开关设置，输入端子可接成灌入(SNK)或拉出(SRC)方式	
01	停止	惯性停车	电动机起动前，必须有出厂安装的跳线或常闭输入点	P036
02	起动/正转	未激活	默认状态下，命令来自集成面板控制变频器。如需要禁止反向操作，使用参数 A095【反向禁止】	P036、P037、A095
03	方向/反转	未激活		
04	数字量公共端	—	用于数字量输入	
05	数字量输入 1	预设频率值	通过 A051[数字量输入 1 选择]设定	
06	数字量输入 2	预设频率值	通过 A052[数字量输入 2 选择]设定	
11	+24V DC	—	变频器给数字量输入供电。最大输出电流为 100mA	
12	+10V DC	—	变频器给外部电位计提供 0~10V。最大输出电流 15mA	
13	0~10V 输入	未激活	用于外部 0~10V(输入阻抗 =100kW)或滑动电位计	P038
14	模拟量公共端	—	用于 0~10V 或 4~20mA 输入	
15	4~20mA 输入	未激活	用于外部 4~20mA 输入供电(输入阻抗 =250kW)	P038
16	RS-485(DSI)屏蔽	—	当使用 RS-485(DSI)通信端口时，需连接到安全地-PE	

11.1.4 PowerFlex 4M 集成式键盘操作

PowerFlex 4M 集成式键盘的外观如图 11-4 所示，菜单说明见表 11-6，各 LED 和按键指示见表 11-7、表 11-8。

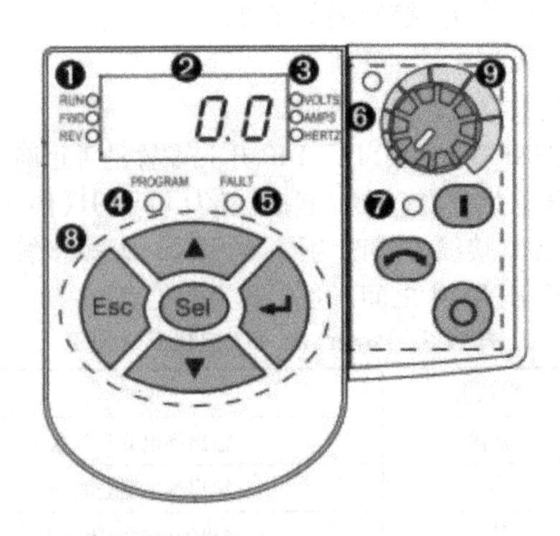

图 11-4 PowerFlex 4M 集成式键盘

表 11-6　菜单说明

菜单	说　明	菜单	说　明
d	显示组(只能查看) 包括通常要查看的变频器运行状况	C	通信组 包括通信的可编程功能
P	基本编程组 包括大多数常用的可编程功能	A	高级编程组 包括其余的可编程功能
t	端子组 包括控制端子的可编程功能	F	故障指示 包括特殊故障情况的代码 只有当故障发生时才显示

表 11-7　各指示灯说明

编号	LED	LED 状态	说　明
1	运行/方向状态	固态红	表示变频器正在运行并且电动机正在按照给定的命令方向运转
		闪烁红	变频器接受命令正在改变方向。当电动机减速到 0 时指示实际电动机方向
2	符号显示	固态红	表示参数号、参数值或故障代码
		闪烁红	单个数字闪烁表示该数字可被编辑。所有数字闪烁表示故障
3	显示单位	固态红	表示当前显示参数的单位
4	编程状态	固态红	表示参数值可以被修改
5	故障状态	闪烁红	表示变频器故障
6	电位计状态	固态绿	表示内置键盘上的电位计处于激活状态
7	起动键状态	固态绿	表示内置键盘上的起动键处于激活状态,且反向禁止【A095】

表 11-8　各按键说明

图示	名称	说　明
	电位计	用于控制变频器的转速。默认值为激活。通过参数 P038【速度参考】控制
	起动	用于起动变频器。默认值为激活。通过参数 P038【速度参考】控制
	反转	用于反转变频器方向。默认值为激活。通过参数 P038【速度参考】以及 A095【反向禁止】控制
	停止	用于停止变频器或清除故障。该键一直激活。通过参数 P037【停止模式】控制

熟悉内置键盘各部分含义后，通过表 11-9 所示了解如何查看和编辑变频器的参数。

表 11-9　查看和编辑变频器参数

步　　骤	按　　键	显示实例
1. 当变频器上电后,用户上次选择显示组的参数闪烁显示。然后为显示该参数当前值		0.0　VOLTS AMPS HERTZ
2. 按 Esc 键,显示上电后的显示组参数。参数号闪烁	Esc	d001　VOLTS AMPS HERTZ
3. 再次按 Esc 键进入参数组菜单	Esc	d001　VOLTS AMPS HERTZ
4. 按向上箭头或向下箭头在主菜单中滚动(d,P 和 A)	▲ or ▼	P101　VOLTS AMPS HERTZ
5. 按 Enter 或选择键进入参数组。该组上次查看的参数最右侧数字将闪烁	↵ or Sel	P101　VOLTS AMPS HERTZ
6. 按向上或向下箭头在组内参数中滚动	▲ or ▼	
7. 按 Enter 或选择键来查看参数值。如果用户不想编辑参数值,按 Esc 键返回	↵ or Sel	230　VOLTS AMPS HERTZ
8. 按 Enter 或选择键进入编程模式来编辑参数值。此时,Program LED 指示灯表示该参数是否可被编辑	↵ or Sel	230　VOLTS AMPS HERTZ PROGRAM　FAULT

（续）

步骤	按键	显示实例
9. 按向上箭头或向下箭头来修改参数值。达到期望值后，按选择键修改下一位	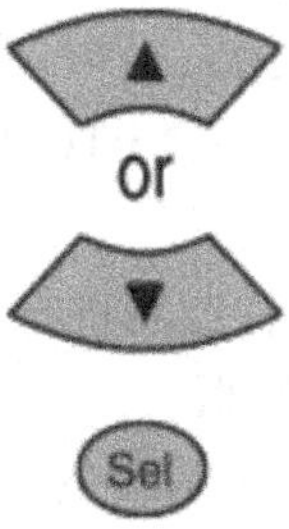	
10. 按 Esc 取消修改。或者按 Enter 键保存修改	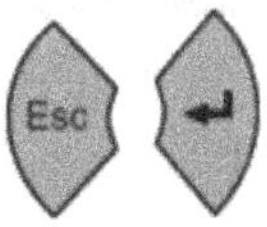	
11. 按 Esc 返回到参数列表。连续按 Esc 退出参数菜单		

11.2　PowerFlex 4M 的 Modbus 网络通信

（1）Modbus 功能代码及变频器参数设置

PowerFlex 4M 变频器的外设接口（DSI）支持部分 Modbus 功能代码，通过 Modbus 协议，控制器向 PowerFlex 4M 变频器的寄存器中写入逻辑命令及速度给定信息；同时也从 PowerFlex 4M 变频器寄存器中读取逻辑状态及速度反馈信息，其相应的寄存器地址参见第 6 章。下面强调几点需要注意的地方。

寄存器地址偏移量为 1，例如：逻辑命令的寄存器地址是 8192，而实际操作中就要设置为 8193。

通过 Modbus 网络控制变频器，因此 PowerFlex 4M 的参数 P106 [Start Source]（起动源）和 P108 [Speed Reference]（速度参考）都设为 5——“通信端口”。

控制器可通过发送功能代码 06，将控制信息写入地址为 8193（逻辑命令字）和 8194（速度给定值）寄存器中，以控制变频器的运行。也可通过发送功能代码 03，读取地址为 8449（逻辑状态字）和 8452（速度反馈值）寄存器中的信息。

读写变频器其他参数时，寄存器地址就是相应的参数号码，但是要注意偏移 1 位。

（2）PowerFlex 4M 变频器参数设置

通过变频器控制面板设置参数，控制面板操作参见表 11-8，需要设置的参数如下：

1）P106 [Start Source] 设为 5——“Comm Port”（通信端口）。

2）P108 [Speed Reference] 设为 5——“Comm Port”（通信端口）。

3）t201［数字量输入 1 选项］设为 6——“通信端口”。

4）t202［数字量输入 2 选项］设为 0——“不使用”。

5）C302［通信数据传输率］设为 4——“19.2K”。

6）C303［通信节点地址］设为 100。

7）C306［通信格式］设置为 0——“RTU 8-N-1”。

（3）Micro850 控制器串口参数设置

设置好变频器的参数后，即可对控制器进行编程，且在程序中不需要组态变频器，直接通过 MSG_MODBUS 指令即可控制变频器。

1）将嵌入式串口通信模块插到控制器的 2 槽上，把该模块组态成 Modbus 网络协议（则该模块的通道号为 6 号，详见第 6 章 Modbus 指令），通信驱动类型（Driver）设置为 Modbus RTU Master。打开 Micro850 控制器的组态界面，选择对 2 槽上的串口通信模块进行组态，设置以下参数：

Driver（通信驱动类型）：Modbus RTU

Baud Rate（通信波特率）：19200

Party（奇偶校验位）：NONE

Unit Address（控制器节点地址）：1

Modbus Role（在 Modbus 中的角色）：Modbus RTU Master

2）单击 Advanced Settings 按钮，展开通信模块的高级设置，设置如下参数：Media（协议类型）：RS-485；Stop Bites（数据格式停止位）：1。

（4）Micro850 控制器与 PowerFlex 4M 变频器的通信程序

1）创建 MSG_MODBUS 功能块，并分别创建功能块上所需要的变量，如图 11-5 所示。

2）编写读取变频器逻辑状态字的程序如图 11-6 所示。

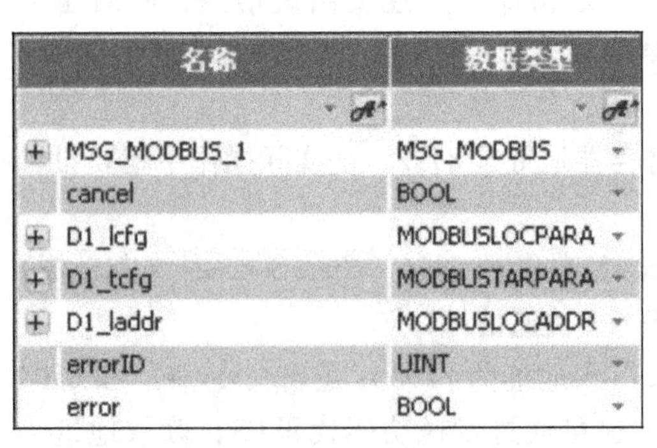

名称	数据类型
MSG_MODBUS_1	MSG_MODBUS
cancel	BOOL
D1_lcfg	MODBUSLOCPARA
D1_tcfg	MODBUSTARPARA
D1_laddr	MODBUSLOCADDR
errorID	UINT
error	BOOL

图 11-5　建立 MSG 功能块和它所对应的变量

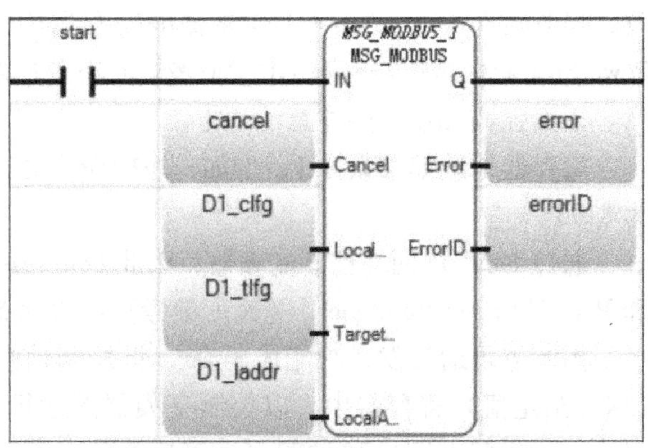

图 11-6　读取变频器逻辑状态程序

其中，梯级中的 MSG_ MODBUS_ 1 指令用于读取变频器的逻辑状态字，start 指令用于启动指令，当 start 指令由假变真一次，控制器就会读一次变频器的逻辑状态字。

MSG_MODBUS_1 功能块指令的相关参数设置如图 11-7 所示，参数说明见表 11-10。

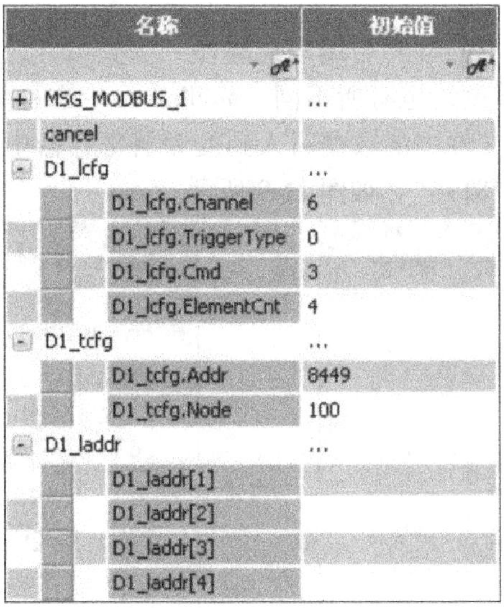

名称	初始值
MSG_MODBUS_1	...
cancel	
D1_lcfg	...
D1_lcfg.Channel	6
D1_lcfg.TriggerType	0
D1_lcfg.Cmd	3
D1_lcfg.ElementCnt	4
D1_tcfg	...
D1_tcfg.Addr	8449
D1_tcfg.Node	100
D1_laddr	...
D1_laddr[1]	
D1_laddr[2]	
D1_laddr[3]	
D1_laddr[4]	

图 11-7　读取变频器逻辑状态的 MSG 指令参数设置

表 11-10　读取变频器逻辑状态 MSG 指令参数设置

名　　称	作　　用	设　定　值
D1_lcfg. Channel(通道)	选择通信端口	6
D1_lcfg. Trigger Type(触发类型)	选择触发类型	0(上升沿触发)
D1_lcfg. cmd(Modbus 命令)	选择信息功能	3(读寄存器)
D1_lcfg. ElementCnt(长度)	选择读取的数据个数	4
D1_tcfg. Addrs(Modbus 数据地址)(1-65535)	选择变频器的数据寄存器地址	8449(变频器内部定义)
D1_tcfg. Node(从节点地址)	选择变频器的节点地址	100(在 A[104]通信节点地址中设定)
D1_laddr[1] ~ D1_laddr[4](存放数据的地址)	分别存放从 modbus 地址 8449 ~ 8452 中读取的数据	

从 Modbus 地址 8449 ~8452 地址中读取的数据分别放到 D1_laddr[1] ~ D1_laddr[4]中，其中 8449 中是变频器逻辑状态字，8450 中是变频器错误代码，8451 中是变频器速度参考值，8452 中是变频器速度反馈值。值得注意的是这里的 Modbus 地址都是经过偏移一位以后的地址。

3）编写控制变频器逻辑命令字的程序与读取逻辑状态字类似，只是 MSG 文件不同，且 MSG_ MODBUS 指令的相关参数设置也有所不同，Modbus 命令选择为“6”，存放数据的地址为“D2_laddr[1]”，将该地址文件中的数据写入到变频器寄存器中，而 Modbus 数据地址（变频器数据寄存器地址）为“8193”，D2_laddr 设为 18，命令电动机起动并正转，如图 11-8 所示。

程序编写完成后，将变频器运行位设为 1 时变频器起动，且读取的状态反馈字中的运行位为 1 表示变频器为运行状态。

4）编写设定速度给定值的程序与编写逻辑命令字类似，只是 MSG 文件不同，且 MSG_ MODBUS 指令的相关参数设置也有所不同，Modbus 命令选择为“6”，存放数据的地址为“D3_laddr[1]”，将该地址文件中的数据写入到变频器寄存器中，而 Modbus 数据地址（变频器数据寄存器地址）为“8194”，如图 11-9 所示。

名称	初始值
MSG_MODBUS_2	...
cancel2	
D2_lcfg	...
D2_lcfg.Channel	6
D2_lcfg.TriggerType	0
D2_lcfg.Cmd	6
D2_lcfg.ElementCnt	1
D2_tcfg	...
D2_tcfg.Addr	8193
D2_tcfg.Node	100
D2_laddr	...
D2_laddr[1]	18
D2_laddr[2]	

图 11-8　控制变频器逻辑命令字的 MSG_MODBUS 指令参数设置

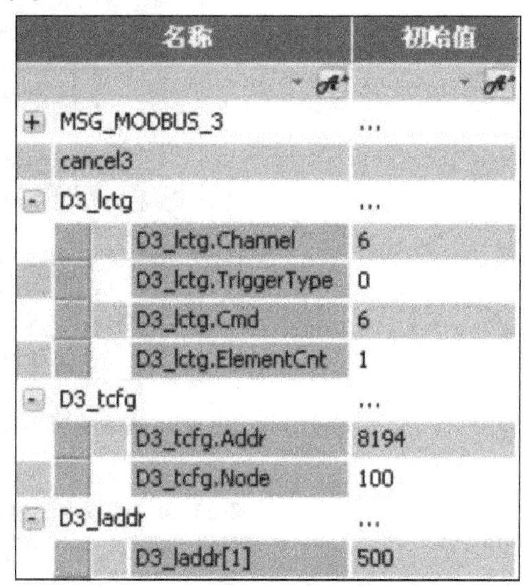

名称	初始值
MSG_MODBUS_3	...
cancel3	
D3_lctg	...
D3_lctg.Channel	6
D3_lctg.TriggerType	0
D3_lctg.Cmd	6
D3_lctg.ElementCnt	1
D3_tcfg	...
D3_tcfg.Addr	8194
D3_tcfg.Node	100
D3_laddr	...
D3_laddr[1]	500

图 11-9　设定速度给定值的 MSG_MODBUS 指令参数设置

5）变频器其他参数的修改与读取都可以用 MSG_ MODBUS 指令来实现，此时寄存器的地址就是相应的参数号码（注意偏移 1 位）。例如，要修改变频器参数 P109［Accel time1］，则将寄存器地址设置为 110。

1. 只使用一个 MSG_ MODBUS 功能块是否可以对 PowerFlex 4M 变频器写多个地址？参数应进行如何设置？

2. PowerFlex 525 变频器同样可以通过 RS-485 进行通信，两者在参数设置方面有何不同？

1. 查阅资料，学习变频器外部接线方式，掌握“三线制”及“两线制”。

2. 与 PowerFlex 525 变频器相比，PowerFlex 4M 变频器有哪些不足？

附　录

罗克韦尔自动化地址及联系方式

罗克韦尔自动化全球总部
Rockwell Automation Global Headquarter1201 South Second Street，Milwaukee，WI 53204 2496，USA
电话：（1）414 382 2000
传真：（1）414 382 4444

罗克韦尔自动化亚太区总部
香港数码港道 100 号数码港 3 座 F 区 14 楼 1401-1403 室
电话：（852）2887 4788
传真：（852）2508 1846

罗克韦尔自动化中国总部
上海市徐汇区虹梅路 1801 号宏业大厦
邮编：200233
电话：（86 21）6128 8888
传真：（86 21）6128 8899

罗克韦尔自动化南京
江苏省南京市珠江路 1 号珠江壹号大厦 37 楼 B 座
邮编 ：210008
电话：（86 25）8362 7447
传真：（86 25）8362 7446

罗克韦尔自动化杭州
浙江省杭州市西湖区杭大路 15 号嘉华国际商务中心 1203 室
邮编：310007
电话：（86571）8887 0388
传真：（86571）8887 0399

罗克韦尔自动化武汉
湖北省武汉市汉口区建设大道 568 号新世界国贸大厦 I 座 22 楼
邮编：430022
电话：(86 27) 6885 0233
传真：(86 27) 6885 0232

罗克韦尔自动化宁波
宁波市江东区彩虹北路 48 号 23-10 室
邮编：315040
电话：(86 574) 8772 6679
传真：(86 574) 8772 6690

罗克韦尔自动化无锡
江苏省无锡市南长区永和路 6 号君来广场写字楼 8 层 05 单元
邮编：214023
电话：(86 510) 8508 6976
传真：(86 510) 8508 6975

罗克韦尔自动化长沙
湖南省长沙市韶山北路 159 号通程国际大酒店 1712 室
邮编 ：410011
电话：(86 731) 8545 0233
传真：(86 731) 8545 6233 ext. 608

罗克韦尔自动化合肥
安徽省合肥市蜀山区长江西路 200 号置地投资广场 1103 室
邮编：230061
电话：(86 551) 5168 109
传真：(86 551) 5170 316

罗克韦尔自动化厦门
厦门市湖里区湖里大道 41-43 号 4A 单元西侧（联泰大厦 4F）
邮编：361006
电话：(86 592) 2655 888
传真：(86 592) 2655 999

罗克韦尔自动化广州
广东省广州市东山区环市东路 362 号好世界广场 2701-04 室
邮编：510060

电话：（86 20）8384 9977
传真：（86 20）8384 9989

罗克韦尔自动化深圳
深圳市福田区深南大道 7888 号东海国际中心（一期）A 栋 12 层 01 单元
邮编：518040
电话：（86 755）8258 3088
传真：（86 755）8258 3099

罗克韦尔自动化重庆
重庆市渝中区瑞天路 56-2 号企业天地 4 号办公楼第 16 层 1、2-1 单元
邮编：400013
电话：（86 23）6037 5999
传真：（86 23）6037 5988

罗克韦尔自动化成都
四川省成都市锦江区总府路 2 号时代广场 A 座 3103A，3109-3110 室
邮编：610016
电话：（86 28）6530 9666
传真：（86 28）6530 9655

罗克韦尔自动化昆明
云南省昆明市北京路 155 号附 1 号红塔大厦 1905 室
邮编：650011
电话：（86 871）3635 448
传真：（86 871）3635 428

罗克韦尔自动化南宁
广西壮族自治区南宁市青秀区金湖路 59 号地王国际商会中心 31 层 3117、3118、3119 室
邮编：530021
电话：（86 771）5594 308
传真：（86 771）5594 338

罗克韦尔自动化贵阳
贵阳市金阳高新区黔灵山路财富中心 D 栋 1804 室
邮编：550022
电话：（86 851）4837 980
传真：（86 851）4837 050

罗克韦尔自动化北京
北京市东城区建国门内大街 18 号恒基中心办公楼 1 座 4 层
邮编：100005
电话：(86 10) 6521 7888
传真：(86 10) 6521 7999

罗克韦尔自动化青岛
山东省青岛市市南区香港中路 40 号数码港旗舰大厦 2206 室
邮编：266071
电话：(86 532) 8667 8338
传真：(86 532) 8667 8339

罗克韦尔自动化西安
陕西省西安市高新区科技路 33 号高新国际商务中心数码大厦 1201 室
邮编：710075
电话：(86 29) 8815 2488
传真：(86 29) 8815 2466

罗克韦尔自动化郑州
河南省郑州市中原区中原中路 220 号裕达国际贸易中心 A 座 1216 -1218 室
邮编：450007
电话：(86 371) 6780 3366
传真：(86 371) 6780 3388

罗克韦尔自动化济南
山东省济南市经四路 13 号万达广场 C 座 1301 室
邮编：250000
电话：(86 531) 5577 1088
传真：(86 531) 5577 1077

罗克韦尔自动化天津
天津市和平区解放北路 188 号信达广场写字楼 3310-3312 室
邮编：300042
电话：(86 22) 5819 0588
传真：(86 22) 5819 0599

罗克韦尔自动化乌鲁木齐
新疆维吾尔自治区乌鲁木齐市光明路 30 号广汇时代广场 D 栋 17 层 AB 号
邮编：830000

电话：（86 991）2952 880
传真：（86 991）2952 822

罗克韦尔自动化兰州
兰州市城关区广场南路4-6号国芳写字楼1406室
邮编：730030
电话：（86 931）8243 922
传真：（86 931）8243 920

罗克韦尔自动化太原
山西省太原市府西街69号山西国际贸易中心B座8层801室
邮编：030002
电话：（86 351）8689 580
传真：（86 351）8689 580

罗克韦尔自动化唐山
河北省唐山市建设北路152号东方大厦C-0303
邮编：063000
电话：（86 315）3195 962
传真：（86 315）3195 963

罗克韦尔自动化包头
内蒙古自治区包头市钢铁大街74号财富中心商务大厦十层
邮编：014010
电话：（86 472）6166218
传真：（86 472）6166219

罗克韦尔自动化石家庄
河北省石家庄市裕华区育才街168号中悦大厦1202室
邮编：050000
电话：（86 311）8586 8166
传真：（86 311）8586 8167
罗克韦尔自动化洛阳

河南省洛阳市涧西区凯旋西路88号华阳广场国际大饭店755室
邮编：471000
电话：（86 379）6069 7787
传真：（86 379）6069 7789

罗克韦尔自动化沈阳
辽宁省沈阳市沈河区青年大街 219 号华新国际大厦 15 楼 F 单元
邮编：110015
电话：（86 24）8318 2888
传真：（86 24）8318 2899

罗克韦尔自动化大连
辽宁省大连市软件园东路 40 号 22 号楼 10/11 层
邮编：116023
电话：（86 411）8368 7799
传真：（86 411）8368 9970

罗克韦尔自动化哈尔滨
黑龙江省哈尔滨市南岗区红军街 15 号奥威斯发展大厦 26 楼 B 座
邮编：150001
电话：（86 451）8487 9066
传真：（86 451）8487 9088

罗克韦尔自动化长春
吉林省长春市南关区亚泰大街 3218 号通钢国际大厦 A 座 23 层 2303 室
邮编：130022
电话：（86 431）8862 5808
传真：（86 431）8862 5809

罗克韦尔自动化鞍山
鞍山市铁东区胜利南路 44-96A 座 11 层 06 号
邮编：114009
电话：（86 412）2578 881
传真：（86 412）2578 880

罗克韦尔自动化高雄
高雄市 800 新兴区中正三路 2 号 19 楼 A 室
电话：（886 7）9681 888
传真：（886 7）9680 138

罗克韦尔自动化台北
台北市（104）中山区建国北路二段 120 号 14 楼
电话：（886 2）6618 8288
传真：（886 2）6618 6180

罗克韦尔自动化控制集成（上海）有限公司
上海市浦东新区创业路 565 号，T20-2 通用厂房
邮编：201201
电话：（86 21）2893 3588
传真：（86 21）2893 3500

罗克韦尔自动化制造（上海）有限公司
上海浦东金桥出口加工区（南区）华东路 5001 号第二大道 128 号
T3-5 厂房
邮编：201201
电话：（86 21）6058 1200
传真：（86 21）6058 1267

罗克韦尔自动化大连软件
辽宁省大连市软件园东路 40 号 22 号楼 10/11 层
邮编：116023
电话：（86 411）8366 2000
传真：（86 411）8369 6123

罗克韦尔自动化西安恒生
西安市高新开发区高新六路 52 号立人科技园 A101
邮编：710065
电话：（86 29）8613 6888
传真：（86 29）8613 6999

罗克韦尔自动化控制集成（哈尔滨）有限公司
黑龙江省哈尔滨市南岗区哈平路 162 号
邮编：150000
电话：（86 451）5185 8198
传真：（86 451）5185 8199

技术支持热线电话：
中国大陆：400 620 6620（Internal 24588）
中国香港：0852 2887 4666（Internal 24589）
中国台湾：080 902 0908（Internal 24590）
客户支持邮件：raccgrc@ ra. rockwell. com

中文网址：

http://cn. rockwellautomation. com/library/— > 自动化元器件和安全产品

英文网址：

http://literature. rockwellautomation. com/idc/groups/public/documents/webassets/browse _
category. hcst- > Programmable Controllers- >

参 考 文 献

[1] 钱晓龙，李鸿儒. 智能电器与MicroLogix控制器 [M]. 北京：机械工业出版社，2003.
[2] 钱晓龙. MicroLogix控制器应用实例 [M]. 北京：机械工业出版社，2003.
[3] 钱晓龙，李晓理. 循序渐进PowerFlex变频器 [M]. 北京：机械工业出版社，2007.
[4] 钱晓龙，李晓理. 循序渐进SLC500控制系统与PanelView训练课 [M]. 北京：机械工业出版社，2008.
[5] 钱晓龙，路阳，袁伟. 循序渐进Kinetix集成运动控制系统 [M]. 北京：机械工业出版社，2008.
[6] 钱晓龙，赵舵. MicroLogix核心控制系统 [M]. 北京：机械工业出版社，2010.

参考文献